全国计算机技术与软件专业技术资格考试用书

系统集成项目管理工程师历年真题解析
（第5版）

主　编　　薛大龙
副主编　　唐　徽　　刘开向　　马利永

电子工业出版社
Publishing House of Electronics Industry
北京·BEIJING

内 容 简 介

系统集成项目管理工程师考试，是全国计算机技术与软件专业技术资格考试（简称软考）中的一项中级资格考试。本书帮助考生在掌握系统集成项目管理工程师必须掌握的理论知识和应用技术的基础上，通过认真研习历年真题，熟悉考题类型，掌握考试重点和答题技巧。

本书由薛大龙教授担任主编，薛教授长期从事软考培训工作，熟悉考题的形式、难度、深度和重点，了解学生学习过程中的难点。本书对《系统集成项目管理工程师历年真题解析（第4版）》进行了全面改进，对系统集成项目管理工程师考试近5年（2017.05—2021.11）的真题进行了详细的解析。提炼知识重点，提示答题要点，帮助考生快速掌握要点，顺利通过考试。

本书可作为考生备考系统集成项目管理工程师考试的学习教材，也可供各类培训班使用。

未经许可，不得以任何方式复制或抄袭本书之部分或全部内容。
版权所有，侵权必究。

图书在版编目（CIP）数据

系统集成项目管理工程师历年真题解析 / 薛大龙主编. —5版. —北京：电子工业出版社，2023.3
全国计算机技术与软件专业技术资格考试用书

ISBN 978-7-121-45089-1

Ⅰ．①系… Ⅱ．①薛… Ⅲ．①系统集成技术－项目管理－资格考试－题解 Ⅳ．①TP311.5-44

中国国家版本馆 CIP 数据核字(2023)第 030136 号

责任编辑：张瑞喜
印　　刷：中国电影出版社印刷厂
装　　订：中国电影出版社印刷厂
出版发行：电子工业出版社
　　　　　北京市海淀区万寿路173信箱　邮编：100036
开　　本：787×1092　1/16　印张：25.5　字数：620千字
版　　次：2014年3月第1版
　　　　　2023年3月第5版
印　　次：2023年3月第1次印刷
定　　价：89.00元

凡所购买电子工业出版社图书有缺损问题，请向购买书店调换。若书店售缺，请与本社发行部联系，联系及邮购电话：（010）88254888，88258888。
质量投诉请发邮件至 zlts@phei.com.cn，盗版侵权举报请发邮件至 dbqq@phei.com.cn。
本书咨询联系方式：zhangruixi@phei.com.cn。

全国计算机技术与软件专业技术资格考试用书
真题解析系列编委会

主　任：薛大龙

副主任：姜美荣　　唐　徽　　邹月平

编　委：（排名不分先后）

　　　　刘开向　　马利永　　王开景

　　　　何鹏涛　　孙烈阳　　李莉莉

系统集成项目管理工程师考试是全国计算机技术与软件专业技术资格考试（简称软考）的一项中级资格考试。通过本考试的合格人员能够掌握系统集成项目管理的知识体系；具备管理系统集成项目的能力；能根据需求组织制定可行的项目管理计划；能够组织项目实施，对项目进行监控并能根据实际情况及时做出调整，系统地监督项目的实施过程，保证项目在一定的约束条件下达到既定的目标；能分析和评估项目管理计划和成果；能对项目进行风险管理，制定并适时执行风险应对措施；能协调系统集成项目所涉及的相关单位和人员；具有工程师的实际工作能力和业务水平。

学习方法建议

因为这一考试的要求比较高，所以以往全国平均通过率低于20%，难度比较大。通过考试获得证书是每位考生的目标，那么如何学习才能通过考试？

在掌握系统集成项目管理工程师必须掌握的理论知识和应用技术的基础上，认真研习历年真题，对于顺利通过考试是非常重要的。

（1）了解历年真题：因为历年真题的难度和命题范围对将要参加考试的考生具有很好的借鉴作用。

（2）熟悉历年真题：因为历年真题的知识点就是参加考试的考生要学习的知识点，因此从历年真题中梳理出的知识点既是参加考试的考生要熟悉的内容，也是复习的重点。

（3）掌握历年真题：参加考试的考生不仅要会做某道题，还要举一反三，掌握该题所在的知识域的所有知识点，这样无论考该知识域的哪个知识点，都能从容应对。

主要作者介绍

十多年来，薛大龙教授及其团队一直从事软考培训，在培训中发现通过对每一道真题进行解析并梳理知识要点，能够让学员更快地掌握知识点，更高效地复习。

本书由薛大龙担任主编，由唐徽、刘开向、马利永担任副主编，几位老师均为资深"软考"培训老师，具有丰富的培训经验与命题研究经验。其中，2017.05—2018.11 的真题解析由薛大龙完成，2019.05—2019.11 的真题解析由唐徽完成，2020.11 的真题解析由马利永完成，2021.05—2021.11 的真题解析由刘开向完成。参与本书编写的人员还有：邹月平、何鹏涛、李莉莉、姜美荣、王开景等。全书由刘开向统稿，由唐徽初审，薛大龙终审。

薛大龙，北京理工大学软件工程博士，财政部政府采购评审专家，北京市评标专家，曾多次参与软考的命题与阅卷，非常熟悉命题要求、命题形式、命题难度、命题深度、命题重点及判卷标准等。

唐徽，高级工程师，信息系统项目管理师，系统集成项目管理工程师，从事信息管理相关工作多年；面授名师、网校名师，多次受邀进行大型国企、上市公司企业内训；多次受邀参与多家大型企业项目指导工作；任《信息系统项目管理师章节习题与考点特训》副主编、《信息系统项目管理师历年真题解析（第4版）》副主编。

刘开向，高级工程师，信息系统项目管理师，系统规划与管理师，系统集成项目管理工程师；网校名师，从事信息管理相关工作，具有多年的信息化项目管理经验；擅长对信息系统项目管理师、系统规划与管理师、系统集成项目管理工程师等考试进行分析和总结；并参与多本书籍的编写及后期审核、修改工作。

马利永，信息系统项目管理师，系统架构设计师，系统规划与管理师，系统集成项目管理工程师；参与多本图书的编写工作，擅长用图形结合例子解释知识点的含义，通俗易懂；培训经验丰富，理论结合实际，帮助学生理解知识点、掌握知识点，活学活用；现任大型国企项目经理，技术类与管理类双料专家，参与多个大型项目；具有丰富的项目管理经验，参与过多家大型企业的项目管理体系建设工作；掌握多种软件开发语言，参与设计研发了多个大型信息系统，对信息技术与项目管理知识有深入的研究与理解。

第5版说明

《系统集成项目管理工程师历年真题解析（第 5 版）》是在《系统集成项目管理工程师历年真题解析（第4版）》的基础上修订的。为了让广大考生更高效地进行复习，本次修订，我们对上一版进行了全面细致的修改和完善，并删除了第4版中比较旧的2014—2016年的真题解析，增加了2019—2021年的真题解析。

为节约篇幅，减少重复，书中对于在历年考试中多次重复出现的考点，在重复出现时，多采用简略讲解，并用粗体字注明（**详见XXXX年……第XX题**）。这些重复出现的内容，往往是重要的考点，请读者一定要重视，并按照粗体字标记返回到相应的位置学习和掌握该考点对应的详细知识内容。

本书可作为考生备考"系统集成项目管理工程师"的学习教材，也可供各类培训班使用。

读者可通过学习本书掌握考试的重点，并通过历年真题及解析熟悉试题形式及解答问题的方法和技巧等。读者可以发邮件到作者电子邮箱pyxdl@163.com与我们交流，我们会及时地解答读者的疑问。

作　者

2022 年 12 月

2021 年系统集成项目管理工程师考试试题与解析 1

2021 年上半年上午试题分析 2
2021 年上半年下午试题分析与解答 45
2021 年下半年上午试题分析 55
2021 年下半年下午试题分析与解答 91

2020 年系统集成项目管理工程师考试试题与解析 103

2020 年下半年上午试题分析 104
2020 年下半年下午试题分析与解答 133

2019 年系统集成项目管理工程师考试试题与解析 145

2019 年上半年上午试题分析 146
2019 年上半年下午试题分析与解答 177
2019 年下半年上午试题分析 187
2019 年下半年下午试题分析与解答 216

2018 年系统集成项目管理工程师考试试题与解析 227

2018 年上半年上午试题分析 228
2018 年上半年下午试题分析与解答 259
2018 年下半年上午试题分析 273
2018 年下半年下午试题分析与解答 301

2017 年系统集成项目管理工程师考试试题与解析 311

2017 年上半年上午试题分析 312
2017 年上半年下午试题分析与解答 345
2017 年下半年上午试题分析 356
2017 年下半年下午试题分析与解答 384

附录 上午试题参考答案 397

参考文献 402

2021年系统集成项目管理工程师考试试题与解析

2021 年上半年上午试题分析

● 关于区块链的描述，不正确的是：(1)。
(1) A．区块链的共识机制可有效防止记账节点信息被篡改
　　B．区块链可在不可信的网络进行可信的信息交换
　　C．存储在区块链的交易信息是高度加密的
　　D．区块链是一个分布式共享账本和数据库

📝自我测试
（1）____（请填写你的答案）

【试题分析】
区块链是分布式数据存储、点对点传输、共识机制、加密算法等计算机技术的新型应用模式。区块链本质上是一个去中心化的数据库，是比特币的底层技术。区块链中包含一串使用密码学方法产生的相关联的数据块，每一个数据块中包含了一批次比特币网络交易的信息，用于验证其信息的有效性（防伪）和生成下一个区块。

区块链的核心技术如下。
（1）分布式账本：指的是交易记账由分布在不同地方的多个节点共同完成，而且每一个节点记录的是完整的账目，因此它们都可以参与监督交易合法性，同时也可以共同为其做证。
（2）非对称加密：存储在区块链上的交易信息是公开的，但是账户身份信息是高度加密的，只有在数据拥有者授权的情况下才能访问到，从而保证了数据的安全和个人的隐私。
（3）共识机制：共识机制就是所有记账节点之间怎么达成共识，去认定一个记录的有效性。这既是认定的手段，也是防止篡改的手段。
（4）智能合约：是基于可信的不可篡改的数据，可自动化执行预先定义好的规则和条款。

➤ 参考答案：参见第 397 页"2021 年上半年上午试题参考答案"。

● (2)主要实现对物理资源、虚拟资源的统一管理，并根据用户需求实现虚拟资源的自动化生成、分配和迁移。
(2) A．资源池管理技术　　　　　　B．大规模数据管理技术
　　C．高速网络连接技术　　　　　　D．分布式任务管理技术

📝自我测试
（2）____（请填写你的答案）

【试题分析】
资源池管理技术主要实现对物理资源、虚拟资源的统一管理，根据用户需求实现虚拟资源（虚拟机、虚拟存储空间等）的自动化生成、分配和迁移，当局部物理主机发生故障或需

要进行维护时，运行在此主机上的虚拟机应该可以动态地迁移到其他主机（"热迁移"技术），并保证用户业务的连续性，是云计算操作系统关键技术之一。云计算操作系统关键技术还包括向用户提供大规模计算存储、计算能力的分布式任务和数据管理技术。

参考答案：参见第397页"2021年上半年上午试题参考答案"。

● 商业智能的实现有三个层次，数据报表、(3)和数据挖掘。
　(3) A. 数据仓库　　　B. 数据建模　　　C. 多维数据分析　　　D. 数据ETL

自我测试
　(3) ____（请填写你的答案）

【试题分析】
　概括地说，商业智能的实现涉及软件、硬件、咨询服务及应用，是对商业信息的收集、管理和分析的过程，目的是使企业的各级决策者获得知识或洞察力，促使他们做出对企业更有利的决策。商业智能一般由数据仓库、联机分析处理、数据挖掘、数据备份和恢复等部分组成。商业智能的实现有三个层次：数据报表、多维数据分析和数据挖掘。
　数据报表是商业智能（BI）的低端实现，多维数据分析是指对以多维形式组织起来的数据采取切片、切块、钻取和旋转等分析动作，以求剖析数据，使用户能从多角度、多侧面地观察数据库中的数据，从而深入理解包含在数据中的信息。数据挖掘指的是将源数据经过清洗和转换等，使之成为适合挖掘的数据集，从中发现潜在价值的过程。

参考答案：参见第397页"2021年上半年上午试题参考答案"。

● 某企业是某个供应链的成员，同时也是另外一个供应链的成员，众多的供应链通过具有多重参与性的节点企业形成错综复杂的结构，这体现了供应链的(4)特征。
　(4) A. 面向用户　　　B. 动态性　　　C. 存在核心企业　　　D. 交叉性

自我测试
　(4) ____（请填写你的答案）

【试题分析】
　供应链是一个网链结构，由围绕在核心企业周围的以各种关系联系起来的供应商和用户组成。每个企业都是一个节点，节点企业之间是一种需求与供应的关系。供应链的特征主要有以下五点。
　（1）交叉性：节点企业是这个供应链的成员，同时也可以是另外一个供应链的成员。众多的供应链通过具有多重参与性的节点企业形成错综复杂的网状交叉结构。
　（2）动态性：供应链管理因为企业战略和适应市场需求变化的需要，节点企业需要动态地更新，供应链中各种信息流、资金流和物流信息都需要实时更新，从而使得供应链具有了显著的动态性质。
　（3）存在核心企业：由供应链的概念即可看到，供应链中是存在核心企业的，核心企业是供应链中各个企业信息、资金、物流运转的核心。
　（4）复杂性：因为供应链中各个节点企业组成的层次不同，供应链往往是由许多类型的企业构成的，所以供应链中的结构比一般单个企业内部的结构复杂。

（5）面向用户：供应链中的一切行为都是基于市场需求而发生的，供应链中的信息流、资金流和物流等都要根据用户的需求而作变化，也是由用户需求来驱动的。

➤ **参考答案**：参见第397页"2021年上半年上午试题参考答案"。

● 电子商务系统架构中，报文和信息传播的基础设施包括：（5）、在线交流系统、基于HTTP或HTTPS的信息传输系统、流媒体系统等。

（5）A．电子邮件系统　　　　　B．电子付款系统
　　　C．安全认证系统　　　　　D．目录服务系统

📝 自我测试
（5）____（请填写你的答案）

【试题分析】
电子商务本质上是依靠信息技术，将贸易（交易）中的信息流、资金流、物流、服务评价管理、售后管理、客户管理等整合在网络之上的业务集合。电子商务不仅包括信息技术，还包括交易规则、法律法规和各种技术规范。电子商务系统架构如下表所示。

公共政策、法律及隐私	电子商务应用 在线营销与广告、在线购物、远程金融服务、供应链管理、其他应用	各种技术标准
	商业服务的基础设施 目录服务、安全、认证、电子付款	
	报文和信息传播的基础设施 FAX、E-mail、EDI、HTTP	
	多媒体内容和网络出版社基础设施 HTML、Java、全球Web	
	网络基础设施 远程通信网、有线电视网、无线电通信网和互联网	

在电子商务系统架构中，报文和信息传播的基础设施负责提供传播信息的工具，包括电子邮件系统、在线交流系统、基于HTTP或HTTPS的信息传输系统、流媒体系统等。

➤ **参考答案**：参见第397页"2021年上半年上午试题参考答案"。

● "十四五"规划提出：提升企业技术创新能力，形成以（6）为主体、（7）为导向、产学研用深度融合的技术创新体系。

（6）A．政府　　　　B．市场　　　　C．高校　　　　D．企业
（7）A．政府　　　　B．市场　　　　C．高校　　　　D．企业

📝 自我测试
（6）____（请填写你的答案）
（7）____（请填写你的答案）

【试题分析】

《中共中央关于制定国民经济和社会发展第十四个五年规划和二〇三五年远景目标的建议》（以下简称"十四五"规划），在第五章"提升企业技术创新能力"中指出，完善技术创新市场导向机制，强化企业创新主体地位，促进各类创新要素向企业集聚，形成以企业为主体、市场为导向、产学研用深度融合的技术创新体系。

➤ 参考答案：参见第397页"2021年上半年上午试题参考答案"。

● 关于信息化基本内涵的描述，不正确的是：(8)。
（8）A．信息化的主体是信息化主管部门
B．信息化的时域是一个长期的过程
C．信息化的途径是创建信息时代的社会生产力，推动社会生产关系及社会上层建筑的改革
D．信息化的目标是使国家的综合实力、社会的文明素质和人们的生活质量全面提升

📝 自我测试
（8）____（请填写你的答案）

【试题分析】

信息化是人类社会发展的一个高级进程，它的核心是要通过全体社会成员的共同努力，在经济和社会各个领域充分应用基于现代信息技术的先进社会生产工具（表现为各种信息系统或软硬件产品），创建信息时代社会生产力，推动生产关系和上层建筑的改革（表现为法律、法规、制度、规范、标准、组织结构等），使国家的综合实力、社会的文明素质、人民的生活质量全面提升。

信息化的基本内涵启示我们：信息化的主体是全体社会成员，包括政府、企业、事业、团体和个人；它的时域是一个长期的过程；它的空域是政治、经济、文化、军事和社会的一切领域；它的手段是基于现代信息技术的先进社会生产工具；它的途径是创建信息时代的社会生产力，推动社会生产关系及社会上层建筑的改革；它的目标是使国家的综合实力、社会的文明素质和人民的生活质量全面提升。

➤ 参考答案：参见第397页"2021年上半年上午试题参考答案"。

● 信息系统具有的能够抵御出现非预期状态的特性称为（9）。
（9）A．稳定性　　B．健壮性　　C．安全性　　D．可用性

📝 自我测试
（9）____（请填写你的答案）

【试题分析】

当系统面临干扰、输入错误、入侵等因素时，系统可能会出现非预期的状态而丧失原有功能、出现错误甚至表现出破坏功能。系统具有的能够抵御出现非预期状态的特性称为健壮性。

要求具有高可用性的信息系统，会采取冗余技术、容错技术、身份识别技术、可靠性技术等来抵御系统出现非预期的状态，保持系统的稳定性。

参考答案：参见第 397 页"2021 年上半年上午试题参考答案"。

● （10）不属于信息系统审计的关注点。
（10）A．完整性　　　B．可用性　　　C．保密性　　　D．可扩展性

自我测试
（10）____（请填写你的答案）

【试题分析】
信息系统审计的目的是评估并提供反馈、保证及建议，其主要关注点如下。

可用性：审核商业高度依赖的信息系统能否在任何需要的时刻提供服务，信息系统是否被完好保护以应对各种的损失和灾难。

保密性：审核系统保存的信息是否仅对需要这些信息的人员开放，而不对其他任何人开放。

完整性：审核信息系统提供的信息是否始终保持正确、可信、及时，能否防止未授权的对系统数据和软件的修改。

参考答案：参见第 397 页"2021 年上半年上午试题参考答案"。

● 信息系统的生命周期中，在（11）阶段形成《需求规格说明书》。
（11）A．立项　　　B．设计　　　C．集成　　　D．运维

自我测试
（11）____（请填写你的答案）

【试题分析】
信息系统的生命周期可以分为立项、开发、运维及消亡四个阶段。

（1）立项阶段：也称为信息系统的概念阶段、需求分析阶段。这一阶段根据用户业务发展和经营管理的需要，提出建设信息系统的初步构想；然后对企业信息系统的需求进行深入调研和分析，形成《需求规格说明书》并确定立项。

（2）开发阶段：本阶段可分为如下五个子阶段。

①总体规划：总体规划是系统开发的起始阶段。一个完整的总体规划应当包括信息系统的开发目标、总体架构、组织架构和管理流程、实施计划、信息系统的技术规范等。

②系统分析：系统分析的目标是为系统设计提供系统的逻辑模型，内容包括组织结构及功能分析、业务流程分析、数据和数据流程分析、系统初步方案等。

③系统设计：根据系统分析的结果，设计信息系统的实施方案。内容包括系统架构设计、数据库设计、处理流程设计、功能模块设计、安全控制方案设计、系统组织和队伍设计、系统管理流程设计等。

④系统实施：将设计方案在计算机和网络上具体实现，将文本计划转变为在计算机上运行的软件系统。

⑤系统验收：实施完成即进入试运行阶段。在试运行结束后，系统没有出现大的问题，即进入系统验收阶段。

（3）运维阶段：当信息系统验收通过，正式移交给客户后，系统进入的阶段。运维阶段的维护可以分为如下四种类型。

①纠错性维护：纠错性维护也称更正性维护、改正性维护，指对系统进行定期或随机的检修，纠正运行阶段暴露的错误，排除故障，更新易损部件、刷新备份的软件或数据存储，保证系统按预定要求完成各项工作。

②适应性维护：适应性维护指由于管理环境与技术环境的变化，系统中某些部分的工作内容与方式已不能适应变化的环境，影响系统预定功能的实现，故需要对这些部分进行适当的调节和修改，以满足管理工作的需要。

③完善性维护：完善性维护指用户对系统提出某些新的信息需求，因而在原有系统的基础上进行适当的修改、扩充，完善系统的功能，以满足用户新的信息需求。

④预防性维护：预防性维护指为预防系统可能发生的变化或受到的冲突而采取的维护措施。

（4）消亡阶段：企业的信息系统会不可避免地遇到系统的更新改造、功能扩展，乃至报废重建，一个信息系统也必然逐渐消亡。

参考答案：参见第397页"2021年上半年上午试题参考答案"。

● 软件测试通常可划分为（12）、集成测试和系统测试三个阶段。

（12）A．冒烟测试　　B．性能测试　　C．单元测试　　D．白盒测试

自我测试

（12）____（请填写你的答案）

【试题分析】

测试是为评价和改进产品质量、识别产品的缺陷和问题而进行的活动。软件测试伴随开发和维护过程，通常在不同的级别上进行，可以区分为三大测试阶段：单元测试、集成测试和系统测试。

（1）单元测试：单元测试的主要目的是针对编码过程中可能存在的各种错误，如用户输入验证过程中的边界值的错误。

（2）集成测试：集成测试的主要目的是针对详细设计中可能存在的问题，重点检查各单元与其他程序部分在接口上可能存在的错误。

（3）系统测试：系统测试主要针对概要设计，检查系统作为一个整体是否有效得到运行，如在产品设置中是否能达到预期的高性能。

参考答案：参见第397页"2021年上半年上午试题参考答案"。

● 在面向对象系统分析与设计中，（13）使得在多个类中可以定义同一个操作或属性名，并在每个类中可以有不同的实现。

（13）A．继承　　　B．多态　　　C．复用　　　D．组件

自我测试

（13）____（请填写你的答案）

【试题分析】
面向对象的基本概念有对象、类、抽象、封装、继承、多态、接口、消息、组件、模式和复用等。

对象：由数据及其操作所构成的封装体，是系统中用来描述客观事物的一个模块，是构成系统的基本单位。对象包含三个基本要素，分别是对象标识、对象状态和对象行为。

类：现实世界中实体的形式化描述，类将该实体的属性（数据）和操作（函数）封装在一起。类和对象的关系可理解为：对象是类的实例，类是对象的模板。

抽象：通过特定的实例抽取共同特征后形成概念的过程。对象是现实世界中某个实体的抽象，类是一组对象的抽象。

封装：将相关的概念组成一个单元模块，并通过一个名称来引用它。

继承：表示类之间的层次关系（父类与子类），而非对象之间的层次关系。这种关系使得某类对象可以继承另外一类对象的特征，继承又可分为单继承和多继承。

多态：使得在多个类中可以定义同一操作或属性名，并在每个类中可以有不同的实现。

接口：描述对操作规范的说明，其只说明操作应该做什么，并没有定义如何做。

消息：体现对象间的信息交互，通过它可向目标对象发送操作请求。

组件：表示软件系统可替换的、物理的组成部分，封装了模块功能的实现。

模式：描述了一个不断重复发生的问题，以及该问题的解决方案。

复用：指将已有的软件及其有效成分用于构造新的软件或系统。组件技术是软件复用实现的关键。

参考答案：参见第 397 页"2021 年上半年上午试题参考答案"。

● 在分布式应用中，软件架构设计不需要考虑（14）的问题。
（14）A．数据库选择　　B．性能　　C．需求可扩展　　D．人员

自我测试
（14）____（请填写你的答案）

【试题分析】
软件架构描述了如何将各个模块和子系统有效地组织成一个完整的系统。对于目前广泛使用的分布式应用，其软件架构设计需要考虑如下问题。

（1）数据库的选择问题：目前主流的数据库系统是关系数据库。

（2）用户界面选择问题：HTML/HTTP（S）协议是实现互联网应用的重要技术。

（3）灵活性和性能的问题：权衡独立于厂商抽象定义（标准）所提供的灵活性和特定厂商产品带来的性能。

（4）技术选择的问题：选择成熟的技术可以规避项目风险。进行技术选择不仅需要了解技术的优势，还需要了解技术的适用范围和局限性。

（5）人员的问题：聘请经验丰富的架构设计师，可以有效保证项目的成功。

参考答案：参见第 397 页"2021 年上半年上午试题参考答案"。

● 在数据仓库系统结构中，前端工具不包含（15）。
（15）A．报表工具　　B．分析工具　　C．查询工具　　D．清洗工具

📝 自我测试
(15)____（请填写你的答案）

【试题分析】
数据仓库是一个面向主题的、集成的、相对稳定的、反映历史变化的数据集合，用于支持管理决策。

数据仓库是对多个异构数据源（包括历史数据）的有效集成，集成后按主题重组，且存放在数据仓库中的数据一般不再修改。

大数据分析相比于传统的数据仓库应用，具有数据量大、查询分析复杂等特点。在技术上，大数据必须依托云计算的分布式处理、分布式数据库和云存储、虚拟化技术等。

数据仓库系统的结构如下图所示。

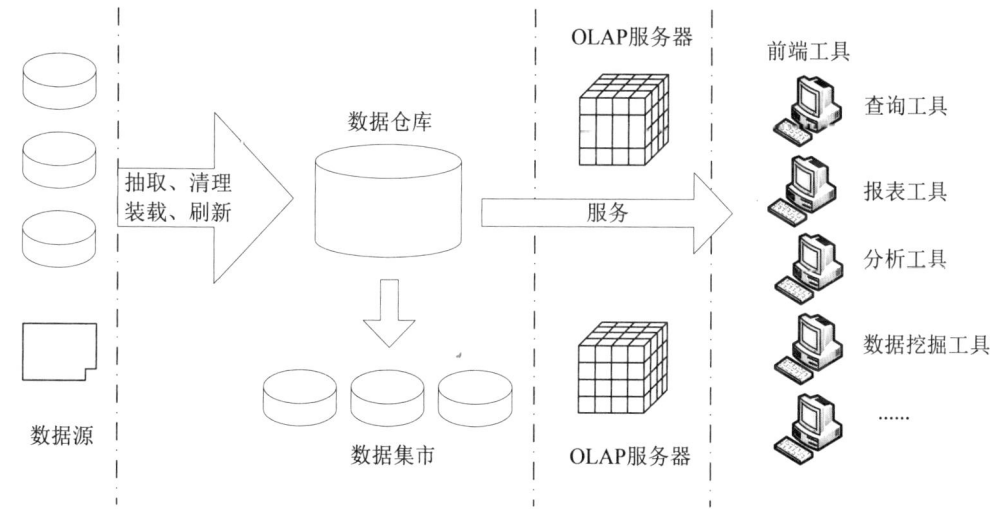

前端工具主要包括查询工具、报表工具、分析工具、数据挖掘工具，以及各种基于数据仓库或数据集市的应用开发工具。其中，数据的分析工具主要针对 OLAP 服务器，报表工具和数据挖掘工具主要针对数据仓库。

➤ **参考答案**：参见第 397 页"2021 年上半年上午试题参考答案"。

● 关于组件的描述，不正确的是：(16)。
(16) A．组件的实现可以与语言本身没有关系，但不可以跨平台
B．组件是实现某些功能的、有输入输出接口的黑盒子
C．组件具有相对稳定的公开接口，可用任何支持组件编写的工具实现
D．CORBA 是一种标准的面向对象的应用程序架构规范

📝 自我测试
(16)____（请填写你的答案）

【试题分析】
组件技术就是利用某种编程手段，将人们所关心的，但又不便于让最终用户直接操作的细节进行封装，同时对各种业务逻辑规则进行实现，用于处理用户的内部操作细节。这个封

装体常常被称作组件。在这一过程中,为了完成某一规则的封装,可以用任何支持组件编写的工具完成,而最终完成的组件则与语言本身已经没有任何关系,甚至可以实现跨平台。对用户而言,它就是实现某些功能的、有输入输出接口的黑盒子。

CORBA(Common Object Request Broker Architecture,公共对象请求代理架构)是由 OMG 组织制定的一种标准的、面向对象的应用程序体系规范,是为解决分布式处理环境中硬件和软件系统的互连而提出的一种解决方案。

参考答案:参见第 397 页"2021 年上半年上午试题参考答案"。

● 开放系统互连参考模型(OSI)共分七层,处于网络层和物理层之间的是(17)。
(17)A.传输层　　　B.数据链路层　　C.会话层　　　D.表示层

自我测试
(17)____(请填写你的答案)

【试题分析】
国际标准化组织(ISO)和国际电报电话咨询委员会(CCITT)联合制定的开放系统互连参考模型(Open System Interconnect,OSI),其目的是为异种计算机互连提供一个共同的基础和标准框架,并为保持相关标准的一致性和兼容性提供共同的参考。OSI 采用了分层的结构化技术,从下到上共分为以下七层。

(1)物理层:该层包括物理连网媒介,如电缆连线连接器。该层的协议产生并检测电压以便发送和接收携带数据的信号,具体协议有 RS232、V.35、RJ-45、FDDI。

(2)数据链路层:该层控制网络层与物理层之间的通信。它的主要功能是将从网络层接收到的数据分割成特定的可被物理层传输的帧。常见的协议有 IEEE802.3/.2、HDLC、PPP、ATM。

(3)网络层:其主要功能是将网络地址(例如,IP 地址)翻译成对应的物理地址(例如,网卡地址),并决定如何将数据从发送方路由到接收方。在 TCP/IP 协议中,网络层具体协议有 IP、ICMP、IGMP、IPX、ARP 等。

(4)传输层:主要负责确保数据可靠、顺序、无错地从 A 点传输到 B 点,如提供建立、维护和拆除传送连接的功能;选择网络层提供最合适的服务;在系统之间提供可靠的透明的数据传送,提供端到端的错误恢复和流量控制。在 TCP/IP 协议中,具体协议有 TCP、UDP、SPX。

(5)会话层:负责在网络中的两节点之间建立和维持通信,以及提供交互会话的管理功能,如三种数据流方向的控制,即一路交互、两路交替和两路同时会话模式,常见的协议有 RPC、SQL、NFS。

(6)表示层:如同应用程序和网络之间的翻译官,在表示层,数据将按照网络能理解的方案进行格式化;这种格式化也因所使用网络的类型不同而不同。表示层管理数据的解密加密、数据转换、格式化和文本压缩,常见的协议有 JPEG、ASCII、GIF、DES、MPEG。

(7)应用层:负责对软件提供接口以使程序能使用网络服务,如事务处理程序、文件传送协议和网络管理等。在 TCP/IP 协议中,常见的协议有 HTTP、Telnet、FTP、SMTP。

参考答案:参见第 397 页"2021 年上半年上午试题参考答案"。

● 关于计算机网络的描述，不正确的是：(18)。
(18) A．总线争用技术是以太网的标志
   B．FDDI 需要通信的计算机轮流使用网络资源
   C．ATM 采用光纤作为传输介质
   D．ISDN 是计算机组网应用的主要技术

📝自我测试
(18) ____（请填写你的答案）

【试题分析】
网络链路传输控制技术是指如何分配网络传输线路、网络交换设备资源，以便避免网络通信链路资源冲突，同时为所有网络终端和服务器进行数据传输。典型的网络链路传输技术有：总线争用技术、令牌技术、FDDI 技术、ATM 技术、帧中继技术和 ISDN 技术。对应上述技术的网络分别是以太网、令牌网、FDDI 网、ATM 网、帧中继网和 ISDN 网。

总线争用技术是以太网的标志，总线争用技术即需要通信的计算机要抢占通信线路，如果争用线路失败，则需等下一次的争用，直到争用成功。这种技术实现简单，介质使用效率非常高。

令牌技术和 FDDI 技术的特点是需要通信的计算机轮流使用网络资源，避免冲突。

ATM 又称为异步传输模式，采用光纤作为传输介质，传输以 53 个字节为单位的超小数据单元（简称信元）。

ISDN 是综合业务数字网的缩写，其目的是在传统电话线路上传送数字数据信号。采用多路复用技术可以在一条电话线中同时传输多路信号，可提供 144kbit/s 至 30Mbit/s 的传输带宽，但仍属于电话技术的线路交换，租用价格较高，并没有成为计算机网络的主要通信网络。

➤参考答案：参见第 397 页"2021 年上半年上午试题参考答案"。

● 在网络和信息安全产品中，(19)通过定期的检测与比较，发现网络服务、网络设备和主机的漏洞。
(19) A．扫描器   B．防毒软件   C．安全审计系统   D．防火墙

📝自我测试
(19) ____（请填写你的答案）

【试题分析】
网络和信息安全产品主要有以下几种。

防火墙：通常比喻为网络安全的大门，用来鉴别什么样的数据包可以进出企业内部网。在应对黑客入侵方面，可以阻止基于 IP 包头的攻击和非信任地址的访问。但传统防火墙无法阻止和检测基于数据内容的黑客攻击和病毒入侵，同时也无法控制内部网络之间的违规行为。

扫描器：可以说是入侵检测的一种，主要用来发现网络服务、网络设备和主机的漏洞，通过定期的检测与比较，发现入侵或违规行为留下的痕迹。当然，扫描器无法发现正在进行的入侵行为，而且它还有可能成为攻击者的工具。

安全审计系统：通过独立的、对网络行为和主机操作提供全面与忠实的记录，方便用户分析与审查事故原因，很像飞机上的黑匣子。

防毒软件：是最为人们所熟悉的安全工具，可以检测、清除各种文件型病毒、宏病毒和邮件病毒等。在应对黑客入侵方面，它可以查杀特洛伊木马和蠕虫等病毒程序，但对基于网络的攻击行为（如扫描、针对漏洞的攻击）却无能为力。

★ **参考答案**：参见第 397 页"2021 年上半年上午试题参考答案"。

● 只有得到允许的人才能修改数据，并且能够判断出数据是否已被篡改。这体现了信息安全基本要素的（20）。

（20）A．机密性　　　　B．完整性　　　　C．可用性　　　　D．可靠性

自我测试

（20）____（请填写你的答案）

【试题分析】

信息安全的基本要素包括以下几个方面。

机密性：确保信息不暴露给未授权的实体或进程。

完整性：只有得到允许的人才能修改数据，并且能够判别出数据是否已被篡改。

可用性：得到授权的实体在需要时可访问数据，即攻击者不能占用所有的资源而阻碍授权者的工作。

可控性：可以控制授权范围内的信息流向及行为方式。

可审查性：对出现的网络安全问题提供调查的依据和手段。

★ **参考答案**：参见第 397 页"2021 年上半年上午试题参考答案"。

● 当前，（21）行业与大数据应用的契合度最高。

（21）A．制造　　　　B．能源　　　　C．电子商务　　　　D．交通

自我测试

（21）____（请填写你的答案）

【试题分析】

大数据（Big Data），指无法在可承受的时间范围内用常规软件工具进行捕捉、管理和处理的数据集合，是需要采用新处理模式才能获取很多智能的、深入的、有价值的信息，以期得到更强的决策力、洞察力和流程优化能力的海量、高增长率和多样化的信息资源。大数据（Big Data）的特点被归纳为 5 个"V"——Volume（数据量大）、Variety（数据类型繁多）、Velocity（处理速度快）、Value（价值密度低）、Veracity（真实性高）。

大数据受到越来越多行业巨头的关注，使得大数据渗透到更广阔的领域，除了电商、电信、金融等传统数据丰富、信息系统发达的行业之外，在政府、医疗、制造和零售行业也有其巨大的社会价值和产业空间，其中电子商务行业与大数据应用的契合度最高。

★ **参考答案**：参见第 397 页"2021 年上半年上午试题参考答案"。

● 与 Web1.0 相比，Web2.0 具有（22）的特点。
　　①高参与度　　　　　　　　②个性化
　　②结构复杂　　　　　　　　④追求功能性
　　⑤信息灵通，知识程度高

(22) A. ①③⑤　　　B. ①③④　　　C. ①②⑤　　　D. ②④⑤

📝 **自我测试**

（22）____（请填写你的答案）

【试题分析】

Web2.0 严格来说不是一种技术，而是提倡众人参与的互联网思维模式。Web2.0 指的是一个利用 Web 的平台由用户主导生成内容的互联网产品模式，是第二代互联网。Web1.0 和 Web2.0 的区别如下表所示。

项 目	Web1.0	Web2.0
页面风格	结构复杂，页面烦冗	页面简洁、风格流畅
个性化程度	垂直化、大众化	个性化突出自我品牌
用户体验程度	低参与度、被动接受	高参与度、互动接受
通信程度	信息闭塞，知识程度低	信息灵通，知识程度高
感性程度	追求物质性价值	追求精神性价值
功能性	实用追求功能性利益	体验追求情感性利益

➤ **参考答案**：参见第 397 页"2021 年上半年上午试题参考答案"。

● 在物联网产业链中，(23)被称为物联网"金字塔"的塔座，是整个链条需求总量最大和最基础的环节。

(23) A. 传感器　　　　　　　　　B. 网络运营和服务
　　 C. 软件与应用开发　　　　　D. 系统集成

📝 **自我测试**

（23）____（请填写你的答案）

【试题分析】

物联网即"物物相联之网"，指通过射频识别（RFID）、红外感应器、全球定位系统、激光扫描器等信息传感设备，按约定的协议把物与物、人与物进行智能化连接，进行信息交换和通信，以实现智能化识别、定位、跟踪、监控和管理的一种新兴网络。物联网从架构上可以分为感知层、网络层和应用层，如下图所示。

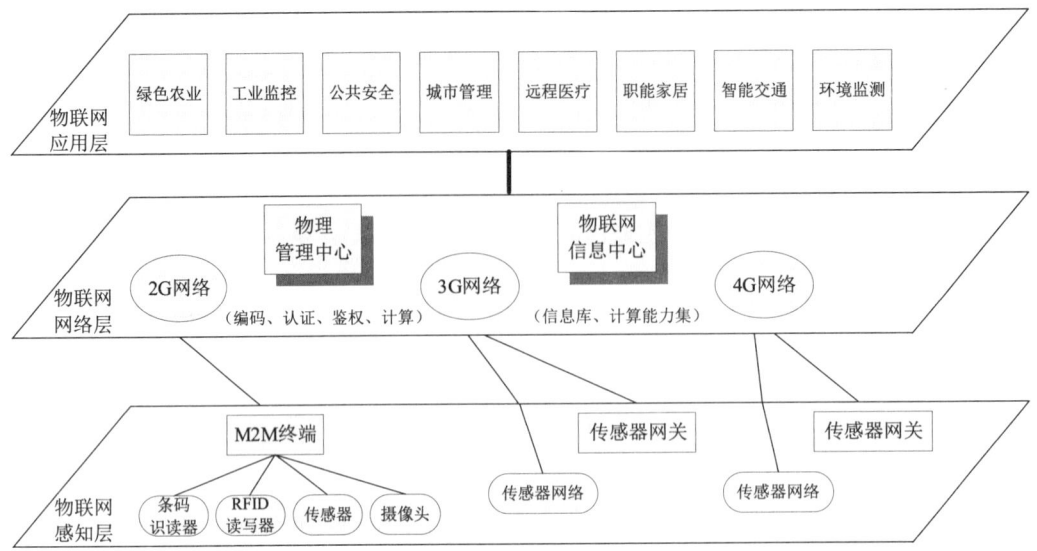

（1）感知层：负责信息采集和物物之间的信息传输。信息采集的技术包括传感器、条码和二维码、RFID 射频技术、音视频等多媒体信息。信息传输包括远近距离数据传输技术、自组织网络技术、协同信息处理技术、信息采集中间件技术等传感器网络。

（2）网络层：是利用无线和有线网络对采集的数据进行编码、认证和传输。广泛覆盖的移动通信网络是物联网的基础设施，也是物联网三层架构中标准化程度最高、产业化能力最强、最成熟的部分，为物联网应用特征进行优化和改进，形成协同感知的网络。

（3）应用层：提供丰富的基于物联网的应用，是物联网发展的根本目标，将物联网技术与行业信息化需求相结合，实现广泛智能化应用的解决方案集，关键在于行业融合、信息资源的开发利用、低成本高质量的解决方案、信息安全的保障及有效的商业模式开发。

物联网的产业链包括传感器和芯片、设备、网络运营及服务、软件与应用开发和系统集成。作为物联网"金字塔"的塔座，传感器是整个链条需求总量最大和最基础的环节。

参考答案：参见第 397 页"2021 年上半年上午试题参考答案"。

- （24）不是一个项目。
    （24）A．某公司组织优秀员工海外旅游
    　　　B．某公司为客户提供 2 次系统升级服务
    　　　C．某酒店清洁人员定期清洁客房的服务
    　　　D．某在线教育平台为首次注册用户免费提供 1 次线上课程服务

自我测试
（24）____（请填写你的答案）

【试题分析】
项目是为达到特定的目的，使用一定的资源，在确定的期间内，为特定发起人提供独特的产品、服务或成果而进行的一次性努力。与公司日常的、例行公事般的运营工作不同，项目具有三大特点：临时性、独特性和渐进明细。

（1）临时性：临时性是指每一个项目都有一个明确的开始时间和结束时间，临时性也指

项目是一次性的。当项目目标已经实现，或由于项目成果性目标明显无法实现、项目需求已经不复存在而终止项目时，就意味着项目的结束，临时性并不一定意味着项目历时短，项目历时根据项目的需要而定，可长可短。不管什么情况，项目的历时总是有限的，项目要执行多个过程以完成独特产品、提供独特的服务或成果。

（2）独特性：项目要提供某一独特产品、独特的服务或成果，因此没有完全一样的项目。项目可能有各种不同的客户、不同的用户、不同的需求、不同的产品、不同的时间、不同的成本和质量等。

（3）渐进明细：渐进明细是指项目的成果性目标是逐步完成的。因为项目的产品、成果或服务事先不可预见，在项目前期只能粗略地进行项目定义，随着项目的进行才能逐渐明朗、完善和精确。

运营也叫日常业务，它是一个组织内重复发生的或者说经常性的事务，通常由组织内的一个业务部门来负责。项目和运营的主要区别在于：运营是具有连续性和重复性的，而项目则是具有临时性和独特性的。值得关注的是，项目中有些过程也具有重复的特性，但此处过程的重复特性是从属于项目的，不同于日复一日的重复性日常工作。

酒店清洁人员定期清洁客房是一个日常业务，是连续性和重复性的活动，属于运营活动。

★ **参考答案**：参见第397页"2021年上半年上午试题参考答案"。

● 关于项目经理的描述，正确的是：(25)。
(25) A．具备足够的知识和一定的领导能力，就能成为合格的项目经理
　　　B．项目团队中技术最强的人，不能做项目经理
　　　C．项目经理只需要掌握两方面的经验：项目管理、系统集成
　　　D．项目经理管理项目团队时，必须建立一套切实可行的项目管理制度

📝 自我测试
(25) ____ （请填写你的答案）

【试题分析】
怎样才能成为一名优秀的项目经理？这里提出以下一些建议。

（1）真正理解项目经理的角色：项目经理首先是一个管理岗位，但是也要了解与项目有关的技术、客户的业务需求，以及与其相关的业务知识等。因此项目经理要避免两个极端，一个是过分强调项目经理的技术能力，认为项目经理应该是团队中技术最强的人；另一个是过分强调项目经理的领导管理能力，认为项目经理的主要任务就是领导、管理及协调整个项目团队，对技术一点也不用知道。

（2）领导并管理项目团队：在项目的实施中，必须建立一套切实可行的项目管理制度。同时要严格执行制度，做到奖罚及时、分明。为了组建一个和谐的团队，项目经理必须向项目团队明确项目目标、培养培训队员、充当队员的顾问和教练、解决冲突、推进项目的全面开展。

（3）制定并监控项目计划：依据项目进展的阶段，组织制定详细程度适宜的项目计划，监控计划的执行，并根据实际情况、客户要求或其他变更要求对计划的变更进行管理。

（4）真正理解"一把手工程"：一般的项目组织机构为项目领导小组（对大型项目来说有时也叫工程指挥部，一般的叫法是项目管理团队），建设方的"一把手"应为领导小组组长，组员来自建设方、承建方、监理方和供应商等相关方，领导小组负责项目的重大决策、协调单位之间的协作。项目实施小组接受领导小组的领导，负责项目的实施，一般也由建设方的相关人员担任组长。承建方的项目团队接受实施小组的领导。

（5）注重客户和用户参与：因为项目的目标是开发出满足客户需求的产品，或提交满足客户需求的成果，或提供让客户满意的服务，因此客户和用户的参与必不可少。项目经理不仅要调研他们的需求，还要在项目的实施过程中让他们参与到项目中来，让他们真正了解项目，对项目的工作和中间成果给予及时的确认，减少不必要的变更，保证项目顺利完成。

参考答案：参见第 397 页"2021 年上半年上午试题参考答案"。

● 关于项目组织结构的描述，不正确的是：(26)。
(26) A．职能型组织结构中项目经理缺少权力和权威
　　　B．项目型组织结构的管理成本过高，但员工具有事业上的连续性和保障
　　　C．强矩阵型组织结构内具有专职的项目经理
　　　D．弱矩阵型组织结构内项目经理对于资源的影响力弱于职能经理

自我测试
(26) ____（请填写你的答案）

【试题分析】

根据项目经理的权力从小到大，可以将组织结构依次划分为职能型组织、弱矩阵型组织、平衡矩阵型组织、强矩阵型组织和项目型组织。

职能型组织中项目经理的权力很小或没有，项目团队成员主要接受部门经理的领导。

在矩阵型组织内，项目团队的成员来自相关部门，同时接受部门经理和项目经理的领导，矩阵型组织兼有职能型和项目型的特征，依据项目经理对资源包括人力资源影响程度，矩阵型组织可分为弱矩阵型组织、平衡矩阵型组织和强矩阵型组织。

弱矩阵型组织保持着很多职能型组织的特征，弱矩阵型组织内项目经理对资源的影响力弱于部门经理，项目经理的角色与其说是管理者，不如说是协调人和发布人。

平衡矩阵型组织内项目经理要与职能经理平等地分享权力。

强矩阵型组织具有拥有很大职权的专职项目经理和专职项目行政管理人员。

在项目型组织中，一个组织被分为若干个项目经理部。一般项目团队成员直接隶属于某个项目而不是某个部门。绝大部分的组织资源直接配置到项目工作中，并且项目经理拥有相当大的独立性和权限。

项目经理在各类型组织中的角色定位区别如下表所示。

项目特点	组织类型				
	职能型组织	矩阵型组织			项目型组织
		弱矩阵型组织	平衡矩阵型组织	强矩阵型组织	
项目经理的权力	很小和没有	有限	小～中等	中等～大	大～全权
组织中全职参与项目工作的职员比例	没有	0%～25%	15%～60%	50%～95%	85%～100%
项目经理的职位	部分时间	部分时间	全时	全时	全时
项目经理的一般头衔	项目协调员/项目主管	项目协调员/项目主管	项目经理/项目主任	项目经理/计划经理	项目经理/计划经理
项目管理行政人员	部分时间	部分时间	部分时间	全时	全时

注：部分时间指兼职，全时指专职。

项目型组织的优点体现在如下方面：
（1）结构单一，权责分明，利于统一指挥。
（2）目标明确单一。
（3）沟通简捷、方便。
（4）决策快。

同时，项目型组织也存在如下缺点：管理成本过高，如项目的工作量不足则资源配置效率低；项目环境比较封闭，不利于沟通、不利于技术和知识的共享；员工缺乏事业上的连续性和保障等。

参考答案：参见第 397 页"2021 年上半年上午试题参考答案"。

● （27）属于执行过程组。
　　　①管理干系人参与　　　②活动排序　　　③质量保证
　　　④范围核实　　　　　　⑤实施采购　　　⑥风险定性分析
（27）A．①③④　　　B．②④⑤　　　C．①③⑤　　　D．④⑤⑥

自我测试
（27）____（请填写你的答案）

【试题分析】
按项目管理过程在项目管理中的职能可以将组成项目的各个过程归纳为五组，分别为：①启动过程组；②计划过程组；③执行过程组；④监督与控制过程组；⑤收尾过程组。

执行过程组整合人员和其他资源，在项目的生命期或某个阶段执行项目管理计划。包括项目整体管理中的"指导和管理项目执行"过程，项目质量管理中的"质量保证"过程，项目人力资源管理中的"组建项目团队""建设项目团队""管理项目团队"过程，项目沟通管理中的"管理沟通"过程，干系人管理中的"管理干系人参与"过程，项目采购管理中的"实施采购"过程。

"活动排序"和"风险定性分析"属于计划过程组，"范围核实"属于监督与控制过程组。

参考答案：参见第 397 页"2021 年上半年上午试题参考答案"。

● （28）不属于项目建议书的主要内容。
（28）A．建设必要性　　B．业务分析　　C．招投标方案　　D．效益与风险分析

自我测试
（28）＿＿（请填写你的答案）

【试题分析】
项目建议书（又称立项申请）是项目建设单位向上级主管部门提交项目申请时所必需的文件，是该项目建设筹建单位或项目法人，根据国民经济的发展、国家和地方中长期规划、产业政策、生产力布局、国内外市场、所在地的内外部条件、本单位的发展战略等，提出的某一具体项目的建议文件，是对拟建项目提出的框架性总体设想。项目建议书是项目发展周期的初始阶段，是国家或上级主管部门选择项目的依据，也是可行性研究的依据。

系统集成类项目的项目建议书主要有以下内容，也可适当删减。
（1）项目简介。
（2）项目建设单位概况。
（3）项目建设的必要性。
（4）业务分析。
（5）总体建设方案。
（6）本期项目建设方案。
（7）环境、消防、职业安全。
（8）项目实施进度。
（9）投资估算与项目资金筹措。
（10）效益与风险分析。

参考答案：参见第397页"2021年上半年上午试题参考答案"。

● 在项目可行性研究内容中，（29）主要从资源配置的角度衡量项目的价值，评价项目在实现区域经济发展目标、有效配置经济资源等方面的效益。
（29）A．投资必要性　B．技术可行性　　C．经济可行性　　D．财务可行性

自我测试
（29）＿＿（请填写你的答案）

【试题分析】
项目可行性研究一般应包括如下几方面的内容。
（1）投资必要性：主要根据市场调查及预测的结果，以及有关的产业政策等因素，论证项目投资建设的必要性。
（2）技术可行性：主要从项目实施的技术角度，合理设计技术方案，并进行比较、选择和评价。
（3）财务可行性：主要从项目及投资者的角度，设计合理财务方案，从企业理财的角度进行资本预算，评价项目的财务盈利能力，进行投资决策，并从融资主体（企业）的角度评价股东投资收益、现金流量计划及债务偿还能力。
（4）组织可行性：制定合理的项目实施进度计划、设计合理的组织机构、选择经验丰富

的管理人员、建立良好的协作关系、制定合适的培训计划等，保证项目顺利执行。

（5）经济可行性：主要是从资源配置的角度衡量项目的价值，评价项目在实现区域经济发展目标、有效配置经济资源、增加供应、创造就业、改善环境、提高人民生活水平等方面的效益。

（6）社会可行性：主要分析项目对社会的影响，包括政治体制、方针政策、经济结构、法律道德、宗教民族、妇女儿童及社会稳定性等。

（7）风险因素及对策：主要对项目的市场风险、技术风险、财务风险、组织风险、法律风险、经济及社会风险等因素进行评价，制定规避风险的对策，为项目全过程的风险管理提供依据。

➤ **参考答案**：参见第397页"2021年上半年上午试题参考答案"。

● （30）的主要任务是对投资项目或投资方向提出建议，并对各种设想的项目和投资机会做出鉴定，其目的是激发投资者的兴趣。

（30）A．机会可行性研究　　　　B．初步可行性研究
　　　C．详细可行性研究　　　　D．可行性研究报告

📝 自我测试
（30）____（请填写你的答案）

【试题分析】
可行性研究分为机会可行性研究、初步可行性研究、详细可行性研究。

机会可行性研究的主要任务是对投资项目或投资方向提出建议，并对各种设想的项目和投资机会做出鉴定，其目的是激发投资者的兴趣。

初步可行性研究是介于机会可行性研究和详细可行性研究的一个中间阶段，是在项目意向确定之后，对项目的初步估计。如果就投资可能性进行了项目机会研究，那么项目的初步可行性研究往往可以省去。

详细可行性研究是在初步可行性研究基础上认为项目基本可行，对项目各方面的详细材料进行全面的收集和分析，对不同的项目实现方案进行综合评判，并对项目建成后的绩效进行科学的预测，为项目立项决策提供确切的依据。详细可行性研究需要对项目的技术、经济、环境及社会影响进行深入调查研究，是一项费时、费力且需一定资金支持的工作，特别是大型的或比较复杂的项目更是如此。

➤ **参考答案**：参见第397页"2021年上半年上午试题参考答案"。

● 关于项目招投标的描述，不正确的是：（31）。
（31）A．国有资金占主导地位的项目公开招标
　　　B．需要采用新技术的项目可以不进行招标
　　　C．招标人授意投标人撤换、修改投标文件属于串通投标
　　　D．中标候选人应当不超过3个，并标明顺序

📝 自我测试
（31）____（请填写你的答案）

【试题分析】

招标分为公开招标和邀请招标。

公开招标是指招标人以招标公告的方式邀请不特定的法人或者其他组织投标。

邀请招标是指招标人以投标邀请书的方式邀请特定的法人或者其他组织投标。

《中华人民共和国招标投标法》第三条规定，在中华人民共和国境内进行下列工程建设项目包括项目的勘察、设计、施工、监理以及与工程建设有关的重要设备、材料等的采购，必须进行招标：

（一）大型基础设施、公用事业等关系社会公共利益、公众安全的项目。

（二）全部或者部分使用国有资金投资或者国家融资的项目。

（三）使用国际组织或者外国政府贷款、援助资金的项目。

《中华人民共和国招标投标法》第六十六条规定：涉及国家安全、国家秘密、抢险救灾或者属于利用扶贫资金实行以工代赈、需要使用农民工等特殊情况，不适宜进行招标的项目，按照国家有关规定可以不进行招标。

《中华人民共和国招标投标法实施条例》第九条规定，除《中华人民共和国招标投标法》第六十六条规定的可以不进行招标的特殊情况外，有下列情形之一的，可以不进行招标：

（一）需要采用不可替代的专利或者专有技术。

（二）采购人依法能够自行建设、生产或者提供。

（三）已通过招标方式选定的特许经营项目投资人依法能够自行建设、生产或者提供。

（四）需要向原中标人采购工程、货物或者服务，否则将影响施工或者功能配套要求。

（五）国家规定的其他特殊情形。

《中华人民共和国招标投标法实施条例》第四十一条规定：禁止招标人与投标人串通投标。有下列情形之一的，属于招标人与投标人串通投标：

（一）招标人在开标前开启投标文件并将有关信息泄露给其他投标人。

（二）招标人直接或者间接向投标人泄露标底、评标委员会成员等信息。

（三）招标人明示或者暗示投标人压低或者抬高投标报价。

（四）招标人授意投标人撤换、修改投标文件。

（五）招标人明示或者暗示投标人为特定投标人中标提供方便。

（六）招标人与投标人为谋求特定投标人中标而采取的其他串通行为。

《中华人民共和国招标投标法》第三十七条规定：评标由招标人依法组建的评标委员会负责。依法必须进行招标的项目，其评标委员会由招标人的代表和有关技术、经济等方面的专家组成，成员人数为五人以上单数，其中技术、经济等方面的专家不得少于成员总数的三分之二。

《中华人民共和国招标投标法实施条例》第五十三条规定，评标完成后，评标委员会应当向招标人提交书面评标报告和中标候选人名单。中标候选人应当不超过 3 个，并标明排序。

参考答案：参见第 397 页"2021 年上半年上午试题参考答案"。

● 系统集成商进行项目内部立项的主要原因不包括（32）。
（32）A．为项目分配资源　　　　　B．确定合理的项目绩效
　　　C．提高项目实施效率　　　　D．保障项目接受法律保护

自我测试

（32）____（请填写你的答案）

【试题分析】

内部立项有以下几方面的原因：第一，通过项目立项方式为项目分配资源；第二，通过项目立项方式确定合理的项目绩效目标；第三，以项目型工作方式提升项目实施效率。

参考答案：参见第 397 页"2021 年上半年上午试题参考答案"。

● 关于项目整体管理的描述，不正确的是：（33）。
（33）A．整体管理是一项综合性和全面性的工作
　　　B．整体管理涉及相互竞争的项目各分目标之间的集成
　　　C．项目经理通过干系人的汇报获取项目需求
　　　D．整体管理最终是为了实现项目目标的综合最优

自我测试

（33）____（请填写你的答案）

【试题分析】

项目整体管理包括为识别、定义、组合、统一和协调各项目管理过程组的各种活动而开展的工作，是项目管理中一项综合性和全局性的管理工作。项目整体管理是项目管理的核心，是为了实现项目各要素之间的相互协调，并在相互冲突、相互竞争的目标中寻找最佳平衡点。整合者是项目经理承担的重要角色之一，他要通过沟通来协调，通过协调来整合。从宏观角度来审视项目。

项目经理通过与干系人进行主动、全面的沟通来了解他们对项目的需求，而不是通过干系人的汇报了解。

参考答案：参见第 397 页"2021 年上半年上午试题参考答案"。

● 关于项目章程的描述，不正确的是：（34）。
（34）A．项目章程规定项目经理的权力
　　　B．项目章程由项目经理来发布
　　　C．项目章程规定项目的总体目标
　　　D．只有管理层和发起人有权对项目章程进行变更

自我测试

（34）____（请填写你的答案）

【试题分析】

项目章程是一份正式批准项目并授权项目经理在项目活动中使用组织资源的文件。项目章程宣告一个项目的正式启动、项目经理任命，并对项目的目标、范围、主要可交付成果、主要制约因素等进行总体性描述。项目章程通常由高级管理层签发，用来体现高级管理层对项目的原则性要求，并授权项目经理为实施项目而动用组织资源。

项目经理是项目章程的实施者。项目章程所规定的是比较大的、原则性的问题，通常不会因为项目变更而对项目章程进行修改。当项目目标发生变化，需要对项目章程进行修改时，只有管理层和发起人有权进行变更，项目经理对项目章程的修改不在其权责范围之内。项目章程遵循"谁签发，谁有权修改"的原则。项目章程是正式批准项目的文件。由于项目章程要授权项目经理在项目活动中动用组织的资源，项目章程由项目以外的人员批准，如发起人、项目管理办公室或项目组合指导委员会。

项目章程的制定主要关注记录商业需求、项目论证、对顾客需求的理解，以及满足这些需求的新产品、服务或输出。项目章程主要包括以下内容：

（1）项目目的或批准项目的理由。

（2）可测量的项目目标和相关的成功标准。

（3）项目的总体要求，包括项目的总体范围和总体质量要求。

（4）概括性的项目描述和项目产品描述。

（5）项目的主要风险，如项目的主要风险类别。

（6）总体里程碑进度计划。

（7）总体预算。

（8）项目审批要求（在项目规划、执行、监控和收尾过程中，应该由谁来做出哪种批准）。

（9）委派的项目经理及其职责和职权。

（10）发起人或其他批准项目章程人员的姓名和职权。

参考答案：参见第397页"2021年上半年上午试题参考答案"。

● （35）不属于项目管理计划的内容。

（35）A．成本基准　　B．WBS词典　　C．进度数据　　D．范围管理计划

自我测试

（35）____（请填写你的答案）

【试题分析】

项目管理计划是说明项目将如何执行、监督和控制项目的一份文件。它合并与整合了其他各规划过程所产生的所有子管理计划和范围基准（范围基准包括经批准的详细范围说明书、WBS和WBS词典）、进度基准、成本基准等。项目管理计划还包括以下内容：

（1）所使用的项目管理过程。

（2）每个特定项目管理过程的实施程度。

（3）完成这些过程的工具与技术的描述。

（4）项目所选用的生命周期及各阶段将要采用的过程。

（5）如何用选定的过程来管理具体的项目，包括过程之间的依赖关系和相互作用，以及基本的输入输出。

（6）如何执行工具来完成项目目标及对项目目标的描述。

（7）如何监督和控制变更，明确如何对变更进行监控。

（8）配置管理计划，用来明确如何开展配置管理。

（9）对维护项目绩效基线的完整性的说明。

（10）与项目干系人沟通的要求和技术。

（11）为项目选择的生命周期模型。

（12）为解决某些遗留问题和未定决策，对于其内容、严重程度和紧迫程度进行的关键管理评审。

项目管理计划中不包括进度数据。

➤ **参考答案**：参见第 397 页"2021 年上半年上午试题参考答案"。

- （36）通常以开工会议（kick-off meeting）为开始标志。

  (36) A．指导与管理项目工作 　　B．制定项目章程
  　　　C．编制项目管理计划　　　D．编制进度管理计划

📝 **自我测试**

（36）____（请填写你的答案）

【试题分析】

指导与管理项目工作通常以"开工会议"（kick-off meeting）为开始标志。该会议是项目计划制定工作结束、执行工作开始时由项目的主要干系人联合召开会议，以便加强他们之间的沟通与协调。

➤ **参考答案**：参见第 397 页"2021 年上半年上午试题参考答案"。

- 关于实施整体变更控制的描述，不正确的是：（37）。

  (37) A．项目经理对实施整体变更过程负最终责任
  　　　B．如遇特殊情况，变更请求可以口头提出
  　　　C．变更日志用来记录项目过程中出现的变更
  　　　D．项目经理不可以加入变更控制委员会

📝 **自我测试**

（37）____（请填写你的答案）

【试题分析】

实施整体变更控制是审查所有变更请求，批准或否决变更，管理对可交付成果、组织过程资产、项目文件和项目管理计划的变更，并对变更处理结果进行沟通的过程。实施整体变更控制过程贯穿项目始终，并且应用于项目的各个阶段。项目经理对此负最终责任。

项目的任何干系人都可以提出变更请求，尽管可以口头提出，但所有变更请求都必须以书面形式记录，并纳入变更管理及配置管理系统中。

每项记录在案的变更请求都必须由一位责任人批准或否决，这个责任人通常是项目的发起人或项目经理。应该在项目管理计划或组织流程中指定这位责任人；必要时，应该由变更控制委员会（CCB）来决策是否实施整体变更控制过程。CCB 是一个正式组成的团体，负责审查、评价、批准、推迟或否决项目变更，以及记录和传达变更处理决定。CCB 是由主要项目干系人的代表所组成的一个小组，项目经理可以是其中的成员之一，但通常不是组长。

变更日志用来记录项目过程中出现的变更，应该与相关的干系人沟通这些变更及其对项目时间、成本和风险的影响。被否决的变更请求也应该记录在变更日志中。

➤ **参考答案**：参见第 397 页"2021 年上半年上午试题参考答案"。

● 项目行政收尾产生的结果不包括（38）。
　　（38）A．完整的项目档案　　　　B．项目管理计划
　　　　　C．资源释放　　　　　　　D．经验教训总结

📝 **自我测试**
　　（38）＿＿＿（请填写你的答案）

【试题分析】
　　项目收尾过程是结束项目某一阶段中的所有活动，正式收尾该项目阶段的过程。这个过程包括完成所有项目过程中的所有活动以正式关闭整个项目或阶段，恰当地移交已完成或已取消的项目或阶段，对项目可交付物进行验证和记录，协调和配合顾客或出资人对这些可交付物的正式接受。
　　项目行政收尾产生的结果如下：
　　（1）对项目产品的正式接受。
　　（2）完整的项目档案。
　　（3）组织过程资产更新（经验教训总结）。
　　（4）资源释放（包括人力和非人力资源）。
　　项目管理计划是项目收尾的输入。

➤ **参考答案**：参见第397页"2021年上半年上午试题参考答案"。

● （39）将实际或计划的做法与其他（可比）组织的做法进行比较，以便识别最佳实践，形成改进意见，并为绩效考核提供依据。
　　（39）A．引导式研讨会　B．问卷调查　C．专家判断　D．标杆对照

📝 **自我测试**
　　（39）＿＿＿（请填写你的答案）

【试题分析】
　　（1）引导式研讨会：通过邀请跨职能干系人一起参加会议，引导式研讨会对产品需求进行集中讨论与定义。研讨会是快速定义跨职能需求和协调干系人差异的重要技术。由于群体互动的特点，被有效引导的研讨会有助于建立信任、促进关系、改善沟通，从而有利于参加者达成一致意见。此外研讨会能够比单项会议更快地发现和解决问题。
　　（2）问卷调查：问卷调查是指设计一系列书面问题，向众多受访者快速收集信息。问卷调查方法非常适合于以下情况：受众多样化，需要快速完成调查；受访者地理位置分散，并想要使用统计分析法。
　　（3）标杆对照：标杆对照将实际或计划的做法（如流程和操作过程）与其他可比组织的做法进行比较，以便识别最佳实践，形成改进意见，并为绩效考核提供依据。标杆对照所采用的"类似组织"可以是内部组织，也可以是外部组织。
　　（4）专家判断：专家判断是使用专家判断和专业知识来处理各种技术和管理问题。专家判断由项目经理和项目管理团队依据其专业知识或培训经历做出，也可从其他渠道获得，例如，组织内的其他部门、顾问和其他主题专家（来自内部和外部）、干系人（包括客户、供应商或发起人）、专业与技术协会等。

✦ **参考答案**：参见第 397 页 "2021 年上半年上午试题参考答案"。

● 关于工作分解结构的描述，不正确的是：（40）。
（40）A．工作分解结构必须且只能包括 100%的工作
　　　B．工作分解结构是逐层向下分解的
　　　C．工作分解结构中不包括分包出去的工作
　　　D．工作分解结构中的各要素应该是相对独立的

📝 自我测试
（40）____（请填写你的答案）

【试题分析】
创建工作分解结构是将项目可交付成果和项目工作分解成较小的、更易于管理的组件的过程。创建工作分解结构应把握如下原则。

（1）层次上要保持项目的完整性，避免遗漏重要的组成部分。
（2）一个工作单元只能从属于某个上层单元，避免交叉从属。
（3）相同层次的工作单元应具有相同的性质。
（4）工作单元应能分开不同的责任者和不同的工作内容。
（5）便于项目管理计划和项目控制的需要。
（6）底层工作应具有可比性，是可管理的，可定量检查的。
（7）应包括项目管理工作，也要包括分包出去的工作。

✦ **参考答案**：参见第 397 页 "2021 年上半年上午试题参考答案"。

● 关于确认范围的描述，不正确的是：（41）。
（41）A．确认范围过程应贯穿项目始终
　　　B．确认范围过程关注可交付成果的正确性及是否满足质量要求
　　　C．确认范围过程应该以书面文件的形式记录下来
　　　D．确认范围过程的目标是提高最终产品、服务或成果获得验收的可能性

📝 自我测试
（41）____（请填写你的答案）

【试题分析】
确认范围是正式验收已完成的项目可交付成果的过程。确认范围要审查可交付物和工作成果，以保证项目中所有工作都能准确地、满意地完成。确认范围应贯穿于项目始终，从 WBS 的确认或合同中的具体分工界面的确认，到项目验收时范围的检验。确认范围过程应以书面文件的形式把完成情况记录下来。本过程的主要作用是使验收过程具有客观性；同时通过验收每个可交付成果，提高最终产品、服务或成果获得验收的可能性。

确认范围与质量控制的不同之处在于以下三个方面。
（1）确认范围主要强调可交付成果获得客户或发起人的接受；质量控制强调可交付成果的正确性，并符合为其制定的具体质量要求（质量标准）。
（2）确认范围一般在阶段末进行；质量控制一般在确认范围前进行，也可同时进行。
（3）确认范围则是由外部干系人（客户或发起人）对项目可交付成果进行检查验收；质

量控制属内部检查，由执行组织的相应质量部门实施。

参考答案：参见第 397 页"2021 年上半年上午试题参考答案"。

● 项目组成员小李常驻用户现场开发，经常收到用户提出的新需求。针对有些修改工作量很小的需求，小李直接进行了修改，用户对此非常满意，但却遭到项目经理的批评，这是因为（42）。

（42）A．小李没有把项目经理放在眼里
　　　B．项目经理认为小李收了用户的好处
　　　C．小李的行为可能造成项目范围蔓延
　　　D．小李所做的工作没有给项目带来经济效益

自我测试
（42）____（请填写你的答案）

【试题分析】
用户的需求变更必须控制在可控范围之内。在项目管理过程中，用户需求变更很常见。面对频繁的需求变更，如果项目团队缺乏明确的需求变更管理控制及范围管理控制，会导致项目范围蔓延，从而导致项目失控。

参考答案：参见第 397 页"2021 年上半年上午试题参考答案"。

● 关于活动和里程碑的描述，不正确是：（43）。

（43）A．活动是实施项目时安排工作的最基本的工作单元
　　　B．一个活动可以属于多个工作包
　　　C．里程碑的持续时间为零
　　　D．里程碑既不消耗资源也不花费成本

自我测试
（43）____（请填写你的答案）

【试题分析】
创建工作分解结构（WBS）的过程已经识别出 WBS 中底层的可交付成果，即工作包。为了更好地规划项目，工作包通常还应进一步细分为更小的组成部分，即活动。

活动，就是为完成工作包所需进行的工作，是实施项目时安排工作的最基本的工作单元。活动与工作包是一对一或多对一的关系，即有可能多个活动完成一个工作包。

里程碑是项目中的重要时点或事件。里程碑是项目生命周期中的一个时刻，里程碑的持续时间为零，里程碑既不消耗资源也不花费成本，通常是指一个主要可交付成果的完成。在确定项目的里程碑时，可以使用"头脑风暴法"。

参考答案：参见第 397 页"2021 年上半年上午试题参考答案"。

● 某项目的网络图如下，活动 B 的自由浮动时间为(44)天，该项目的关键路径有(45)条。

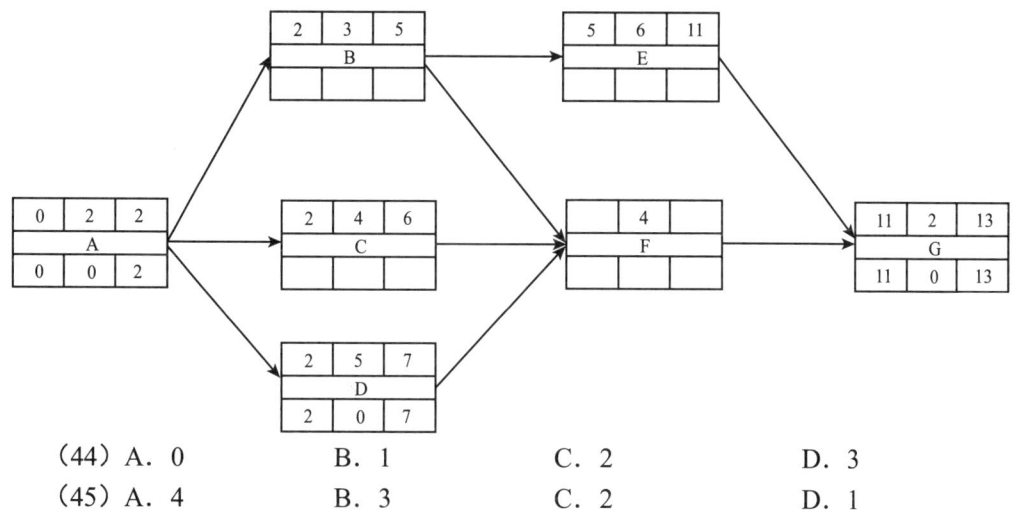

(44) A. 0　　　　　B. 1　　　　　C. 2　　　　　D. 3
(45) A. 4　　　　　B. 3　　　　　C. 2　　　　　D. 1

📝 自我测试

（44）____（请填写你的答案）
（45）____（请填写你的答案）

【试题分析】

关键路径是项目中时间最长的活动顺序，决定着可能的项目最短工期。

"自由浮动时间"是指在不延误任何紧后活动的最早开始时间且不违反进度制约因素的前提下，活动可以从最早开始时间推迟或拖延的时间量。其计算方法为：紧后活动的最早开始时间的最小值减去本活动最早结束时间，关键活动的自由浮动时间为零。

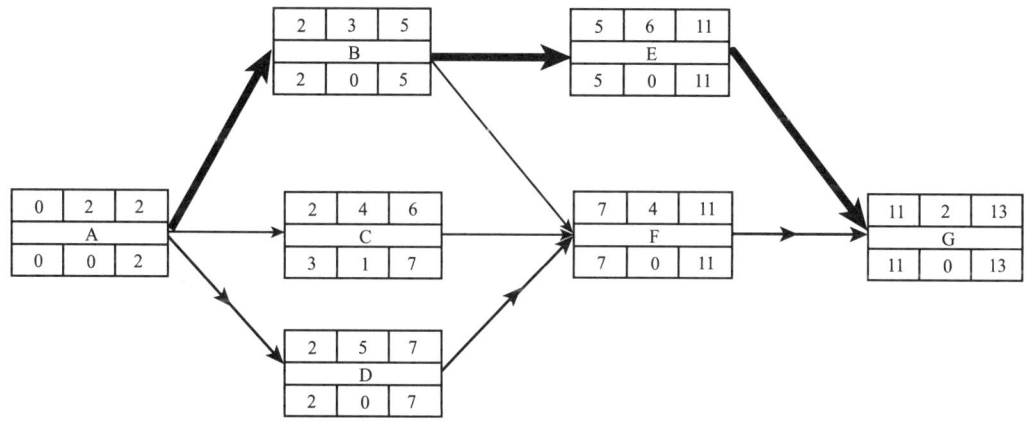

由上图可知，该项目有两条关键路径，A、B、E、G 和 A、D、F、G。B 活动在关键路径上，因此自由时差是 0。

★ 参考答案：参见第 397 页 "2021 年上半年上午试题参考答案"。

● (46) 比较剩余缓冲时间与所需缓冲时间，有助于确定进度状态。
（46）A. 关键链法　　B. 挣值管理　　C. 关键路径法　　D. 趋势分析

📝 自我测试

（46）____（请填写你的答案）

【试题分析】

关键链法是一种进度规划方法,允许项目团队在任何项目进度路径上设置缓冲,以应对资源限制和项目的不确定性。关键链法增加了作为"非工作活动"的持续时间缓冲,用来应对不确定性。项目缓冲放置在关键链末端的缓冲,用来保证项目不因关键链的延误而延误。接驳缓冲放置在非关键链与关键链的接合点,用来保护关键链不受非关键链延误的影响。关键链法如下图所示。关键链法重点管理剩余的缓冲持续时间与剩余的活动链持续时间之间的匹配关系。

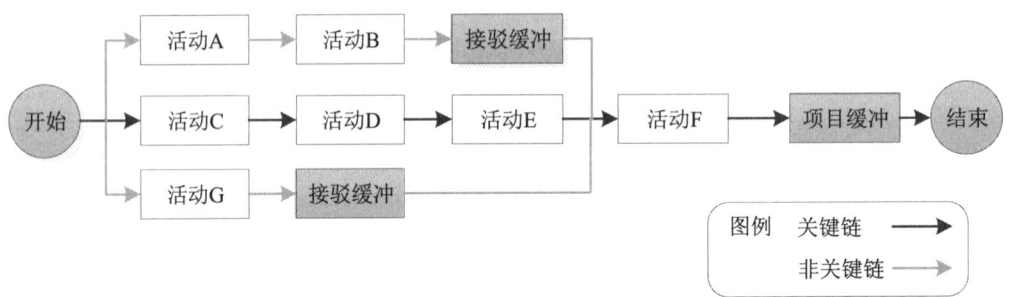

参考答案:参见第 397 页"2021 年上半年上午试题参考答案"。

- (47)过程合计各个活动或工作包的估算成本,以建立成本基线。
   (47)A.制定成本管理计划　　　　B.成本估算
   　　　C.成本预算　　　　　　　　D.成本控制

自我测试
   (47)____(请填写你的答案)

【试题分析】

项目成本管理包含为使项目在批准的预算内完成而对成本进行规划、估算、预算、融资、筹资、管理和控制的各个过程,从而确保项目在批准的预算内完工,项目成本管理过程包括以下内容。

(1)规划成本管理:制定了项目成本结构、估算、预算和控制的标准。
(2)估算成本:编制完成项目活动所需资源的大致成本。
(3)制定预算:合计各个活动或工作包的估算成本,以建立成本基准。
(4)控制成本:影响造成成本偏差的因素,控制项目预算的变更。

参考答案:参见第 397 页"2021 年上半年上午试题参考答案"。

- 关于成本管理计划的描述,不正确的是:(48)。
   (48)A.成本管理计划包含在项目管理计划中,或作为其从属分计划
   　　　B.成本管理计划可以是正式的,也可以是非正式的
   　　　C.成本管理计划可以是非常详细的,也可以是概括性的
   　　　D.制定成本管理计划的工作在项目计划阶段的后期进行

自我测试
   (48)____(请填写你的答案)

【试题分析】

成本管理计划是项目管理计划的组成部分,或作为项目管理计划的从属分计划,描述将如何规划、安排和控制项目成本。成本管理计划可以是正式的,也可以是非正式的;可以是详细的,也可以是高度概括的;视项目需求决定。

制定成本管理计划的工作在项目计划阶段的早期进行,并为每个成本管理过程设定了框架,以便确保过程实施的协调一致和高效率。

◆ **参考答案:** 参见第397页"2021年上半年上午试题参考答案"。

● (49)通过考虑估算中的不确定性与风险,使用三种估算值来界定活动期望完成工期的近似区间,可以提高活动成本估算的准确性。

(49)A. 类比估算　　B. 三点估算　　C. 参数估算　　D. 专家判断

自我测试

(49)____ (请填写你的答案)

【试题分析】

项目成本估算采用的技术与工具包括:专家判断、类比估算、参数估算、自下而上估算、三点估算、储备分析、质量成本、项目管理软件、卖方投标分析、群体决策技术。

(1)专家判断:基于历史信息,专家判断可以对项目环境及以往类似项目的信息提供有价值的见解。专家判断还可以对是否联合使用多种估算方法,以及如何协调方法之间的差异做出决定。

(2)类比估算:类比估算是指以过去类似项目的参数值(如范围、成本、预算和持续时间等)或规模指标(如尺寸、重量和复杂性等)为基础,来估算当前项目的同类参数或指标。在估算成本时,这项技术以过去类似项目的实际成本为依据,来估算当前项目的成本。这是一种粗略的估算方法,有时需要根据项目复杂性方面的已知差异进行调整。类比估算相对于其他估算技术,具有成本低、耗时少、准确率低的特点。

(3)参数估算:参数估算是指利用历史数据之间的统计关系和其他变量(如建筑施工中的平方米)来进行项目工作的成本估算。参数估算的准确性取决于参数模型的成熟度和基础数据的可靠性。参数估算可以针对整个项目或项目中的某个部分,并可与其他估算方法联合使用。

(4)自下而上估算:自下而上估算是对工作组成部分进行估算的一种方法。首先对单个工作包或活动的成本进行最具体、细致的估算;然后把这些细节性成本向上汇总或"滚动"到更高层次,用于后续报告和跟踪。自下而上估算的准确性及估算所需的成本,通常取决于单个活动或工作包的规模和复杂程度。

(5)三点估算:通过考虑估算中的不确定性与风险,使用三种估算值来界定活动成本的近似区间,可以提高活动成本估算的准确性。

①最可能成本(C_m):对所需进行的工作和相关费用进行比较现实的估算所得到的活动成本。

②最乐观成本(C_o):基于活动的最好情况所得到的活动成本。

③最悲观成本(C_p):基于活动的最差情况所得到的活动成本。

三点估算公式：

三角分布：$C_E=(C_o+C_m+C_p)/3$

贝塔分布：$C_E=(C_o+4C_m+C_p)/6$

当未明确说明时，采用贝塔分布进行三点估算。基于三点的假设分布计算出期望成本，并说明期望成本的不确定区间。

（6）储备分析：为应对成本的不确定性，成本估算中可以包括应急储备（有时称为"应急费用"）。

随着项目信息越来越明确，可以动用、减少或取消应急储备。应该在成本文件中清楚地列出应急储备。应急储备是成本基准的一部分，也是项目整体资金需求的一部分。

（7）质量成本：在估算活动成本时，可能要用到关于质量成本的各种假设。

（8）项目管理软件：项目管理应用软件、电子表单、模拟和统计工具等，可用来辅助成本估算。这些工具能简化某些成本估算技术的使用，使人们能快速考虑多种成本估算方案。

（9）卖方投标分析：在成本估算过程中，可能需要根据合格卖方的投标情况，分析项目成本。在用竞争性招标选择卖方的项目时，项目团队需要开展额外的成本估算工作，以便审查各项可交付成果的价格，并计算出组成项目最终总成本的各分项成本。

（10）群体决策技术：基于团队的方法（如头脑风暴、德尔菲技术或名义小组技术）可以调动团队成员的参与，以提高估算的准确度，并提高对估算结果的责任感。选择一组与技术工作密切相关的人员参与估算过程，可以获取额外的信息，得到更准确的估算。另外，让成员亲自参与估算，能够提高他们对估算工作的责任感。

参考答案：参见第397页"2021年上半年上午试题参考答案"。

● 某软件开发项目到2021年3月1日为止的成本绩效数据如下：

活动编号	活动	完成百分比（%）	PV（万元）	AC（万元）	EV（万元）
1	召开启动会议	100	1	1	1
2	收集数据	100	0.9	1	0.9
3	可行性研究	100	4	4.2	4
4	撰写问题定义报告	100	0.75	0.75	1
5	制定项目计划	100	2.1	2.1	2.1
6	客户需求调研	100	6	6.5	6
7	客户需求分析	100	4.5	5.5	4.5
8	研究现有系统	100	5.2	5.7	5.2
9	撰写需求分析报告	100	0.65	0.65	0.85
10	设计界面	80	5.2	5.25	4.16
11	总体设计	70	10.5	11.5	7.35
合计			40.8	44.15	37.06
项目总预算（BAC）187.5					

根据当前的项目绩效，如果当前偏差是非典型的，项目完工估算值（EAC）是（50）万元。

(50) A．194.6　　　　B．187.5　　　　C．190.5　　　　D．193.8

📝 自我测试

（50）____（请填写你的答案）

【试题分析】

本题考核的知识点是挣值管理的相关概念及挣值计算（详见 2021 年上半年下午试题分析与解答试题二）。

非典型偏差：EAC＝AC＋(BAC－EV)。

典型偏差：EAC＝AC＋(BAC－EV)/CPI，或者 EAC＝BAC/CPI。

根据题意，当前偏差是非典型的，项目完工估算：

EAC＝AC＋(BAC－EV)＝44.15＋(187.5－37.06)≈194.6（万元）。

参考答案：参见第 397 页"2021 年上半年上午试题参考答案"。

● （51）最直观地反映了团队成员个人与其承担的工作之间的联系。

（51）A．工作分解结构　　　　　　B．组织分解结构
　　　C．资源分解结构　　　　　　D．责任分配矩阵

📝 自我测试

（51）____（请填写你的答案）

【试题分析】

在项目管理中可采用多种格式来记录团队成员的角色与职责，最常用的有三种：层次结构图、责任分配矩阵和文本格式。

1. 层次结构图

层次结构图包括以下三种。

（1）工作分解结构（WBS）：用来确定项目的范围，将项目可交付物分解成工作包即可得到该项目的 WBS，也可以用 WBS 来描述不同层次的职责。

（2）组织分解结构（OBS）：与工作分解结构在形式上相似，但它不是根据项目的交付物进行分解的，而是根据组织现有部门、单位或团队进行分解。

（3）资源分解结构（RBS）：资源分解结构是另一种层次结构图，它用来分解项目中各种类型的资源。

2. 责任分配矩阵

责任分配矩阵（RAM）是用来显示分配给每个工作包的项目资源的表格。它显示工作包或活动与项目团队成员之间的关系。它也可确保任何一项任务都只有一个人负责，从而避免职责不清。

RAM 的一个例子是 RACI 矩阵（Responsible、Accountable、Consult、Inform，代表资源与工作之间的四种关系）。实用 RACI 格式的责任分配矩阵如下表所示。

RACI 矩阵	人员				
活动	张三	李四	王五	赵六	钱七
需求定义	A	R	I	I	I
系统设计	I	A	R	C	C
系统开发	I	A	R	C	C
测试	A	I	I	R	I
R：执行，A：负责，C：咨询，I：知情					

项目经理也可以根据项目需要使用自己定义的责任对应关系（如负责、协助、参与、监督、审核等）来制定适合本项目的责任分配矩阵。

在 RAM 中，任务与人员（也可以是小组或部门）的对应关系一览无余，可以使项目避免很多无谓的冲突和混乱。

3．文本格式

如果需要详细描述团队成员的职责，可以采用文本形式表示。

参考答案：参见第 397 页"2021 年上半年上午试题参考答案"。

● （52）不是获取项目人力资源的依据。
　　（52）A．项目人力资源管理计划　　　B．组织结构
　　　　　C．人员配备管理计划　　　　　D．资源日历

自我测试
　　（52）____（请填写你的答案）

【试题分析】

组建项目团队过程包括获得项目人力资源，将其分配到项目工作。组建项目团队的输入有：项目人力资源计划（包括角色和职责、项目的组织结构图和人员配备管理计划）、事业环境因素和组织过程资产。

资源日历记录各个阶段到位的项目团队成员可以在项目上工作的时间，是组建项目团队的输出。

参考答案：参见第 397 页"2021 年上半年上午试题参考答案"。

● 项目经理最常用的（53）技能包括领导力、影响力和有效决策。
　　（53）A．人际关系　　B．绩效评估　　C．规划　　　D．变更管理

自我测试
　　（53）____（请填写你的答案）

【试题分析】

人际关系技能有时被称为"软技能"，是因富有情商，并熟练掌握沟通技巧、冲突解决方法、谈判技巧、影响技能、团队建设技能和团队引导技能而具备的行为能力。

人际关系技能在建设项目团队和管理项目团队过程中有着巨大的作用。例如，项目管理团队能用情商来了解、评估及控制项目团队成员的情绪，预测团队成员的行为，确认团队成员的关注点，跟踪团队成员遇到的困难，与团队成员有效互动。恰当地使用人际关系技能可充分发挥项目团队的集体力量。

项目经理最常用的人际关系技能包括领导力、影响力和有效决策。

参考答案：参见第 397 页 "2021 年上半年上午试题参考答案"。

● "管理沟通"过程的输入不包括（54）。
（54）A．项目沟通管理计划　　　　B．更新的成本状态
　　　C．组织文化　　　　　　　　D．工作绩效报告

自我测试

（54）____（请填写你的答案）

【试题分析】

管理沟通的输入有：项目沟通管理计划、工作绩效报告、事业环境因素（包括组织文化和组织结构、政府、行业标准和规定，以及项目管理信息系统等）、组织过程资产。

参考答案：参见第 397 页 "2021 年上半年上午试题参考答案"。

●（55）不属于识别项目干系人的输入。
（55）A．项目章程　　　　　　　　B．采购文件
　　　C．干系人记录模板　　　　　D．沟通管理模型

自我测试

（55）____（请填写你的答案）

【试题分析】

识别项目干系人的输入有：项目章程、采购文件、事业环境因素和组织过程资产（包括干系人记录模板、以往项目或阶段的经验教训和以往项目干系人记录）。

参考答案：参见第 397 页 "2021 年上半年上午试题参考答案"。

●《合同法》第六十一条明确规定，对于合同不明确的情况，应当先（56），达成补充协议。
（56）A．谈判　　　B．协商　　　C．投诉　　　D．仲裁

自我测试

（56）____（请填写你的答案）

【试题分析】

《合同法》第六十一条明确规定，对于合同不明确的情况，可以协议补充；不能达成补充协议的，按照合同有关条款或者交易习惯确定。

参考答案：参见第 397 页 "2021 年上半年上午试题参考答案"。

●（57）是一种特殊形式的条形图，用于描述集中趋势、分散程度和统计分布形状。
（57）A．帕累托图　　B．流程图　　C．散点图　　D．直方图

自我测试

（57）____（请填写你的答案）

【试题分析】

质量工具用于在 PDCA 循环的框架内解决与质量相关的问题，分为老七种工具和新七种工具。

（1）老七种工具包含因果图、流程图、核查（检查）表、帕累托图（排列图）、直方图、

控制图和散点图。

①因果图：问题陈述放在鱼骨的头部作为起点，用来追溯问题来源，回推到可行动的根本原因。

②流程图：也称过程图，用来显示在一个或多个输入转化成一个或多个输出的过程中，所需要的步骤顺序和可能分支。流程图有助于了解和估算一个过程的质量成本。它通过工作流的逻辑分支及其相对频率来估算质量成本。

③核查（检查）表：又称计数表，是用于收集数据的查对清单。

④帕累托图（排列图）：是一种特殊的垂直条形图，用于识别造成大多数问题的少数重要原因。在帕累托图中，通常按类别排列条形，以测量频率或后果。

⑤直方图：是一种特殊形式的条形图，用于描述集中趋势、分散程度和统计分布形状。与控制图不同，直方图不考虑时间对分布内的变化影响。

⑥控制图：用来确定一个过程是否稳定，或者是否具有可预测的绩效。根据协议要求而制定的规范上限和下限，反映了可允许的最大值和最小值，超出规范界限就可能受处罚。上下控制界限不同于规范界限。控制图可用于监测各种类型的输出变量。控制图常用来跟踪批量生产中的重复性活动，也可用来监测成本与进度偏差、产量、范围变更频率或其他管理工作成果，以便帮助确定项目管理过程是否受控。

⑦散点图：可以显示两个变量之间是否有关系，一条斜线上的数据点距离越近，两个变量之间的相关性就越密切。

（2）新七种工具包含亲和图、过程决策程序图（PDPC）、关联图、树形图、优先矩阵、活动网络图和矩阵图。

①亲和图：亲和图与心智图相似。针对某个问题，产生可以连接成有组织的想法的各种创意。

②过程决策程序图（PDPC）：用于理解一个目标与达成此目标的步骤之间的关系。PDPC有助于制定应急计划，因为它能帮助团队预测那些可能破坏目标实现的中间环节。

③关联图：关系图的变种，有助于在包含相互交叉逻辑关系的中等复杂情形中创新性地解决问题。可以使用其他工具（诸如亲和图、树形图或鱼骨图）产生的数据，来绘制关联图。

④树形图：也称系统图，可用于表现诸如 WBS、RBS 和 OBS 的层次分解结构。

⑤优先矩阵：用来识别关键事项和合适的备选方案，并通过一系列决策，排列出备选方案的优先顺序。先对标准排序和加权，再应用于所有备选方案，计算出数学得分，对备选方案排序。

⑥活动网络图：过去称为箭头图，包括活动箭线图（AOA）和最常用的活动节点图（AON）两种格式。活动网络图连同项目进度计划编制方法一起使用，如计划评审技术（PERT）、关键路径法（CPM）和紧前关系绘图法（PDM）。

⑦矩阵图：一种质量管理和控制工具，使用矩阵结构对数据进行分析，在行列交叉的位置展示因素、原因和目标之间的关系强弱。

★ **参考答案**：参见第397页"2021年上半年上午试题参考答案"。

● (<u>58</u>) 向卖方支付为完成工作而发生的全部合法实际成本，除此之外还向卖方支付一笔费用作为卖方的人工费用以及合理的利润。

(58) A．成本补偿合同　　　　B．总价加激励费用合同
　　　C．总价加经济价格调整合同　D．工料合同

📝 自我测试
(58)____（请填写你的答案）

【试题分析】
按项目付款方式，可把合同分为总价合同、成本补偿合同和工料合同三种类型。

（1）总价合同：又称固定价格合同、固定总价合同。它是指在合同中确定一个完成项目的总价，承包人据此完成项目全部合同内容的合同。采用总价合同，买方必须准确定义要采购的产品或服务。

（2）成本补偿合同：又称成本加酬金合同，它向卖方支付为完成工作而发生的全部合法实际成本（可报销成本），外加一笔费用作为卖方的利润。成本补偿合同也可为卖方超过或低于预定目标而规定财务奖励条款。适用范围：当工作范围在开始时无法准确定义，需要在以后进行调整，或项目工作存在较高的风险时，采用成本补偿合同可以使项目具有较大的灵活性，以便重新安排卖方的工作。

（3）工料合同：也称工时与材料合同、单价合同。它是总价合同与成本补偿合同的混合类型。工料合同只规定了卖方所提供产品的单价，根据卖方在合同执行中实际提供的产品数量计算总价。它与成本补偿合同的相似之处在于，它们都是开口合同，合同价格因成本增加而变化，适用于短期服务和小金额项目；在工作范围未明确就要立即开始工作时，可以增加人员、聘请专家，以及寻求其他外部支持。这类合同的适用范围比较宽，其风险可以得到合理的分摊，并且能鼓励承包人通过提高工效等手段节约成本提高利润。这类合同履行中需要注意的问题是双方对实际工作量的确定。

➤ **参考答案**：参见第397页"2021年上半年上午试题参考答案"。

● 关于控制采购过程的工具和技术的描述，不正确的是：(59)。

(59) A．合同变更控制系统应当与整体变更控制系统整合起来
　　　B．检查与审计的作用是验证卖方工作过程或可交付成果对合同的遵守程度
　　　C．绩效审查的目标在于发现履约情况的好坏
　　　D．诉诸法律是解决所有索赔和争议的首选方法

📝 自我测试
(59)____（请填写你的答案）

【试题分析】
控制采购过程的工具和技术主要有合同变更控制系统、检查与审计、采购绩效审计、索赔管理等。

（1）合同变更控制系统：在执行合同过程中，无论卖方还是买方，都有可能要调整合同内容，这涉及了合同变更，因此需要合同变更控制系统来规范合同变更，使修改合同的过程在买卖双方达成一致的前提下进行。合同里的变更条款为合同变更提供了指南。合同变更控制系统包括：变更过程的书面记录工作、变更跟踪系统、变更争议解决程序，以及各种变更

所需的审批层次。合同变更往往涉及项目的整体变更,因此合同变更控制系统应当与整体变更控制系统整合起来。

(2)检查与审计:在项目执行过程中,应该根据合同规定,由买方开展相关的检查与审计,卖方理应对此提供支持。通过检查与审计,验证卖方工作过程或可交付成果对合同的遵守程度。如果合同条款允许,某些检查与审计团队中可以包括买方的采购人员。

(3)采购绩效审计:是一种系统的、结构化的审查,买方依据合同来审查卖方在规定的成本和进度内完成项目范围和达到质量要求的情况。绩效审查的目标在于发现履约情况的好坏、相对于采购工作说明书的进展情况、未遵循合同的情况,以便买方能够量化评价卖方在履行工作时所表现出来的能力。这些审查可能是项目状态审查的一个部分。在项目状态审查时,通常要考虑关键供应商的绩效情况。

(4)索赔管理:有争议的变更也称为索赔、争议或诉求。在整个合同生命周期中,通常应该按照合同规定对索赔进行记录、处理、监督和管理。如果合同双方无法自行解决索赔问题,则需按照合同中规定的替代争议解决程序进行处理。谈判是解决所有索赔和争议的首选方法。

参考答案:参见第 397 页"2021 年上半年上午试题参考答案"。

● 关于配置管理的描述,不正确的是:(60)。
　(60)A. 配置项通过评审后,其状态变为"正式"
　　　B. 配置项第一次成为"正式"文件时,版本号为 0.1
　　　C. 所有配置项都应该按照相关规定统一编号
　　　D. 一个产品可以有多个基线,也可以只有一个基线

自我测试
(60)____(请填写你的答案)

【试题分析】
(1)配置项的版本号规则与配置项的状态相关。配置项的状态有三种:"草稿""正式"和"修改"。各状态的版本号格式如下。

①处于"草稿"状态的配置项的版本号格式为 0.YZ,YZ 的数字范围为 01~99。随着草稿的修正,YZ 的取值应递增。YZ 的初值和增幅由用户自己把握。

②处于"正式"状态的配置项的版本号格式为 X.Y。X 为主版本号,取值范围为 1~9。Y 为次版本号,取值范围为 0~9。

配置项第一次成为"正式"文件时,版本号为 1.0。

如果配置项升级幅度比较小,可以将变动部分制作成配置项的附件,附件版本依次为 1.0、1.1……当附件的变动积累到一定程度时,配置项的 Y 值可适量增加,Y 的值增加一定程度时,X 的值将适量增加。当配置项升级幅度比较大时,才允许直接增大 X 的值。

③处于"修改"状态的配置项的版本号格式为 X.YZ。配置项正在修改时,一般只增大 Z 值,X.Y 的值保持不变。当配置项修改完毕,状态成为"正式"时,将 Z 的值设置为 0,增加 X.Y 的值,参见上述规则②。

(2)配置基线由一组配置项组成,这些配置项构成一个相对稳定的逻辑实体。基线中

的配置项被"冻结"了，不能再被任何人随意修改。对基线的变更必须遵循正式的变更控制程序。

一组拥有唯一标识号的需求、设计、源代码文卷，以及相应的可执行代码、构造文卷和用户文档构成一条基线。产品的一个测试版本（可能包括需求分析说明书、概要设计说明书、详细设计说明书、已编译的可执行代码、测试大纲、测试用例、使用手册等）是基线的一个例子。

基线通常对应于开发过程中的里程碑，一个产品可以有多个基线，也可以只有一个基线。交付给外部顾客的基线一般称为发行基线，内部开发使用的基线一般称为构造基线。

参考答案：参见第 397 页"2021 年上半年上午试题参考答案"。

- 关于发布管理和交付的描述，不正确的是：(61)。
 (61) A．应将正本和副本储存在同一受控场所，以减小丢失的风险
     B．应确保发布用的介质不含无关项
     C．应在需方容易辨认的地方清楚地标出发布标识
     D．应能重建软件环境，以确保发布的配置项在所保留的先前版本要求的未来一段时间里是可重新配置的

自我测试
（61）＿＿＿＿（请填写你的答案）

【试题分析】

发布管理和交付活动的主要任务是：有效控制软件产品和文档的发行和交付，在软件产品的生存期内妥善保存代码和文档的母拷贝。

（1）存储：应通过下述方式确保存储的配置项的完整性。
①选择存储介质使再生差错或损坏降至最低限度。
②根据媒体的存储期，以一定频次运行或刷新已存档的配置项。
③将副本存储在不同的受控场所，以减小丢失的风险。

（2）复制：复制是用拷贝方式制造软件的阶段。
①应建立规程以确保复制的一致性和完整性。
②应确保发布用的介质不含无关项（如软件病毒或不适合演示的测试数据）。
③应使用适合的介质以确保软件产品符合复制要求，确保其在整个交付期中内容的完整性。

（3）打包：应确保按批准的规程制备交付的介质。应在需方容易辨认的地方清楚标出发布标识。

（4）交付：供方应按合同中的规定交付产品或服务。

（5）重建：应能重建软件环境，以确保发布的配置项在所保留的先前版本要求的未来一段时间里是可重新配置的。

参考答案：参见第 397 页"2021 年上半年上午试题参考答案"。

- 质量管理是指确定质量方针、目标和责任，并通过质量体系中的质量规划、质量保证、(62) 及质量改进来使其实现所有管理职能的全部活动。
 (62) A．质量抽查　　B．质量检验　　C．质量控制　　D．质量统计

📝 自我测试

（62）____（请填写你的答案）

【试题分析】

质量管理是指确定质量方针、目标和责任，并通过质量体系中的质量规划、质量保证、质量控制以及质量改进来使其实现所有管理职能的全部活动。

➤ 参考答案：参见第 397 页"2021 年上半年上午试题参考答案"。

● 下列质量活动所产生的成本，（63）属于非一致性成本。

（63）A．组织员工进行业务培训
　　　B．采购项目所需设备
　　　C．产品上市后的保修业务
　　　D．产品出厂前做的破坏性测试

📝 自我测试

（63）____（请填写你的答案）

【试题分析】

质量成本是指在产品生命周期中发生的所有成本，包括为预防不符合要求、为评价产品或服务是否符合要求，以及因未达到要求而发生的所有成本。质量成本类型如下图所示。

一致性成本	非一致性成本
预防成本 （生产合规产品） • 培训 • 流程文档化 • 设备 • 选择正确的做事时间 评价成本 （评定质量） • 测试 • 破坏性测试导致的损失 • 检查	内部失败成本 （项目内部发现的） • 返工 • 废品 外部失败成本 （客户发现的） • 责任 • 保修 • 业务流失
在项目期间用于防止失败的费用	项目期间和项目完成后用于处理失败的费用

产品上市后的保修业务属于非一致性成本中的外部失败成本。

➤ 参考答案：参见第 397 页"2021 年上半年上午试题参考答案"。

● （64）也称系统图，可用于表现诸如 WBS、RBS《风险分解结构》和 OBS《组织分解结构》的层次分解结构。

（64）A．关联图　　　B．活动网络图　　　C．优先矩阵　　　D．树形图

📝 自我测试

（64）____（请填写你的答案）

【试题分析】

树形图：也称系统图，可用于表现诸如 WBS、RBS 和 OBS 的层次分解结构。

★ **参考答案**：参见第 397 页"2021 年上半年上午试题参考答案"。

● 风险性质会因时空各种因素变化而有所变化，这体现了风险的（65）。
（65）A．客观性　　　B．相对性　　　C．偶尔性　　　D．不确定性

📝 **自我测试**
（65）_____（请填写你的答案）

【试题分析】

项目风险是一种不确定事件或状况，一旦发生，会对至少一个项目目标（如时间、费用、范围或质量目标）产生积极或消极影响。风险具有以下诸多特性。

客观性：风险是一种不以人的意志为转移，独立于人的意识之外的客观存在。因为无论是自然界的物质运动，还是社会发展的规律，都由事物的内部因素所决定，由超过人们主观意识所存在的客观规律所决定。

偶然性：由于信息的不对称，未来风险事件发生与否难以预测。

相对性：风险性质会因时空各种因素变化而有所变化。

社会性：风险的后果与人类社会的相关性决定了风险的社会性，具有很大的社会影响力。

不确定性：发生时间的不确定性。

★ **参考答案**：参见第 397 页"2021 年上半年上午试题参考答案"。

● 关于风险分析的描述，不正确的是：（66）。
（66）A．风险概率评估旨在调查风险对项目目标的潜在影响
　　　B．风险数据质量评估要考察风险数据的准确性、可靠性和完整性
　　　C．实施定量风险分析一般在实施定性风险分析过程之后开展
　　　D．在没有足够的数据建立模型时，定量风险分析可能无法实施

📝 **自我测试**
（66）_____（请填写你的答案）

【试题分析】

实施定性风险分析是评估并综合分析风险的概率和影响，对风险进行优先级排序，从而为后续分析或行动提供基础的过程。风险概率与影响评估和风险数据质量评估是实施定性风险分析的工具与技术。

（1）风险概率与影响评估：风险概率评估旨在调查每项具体风险发生的可能性。风险影响评估旨在调查风险对项目目标（如时间、成本、范围或质量）的潜在影响，既包括威胁造成的消极影响，也包括机会所产生的积极影响。

（2）风险数据质量评估：风险数据质量评估就是评估风险数据对风险管理的有用程度的一种技术。用来考察人们对风险的理解程度，以及考察风险数据的准确性、可靠性和完整性。

实施定量风险分析是就已识别的风险对项目整体目标的影响进行定量分析的过程。通常情况下，实施定量风险分析一般在实施定性分析过程之后开展，在没有足够的数据建立模型的时候，定量风险分析可能无法实施。其工具与技术包括数据收集与展示技术（包括访谈、概率分布）、定量风险分析和建模技术（包括敏感性分析中的龙卷风图、期望货币值分析、建模与模拟常用的蒙特卡罗技术）、专家判断等。

★ **参考答案**：参见第 397 页"2021 年上半年上午试题参考答案"。

● 某系统集成项目在进展到一半的时候识别到一个已知风险，项目经理启用应急储备来应对该风险，则（67）。

（67）A．进度基准改变，成本基准不变
B．进度基准不变，成本基准改变
C．进度和成本基准都不改变
D．进度和成本基准都应改变

📝 自我测试
（67）____（请填写你的答案）

【试题分析】
应急储备是包含在成本基准内的一部分预算，用来应对已经接受的已识别风险，以及已经制定应急或减轻措施的已识别风险。项目经理有权动用应急储备。

管理储备主要应对项目的"未知—未知"风险，是为了管理控制的目的而特别留出的项目预算。如若使用管理储备，则需走变更流程。

所以项目经理启用应急储备时，项目成本基准和进度基准均不变。

★ **参考答案**：参见第 397 页"2021 年上半年上午试题参考答案"。

●（68）有助于确定哪些风险对项目具有最大的潜在影响。

（68）A．专家判断　　　　　　　　B．预期货币价值分析
C．建模和模拟　　　　　　　D．敏感性分析

📝 自我测试
（68）____（请填写你的答案）

【试题分析】
通用的定量风险分析技术包括以下几种。

（1）专家判断：专家判断（最好来自具有近期相关经验的专家）用于识别风险对成本和进度的潜在影响，估算概率及定义各种分析工具所需的输入，如概率分布。专家判断还可在数据解释中发挥作用。专家应该能够识别各种分析工具的劣势与优势。根据组织的能力和文化，专家可以决定某个特定工具应该或不应该在何时使用。

（2）预期货币价值分析：预期货币价值分析（EMV）是一个统计概念，用以计算在将来某种情况发生或不发生情况下的平均结果（不确定状态下的分析）。机会的预期货币价值一般表示为正数，而风险的预期货币价值一般表示为负数。每个可能结果的数值与其发生概率相乘之后加总，即得出预期货币价值。

（3）决策树分析：决策树分析是对所考虑的决策以及采用这种或者那种现有方案可能产生的后果进行描述的一种图解方法。它综合了每种可用选项的费用和概率，以及每条事件逻辑路径的收益。当所有收益和后续决策全部量化之后，决策树的求解过程可得出每项方案的预期货币价值（或组织关心的其他衡量指标）。

（4）模型和模拟：项目模拟旨在使用一个模型，计算项目各细节方面的不确定性对项目目标的潜在影响。模拟通常采用蒙特卡洛技术。在模拟中，项目模型经过多次计算（反复），

每次计算时,都从这些变量的概率分布中随机抽取数值(如成本估算或活动持续时间)作为输入。通过多次计算,得到一个概率分布直方图(如总成本或完工日期)。

(5)敏感性分析:敏感性分析有助于确定哪些风险对项目具有最大的潜在影响。它把所有其他不确定因素保持在基准值的条件下,考察项目的每项要素的不确定性对目标产生多大程度的影响。敏感性分析最常用的显示方式是龙卷风图。龙卷风图有助于比较具有较高不确定性的变量与相对稳定的变量之间的相对重要程度。

➤ **参考答案**:参见第397页"2021年上半年上午试题参考答案"。

● 系统管理员、数据库管理员、网络管理员不能相互兼任岗位或工作,这遵循了人员安全管理方面的(69)。

(69)A. 兼职和轮岗要求　　　　　B. 权限分散要求
　　　C. 多人共管要求　　　　　　D. 全面控制要求

📝 自我测试
(69)____(请填写你的答案)

【试题分析】
对信息系统岗位人员的管理,应根据其关键程度建立相应的管理要求。

(1)对安全管理员、系统管理员、数据库管理员、网络管理员、重要业务开发人员、系统维护人员和重要业务应用操作人员等信息系统关键岗位人员进行统一管理;允许一人多岗,但业务应用操作人员不能由其他关键岗位人员兼任;关键岗位人员应定期接受安全培训,加强安全意识和风险防范意识。

(2)兼职和轮岗要求:业务开发人员和系统维护人员不能兼任或担负安全管理员、系统管理员、数据库管理员、网络管理员和重要业务应用操作人员等岗位或工作;必要时关键岗位人员应采取定期轮岗制度。

(3)权限分散要求:在上述基础上,应坚持关键岗位"权限分散、不得交义覆盖"的原则,系统管理员、数据库管理员、网络管理员不能相互兼任岗位或工作。

(4)多人共管要求:在上述基础上,关键岗位人员处理重要事务或操作时,应保持二人同时在场,关键事务应多人共管。

(5)全面控制要求:在上述基础上,应采取对内部人员全面控制的安全保证措施,对所有岗位工作人员实施全面安全管理。

➤ **参考答案**:参见第397页"2021年上半年上午试题参考答案"。

● GB/T 16260.1—2006《软件工程产品质量》属于(70)。
(70)A. 基础标准　　B. 管理标准　　C. 文档标准　　D. 开发标准

📝 自我测试
(70)____(请填写你的答案)

【试题分析】
标准是一个行业技术成熟到某个阶段的标志,它是一个行业发展到某个阶段时的经验与智慧的结晶。项目经理在管理项目的过程中,应善于运用标准,使之成为自己管理项目的助推器。系统集成项目管理有关的标准规范有如下几种。

（1）基础标准：如《信息技术 软件工程术语》（GB/T 11457—2006）、《信息处理 数据流程图、程序流程图、系统流程图、程序网络图和系统资源图的文件编制符号及约定》（GB191526—1989）、《信息处理系统 计算机系统配置图符号及约定》（GB/T 14085—1993）。

（2）开发标准：如《信息技术 软件生存周期过程》（GB/T 8566—2007）、《软件支持环境》（GB/T 15853—1995）、《软件维护指南》（GB/T 14079—1993）。

（3）文档标准：如《软件文档管理指南》（GB/T 16680—1996）、《计算机软件文档编制规范》（GB/T 8567—2006）、《计算机软件需求规格说明规范》（GB/T 9385—2008）。

（4）管理标准：如《计算机软件配置管理计划规范》（GB/T 12505—1990）、《软件工程产品质量》（GB/T16260.1—2006）、《计算机软件质量保证计划规范》（GB/T 12504—1990）、《计算机软件可靠性和可维护性管理》（GB/T 14394—2008）。

➤ **参考答案**：参见第 397 页"2021 年上半年上午试题参考答案"。

- The ETL technology is mainly used in（71）stage.
  （71）A．data collection　　　　　B．data storage
  　　　C．data management　　　　D．data analysis

  自我测试
  （71）____（请填写你的答案）

【试题分析】

翻译：ETL 技术主要应用于（71）阶段。
　　（71）A．数据收集　B．数据存储　C．数据管理　D．数据分析

ETL（Extract-Transformation-Load，清洗、转换、加载）：用户从数据源抽取出所需的数据，经过数据清洗、转换，最终按照预先定义好的数据仓库模型，将数据加载到数据仓库中。ETL 是数据仓库的技术之一，用于数据收集阶段。

➤ **参考答案**：参见第 397 页"2021 年上半年上午试题参考答案"。

- （72）is not used on perception layer of Internet of Things.
  （72）A．WLAN　　B．RFID　　　C．Bluetooth　　D．SOA

  自我测试
  （72）____（请填写你的答案）

【试题分析】

翻译：（72）不用于物联网的感知层。
　　（72）A．无线局域网　B．射频识别　C．蓝牙　D．面向服务的架构

物联网从架构上可以分为感知层、网络层和应用层（**详见 2021 年上半年上午试题分析第 23 题**）。

感知层由各种传感器构成，包括温湿度传感器、二维码和条码、RFID 标签和读写器、摄像头、GPS 等感知终端。感知层用来识别物体、采集信息的来源；网络层由各种网络，包括互联网、广电网、网络管理系统和云计算平台等组成，是整个物联网的中枢，负责传递和处理感知层获取的信息。

物联网感知层技术不包括面向服务的架构。

✒ **参考答案**：参见第 397 页"2021 年上半年上午试题参考答案"。

● The（73）is a hierarchical decomposition of the total scope of work to be carried out by the project team to accomplish the project objectives and create the required deliverable.

（73）A．OBS　　　B．WBS　　　C．RBS　　　D．RAM

📝 **自我测试**

（73）____（请填写你的答案）

【试题分析】

翻译：（73）是项目团队为实现项目目标和创建所需交付成果而执行的全部工作范围的分层文件。

（73）A．组织分解结构　B．工作分解结构　C．资源分解结构　D．责任分配矩阵

WBS 是以可交付成果为导向的工作层级分解，其分解的对象是项目团队为实现项目目标、提交所需可交付成果而实施的工作。

✒ **参考答案**：参见第 397 页"2021 年上半年上午试题参考答案"。

●（74）is a measure of schedule performance expressed as the difference between the earned value and the planned value.

（74）A．Schedule Variance (SV)

　　　B．Cost Variance (CV)

　　　C．Actual Cost (AC)

　　　D．Earned Value (EV)

📝 **自我测试**

（74）____（请填写你的答案）

【试题分析】

翻译：（74）是进度绩效的度量，表现为挣值与计划值之间的差额。

（74）A．进度偏差　　B．成本偏差　　C．实际成本　　D．挣值

本题考核的知识点是挣值管理的相关概念（**详见 2021 年上半年下午试题分析与解答试题二**）。

挣值（EV）：挣值是对已完成工作的测量值，用分配给该工作的预算来表示。

实际成本（AC）：实际成本是在给定时段内，执行某工作而实际发生的成本。

进度偏差（SV）：进度偏差是测量进度绩效的一种指标，表示为挣值与计划值之差。

成本偏差（CV）：成本偏差是在某个给定时点的预算亏空或盈余量，表示为挣值与实际成本之差。

✒ **参考答案**：参见第 397 页"2021 年上半年上午试题参考答案"。

●（75）: information is not disclosed to unauthorized individuals.

（75）A．Authenticity　　　　　　B．Integrity

　　　C．Availability　　　　　　D．Confidentiality

自我测试

（75）____（请填写你的答案）

【试题分析】

翻译：(75)：信息不会泄露给未经授权的个人。

（75）A．真实性　　　　B．完整性　　　　C．可用性　　　　D．机密性

信息安全三元组：机密性、完整性、可用性。

机密性：确保信息不暴露给未授权的实体或个人。

完整性：只有得到允许的人才能修改数据，并且能够判别出数据是否已被篡改。

可用性：得到授权的实体在需要时可访问数据，即攻击者不能占用所有的资源而阻碍授权者的工作。

参考答案：参见第397页"2021年上半年上午试题参考答案"。

2021 年上半年下午试题分析与解答

试题一

阅读下列说明,回答问题1至问题3,将解答填入答题纸的对应栏内。

【说明】

某银行计划开发一套信息系统,为了保证交付质量,银行指派小张作为项目的质量保证工程师。项目开始后,小张开始对该项目质量管理进行规划,并依据该项目的需求文件、干系人登记册、事业环境因素和组织过程资产制定了项目质量管理计划,质量管理计划完成后直发给了项目经理和质量部主管,并打算按照质量管理计划的安排对项目进行质量检查。项目执行过程中,小张依据质量管理计划,利用质量工具,将组织的控制目标作为上下控制界限,监测项目的进度偏差、缺陷密度等度量指标,定期收集数据,以便帮助确定项目管理过程是否受控。

小张按照质量管理计划进行检查时,出现多次检查点和项目实际不一致的情况。例如,针对设计说明书进行检查时,设计团队反馈设计说明书应在两周后提交;针对编码完成情况进行检查时,开发团队反馈代码已经测试完成并正式发布。

【问题1】

结合案例,请简要分析小张在做质量规划时存在的问题。

参考答案

(1) 规划质量管理缺少输入项目管理计划。
(2) 规划质量管理缺少输入风险登记册。
(3) 规划质量管理缺少相关干系人参与。
(4) 计划做完后,还需主管领导和相关干系人审核后进行执行。
(5) 项目经理应该参与规划质量管理的过程中,不能全部让质量管理小张制定。
(6) 质量管理计划检查点定得不合适。

解析:

本题考核质量规划过程相关管理知识,需要从质量规划的输入、输出、工具与技术、参与人员等几方面回答。

规划质量管理是识别项目及其可交付成果的质量要求和标准,并准备对策确保符合质量要求的过程。本过程的主要作用是为在整个项目中如何管理和确认质量提供指南和方向。

(1) 规划质量管理的输入:项目管理计划、干系人登记册、风险登记册、需求文件、事业环境因素和组织过程资产。

(2）规划质量管理的输出：质量管理计划（定义、基本要求、编制流程、实施检查与调整）、过程改进计划。

（3）规划质量管理的工具与技术：成本收益分析法、质量成本法、标杆对照、实验设计等。

【问题2】

请写出常用的七种质量管理工具，并指出在本案例中小张用的是哪种工具。

参考答案

常用的七种质量管理工具是：因果图、流程图、核查表、帕累托图、直方图、控制图、散点图。

小张用的是控制图。

解析：

质量工具用于在 PDCA 循环的框架内解决与质量相关的问题，分为老七种工具和新七种工具。老七种工具包含因果图、流程图、核查表、帕累托图、直方图、控制图和散点图；新七种工具包含亲和图、过程决策程序图、关联图、树形图、优先矩阵、活动网络图和矩阵图（详见 2021 年上半年上午试题分析第 57 题）。

其中，控制图用来确定一个过程是否稳定，或者是否具有可预测的绩效。根据协议要求而制定的规范上限和下限，反映了可允许的最大值和最小值，超出规范界限就可能受处罚。上下控制界限不同于规范界限。控制图可用于监测各种类型的输出变量。控制图常用来跟踪批量生产中的重复性活动，也可用来监测成本与进度偏差、产量、范围变更频率或其他管理工作成果，以便帮助确定项目管理过程是否受控。

【问题3】

请将下面①~⑤的答案填写在答题纸的对应栏内。

（1）实施①过程的主要作用是促进质量过程改进。

（2）测量指标的可允许变动范围称为②。

（3）③是一种结构化工具，通常具体列出各项内容，用来核实所要求的一系列步骤是否已得到执行。

（4）GB/T 19000 对质量的定义为：一组④满足要求的程度。

（5）可能影响质量要求的各种威胁和机会的信息记录在⑤中。

参考答案

①质量保证

②公差

③质量核对单

④固有特性

⑤风险登记册（清单）

解析：

本题考核质量管理相关术语。填空题是近几年软考比较流行的一种出题方式，需要多关注相关术语、关键词。

实施质量保证是审计质量要求和质量控制测量结果，确保采用合理的质量标准和操作性定义的过程。本过程的主要作用是促进质量过程改进。

质量测量指标专用于描述项目或产品属性，以及控制质量过程将如何对属性进行测量，通过测量得到实际数值。测量指标的可允许变动范围称为公差。例如，对于把成本控制在预算的±10%之内的质量目标，就可依据这个具体指标测量每个可交付成果的成本并计算偏离预算的百分比。质量测量指标用于实施质量保证和控制质量过程，是规划质量管理的输出。

质量核对单是一种结构化工具，通常具体列出各项内容，用来核实所要求的一系列步骤是否已得到执行。基于项目需求和实践，核对单可简可繁。许多组织都有标准化的核对单，用来规范地执行经常性任务。在某些应用领域，核对单也可从专业协会或商业性服务机构获取。质量核对单应该涵盖在范围基准中定义的验收标准，是规划质量管理的输出。

国家标准（GB/T 19000—2008）对质量的定义为："一组固有特性满足要求的程度"。固有特性是指在某事或某物中本来就有的，尤其是那种永久的可区分的特征。

风险登记册包含可能影响质量要求的各种威胁和机会的信息，是规划质量管理的输入。

试题二

阅读下列说明，回答问题1至问题4，将解答填入答题纸的对应栏内。

【说明】

赵工担任某软件公司的项目经理，于2020年5月底向公司提交项目报告。该项目各任务是严格的串行关系，合同金额3.3亿元，总预算为3亿元。赵工的项目报告描述如下：5月底财务执行状况很好，只花了6000万元。进度方面，已完成A、B任务，尽管C任务还没有完成，但项目团队会努力赶工，使工作重回正轨。按照公司的要求，赵工同时提交了项目各任务实际花费的数据（见下表）。

项目成本数据（单位：万元）

任　　务	预期完工日期	预算费用	实际花费
A	2020年3月底	1400	1500
B	2020年4月底	1600	2000
C	2020年5月底	3000	2500
D	2020年8月底	9000	
E	2020年10月底	7600	
F	2020年12月底	6000	
G	2021年1月底	600	
H	2021年2月底	800	
	合计	30000	

【问题1】

请计算出目前项目的PV、EV、AC（采用50/50规则计算挣值，即工作开始记作完成50%，工作完成记作完成100%）。

➲ **参考答案**

PV=A+B+C=1400+1600+3000=6000（万元）

AC＝1500＋2000＋2500＝6000（万元）

EV＝A＋B＋C×50%＝1400＋1600＋3000×50%＝4500（万元）

解析：

本题考核的知识点是挣值管理的相关概念及挣值计算。

（1）计划值（PV）：又叫计划工作量的预算成本，是为计划工作分配的经批准的预算。在某个给定的时间点，计划值代表着应该已经完成的工作。PV 的总和有时被称为绩效测量基准（PMB），项目的总计划值又被称为完工预算（BAC）。

计算公式：PV＝计划工作量×计划单价

（2）挣值（EV）：又叫已完成工作量的预算成本，是对已完成工作的测量值，是已完成工作的经批准的预算。EV 的计算应该与 PMB 相对应，且所得的 EV 值不得大于相应组件的 PV 总预算。EV 常用于计算项目的完成百分比。

计算公式：EV＝已完成工作量×计划单价

（3）实际成本（AC）：又叫已完成工作量的实际成本，是在给定时段内，为完成与 EV 相对应的工作而发生的总成本。

计算公式：AC＝已完成工作量×实际单价

（4）进度偏差、成本偏差和进度绩效指数、成本绩效指数的概念和公式如下。

①进度偏差（SV）：是测量进度绩效的一种指标，指在某个给定的时点，项目提前或落后的进度。表示为挣值与计划值之差。

计算公式：SV＝EV－PV。当 SV＞0，进度超前；SV＜0，进度滞后。

②成本偏差（CV）：是在某个给定时点的预算亏空或盈余量，表示为挣值与实际成本之差。

计算公式：CV＝EV－AC。当 CV＞0，成本节约；CV＜0，成本超支。

③进度绩效指数（SPI）：是测量进度效率的一种指标，反映了项目团队利用时间的效率。表示为挣值与计划值之比。

计算公式：SPI＝EV/PV。当 SPI＞1，进度超前；SPI＜1，进度滞后。

④成本绩效指数（CPI）：是测量预算资源的成本效率的一种指标，表示为挣值与实际成本之比。

计算公式：CPI＝EV/AC。当 CPI＞1，成本节约；CPI＜1，成本超支。

【问题 2】

(1) 请计算该项目的 CV、SV、CPI、SPI。

(2) 基于以上结果，请判断项目当前的执行状况。

参考答案

(1)

CV＝EV－AC＝4500－6000＝-1500（万元）

SV＝EV－PV＝4500－6000＝-1500（万元）

CPI＝EV/AC＝4500/6000＝0.75

SPI＝EV/PV＝4500/6000＝0.75

(2)

由于 CPI<1（CV<0），成本超支。

由于 SPI<1（SV<0），进度落后。

【问题3】

（1）按照项目目前的绩效情况发展下去，请计算该项目的 EAC。

（2）基于以上结果，请计算项目最终的盈亏情况。

参考答案

（1）因为绩效情况一直发展下去，是典型偏差。

BAC＝30000（万元）

EAC＝BAC/CPI＝30000/0.75＝40000（万元）

或 EAC＝(BAC－EV)/CPI＋AC＝(30000－4500)/0.75＋6000＝40000（万元）。

（2）

VAC＝BAC－EAC＝30000－40000＝－10000（万元）

解析：

（1）完工偏差（VAC）：是对预算亏空量或盈余量的一种预测，是完工预算与完工估算之差。

计算公式：VAC＝BAC－EAC。

（2）完工估算成本（EAC）：指完成所有工作所需的预期总成本。EAC 的计算可能有以下两种情况。

非典型偏差时 EAC 的计算公式：EAC＝AC＋(BAC－EV)

典型偏差时 EAC 的计算公式：EAC＝BAC/CPI 或 EAC＝AC＋(BAC－EV)/CPI

【问题4】

针对项目目前的情况，项目经理应该采取哪些措施？

参考答案

（1）采用高效人员替换低效人员。

（2）在控制成本的前提下赶工。

（3）在控制风险的前提下快速跟进。

（4）加强质量管理。

解析：

本题考核成本、进度控制的具体方法。

（1）赶工：投入更多的资源或增加工作时间，以缩短关键活动的工期。

（2）快速跟进：并行施工，以缩短关键路径的长度。

（3）使用高素质的资源或经验更丰富的人员。

（4）减小活动范围或降低活动要求。

（5）改进方法或技术，以提高生产效率。

（6）加强质量管理，及时发现问题，减少返工，从而缩短工期。

要结合成本控制选择合适的方法。

试题三

阅读下列说明，回答问题1至问题3，将解答填入答题纸的对应栏内。

【说明】

A公司承接了可视化系统建设项目，工作内容包括基础环境升级改造、软硬件采购和集成适配、系统开发等，任命小刘为项目经理。

小刘与公司相关部门负责人进行了沟通，从各部门抽调了近期未安排任务的员工组建了项目团队，并指派一名质量工程师编写项目人力资源管理计划。

为了使管理工作简单、高效，小刘对团队成员采用相同的考核指标和评价方式，同时承诺满足考核要求的成员将得到奖金，考虑到项目团队成员长期加班，小刘向公司管理层申请了加班补贴，并申请了一个大的会议室作为集中办公地点。

项目实施中期的一次月度例会上，部分项目成员反馈：一是加班过多，对家庭和生活造成了影响；二是绩效奖金分配不合理。小刘认为公司已经按照国家劳动法支付了加班费用，项目成员就应该按照要求加班，同时绩效考核过程是公开、透明的，奖金多少跟个人努力有关，因此针对这些不满，小刘并没有理会。

项目实施一段时间后，团队成员士气逐渐低落，部分员工离职。同时，出现特殊情况导致项目组无法现场集中办公，需采取远程办公方式。如此种种事先未预料情况的发生，使得小刘紧急协调各技术部门抽调人员救火，但是项目进度依然严重滞后，客户表示不满。

【问题1】

结合案例，请指出项目在人力资源管理方面存在的问题。

★ 参考答案

（1）制定人力资源管理计划时，由质量工程师来制定不妥，应该安排熟悉团队成员和项目情况的人来制定初步的人力资源管理计划。

（2）制定人力资源管理计划时的流程不对。应在各干系人参与制定后，经过评审和高层签字后，才可以实施。

（3）组建项目团队有问题，根据项目需求组建，而不是从各部门抽调近期未安排任务的员工。

（4）建设项目团队有问题，没有团队建设活动，需要适当做团队建设。

（5）建设项目团队有问题，没有使用人际关系技能，了解和解决员工的后顾之忧。

（6）冲突处理不当，对于不同的问题要采取不同的措施，而不是对这些不满，不予理会。

（7）绩效考核标准单一，应该多标准进行考核，不能采用相同的考核指标和评价方式。

（8）人力资源计划不完善，没有关于人员连续性的储备方案。

解析：

本题考核人力资源管理相关知识，需要结合人力资源管理的过程来回答。

项目人力资源管理包括编制人力资源管理计划、组建项目团队、建设项目团队与管理项目团队的各个过程，不但要求充分发挥参与项目的个人的作用，还包括充分发挥所有与项目有关的人员，包括项目负责人、客户、为项目做出贡献的个人及其他人员的作用，也要求充分发挥项目团队的作用。

【问题2】
结合案例，采取远程办公方式后，项目经理在项目沟通管理计划中应该做哪些调整？

★ 参考答案

沟通管理计划中需要调整沟通的内容有：沟通渠道的选择、沟通频率设定、干系人沟通需求的收集渠道和方法、沟通成本和时间的调整、沟通过程中产生风险的应急措施、沟通过程中需要的技术或方法等。

解析：本题考核虚拟团队和沟通管理计划相关内容。

项目沟通管理计划一般应包括以下内容：

（1）干系人的沟通需求。
（2）针对沟通信息的描述，包括格式、内容、详尽程度等。
（3）发布信息的原因。
（4）负责信息沟通工作的具体人员。
（5）负责信息保密工作的具体人员的授权。
（6）信息接收的个人或组织。
（7）沟通渠道的选择。
（8）信息传递过程中所需的技术或方法。
（9）进行有效沟通所必须分配的各种资源，包括时间和预算。
（10）沟通频率。例如，每周沟通等。
（11）上报过程，针对下层无法解决的问题，确定问题上报的时间要求和上报路径。
（12）项目进行过程中，对沟通管理计划更新与细化的方法。
（13）通用词语表、术语表。
（14）项目信息流向图、工作流程图、授权顺序、报告清单、会议计划等。
（15）沟通过程中可能存在的各种制约因素。
（16）沟通工作指导以及相关模板。
（17）有利于有效沟通的其他方面，如建议的搜索引擎、软件使用手册等。

要结合远程办公的特点选择其中部分需要改变的内容来作答。

【问题3】
判断下列选项的正误（填写在答题纸的对应栏内，正确的选项填写"√"，错误的选项填写"×"）

（1）在组建项目团队过程中，如果人力资源不足或人员能力不足会降低项目成功的概率，甚至可能导致项目取消。（　）
（2）项目人力资源管理计划的编制应在项目管理计划之前完成。（　）
（3）解决冲突的方法包括问题解决、合作、强制、妥协、求同存异、撤退。（　）

★ 参考答案

（1）√　（2）×　（3）√

解析：

本题考核人力资源管理计划编制、团队组建、冲突处理相关知识。

（1）组建项目团队过程包括获得所需的人力资源（个人或团队），将其分配到项目中工作。在组建项目团队过程中应特别注意下列事项。

①项目经理或项目管理团队应该进行有效协商或谈判，并影响那些能为项目提供所需人力资源的人员。

②不能获得项目所需的人力资源，可能影响项目进度、预算、客户满意度、质量和风险。人力资源不足或人员能力不足会降低项目成功的概率，甚至可能导致项目取消。

③如因制约因素（如经济因素或其他项目对资源的占用）而无法获得所需人力资源，在不违反法律、规章、强制性规定或其他具体标准的前提下，项目经理或项目团队可能不得不使用替代资源（也许能力较低）。

在项目的计划阶段，应该对上述因素加以考虑并做出适当安排。

（2）编制项目人力资源管理计划过程，确定项目的角色、职责及汇报关系，并编制人员配备管理计划的过程。在大多数项目中，编制项目人力资源管理计划过程主要作为项目最初阶段的一部分。但是，这一过程的结果应当在项目的整个生命周期中进行经常性的复查，以保证它的持续适用性。如果最初的项目人力资源管理计划不再有效，就应当立即修正。

（3）不管冲突对项目的影响是正面的还是负面的，项目经理都有责任处理它，以减小冲突对项目的不利影响，增加其对项目积极有利的一面。

以下是冲突管理的六种方法。

①问题解决：问题解决就是冲突各方一起积极地定义问题、收集问题的信息、制定解决方案，最后直到选择一个最合适的方案来解决冲突，此时为双赢或多赢。但在这个过程中，需要公开协商，这是冲突管理中最理想的一种方法。

②合作：集合多方的观点和意见，得出一个多数人接受和承诺的冲突解决方案。

③强制：强制就是以牺牲其他各方的观点为代价，强制采纳一方的观点。

④妥协：妥协就是冲突的各方协商并且寻找一种能够使冲突各方都有一定程度满意，但冲突各方没有任何一方完全满意、是一种都做一些让步的冲突解决方法。

⑤求同存异：求同存异的方法就是冲突各方都关注他们一致的一面，而淡化不一致的一面。一般求同存异要求保持一种友好的气氛，但是回避了解决冲突的根源。也就是让大家都冷静下来，先把工作做完。

⑥撤退：把眼前的或潜在的冲突搁置起来，即从冲突中撤退。

试题四

阅读下列说明，回答问题1至问题3，将解答填入答题纸的对应栏内。

【说明】

某单位（甲方）因业务发展需要，需建设一套智能分析管理信息系统，并将该建设任务委托给长期合作的某企业（乙方），乙方安排对甲方业务比较了解且有同类项目实施经验的小陈担任项目经理。

考虑到工期比较紧张，小陈连夜加班，参照同类项目文档编制了项目范围说明书，然后安排项目成员向甲方管理层进行需求调研并编制了需求文件，依据项目范围说明书，小陈将任务分解之后，立即安排项目成员启动了设计开发工作。

在编码阶段尾声，甲方向小陈提出了一个新的功能要求。考虑到该功能实现较为简单，不涉及其他功能模块，小陈答应了客户的要求。

在试运行阶段，发现一个功能模块不符合需求和计划要求，于是小陈立即安排人员进行了补救，虽然耽误了一些时间，但整个项目还是按照客户要求如期完成。

【问题 1】
结合案例，请指出该项目在范围管理过程中存在的问题。

参考答案

该项目在范围管理过程中存在以下九个方面的问题。
（1）没有制定范围管理计划和需求管理计划。
（2）需求收集不合理，仅仅对甲方管理层进行了调研，没有收集其他项目干系人的需求。
（3）需求收集完后，没有做分析、评审、确认。
（4）制定范围说明书的依据不充分，仅仅参照同类文档编制还不够，还需参照本项目的范围管理计划、需求文件、项目章程、干系人管理计划等相关资料。
（5）在需求没有被确认的情况下，立即安排项目成员启动设计开发工作，这种做法是不妥当的，而是应当在需求确认后才能启动设计开发工作。
（6）制定范围说明书没有相关干系人参与。
（7）创建工作分解结构（WBS）的工作没有干系人参与，仅仅小陈一个人制定，需要主要干系人共同参与。
（8）没有进行范围确认工作。范围确认工作应该贯穿整个项目，需要安排时间点进行相关工作。
（9）范围控制工作不到位，对于各户需求变更，没有走变更流程。

解析：

本题考核范围管理相关知识，需要结合范围管理的六个管理过程来回答。首先分析管理过程有无缺失，其次分析各管理过程的输入是否正确，再次分析用工具或技术的应用是否合理，最后分析管理过程的流程、参与人员是否妥当等。

【问题 2】
请列出项目范围管理的主要过程。

参考答案

①规划范围管理；②收集需求；③定义范围；④创建 WBS；⑤确认范围；⑥范围控制。

解析：本题考核范围管理过程。

项目范围管理的主要过程如下：
（1）规划范围管理：编制范围管理计划过程，对如何定义、确认和控制项目范围的过程进行描述。
（2）收集需求：为实现项目目标，明确并记录项目干系人的相关需求的过程。

（3）定义范围：详细描述产品范围和项目范围，编制项目范围说明书，作为以后项目决策的基础。

（4）创建WBS：把整个项目工作分解为较小的、易于管理的组成部分，形成一个自上而下的分解结构。

（5）确认范围：正式验收已完成的可交付成果。

（6）范围控制：监督项目和产品的范围状态、管理范围基准变更。

【问题3】

从候选答案中选择正确选项，将该编号及答案填入答题纸对应栏内。

工作分解结构是逐层分解的，工作分解结构（1）层的要素总是整个项目的最终成果。一般情况下，工作分解结构控制在（2）层为宜。（3）是位于工作分解结构每条分支底层的可交付成果或项目组成部分。

A．工作包　B．最低　C．最高　D．里程碑　E．3~6　F．中间　G．2~5

参考答案

（1）C　（2）E　（3）A

解析：

本题考核创建工作分解结构（WBS）相关概念。

工作分解结构（WBS）是项目管理的基础，项目的所有规划和控制工作都必须基于工作分解结构。

工作分解结构是逐层向下分解的。工作分解结构最高层的要素总是整个项目或分项目的最终成果。每下一个层次都是上一层次相应要素的细分，上一层次是下一层次各要素之和。工作分解结构中每条分支分解层次不必相等，如某条分支分解到了第四层，而另一条可能只分解到第三层。一般情况下，工作分解结构应控制在3~6层为宜。如果项目比较大，以至于工作分解结构要超过6层，我们可以把大项目分解成子项目，然后针对子项目来做工作分解结构。工作包是位于工作分解结构每条分支底层的可交付成果或项目工作组成部分。

2021年下半年上午试题分析

● 2020年4月,中共中央、国务院印发《关于构建更加完善的要素市场化配置体制机制的意见》,首次将(1)作为一种新型生产要素写入文件。

(1) A. 资本　　　　B. 劳动力　　　　C. 知识　　　　D. 数据

自我测试

(1) ____ (请填写你的答案)

【试题分析】

2020年4月,中共中央、国务院印发《关于构建更加完善的要素市场化配置体制机制的意见》,首次将数据作为生产要素写入文件。文件指出要加快培育数据要素市场,要推进政府数据开放共享,提升社会数据资源价值、加强数据资源整合和安全保护。

参考答案:参见第397页"2021年下半年上午试题参考答案"。

● 《中华人民共和国个人信息保护法》自2021年(2)起施行。

(2) A. 10月1日　　B. 10月15日　　C. 11月1日　　D. 11月15日

自我测试

(2) ____ (请填写你的答案)

【试题分析】

《中华人民共和国个人信息保护法》是为了保护个人信息权益,规范个人信息处理活动,促进个人信息合理利用,根据宪法制定的法规。

2021年8月20日,十三届全国人大常委会第三十次会议表决通过《中华人民共和国个人信息保护法》,自2021年11月1日起施行。

参考答案:参见第397页"2021年下半年上午试题参考答案"。

● 依据2021年印发的《5G应用"扬帆"行动计划(2021—2023年)》的通知,到2023年,我国5G应用发展水平显著提升,综合实力持续增强,打造(3)深度融合新生态。

①信息技术(IT)　②通信技术(CT)　③网络技术(NT)　④运营技术(OT)

(3) A. ①②③　　B. ①②④　　C. ②③④　　D. ①③④

自我测试

(3) ____ (请填写你的答案)

【试题分析】

依据2021年印发的《5G应用"扬帆"行动计划(2021—2023年)》的通知:

到 2023 年，我国 5G 应用发展水平显著提升，综合实力持续增强。打造 IT（信息技术）、CT（通信技术）、OT（运营技术）深度融合新生态，实现重点领域 5G 应用深度和广度双突破，构建技术产业和标准体系双支柱，网络、平台、安全等基础能力进一步提升，5G 应用"扬帆远航"的局面逐步形成。

参考答案： 参见第 397 页"2021 年下半年上午试题参考答案"。

● 不属于我国企业信息化发展的战略要点的是（4）。
　　（4）A．高度重视信息安全
　　　　 B．发挥政府的引导作用
　　　　 C．以工业化带动信息化
　　　　 D．"因地制宜"推动企业信息化

自我测试
　　（4）＿＿＿（请填写你的答案）

【试题分析】
我国企业信息化发展的战略要点包括以下七个方面。
（1）以信息化带动工业化。
（2）信息化与企业业务全过程的融合、渗透。
（3）信息产业发展与企业信息化良性互动。
（4）充分发挥政府的引导作用。
（5）高度重视信息安全。
（6）企业信息化与企业的改组改造和形成现代企业制度有机结合。
（7）"因地制宜"推进企业信息化。

参考答案： 参见第 397 页"2021 年下半年上午试题参考答案"。

●（5）属于客户关系管理（CRM）应用设计的特点。
①可扩展性　　②可复用性　　③可度量性　　④可移植性
　　（5）A．①②④　　　B．②③④　　　C．①③④　　　D．①②③

自我测试
　　（5）＿＿＿（请填写你的答案）

【试题分析】
客户关系管理（CRM）系统是一个集成化的信息管理系统，它存储了企业现有和潜在客户的信息，并且对这些信息进行自动的处理从而产生更人性化的市场管理策略。CRM 所涵盖的要素主要有以下几种。第一，CRM 以信息技术为手段，但是 CRM 绝不仅仅是某种信息技术的应用，它更是一种以客户为中心的商业策略，CRM 注重的是与客户的交流，企业的经营是以客户为中心，而不是传统的以产品或以市场为中心。第二，CRM 在注重提高客户的满意度的同时，一定要把帮助企业提高获取利润的能力作为重要指标。第三，CRM 的实施要求企业对其业务功能进行重新设计，并对工作流程进行重组（Business Process Reengineering，BPR），将业务的中心转移到客户，同时要针对不同的客户群体有重点地采取不同的策略。

CRM 应用设计特点包括以下两个方面。

可伸缩性：在搭建 CRM 应用系统的时候，一定要为其留有足够的可扩展余地，即系统的可伸缩性。

可移植性：为了加快软件开发周期，我们需要将产品做成很多组件集成在一块的形式，其中每一个组件还可以继续被复用和移植。

➤ **参考答案**：参见第 397 页"2021 年下半年上午试题参考答案"。

● 我国"十四五"规划中提出实施智能制造和（6）工程，发展服务型制造新模式。
（6）A．高端制造　　　B．创新制造　　　C．服务制造　　　D．绿色制造

自我测试
（6）____（请填写你的答案）

【试题分析】
"十四五"规划在"深入实施制造强国战略"一章中指出，深入实施智能制造和绿色制造工程，发展服务型制造新模式，推动制造业高端化智能化绿色化。培育先进制造业集群，推动集成电路、航空航天、船舶与海洋工程装备、机器人、先进轨道交通装备、先进电力装备、工程机械、高端数控机床、医药及医疗设备等产业创新发展。改造提升传统产业，推动石化、钢铁、有色、建材等原材料产业布局优化和结构调整，扩大轻工、纺织等优质产品供给，加快化工、造纸等重点行业企业改造升级，完善绿色制造体系。深入实施增强制造业核心竞争力和技术改造专项，鼓励企业应用先进适用技术、加强设备更新和新产品规模化应用。建设智能制造示范工厂，完善智能制造标准体系。深入实施质量提升行动，推动制造业产品"增品种、提品质、创品牌"。

➤ **参考答案**：参见第 397 页"2021 年下半年上午试题参考答案"。

● 商业智能的实现有三个层次：数据报表、（7）。
（7）A．数据仓库、数据挖掘　　　　B．数据 ETL、多维数据分析
　　　C．多维数据分析、数据挖掘　　D．数据仓库、数据 ETL

自我测试
（7）____（请填写你的答案）

【试题分析】
商业智能一般由数据仓库、联机分析处理、数据挖掘、数据备份和恢复等部分组成。商业智能的实现有三个层次：数据报表、多维数据分析和数据挖掘。

数据报表是 BI 的低端实现；多维数据分析是指对以多维形式组织起来的数据采取切片、切块、钻取等各种分析动作以剖析数据，使用户能从多个角度、深入地理解数据中的信息，OLAP 可以说是多维数据分析工具的集合；数据挖掘指的是源数据经过清洗和转换等成为适合于挖掘的数据集。

➤ **参考答案**：参见第 397 页"2021 年下半年上午试题参考答案"。

● 信息化从"小"到"大"分为产品信息化、企业信息化、（8）、国民经济信息化和社会生活信息化 5 个层次。
（8）A．团体信息化　　　　　　　　B．产业信息化

C．教育信息化　　　　　　　D．工业信息化

☑自我测试

（8）＿＿（请填写你的答案）

【试题分析】

信息化是推动经济社会发展转型的一个历史性过程。在这个过程中，综合利用各种信息技术，改造、支撑人类的各项政治、经济、社会活动，并把贯穿于这些活动中的各种数据有效、可靠地进行管理，经过符合业务需求的数据处理，形成信息资源，通过信息资源的整合、融合，促进信息交流和知识共享，形成新的经济形态，提高经济增长质量。

信息化从"小"到"大"分成以下5个层次：

（1）产品信息化：产品信息化是信息化的基础有两个含义。一是指传统产品中越来越多地融合了计算机化（智能化）器件，使产品具有处理信息的能力，如智能电视、智能灯具等；二是指产品携带了更多的信息，这些信息是数字化的，便于被计算机设备识别读取或被信息系统管理，如集成了车载电脑系统的小轿车。

（2）企业信息化：企业信息化是指企业在产品的设计、开发、生产、管理、经营等多个环节中广泛利用信息技术，辅助生产制造，优化工作流程，管理客户关系，建设企业信息管理系统，培养信息化人才并建设完善信息化管理制度的过程。企业信息化是国民经济信息化的基础，涉及生产制造系统、ERP、CRM、SCM等。

（3）产业信息化：指农业、工业、交通运输业、生产制造业、服务业等传统产业广泛利用信息技术来完成工艺、产品的信息化，进一步提高生产力水平；建立各种类型的数据库和网络，大力开发和利用信息资源，实现产业内各种资源、要素的优化与重组，从而实现产业的升级。

（4）国民经济信息化：指在经济大系统内实现统一的信息大流动，使金融、贸易、投资、计划、通关、营销等组成一个信息大系统，使生产、流通、分配、消费等经济的四个环节通过信息进一步连成一个整体。

（5）社会生活信息化：指包括商务、教育、政务、公共服务、交通、日常生活等在内的整个社会体系采用先进的信息技术，融合各种信息网络，大力开发有关人们日常生活的信息服务，丰富人们的物质、精神生活，拓展人们的活动时空，提升人们生活、工作的质量。目前正在兴起的智慧城市、互联网金融等是社会生活信息化的体现和重要发展方向。

➤参考答案：参见第397页"2021年下半年上午试题参考答案"。

● 我国在"十四五"规划第四章"强化国家战略科技力量"中，提出建设战略导向型、应用支撑型、前瞻引领型和民生改善型的重大科技基础，其中"未来网络实验设施"属于（9）基础设施。

（9）A．战略导向型　　　　　　B．应用支撑型
　　　C．前瞻引领型　　　　　　D．民生改善型

☑自我测试

（9）＿＿（请填写你的答案）

【试题分析】

"十四五"规划第四章"强化国家战略科技力量"第四节"建设重大科技创新平台"中指出：

支持北京、上海、粤港澳大湾区形成国际科技创新中心，建设北京怀柔、上海张江、大湾区、安徽合肥综合性国家科学中心，支持有条件的地方建设区域科技创新中心。强化国家自主创新示范区、高新技术产业开发区、经济技术开发区等创新功能。适度超前布局国家重大科技基础设施，提高共享水平和使用效率。集约化建设自然科技资源库、国家野外科学观测研究站（网）和科学大数据中心。加强高端科研仪器设备研发制造。构建国家科研论文和科技信息高端交流平台。

国家重大科技基础设施
1. 战略导向型 建设空间环境地基监测网、高精度地基授时系统、大型低速风洞、海底科学观测网、空间环境地面模拟装置、聚变堆主机关键系统综合研究设施等
2. 应用支撑型 建设高能同步辐射光源、高效低碳燃气轮机试验装置、超重力离心模拟与试验装置、加速器驱动嬗变研究装置、未来网络试验设施等
3. 前瞻引领型 建设硬 X 射线自由电子激光装置、高海拔宇宙线观测站、综合极端条件实验装置、极深地下极低辐射本底前沿物理实验设施、精密重力测量研究设施、强流重离子加速器装置等
4. 民生改善型 建设转化医学研究设施、多模态跨尺度生物医学成像设施、模式动物表型与遗传研究设施、地震科学实验场、地球系统数值模拟器等

参考答案：参见第 397 页"2021 年下半年上午试题参考答案"。

- 信息技术服务标准（ITSS）体系中定义的 IT 服务生命周期为：(10)。
  (10) A. 启动过程—规划过程—执行过程—结束过程
  　　B. 规划设计—部署实施—服务运营—持续改进—监督管理
  　　C. 规划设计—部署实施—服务运营—持续改进
  　　D. 启动过程—规划过程—执行过程—监督过程—收尾过程

自我测试
（10）＿＿＿（请填写你的答案）

【试题分析】

信息技术服务标准（Information Technology Service Standards，ITSS）是一套成体系和综合配套的信息技术服务标准库，全面规范了 IT 服务产品及其组成要素，用于指导实施标准化和可信赖的 IT 服务。

（1）组成要素。IT 服务由人员（People）、流程（Process）、技术（Technology）和资源（Resource）组成，简称 PPTR。

（2）生命周期。IT 服务生命周期由规划设计（Planning & Design）、部署实施（Implementing）、服务运营（Operation）、持续改进（Improvement）和监督管理（Supervision）五个阶段组成，简称 PIOIS。

规划设计：从客户业务战略出发，以需求为中心，参照 ITSS 对 IT 服务进行全面系统的战略规划和设计，为 IT 服务的部署实施做好准备，以确保提供满足客户需求的 IT 服务。

部署实施：在规划设计基础上，依据 ITSS 建立管理体系、部署专用工具及服务解决方案。

服务运营：根据服务部署情况，依据 ITSS，采用过程方法，全面管理基础设施、服务流程、人员和业务连续性，实现业务运营与 IT 服务运营融合。

持续改进：根据服务运营的实际情况，定期评审 IT 服务满足业务运营的情况，以及 IT 服务本身存在的缺陷，提出改进策略和方案，并对 IT 服务进行重新规划设计和部署实施，以提高 IT 服务质量。

监督管理：依据 ITSS 对 IT 服务的服务质量进行评价，并对服务供方的服务过程、交付结果实施监督和绩效评估。

参考答案：参见第 397 页"2021 年下半年上午试题参考答案"。

● 信息系统的生命周期可以分为立项、开发、运维及（11）四个阶段。
　　（11）A．结项　　　　B．下线　　　　C．消亡　　　　D．重建

自我测试
　　（11）____（请填写你的答案）

【试题分析】
信息系统的生命周期可以分为立项、开发、运维及消亡四个阶段（**详见 2021 年上半年上午试题分析第 11 题**）。

参考答案：参见第 397 页"2021 年下半年上午试题参考答案"。

● 软件测试是（12）。
　　（12）A．质量保证过程中的活动　　　　B．开发完成后的活动
　　　　　C．系统设计过程中的活动　　　　D．开发和维护过程中的活动

自我测试
　　（12）____（请填写你的答案）

【试题分析】
软件测试是为了评价和改进产品质量、识别产品的缺陷和问题而进行的活动，是针对一个程序的行为。软件测试在有限的测试用例集合上动态验证程序是否达到预期。

测试不再只是一种仅在编码阶段完成后才开始的活动。现在的软件测试被认为是一种应该包括在整个开发和维护过程中的活动，它本身是实际产品构造的一个重要部分。

软件测试伴随开发和维护过程，通常可以划分为单元测试、集成测试和系统测试三个阶段。

参考答案：参见第 397 页"2021 年下半年上午试题参考答案"。

● （13）描述对操作规范的说明，其只说明操作应该做什么，并没有定义操作如何做。
　　（13）A．接口　　　　B．多态　　　　C．封装　　　　D．继承

📝 **自我测试**

（13）＿＿＿（请填写你的答案）

【试题分析】

面向对象的基本概念有对象、类、抽象、封装、继承、多态、接口、消息、组件、模式和复用等。

其中，接口是描述对操作规范的说明，其只说明操作应该做什么，并没有定义操作如何做。可以将接口理解成为类的一个特例，它规定了实现此接口的类的操作方法，把真正的实现细节交由实现该接口的类去完成。

➡ **参考答案**：参见第 397 页"2021 年下半年上午试题参考答案"。

● （14）活动要为识别的配置项及其版本建立基线。
　（14）A．软件配置标识　　　　　　B．软件配置发布
　　　　C．软件配置控制　　　　　　D．软件配置状态记录

📝 **自我测试**

（14）＿＿＿（请填写你的答案）

【试题分析】

软件配置管理活动包括软件配置管理计划、软件配置标识、软件配置控制、软件配置状态记录、软件配置审计、软件发布管理与交付等活动。

软件配置管理计划的制定需要了解组织结构环境和组织单元之间的联系，明确软件配置控制任务。软件配置标识活动识别要控制的配置项，并为这些配置项及其版本建立基线。软件配置控制关注的是管理软件生命周期中的变更。软件配置状态记录标识、收集、维护并报告配置管理的配置状态信息。软件配置审计是独立评价软件产品和过程是否遵从已有的规则、标准、指南、计划和流程而进行的活动。软件发布管理与交付通常需要创建特定的交付版本，完成此任务的关键是软件库。

➡ **参考答案**：参见第 397 页"2021 年下半年上午试题参考答案"。

● 关于数据库和数据仓库技术的描述，不正确的是：（15）。
　（15）A．操作型处理也称事务处理，强调对历史数据进行分析
　　　　B．大数据分析需依托云计算、云存储、虚拟化等技术
　　　　C．大数据在于对数据进行专业化处理，实现数据的"增值"
　　　　D．数据仓库是一个面向主题的、集成的、相对稳定的数据集合

📝 **自我测试**

（15）＿＿＿（请填写你的答案）

【试题分析】

传统的数据库技术以单一的数据源即数据库为中心，进行事务处理、批处理、决策分析等各种数据处理工作，主要有操作型处理和分析型处理两类。操作型处理也称事务处理，指的是对联机数据库的日常操作，通常是对数据库中记录的查询和修改，主要为企业的特定应用服务，强调处理的响应时间、数据的安全性和完整性等；分析型处理则用于管理人员的决策分析，经常要访问大量的历史数据。

数据仓库（Data Warehouse）是一个面向主题的、集成的、相对稳定的、反映历史变化的数据集合，用于支持管理决策（详见**2021年上半年上午试题分析第15题**）。数据仓库是对多个异构数据源（包括历史数据）的有效集成，集成后按主题重组，且存放在数据仓库中的数据一般不再修改。

大数据（Big Data）的特点被归纳为5个"V"——Volume（数据量大）、Variety（数据类型繁多）、Velocity（处理速度快）、Value（价值密度低）、Veracity（真实性高）。大数据的意义不在于掌握庞大的数据信息，而在于对这些数据进行专业化处理，实现数据的"增值"。

大数据分析相比于传统的数据仓库应用，具有数据量大、查询分析复杂等特点。在技术上，大数据必须依托云计算的分布式处理、分布式数据库和云存储、虚拟化技术等。

参考答案：参见第397页"2021年下半年上午试题参考答案"。

● 开放系统互连参考模型（OSI）中（16）管理数据的解密加密、数据转换、格式化和文本压缩。

（16）A．数据链路层　　　　　　B．网络层
　　　C．传输层　　　　　　　　D．表示层

自我测试

（16）____（请填写你的答案）

【试题分析】

OSI从下到上共分为七层，包括物理层、数据链路层、网络层、传输层、会话层、表示层、应用层（详见**2021年上半年上午试题分析第17题**）。

其中，表示层如同应用程序和网络之间的翻译官。在表示层，数据被按照网络能理解的方案进行格式化，这种格式化也因所使用的网络的类型不同而不同。表示层管理数据的解密加密、数据转换、格式化和文本压缩，常见的协议有JPEG、ASCII、GIF、DES、MPEG。

参考答案：参见第397页"2021年下半年上午试题参考答案"。

● 根据应用领域不同，无线通信网络可分为：无线个域网、无线局域网、（17）和蜂窝移动通信网。

（17）A．无线体域网　　　　　　B．无线穿戴网
　　　C．无线城域网　　　　　　D．无线Mesh网络

自我测试

（17）____（请填写你的答案）

【试题分析】

无线网络是指以无线电波作为信息传输媒介，根据应用领域可分为：无线个域网（WPAN）、无线局域网（WLAN）、无线城域网（WMAN）、蜂窝移动通信网（WWAN）。

参考答案：参见第397页"2021年下半年上午试题参考答案"。

● 在计算机网络中，按照交换层次的不同，网络交换可以分为物理层交换、链路层交换、网络层交换、传输层交换和应用层交换五层，其中"对IP地址进行变更"属于（18）。

（18）A．网络层交换　　　　　　B．链路层交换
　　　 C．传输层交换　　　　　　D．应用层交换

📝 自我测试
（18）____（请填写你的答案）

【试题分析】
网络交换是指通过一定的设备，如交换机等，将不同的信号或者信号形式转换为对方可识别的信号类型从而达到通信目的的一种交换形式，常见的有数据交换、线路交换、报文交换和分组交换。

在计算机网络中，按网络交换可以分为物理层交换（如电话网）、数据链路层（即链路层）交换（二层交换，对 MAC 地址进行变更）、网络层交换（三层交换，对 IP 地址进行变更）、传输层交换（四层交换，对端口进行变更，比较少见）和应用层交换（似乎可以理解为 Web 网关等）。

★ 参考答案：参见第 397 页"2021 年下半年上午试题参考答案"。

● 关于网络安全的描述，不正确的是：(19)。
　　（19）A．网络安全工具的每一个单独组件只能完成其中部分功能，而不能完成全部功能
　　　　 B．信息安全的基本要素有机密性、完整性、可用性
　　　　 C．典型的网络攻击步骤为：信息收集、试探寻找突破口、实施攻击、消除记录、保留访问权限
　　　　 D．只有得到允许的人才能修改数据，并且能够判别出数据是否已被篡改，描述的是信息安全的可用性

📝 自我测试
（19）____（请填写你的答案）

【试题分析】
信息安全的基本要素主要包括机密性、完整性、可用性、可控性、可审查性（**详见 2021 年上半年上午试题分析第 20 题**）。

其中，完整性是指只有得到允许的人才能修改数据，并且能够判别出数据是否已被篡改。

典型的网络攻击步骤一般为：信息收集、试探寻找突破口、实施攻击、消除记录、保留访问权限。

国家在信息系统安全方面出台了相应的安全标准，将信息系统安全分为五个等级，分别是：自主保护级、系统审计保护级、安全标记保护级、结构化保护级和访问验证保护级。

除了标准之外，还需要相应的网络安全工具，包括安全操作系统、应用系统、防火墙、网络监控、安全扫描、信息审计、通信加密、灾难恢复、网络反病毒等多个安全组件，每一个单独的组件只能完成其中的部分功能，而不能完成全部功能。

★ 参考答案：参见第 397 页"2021 年下半年上午试题参考答案"。

● 在网络和信息安全产品中，(20)独立地对网络行为和主机操作提供全面与忠实的记录，方便用户分析与审查事故原因。

（20）A．防火墙　　　B．防毒软件　　　C．扫描器　　　D．安全审计系统

📝 自我测试

（20）____（请填写你的答案）

【试题分析】

网络和信息安全产品主要有防火墙、扫描器、防毒软件、安全审计系统等几种（**详见2021年上半年上午试题分析第19题**）。

其中，安全审计系统独立地对网络行为和主机操作提供全面与忠实的记录，方便用户分析与审查事故原因，很像飞机上的黑匣子。

➤ **参考答案**：参见第397页"2021年下半年上午试题参考答案"。

● （21）不属于云计算的特点。

（21）A．高可扩展性　　B．高成本性　　C．通用性　　　D．高可靠性

📝 自我测试

（21）____（请填写你的答案）

【试题分析】

云计算是指基于互联网的超级计算模式，通过互联网来提供大型计算能力和动态易扩展的虚拟化资源，通常具有下列特点：

（1）超大规模。

（2）虚拟化。

（3）高可靠性。

（4）通用性。

（5）高可扩展性。

（6）按需服务。

（7）极其廉价。

（8）潜在的危险性。

➤ **参考答案**：参见第397页"2021年下半年上午试题参考答案"。

● （22）是基于Linux，入门容易，且中间层多以Java实现的移动互联网主流开发平台。

（22）A．Android　　　B．iOS　　　C．Windows Phone　D．HTML5

📝 自我测试

（22）____（请填写你的答案）

【试题分析】

Android是一种基于Linux的自由及开放源代码的操作系统，主要用于移动设备，如智能手机和平板电脑。相对于其他移动终端操作系统，Android的特点是入门容易，因为Android的中间层多以Java实现，并且采用特殊的Dalvik"暂存器形态"Java虚拟机，变量皆存放于暂存器中，虚拟机的指令相对减少，开发相对简单，而且开发社群活跃，开发资料丰富。

iOS是由苹果公司开发的移动操作系统，主要应用于iPhone、iTouch以及iPad。iOS是一个非开源的操作系统，其SDK本身是可以免费下载的，但为了发布软件，开发人员必须加入苹果开发者计划，并需要付款以获得苹果公司的批准。iOS的开发语言是Objective-C、

C 和 C++，加上其对开发人员和程序的认证，开发资源相对较少，所以其开发难度要大于 Android。

Windows Phone 是微软发布的一款手机操作系统，它将微软旗下的 Xbox Live 游戏、Xbox Music 音乐与独特的视频体验集成至手机中。Windows Phone 的开发技术有 C、C++、C＃等。Windows Phone 的基本控件来自控件 Silverlight 的.NET Framework 类库，而.NET 开发具备快捷、高效、低成本的特点。

HTML5 是在原有 HTML 基础之上扩展了 API，使 Web 应用成为 RIA（Rich Internet Applications），具有高度互动性、丰富用户体验及功能强大的客户端。HTML5 手机应用的最大优势就是可以在网页上直接调试和修改。

➤ **参考答案**：参见第 397 页"2021 年下半年上午试题参考答案"。

● 在物联网架构中，物联网管理中心和物联网信息中心处于(23)。
   (23) A．感知层　　　B．网络层　　　C．应用层　　　D．管理层

📝自我测试
   (23)＿＿＿（请填写你的答案）

【试题分析】
  物联网从架构上可以分为感知层、网络层和应用层（详见 **2021 年上半年上午试题分析第 23 题**）。

  其中，网络层利用无线和有线网络对采集的数据进行编码、认证和传输。广泛覆盖的移动通信网络是物联网的基础设施，是物联网三层中标准化程度最高、产业化能力最强、最成熟的部分，关键在于为物联网应用特征进行优化和改进，形成协同感知的网络。

➤ **参考答案**：参见第 397 页"2021 年下半年上午试题参考答案"。

● 关于项目的描述，不正确的是：(24)。
   (24) A．完成项目需要使用一定的人、财、物等资源
       B．项目要提供某一独特产品、独特的服务或成果
       C．项目可以没有结束时间，但一定有开始时间
       D．项目具有一次性、临时性和独特性的特点

📝自我测试
   (24)＿＿＿（请填写你的答案）

【试题分析】
  项目的三大特点包括：临时性、独特性、渐进明细（详见 **2021 年上半年上午试题分析第 24 题**）。

  （1）临时性：临时性是指每一个项目都有一个明确的开始时间和结束时间。
  （2）独特性：项目要提供某一独特产品，提供独特的服务或成果。
  （3）渐进明细：项目的成果性目标是逐步完成的。

➤ **参考答案**：参见第 397 页"2021 年下半年上午试题参考答案"。

● (25)是"一致同意建立并由公认的机构批准的文件，具有可重复使用的规则、指南、

活动或结果的特征，目的是在特定的背景下达到最佳的秩序"。

（25）A．标准　　　　B．法律　　　　C．法规　　　　D．流程

📝 自我测试
（25）____（请填写你的答案）

【试题分析】
标准是"一致同意建立并由公认的机构批准的文件，该团体提供通用的和可重复使用的规则、指南、活动或其结果的特征，目的是在特定的背景下达到最佳的秩序"，计算机磁盘的大小、汽车机油的耐热性规格等均是标准的例子。

法规是政府强制的要求，它制定了产品、过程或服务的特征，包括适用的管理条款，并强制遵守。建筑法规是法规的一个例子。

法律是由国家制定或认可并依靠国家强制力保证实施的，反映由特定社会物质生活条件所决定的统治阶级意志，以权利和义务为内容，以确认、保护和发展对统治阶级有利的社会关系和社会秩序为目的的行为规范体系。

流程就是过程节点及执行方式有序组成的过程。

➤ 参考答案：参见第 397 页"2021 年下半年上午试题参考答案"。

● 项目经理向研发部部门经理申请使用项目预算费用，该组织属于（26）。
（26）A．弱矩阵型组织　　　　　　B．平衡矩阵型组织
　　　C．强矩阵型组织　　　　　　D．项目型组织

📝 自我测试
（26）____（请填写你的答案）

【试题分析】
根据项目经理的权力从小到大，可以将组织结构依次划分为职能型组织、弱矩阵型组织、平衡矩阵型组织、强矩阵型组织和项目型组织（**详见 2021 年上半年上午试题分析第 26 题**）。

其中，弱矩阵型组织保持着很多职能型组织的特征，弱矩阵型组织内项目经理对资源的影响力弱于部门经理，项目经理的角色与其说是管理者，不如说是协调人和发布人。

➤ 参考答案：参见第 397 页"2021 年下半年上午试题参考答案"。

● 关于项目生命周期的描述，不正确的是：（27）。
（27）A．项目生命周期描述文件可以是概要的，也可以很详细
　　　B．项目初始阶段，成本和人员投入水平较低，在中间阶段达到最高
　　　C．项目初始阶段不确定性水平最高，达不到项目目标的风险也是最高
　　　D．项目干系人对项目最终费用的影响力随着项目的开展逐渐增强

📝 自我测试
（27）____（请填写你的答案）

【试题分析】
项目生命周期描述文件可以是概要的，也可以很详细。非常详细的生命周期描述可能包括许多表格、图表和检查单。生命周期的描述应该结构清晰，便于控制。

大多数项目生命周期都具有许多共同的特征：

在初始阶段，成本和人员投入水平较低，在中间阶段达到最高，当项目接近结束时则快速下降，具体如下图所示。

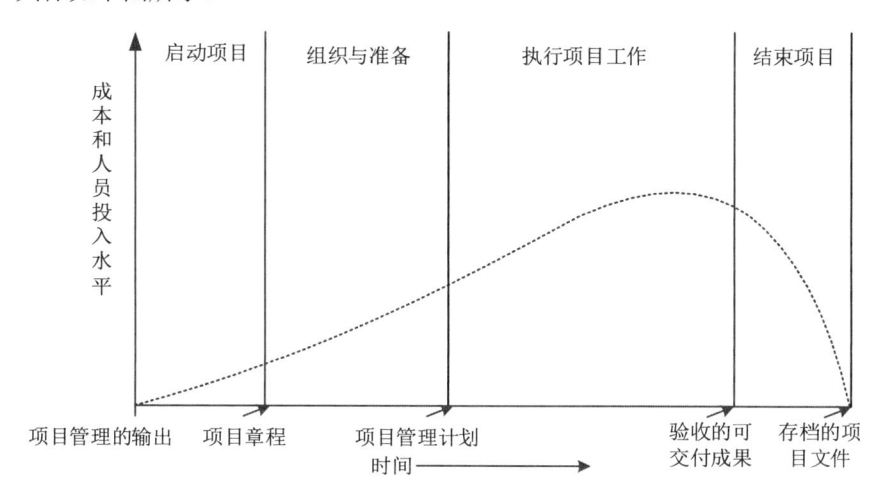

在项目的初始阶段不确定性水平最高，因此达不到项目目标的风险也是最高的。随着项目的继续，完成项目的确定性通常也会逐渐上升，具体如下图所示。

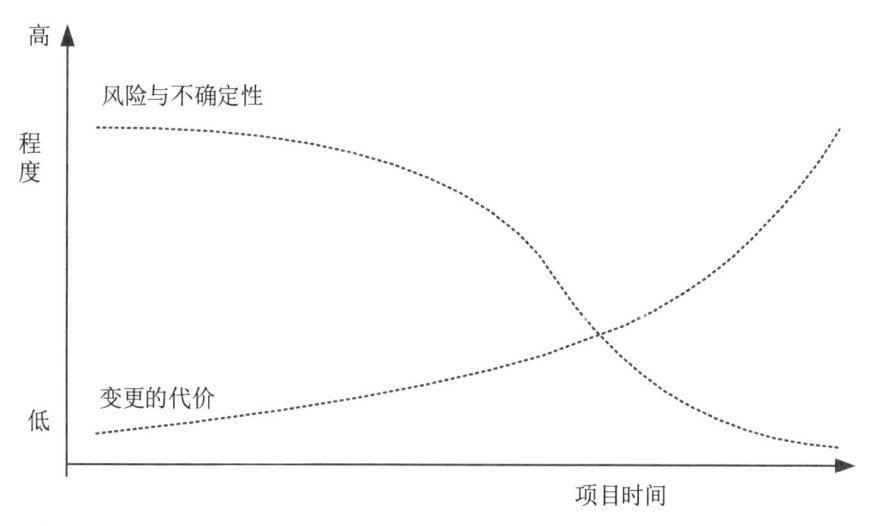

在项目的初始阶段，项目干系人影响项目的最终产品特征和项目最终费用的能力最高，随着项目的继续开展则逐渐变低。

参考答案：参见第 397 页 "2021 年下半年上午试题参考答案"。

● 关于项目建议书的描述，不正确的是：(28)。
 (28) A．项目建议书是项目建设单位向上级主管部门提交的项目申请文件
    B．项目建议书是对拟建项目提出的框架性的总体设想
    C．编制项目建议书为可行性研究提供依据，是项目必不可少的阶段
    D．建设单位在编制项目建议书时，可将中央和国务院的有关文件规定及所处行业的建设规划作为依据

📝 自我测试

（28）____（请填写你的答案）

【试题分析】

项目建议书，又称立项申请，是项目建设单位向上级主管部门提交项目申请时所必需的文件，是该项目建设筹建单位或项目法人，根据国民经济的发展、国家和地方中长期规划、产业政策、生产力布局、国内外市场、所在地的内外部条件、本单位的发展战略等，提出的某一具体项目的建议文件，是对拟建项目提出的框架性的总体设想。项目建议书是项目发展周期的初始阶段，是国家或上级主管部门选择项目的依据，也是可行性研究的依据。

对于系统集成类型的项目立项工作，项目建设单位可以依据中央和国务院的有关文件规定以及所处行业的建设规划，研究提出系统集成项目的立项申请。项目建设单位可以规定，对于规模较小的系统集成项目省略项目建议书环节，而将其与项目可行性分析阶段进行合并。

➤ 参考答案：参见第 397 页"2021 年下半年上午试题参考答案"。

● （29）用于分析项目对政治体制、方针政策、经济结构、法律道德等的影响。
（29）A．投资必要性　　B．社会可行性　　C．组织可行性　　D．经济可行性

📝 自我测试

（29）____（请填写你的答案）

【试题分析】

项目可行性研究一般应包括如下内容：投资必要性、技术可行性、财务可行性、组织可行性、经济可行性、社会可行性、风险因素及对策（**详见 2021 年上半年上午试题分析第 29 题**）。

其中，社会可行性主要分析项目对社会的影响，包括政治体制、方针政策、经济结构、法律道德、宗教民族、妇女儿童及社会稳定性等。

➤ 参考答案：参见第 397 页"2021 年下半年上午试题参考答案"。

● 关于可行性研究的描述，不正确的是：（30）。
（30）A．初步可行性研究的目的是激发投资者的兴趣，寻找最佳的投资机会
　　　B．项目的初步可行性研究阶段是可以省去的
　　　C．详细可行性研究是一项费时、费力且需要一定资金支持的工作
　　　D．项目评估的目的是审查项目可行性研究的可靠性、真实性和客观性

📝 自我测试

（30）____（请填写你的答案）

【试题分析】

可行性研究分为机会可行性研究、初步可行性研究、详细可行性研究（**详见 2021 年上半年上午试题分析第 30 题**）。

其中，机会可行性研究的主要任务是对投资项目或投资方向提出建议，并对各种设想的项目和投资机会做出鉴定，其目的是激发投资者的兴趣。

➤ 参考答案：参见第 397 页"2021 年下半年上午试题参考答案"。

● 关于项目招投标的描述，正确的是：(31)。
(31) A．资格预审文件或者招标文件的发售期不得少于 7 天
　　 B．投标保证金不得超过招标项目估算价的 1%
　　 C．一个招标项目只能有一个标底
　　 D．中标候选人应当不超过 2 个，并标明排序

📝 自我测试
(31) ____（请填写你的答案）

【试题分析】
进行招投标有以下相关规定：
招标人应当按照资格预审公告、招标公告或者投标邀请书规定的时间、地点发售资格预审文件或者招标文件。资格预审文件或者招标文件的发售期不得少于 5 日。
招标人在招标文件中要求投标人提交投标保证金的，投标保证金不得超过招标项目估算价的 2%。投标保证金有效期应当与投标有效期一致。
招标人可以自行决定是否编制标底。一个招标项目只能有一个标底，标底必须保密。
评标完成后，评标委员会应当向招标人提交书面评标报告和中标候选人名单。中标候选人应当不超过 3 个，并标明排序。

★ **参考答案**：参见第 397 页"2021 年下半年上午试题参考答案"。

● 关于招投标相关的描述，不正确的是：(32)。
(32) A．合同的主要条款应与招标文件和中标人的投标文件内容一致
　　 B．招标人和投标人不得再行订立背离合同实质性内容的其他协议
　　 C．如果中标人不同意按照招标文件规定条件按时签约，应重新组织招标
　　 D．如果所有投标人都没有能够按照招标文件的规定和条件进行签约，则可以宣布本次招标无效

📝 自我测试
(32) ____（请填写你的答案）

【试题分析】
招标人和中标人应当依照《中华人民共和国招标投标法》的规定签订书面合同，合同的标的、价款、质量、履行期限等主要条款应当与招标文件和中标人的投标文件的内容一致。招标人和中标人不得再行订立背离合同实质性内容的其他协议。
如果中标人不同意按照招标文件规定的条件或条款按时进行签约，招标方有权宣布该标作废而与第二最低评估价投标人进行签约（或与综合得分第二高的投标人进行签约）。如果所有投标人都没有能够按照招标文件的规定和条件进行签约，或者所有投标人的投标价都超出本合同标的预算，则可以在请示有关管理部门之后宣布本次招标无效，而重新组织招标。

★ **参考答案**：参见第 397 页"2021 年下半年上午试题参考答案"。

● 关于项目章程的描述，不正确的是：(33)。
(33) A．项目章程通常由高级管理层签发
　　 B．项目章程是项目经理寻求主要干系人支持的依据

C．当项目出现变更时，应对项目章程进行修改
D．项目章程遵循"谁签发，谁有权修改"的原则

📝 自我测试
（33）____（请填写你的答案）

【试题分析】
项目章程是一份正式批准项目并授权项目经理在项目活动中使用组织资源的文件。项目章程宣告一个项目的正式启动、项目经理任命，并对项目的目标、范围、主要可交付成果、主要制约因素等进行总体性描述（**详见2021年上半年上午试题分析第34题**）。

项目章程所规定的是一些比较大的、原则性的问题，通常不会因为项目变更而对项目章程进行修改。

★ **参考答案**：参见第397页"2021年下半年上午试题参考答案"。

● 关于项目管理计划的描述，不正确的是：(34)。
（34）A．项目管理计划是在项目管理其他规划过程的成果基础上制定的
B．项目管理计划确定项目的执行、监控和收尾方式
C．项目管理计划可以是概括的，也可以是详细，可以包含一个或多个辅助计划
D．项目管理计划使用到的项目文件如变更日志等，均属于项目管理计划

📝 自我测试
（34）____（请填写你的答案）

【试题分析】
项目管理计划是综合性的计划，是整合一系列分项的管理计划和其他内容的结果，用于指导项目的执行、监控和收尾工作。项目管理计划是在项目管理其他规划过程的成果基础上制定的。所有其他规划过程都是制定项目管理计划过程的依据。

项目管理计划可以是概括的或详细的，可以包含一个或多个辅助计划（其他各规划过程所产生的所有子管理计划）。

项目管理计划是用于管理项目的主要文件之一。项目管理同时使用其他项目文件，这些其他文件不属于项目管理计划。在项目工作中，实际上需要两种计划，即关于技术工作的计划和关于管理工作的计划。但需要明确的是项目文件会影响项目管理工作，但不属于项目管理计划。在项目管理过程中所产生的文件（如工作绩效报告、变更日志等）都是项目文件的组成部分。

★ **参考答案**：参见第397页"2021年下半年上午试题参考答案"。

● (35)是为使项目工作绩效重新与项目管理计划一致而进行的有目的的活动。
（35）A．纠正措施　　B．预防措施　　C．缺陷补救　　D．更新

📝 自我测试
（35）____（请填写你的答案）

【试题分析】
（1）纠正措施：为了使项目工作绩效与项目管理计划保持一致而进行的变更申请。
（2）预防措施：为了确保项目工作的未来绩效符合项目管理计划而进行的变更申请。

（3）缺陷补救：为了修正不一致的产品或产品组件而进行的变更申请。
（4）更新：对正式受控的项目文件或计划等进行的变更申请，以便反映修改或增加的意见或内容。

★ **参考答案**：参见第 397 页"2021 年下半年上午试题参考答案"。

● 关于项目整体变更控制的描述，正确的是：(36)。
（36）A．项目整体变更控制过程只用于项目的执行和监控阶段
　　　B．只有客户或项目管理人员才能提出变更请求
　　　C．每项记录在案的变更请求都必须由一位责任人批准或否决
　　　D．CCB 对变更请求的审批结果不可更改

📝 **自我测试**
（36）____（请填写你的答案）

【试题分析】
实施整体变更控制是审查所有变更请求，批准或否决变更，管理对可交付成果、组织过程资产、项目文件和项目管理计划的变更，并对变更处理结果进行沟通的过程。实施整体变更控制过程贯穿项目始终，并且应用于项目的各个阶段。项目经理对此负最终责任。

项目的任何干系人都可以提出变更请求。尽管可以口头提出，但所有变更请求都必须以书面形式记录，并纳入变更管理以及配置管理系统中。

每项记录在案的变更请求都必须由一位责任人批准或否决，这位责任人通常是项目发起人或项目经理。必要时，应该由变更控制委员会（CCB）来决策是否实施整体变更控制过程。CCB 是一个正式组成的团体，负责审查、评价、批准、推迟或否决项目变更，以及记录和传达变更处理决定，由主要项目干系人的代表组成，项目经理可以是其中的一员，但通常不是组长。

某些特定的变更请求，在 CCB 批准之后，还可能需要得到客户或发起人的批准，除非他们本来就是 CCB 的成员。

★ **参考答案**：参见第 397 页"2021 年下半年上午试题参考答案"。

● (37)用于检查项目绩效随时间的变化情况，以确定绩效是在改善还是在恶化。
（37）A．分组方法　　B．根本原因分析　　C．趋势分析　　D．故障树分析

📝 **自我测试**
（37）____（请填写你的答案）

【试题分析】
监控项目工作的技术有分析技术，它包含分组方法、根本原因分析、趋势分析、故障树分析、因果分析、回归分析等。

分组方法：通过统计分组的计算和分析，从定性或定量的角度来认识所要分析对象的不同特征、不同性质及相互关系的方法。

根本原因分析：根本原因分析（RCA）是一项结构化的问题处理法，用以逐步找出问题的根本原因并加以解决，而不是仅仅关注问题的表征。

趋势分析（又叫趋势预测）：用于检查项目绩效随时间的变化情况，以确定绩效是在改

善还是在恶化。优点是考虑时间序列发展趋势，使预测结果能更好地符合实际。

故障树分析：故障树分析技术是美国贝尔电报公司的电话实验室于1962年开发的，它采用逻辑的方法，形象地进行薄弱环节和风险等危险的分析工作，特点是直观、明了，思路清晰，逻辑性强，可以做定性分析，也可以做定量分析。

因果分析：将问题陈述放在鱼骨的头部，作为起点，用来追溯问题来源，回推到发生问题的根本原因。

回归分析：确定两种或两种以上变数间相互依赖的定量关系的一种统计分析方法。

➤ **参考答案**：参见第397页"2021年下半年上午试题参考答案"。

● 关于范围管理相关的描述，不正确的是：(38)。
  (38) A．范围管理计划描述了如何定义、制定、监督、控制和确认项目范围
       B．范围管理计划可以是正式或非正式的，非常详细或高度概括的
       C．需求管理计划描述了如何分析、记录和管理需求
       D．需求管理计划是编制范围管理计划时的重要参考依据

📝 自我测试
  (38) ＿＿＿（请填写你的答案）

【试题分析】
编制范围管理计划是项目或项目集管理计划的组成部分，描述了如何定义、制定、监督、控制和确认项目范围。根据项目需要，范围管理计划可以是正式或非正式的，非常详细或高度概括的。编制范围管理计划过程的输入有项目章程、项目管理计划、事业环境因素和组织过程资产。

需求管理计划是项目管理计划的组成部分，描述了如何分析、记录和管理需求，以及阶段与阶段间的关系对管理需求的影响，是编制范围管理计划的输出，是成果，不是参考依据。

➤ **参考答案**：参见第397页"2021年下半年上午试题参考答案"。

● (39)严格地定义了项目包括什么和不包括什么，以防止项目干系人假定某些产品或服务是项目的一部分。
  (39) A．项目目标   B．项目边界   C．项目需求   D．项目的可交付成果

📝 自我测试
  (39) ＿＿＿（请填写你的答案）

【试题分析】
项目范围说明书描述要做和不要做的工作的详细程度，决定着项目管理团队控制整个项目范围的有效程度。项目范围说明书包括如下内容。
（1）项目目标：项目目标包括衡量项目成功的可量化标准。
（2）产品范围描述：产品范围描述了项目承诺交付的产品、服务或成果的特征。
（3）项目需求：项目需求描述了项目承诺交付物要满足合同、标准、规范或其他强制性文档所必须具备的条件或能力。
（4）项目边界：项目边界严格地定义了项目包括什么和不包括什么，以防止项目干系人假定某些产品或服务是项目中的一部分。

（5）项目的可交付成果：在某一过程、阶段或项目完成时，产出的任何独特并可核实的产品、成果或服务。

（6）项目制约因素：指具体的与项目范围有关的约束条件，它会对项目团队的选择造成限制。

（7）假设条件：与范围有关的假设条件，以及当这些条件不成立时对项目造成的影响。

参考答案：参见第397页"2021年下半年上午试题参考答案"。

● 关于工作分解结构的描述，正确的是：(40)。

(40) A．工作分解结构的编制应由项目管理人员完成，因为不同项目干系人立场不同，对于工作分解结构的理解差异较大

B．工作分解结构中各要素应该是相互独立的，要尽量减少相互之间的交叉

C．工作分解过程是逐层向上归纳的，上一层次是下一层次各要素之和

D．里程碑与可交付成果紧密相关，可以用可交付成果替代里程碑

自我测试
(40) ____（请填与你的答案）

【试题分析】
工作分解结构（WBS）底层的工作单元被称为工作包，是进行进度安排、成本估算和监控的基础。工作包对相关活动进行归类。

（1）工作分解结构是用来确定项目范围的，项目的全部工作都必须包含在工作分解结构当中，即工作分解结构必须且只能包括100%的工作。

（2）工作分解结构的编制需要所有项目干系人的参与，需要项目团队成员的参与。各项目干系人站在自己的立场上，对同一个项目可能编制出差别较大的工作分解结构，项目经理应该发挥"整合者"的作用，组织他们进行讨论，以便编制出一份大家都能接受的工作分解结构。

（3）工作分解结构是逐层向下分解的。工作分解结构最高层的要素总是整个项目或分项目的最终成果。每下一个层次都是上一层次相应要素的细分。上一层次是下一层次各要素之和。一般情况下，工作分解结构应控制在3～6层为宜。

工作分解结构中的各要素应该是相对独立的，要尽量减少相互之间的交叉。

里程碑标志着某个可交付成果或者阶段的正式完成。里程碑和可交付成果紧密联系在一起，但并不是一个概念。可交付成果可能包括报告、原型、成果和最终产品，而"里程碑＝具体时间＋在这个时间应完成的事件"，里程碑关注事件是否完成。

参考答案：参见第397页"2021年下半年上午试题参考答案"。

● 关于项目确认范围的描述，不正确的是：(41)。

(41) A．范围确认应贯穿项目的始终

B．范围确认的主要作用是使验收过程具有客观性

C．范围确认过程关注可交付成果的正确性以及是否满足质量要求

D．范围确认时，应检查每个交付成果是否有明确的里程碑，里程碑是否明确可辨别

☑自我测试

（41）____（请填写你的答案）

【试题分析】

范围确认是正式验收已完成的项目可交付成果的过程。范围确认需要审查可交付物和工作成果，以保证项目中所有工作都能准确地、满意地完成。范围确认应该贯穿项目的始终。本过程的主要作用是使验收过程具有客观性；同时通过验收每个可交付成果，提高最终产品、服务或成果获得验收的可能性。

范围确认过程与控制质量过程的不同之处在于，前者关注可交付成果的验收，而后者关注可交付成果的正确性及是否满足质量要求。

项目干系人进行范围确认时，一般需要检查以下六个方面的问题。

（1）可交付成果是否为确实的、可确认的或者说可核实的。

（2）每个交付成果是否有明确的里程碑，里程碑是否明确可辨别。

（3）是否有明确的质量标准。

（4）审核或承诺是否表达清晰。项目投资人必须正式同意项目的边界、项目完成的产品或服务，以及与项目相关的可交付成果。项目团队必须清楚了解并取得一致的意见。

（5）项目范围是否覆盖了需要完成的产品或服务进行的所有活动。

（6）项目范围的风险发生概率，管理层是否能够降低可预见性的风险对项目的影响。

➤ **参考答案**：参见第 397 页"2021 年下半年上午试题参考答案"。

● 关于项目范围控制的描述，不正确的是：（42）。

（42）A．项目的范围变更控制和管理是对项目中存在的或潜在的变化采用正确的策略和方法来降低项目的风险

B．客户通常只能提出范围变化的要求，项目经理才能批准项目范围变化

C．项目小组成员发现项目范围变化时应将其报告给项目经理

D．随着项目的进展，需求基线将越定越高，容许的需求变更将越来越少

☑自我测试

（42）____（请填写你的答案）

【试题分析】

项目的范围变更控制、管理是对项目中存在的或潜在的变化采用正确的策略和方法来降低项目的风险。客户通常只能提出范围变化的要求，但却没有批准的权力。即使是项目经理也没有批准的权力。真正拥有这种权力的只有一个人，那就是这个项目的投资人（除非该资助人已经授权给了他人）。

项目小组的成员有很多的机会同客户进行互动交流，他们所接到的范围变化要求也就最多。因此，整个项目小组都必须理解范围变化管理的重要性。所有小组成员都必须及时发现项目范围的变化并将其报告给项目经理。如果他们把所有的额外工作都自己承担，就很可能造成无法按时完成任务的结果，从而危害到整个项目。

需求基线定义了项目的范围。随着项目的进展，客户的需求可能会发生变化，从而导致需求基线变化及项目范围变化。每次需求变更并经过需求评审后，都要重新确定新的需求基

线。随着项目的进展需求基线将越定越高，容许的需求变更将越来越少。

★ **参考答案**：参见第 397 页 "2021 年下半年上午试题参考答案"。

● "定义活动" 过程的输出不包括（43）。
（43）A．活动清单　　B．范围基准　　C．里程碑清单　　D．活动属性

📝 自我测试
（43）＿＿＿（请填写你的答案）

【试题分析】
定义活动过程就是识别和记录为完成项目可交付成果而需采取的所有活动。活动定义的输出有：活动清单、活动属性和里程碑清单。

★ **参考答案**：参见第 397 页 "2021 年下半年上午试题参考答案"。

● 在系统集成项目中，只有各个设备组装完成，团队才能对其进行测试，设备组装和测试活动之间属于（44）关系。
（44）A．外部强制性依赖　　　　　B．外部选择性依赖
　　　C．内部强制性依赖　　　　　D．内部选择性依赖

📝 自我测试
（44）＿＿＿（请填写你的答案）

【试题分析】
活动之间的依赖关系可能是强制性的或选择性的，内部或外部的。这四种依赖关系可以组合成强制性外部依赖关系、强制性内部依赖关系、选择性外部依赖关系或选择性内部依赖关系。

（1）强制性依赖关系。强制性依赖关系是法律或合同要求的或工作的内在性质决定的依赖关系。强制性依赖关系往往与客观限制有关。

（2）选择性依赖关系。选择性依赖关系有时又称首选逻辑关系、优先逻辑关系或软逻辑关系。它通常是基于具体应用领域的最佳实践或者是基于项目的某些特殊性质而设定，即便还有其他顺序可以选用，但项目团队仍默认按照此种特殊的顺序安排活动。

（3）外部依赖关系。外部依赖关系是项目活动与非项目活动之间的依赖关系。这些依赖关系往往不在项目团队的控制范围内。例如，软件项目的测试活动取决于外部硬件的到货；建筑项目的现场准备，可能要在政府的环境听证会之后才能开始。

（4）内部依赖关系。内部依赖关系是项目活动之间的紧前关系，通常在项目团队的控制之中。例如，只有机器组装完毕，团队才能对其测试。

★ **参考答案**：参见第 397 页 "2021 年下半年上午试题参考答案"。

● 某项目包含 A、B、C、D、E、F、G、H、I、J 共 10 个活动，各活动历时与逻辑关系如下表所示，施工过程中，活动 B 延期 2 天。活动 B 的自由浮动时间与总浮动时间分别为（45）天，项目工期是（46）天。

活动名称	活动历时（天）	前置活动
A	2	—
B	2	A
C	3	A
D	4	A
E	3	B
F	4	C、D
G	4	E、F
H	3	G
I	2	G
J	1	H、I

(45) A. 0、1　　　B. 1、2　　　C. 2、2　　　D. 1、1
(46) A. 17　　　　B. 18　　　　C. 19　　　　D. 20

📝 自我测试
（45）____（请填写你的答案）
（46）____（请填写你的答案）

【试题分析】

根据题意，绘制出如下网络图，由此可知，项目总工期为18天，B 的自由时差为0，总时间为3天，如果B延期2天，则自由时差不变，仍为0，总时差变为1天，总工期不变。

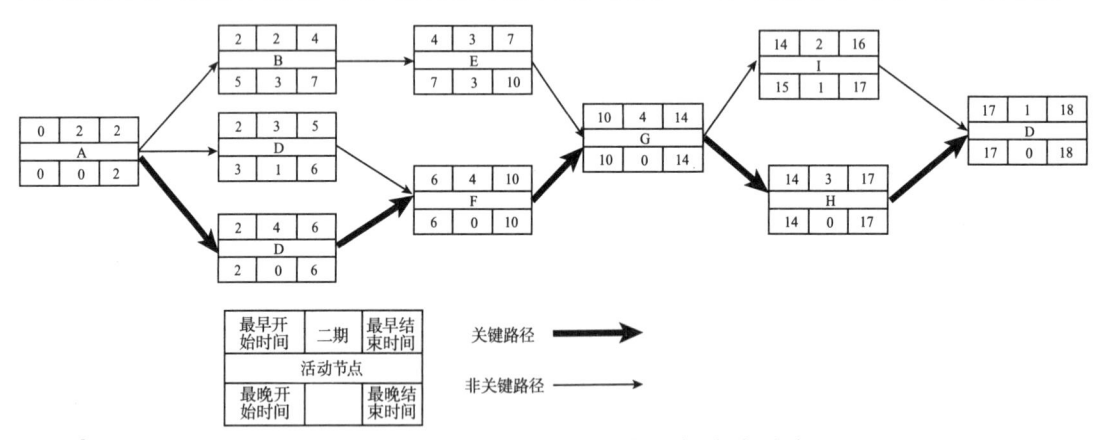

🔖 **参考答案**：参见第397页"2021年下半年上午试题参考答案"。

● 关于成本的描述，不正确的是：(47)。
　（47）A. 额外福利、项目团队的差旅费属于直接成本
　　　　B. 税金、人力资源部门员工工资、保卫费属于间接成本
　　　　C. 项目总预算为成本基准与管理储备之和
　　　　D. 应急储备是包含在成本基准内的一部分预算

📝 自我测试

（47）＿＿＿（请填写你的答案）

【试题分析】

成本的类型主要有以下几类。

（1）可变成本：随生产量、工作量或时间而变的成本为可变成本。

（2）固定成本：不随生产量、工作量或时间而变的非重复成本为固定成本。

（3）直接成本：直接可以归属于项目工作的成本为直接成本，如项目团队的差旅费、工资、项目使用的物料及设备使用费等。

（4）间接成本：来自一般管理费用科目，或几个项目共同担负的项目成本所分摊给本项目的费用，就形成了项目的间接成本，如企业的税金、额外福利和保卫费用等。

（5）机会成本：利用一定的时间或资源生产一种商品时，而失去的利用这些资源生产其他商品和获得收入的机会就是机会成本。

（6）沉没成本：由于过去的决策已经发生了的，而不能由现在或将来的任何决策改变的成本称为沉没成本。

应急储备是包含在成本基准内的一部分预算，用来应对已经接受的已识别风险，以及已经制定应急或减轻措施的已识别风险。应急储备通常是预算的一部分，用来应对那些会影响项目的"已知—未知"风险。

管理储备是为了管理控制的目的而特别留出的项目预算，用来应对项目范围中不可预见的工作。管理储备用来应对会影响项目的"未知—未知"风险。管理储备不包括在成本基准中，但属于项目总预算和资金需求的一部分，使用前需要得到高层管理者审批。

项目预算和成本基准的各个组成部分。先汇总各项目活动的成本估算及其应急储备，得到相关工作包的成本。然后汇总各工作包的成本估算及其应急储备，得到控制账户的成本。再汇总各控制账户的成本，得到成本基准。由于成本基准中的成本估算与进度活动直接关联，因此就可按时间段分配成本基准，得到一条 S 曲线。

在成本基准之上增加管理储备，得到项目预算。当出现有必要动用管理储备的变更时，则应该在获得变更控制过程的批准之后，把适量的管理储备移入成本基准中。

🔖 参考答案：参见第 397 页"2021 年下半年上午试题参考答案"。

● 制定成本管理计划的依据不包括（48）。

（48）A．范围基准　　B．进度基准　　C．项目章程　　D．挣值规则

📝 自我测试

（48）＿＿＿（请填写你的答案）

【试题分析】

制定成本管理计划的输入有项目管理计划（范围基准、进度基准、其他信息）、项目章程、事业环境因素和组织过程资产。

挣值管理是把范围、进度和资源绩效综合起来考虑，以评估项目绩效和进展的方法。它是一种常用的项目绩效测量方法，是成本控制和进度控制的工具与技术。

🔖 参考答案：参见第 397 页"2021 年下半年上午试题参考答案"。

- (49) 的准确性取决于模型的成熟度和基础数据的可靠性。

   (49) A. 类比估算　　B. 三点估算　　C. 自下而上估算　　D. 参数估算

📝 **自我测试**

   (49) ＿＿＿（请填写你的答案）

【试题分析】

项目成本估算采用的技术与工具包括：类比估算、参数估算、自下而上估算、三点估算、专家判断、储备分析、质量成本、项目管理软件、卖方投标分析、群体决策技术（**详见2021年上半年上午试题分析第49题**）。

类比估算：以过去类似项目的参数值或规模指标为基础，来估算当前项目的同类参数或指标。

三点估算：通过考虑估算中的不确定性与风险，使用最可能成本（C_m）、最乐观成本（C_o）、最悲观成本（C_p）三种估算值来界定活动成本的近似区间，可以提高活动成本估算的准确性（**详见2021年上半年上午试题分析第49题**）。三点估算的计算公式如下。

三角分布：$C_E=(C_o+C_m+C_p)/3$

贝塔分布：$C_E=(C_o+4C_m+C_p)/6$

当未明确说明时，采用贝塔分布进行三点估算。

自下而上估算：是对工作组成部分进行估算的一种方法。首先对单个工作包或活动的成本进行最具体、细致的估算；然后把这些细节性成本向上汇总或"滚动"到更高层次，用于后续报告和跟踪。自下而上估算的准确性及估算所需的成本，通常取决于单个活动或工作包的规模和复杂程度。

参数估算：利用历史数据之间的统计关系和其他变量，来进行项目工作的成本估算。参数估算的准确性取决于参数模型的成熟度和基础数据的可靠性。

▶ **参考答案**：参见第397页"2021年下半年上午试题参考答案"。

- 某项目中活动A的成本估算为1000元，总工期为10天，项目经理在施工第8天晚上查看工作进度，发现任务只完成70%，成本消耗了600元。为了不影响项目整体进度，活动A需要按时完工，项目经理计划在现有成本条件下进行赶工，请计算活动A完工尚需绩效指数（TCPI）为（50）。

   (50) A. 1.5　　　　B. 0.75　　　　C. 1.17　　　　D. 0.8

📝 **自我测试**

   (50) ＿＿＿（请填写你的答案）

【试题分析】

根据题意：

BAC＝1000（元）

PV＝1000×80%＝800（元）

EV＝1000×70%＝700（元）

AC＝600（元）

TCPI＝(BAC－EV)/(BAC－AC)＝(1000－700)/(1000－600)＝300/400＝0.75

参考答案：参见第 397 页 "2021 年下半年上午试题参考答案"。

- 编制人力资源管理计划的工具与技术不包括（51）。
  （51）A．人际交往　　B．组织理论　　C．责任分配矩阵　　D．认可与奖励

自我测试
（51）＿＿＿（请填写你的答案）

【试题分析】
编制人力资源管理计划的工具与技术如下。

资源日历：记录各个阶段到位的项目团队成员可以在项目上工作的时间，是团队组建的输出。

项目人员分配表：当适当的人选被分配到项目中并为之工作时，项目人员配置就完成了。依据项目的需要，项目人员可能被分配全职工作、兼职工作或其他各种类型的工作。

角色和职责：定义了项目需要的人员的类型，以及他们的技能和能力，是组建项目团队的输入。

项目管理计划：要编制人力资源管理计划，得先参考项目管理计划。

项目管理计划包括了编制人力资源管理计划所需的一些信息，例如，对项目活动及其所需资源的描述、质量保证、风险管理、采购管理等，从这些活动中，项目管理团队可以找出所有必需的角色和职责。

参考答案：参见第 397 页 "2021 年下半年上午试题参考答案"。

- （52）用来确定项目进行的各个阶段到位的项目团队成员可以在项目上工作的时间。
  （52）A．项目人员分配表　　　　B．资源日历
  　　　C．项目管理计划　　　　　D．角色和职责

自我测试
（52）＿＿＿（请填写你的答案）

【试题分析】
编制人力资源管理计划的工具与技术包括资源日历、项目人员分配表、角色和职责、项目管理计划（**详见 2021 年下半年上午试题分析第 51 题**）。

其中，资源日历用来确定各个阶段到位的项目团队成员可以在项目上工作的时间，是团队组建的输出。

参考答案：参见第 397 页 "2021 年下半年上午试题参考答案"。

- 项目执行过程中，团队成员小王与小张针对一个问题产生了激烈的争吵，项目经理为了保持团队的和谐，希望两个人先冷静下来，把各自手头的工作先做好，有争议的问题慢慢再解决。项目经理采取的冲突管理方法是（53）。
  （53）A．强制　　B．妥协　　C．求同存异　　D．合作

自我测试
（53）＿＿＿（请填写你的答案）

【试题分析】
冲突管理的方法包括以下六种（详见 **2021 年上半年下午试题分析与解答试题三**）。
（1）问题解决：这个过程中，需要公开地协商，这是冲突管理中最理想的一种方法。
（2）合作：得出一个多数人接受和承诺的冲突解决方案。
（3）强制：强制就是以牺牲其他各方的观点为代价，强制采纳一方的观点。
（4）妥协：使冲突各方都有一定程度满意、但冲突各方没有任何一方完全满意。
（5）求同存异：关注他们一致的一面，而淡化不一致的一面。
（6）撤退：把眼前的或潜在的冲突搁置起来，即从冲突中撤退。

➤ 参考答案：参见第 397 页"2021 年下半年上午试题参考答案"。

● 关于沟通管理的描述，不正确的是：(54)。
　（54）A．6 个人会议中沟通渠道共 15 条
　　　　B．"说明"这种沟通方式，参与程度比"叙述"低
　　　　C．视频会议的沟通即时性比网络直播强
　　　　D．沟通模型中包含编码、媒介、解码、噪声、反馈等要素

📝 自我测试
　（54）____（请填写你的答案）

【试题分析】
在管理项目时，沟通是人们分享信息、表达思想和情感的过程，包括信息的生成、传递、接收、理解和检查。沟通模型如下图所示。

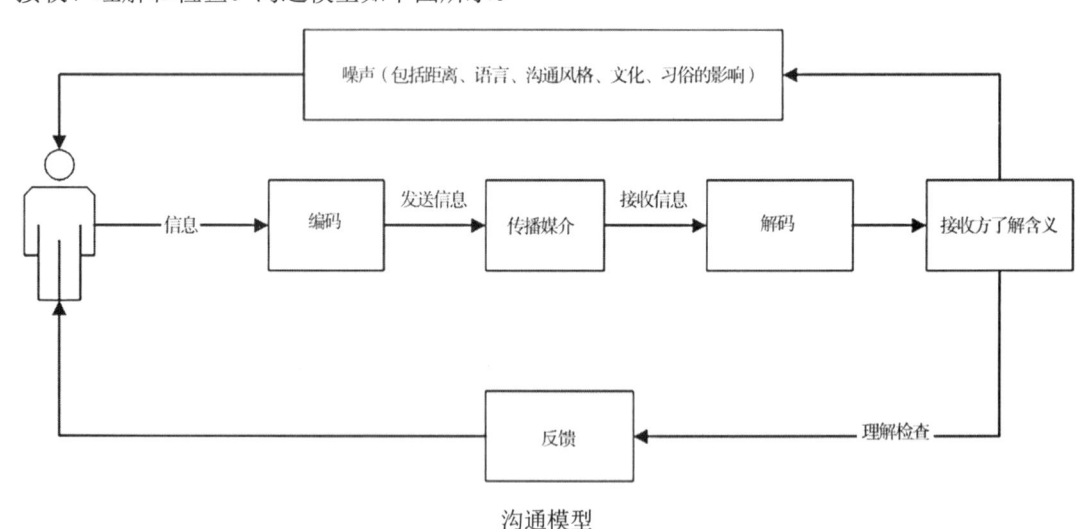

沟通模型

沟通渠道（Channel）是指信息在参与者之间进行传递的途径，有的时候又被称为通道、媒介。沟通的参与者在沟通的过程中，由于参与者的数量不同，潜在的沟通渠道数量计算公式如下：

$M = N \times (N-1)/2$，其中 $N \geq 1$。

一般沟通过程所采用的方式分为以下几类：参与/讨论方式、征询方式、说明/推销方式、

叙述方式，如下图所示。

强	参与程度			弱
参与/讨论	征询	说明/推销	叙述
弱	控制程度			强

以上四类沟通方式从参与者（发送信息方）的观点看，参与讨论方式的控制力最弱，随后逐步加强，以叙述方式的控制力最强。从参与者（发送信息方）的观点看，其他参与者的参与程度恰巧相反，也就是讨论方式下参与程度最高，然后逐步减弱，以叙述方式下参与程度最弱。

视频会议沟通渠道可同时进行多地域、多人的实时沟通会议（包括音频、视频、文字资料），能大幅节约会议费用（与传统会议形式相比，非本地参会者无须住宿费，参与者的交通费、会场租赁费等都不会产生），实时性较强。

网络直播沟通渠道可以用来在网络上直播演讲和发布，提供有限的沟通机会（利用文字、电话等其他方式对信息的发送方进行提问）。最大的优势包括：可以大面积地传播会议内容而不受管制，可以管理发布的音视频及文字资料的内容，费用适中，对信息的接收方技术要求较低（根据选择的网络和软件系统而定）。

参考答案：参见第397页"2021年下半年上午试题参考答案"。

● 根据权力/利益方格，对于权力高利益低干系人的管理方式应该是(55)。
　(55) A．令其满意　　B．重点管理　　C．监督　　D．随时告知

自我测试
　(55)＿＿＿（请填写你的答案）

【试题分析】
权力/利益方格根据干系人权力的大小和利益对干系人进行分类，并指明了项目需要建立的与各干系人之间的关系。

首先，关注处于B区的干系人，他们对项目有很大的权力，也很关注项目的结果，项目经理应该"重点管理，及时报告"，应采取有力的行动让B区干系人满意。项目的客户和项目经理的主管领导，就是这样的项目干系人。

其次，C区干系人权力小，但关注项目的结果，因此项目经理要"随时告知"项目状况，以维持C区的干系人的满意程度。如果低估了C区干系人的利益，可能会产生危险的后果，可能会引起C区干系人的反对。大多数情况下，要全面考虑到C区干系人对项目可能的、长期的及特定事件的反应。

再次，A区的关键干系人具有"权力大、对项目结果关注度低"的特点，因此争取A区干系人的支持，对项目的成功至关重要，项目经理对A区干系人的管理策略应该是"令其满意"。

最后，还需要正确对待 D 区中的干系人的需要，D 区干系人的特点是"权力小、对项目结果关注度低"，因此项目经理主要是通过"花最少的精力来监督他们"即可。

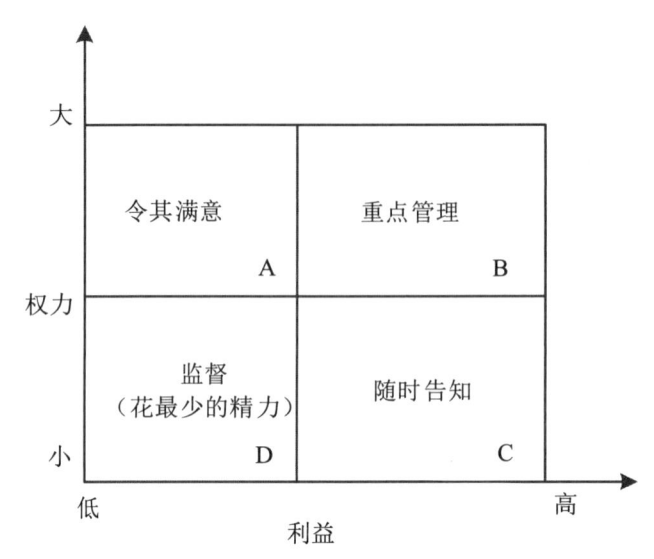

```
大
│
│   ┌─────────────┬─────────────┐
│   │             │             │
│   │  令其满意    │   重点管理   │
│   │         A   │         B   │
权力 ├─────────────┼─────────────┤
│   │             │             │
│   │   监督       │   随时告知   │
│   │（花最少的精力）│             │
│   │         D   │         C   │
小   └─────────────┴─────────────┘
    低              利益            高
```

➤ **参考答案**：参见第 397 页"2021 年下半年上午试题参考答案"。

● 对项目内容技术经济指标未确定的项目适宜采用（56）。
（56）A. 总价合同　　B. 工料合同　　C. 分包合同　　D. 成本补偿合同

自我测试
（56）____（请填写你的答案）

【试题分析】
按项目付款方式，可把合同分为总价合同、成本补偿合同和工料合同三种类型（**详见 2021 年上半年上午试题分析第 58 题**）。

总价合同又称固定价格合同，是指在合同中确定一个完成项目的总价，承包人据此完成项目全部合同内容的合同。

成本补偿合同是发包人向承包人支付为完成工作而发生的全部合法实际成本（可报销成本），并且按照事先约定的某种方式外加一笔费用作为卖方的利润。成本补偿合同也可为卖方超过或低于预定目标而规定财务奖励条款。它适用于以下项目：①需要立即开展工作的项目；②对项目内容及技术经济指标未明确的项目；③风险大的项目。

工料合同是兼具成本补偿合同和总价合同的某些特点的混合型合同。

分包合同是指工程总承包人承包建设工程以后，将其承包的某一部分或某几部分工程，再发包给其他承包人，与其签订承包合同项下的分包合同。

签订分包合同应当同时具备两个条件：第一，承包人只能将自己承包的非关键、非主体部分工程分包给具有相应资质条件的分包人，而且不可以进行二次分包；第二，分包工程必须经过发包人同意。

➤ **参考答案**：参见第 397 页"2021 年下半年上午试题参考答案"。

- 关于合同管理的描述，不正确的是(57)。
  (57) A．合同签订前需做好市场调查
  B．对于合同诈骗尽早报案是维护权利的关键
  C．变更合同价款时，首先确定变更价款，再确定变更量清单
  D．合同文本需采用计算机打印，手写旁注不具备法律效力

📝 自我测试
(57) ____（请填写你的答案）

【试题分析】

每一项合同在签订之前，应当做好市场调查、潜在合作伙伴或者竞争对手的资信调查，了解相关环境，做出正确的风险分析判断。

由于客观情况的变化和理解沟通等方面的原因，出现合同纠纷是正常的现象。合同纠纷的处理方式主要有：对于缺乏诚信的欺诈，一定要义正词严地予以反击；该仲裁和诉讼的，要尽快收集资料进入法定程序；对于合同诈骗，尽早报案是维护权利的关键；对于能补救的纠纷，要采取积极的应对措施；变更合同、终止合同都是法律赋予合同当事人的权利。

在合同变更过程中，"公平合理"是合同变更的处理原则，变更合同价款按下列方法进行。
（1）首先确定合同变更量清单，然后确定变更价款。
（2）合同中已有适用于项目变更的价格，按合同已有的价格变更合同价款。
（3）合同中只有类似于项目变更的价格，可以参照类似价格变更合同价款。
（4）合同中没有适用或类似项目变更的价格，由承包人提出适当的变更价格，经监理工程师和业主确认后执行。

合同文本是合同内容的载体，包括正本和副本管理、合同文件格式等内容。在文本格式上，为了限制执行人员随意修改合同，一般要求采用计算机打印文本，手写的旁注和修改等不具有法律效力。

➤ **参考答案**：参见第397页"2021年下半年上午试题参考答案"。

- 在选择潜在卖方时，基于既定加权标准对卖方进行打分如下，则该卖方的得分为(58)。

评 价 项	权　　重	评定人1打分	评定人2打分	评定人3打分
技术水平	50%	2	3	2
企业资质	30%	1	1	2
经验	20%	3	2	2

(58) A．1.9　　　　B．2.2　　　　C．2　　　　D．2.03

📝 自我测试
(58) ____（请填写你的答案）

【试题分析】

加权系统就是对定性数据的一种定量评价方法，以减少评定的人为因素对潜在卖方选择的不当影响。这种方法包括如下几个方面。
（1）对每一个评价项设定一个权重。
（2）对潜在的每个卖方，针对每个评价项打分。

(3) 将各项权重和分数相乘。

(4) 将所有乘积求和得到该潜在卖方的总分，如有多个评定人，则将每个评定人的总分汇总后取其平均值即可。

评定得分为：[0.5×(2+3+2)+0.3×(1+1+2)+0.2×(3+2+2)]/3≈2.03

➤ **参考答案**：参见第 397 页"2021 年下半年上午试题参考答案"。

● 实施采购过程的依据包括（59）。

  （59）A．采购工作说明书   B．资源日历
     C．变更请求   D．工作绩效报告

📝 **自我测试**
  （59）____（请填写你的答案）

【试题分析】

实施采购的输入包括：采购管理计划、采购文件、供方选择标准、卖方建议书、项目文件、自制/外购决策、采购工作说明书、组织过程资产。

资源日历和变更请求是实施采购的输出。

工作绩效报告在采购管理中是控制采购过程的输入。

➤ **参考答案**：参见第 397 页"2021 年下半年上午试题参考答案"。

● 要对软件产品升级，程序员对配置库的操作顺序正确的是（60）。

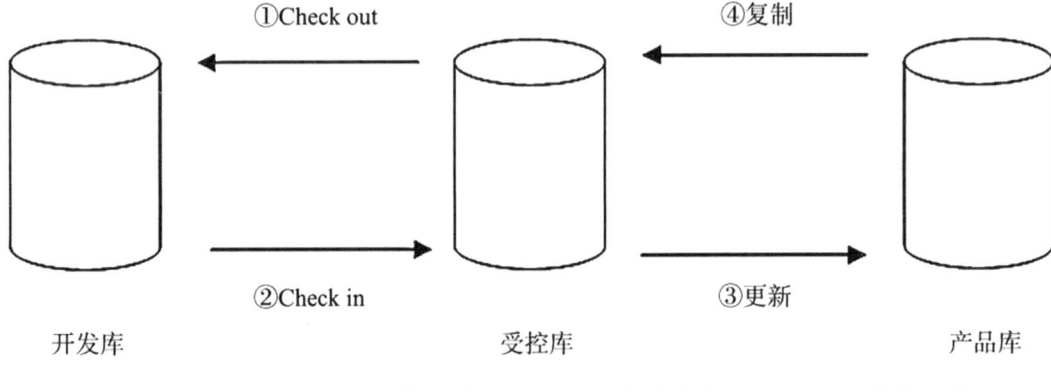

①Check out   ④复制

②Check in   ③更新

开发库   受控库   产品库

  （60）A．①②③④   B．④①②③   C．②③④①   D．③④①②

📝 **自我测试**
  （60）____（请填写你的答案）

【试题分析】

软件产品升级，程序员对配置库的操作顺序，现以某软件产品升级为例，其流程如下：

（1）将待升级的基线（假设版本号为 V2.1）从产品库中取出，放入受控库。

（2）程序员将欲修改的代码段从受控库中 Check out（检出），放入自己的开发库中进行修改。代码被 Check out 后即被"锁定"，以保证同一段代码只能同时被一个程序员修改。如果甲正在对其修改，乙就无法 Check out。

(3) 程序员将开发库中修改好的代码段 Check in（检入）受控库，Check in 后，代码的"锁定"被解除，其他程序员可以 Check out 该段代码。

(4) 软件产品的升级修改工作全部完成后，将受控库中的新基线存入产品库中（软件产品的版本号更新为 V2.2，旧的 V2.1 并不删除，继续在产品库中保存）。

参考答案：参见第 397 页"2021 年下半年上午试题参考答案"。

● (61) 确保了项目配置管理的有效性，体现配置管理的最根本要求，即不允许出现任何混乱现象。

(61) A．配置审计　　B．质量控制　　C．配置标识　　D．配置控制

自我测试
(61) ＿＿＿＿（请填写你的答案）

【试题分析】
配置审计也称配置审核或配置评价，包括功能配置审计和物理配置审计，分别用以验证当前配置项的一致性和完整性。

配置审计的实施是为了确保项目配置管理的有效性，体现了配置管理的最根本要求——不允许出现任何混乱现象。举例说明如下：

防止向用户提交不适合的产品，如交付了用户手册的不正确版本。

发现不完善的实现，如开发出不符合初始规格说明或未按变更请求实施变更。

找出各配置项间不匹配或不相容的现象。

确认配置项已在所要求的质量控制审核之后纳入基线并入库保存。

确认记录和文档保持着可追溯性。

参考答案：参见第 397 页"2021 年下半年上午试题参考答案"。

● (62) 提出了统计过程控制（SPC）的理论。
(62) A．休哈特　　B．戴明　　C．田口玄一　　D．石川馨

自我测试
(62) ＿＿＿＿（请填写你的答案）

【试题分析】
1924 年，美国数理统计学家休哈特提出控制和预防缺陷的概念。他运用数理统计的原理提出在生产过程中控制产品质量的"6σ"；1925 年，休哈特提出了统计过程控制（SPC）的理论，应用统计技术对生产过程进行监控，以减少对检验的依赖。

参考答案：参见第 397 页"2021 年下半年上午试题参考答案"。

● 质量工具中，(63) 中数据点的时间会对图形分布有影响。
(63) A．直方图　　B．散点图　　C．控制图　　D．帕累托图

自我测试
(63) ＿＿＿＿（请填写你的答案）

【试题分析】
质量工具用于在 PDCA 循环的框架内解决与质量相关的问题，分为老七种工具和新七种

工具。老七种工具包含因果图、流程图、核查表、帕累托图、直方图、控制图和散点图。新七种工具包含亲和图、过程决策程序图、关联图、树形图、优先矩阵、活动网络图和矩阵图（**详见 2021 年上半年上午试题分析第 57 题**）。

其中，控制图用来确定一个过程是否稳定，或者是否具有可预测的绩效。根据协议要求而制定的规范上限和下限，反映了可允许的最大值和最小值，超出规范界限就可能受处罚。上下控制界限不同于规范界限。控制图可用于监测各种类型的输出变量。控制图常用来跟踪批量生产中的重复性活动，也可用来监测成本与进度偏差、产量、范围变更频率或其他管理工作成果，以便帮助确定项目管理过程是否受控。

➧ **参考答案**：参见第 397 页"2021 年下半年上午试题参考答案"。

● 关于质量审计目标的描述，不正确的是：(64)。
(64) A．强调每次审计都应对组织经验教训的积累做出贡献
　　 B．识别全部违规做法、差距及不足
　　 C．分享所在组织或行业中类似项目的良好实践
　　 D．积极主动地提供协助，以便确定项目过程是否可控

🖉 自我测试
(64) ＿＿＿（请填写你的答案）

【试题分析】
质量审计，又称质量保证体系审核，是对具体质量管理活动的结构性的评审。质量审计的目标是：
（1）识别全部正在实施的良好及最佳实践。
（2）识别全部违规做法、差距及不足。
（3）分享所在组织或行业中类似项目的良好实践。
（4）积极、主动地提供协助，以改进过程的执行，从而帮助团队提高生产效率。
（5）强调每次审计都应对组织经验教训的积累做出贡献。

➧ **参考答案**：参见第 397 页"2021 年下半年上午试题参考答案"。

● 由于信息的不对称，未来风险事件发生与否难以预测，指的是风险的 (65)。
(65) A．不确定性　　B．社会性　　C．客观性　　D．偶然性

🖉 自我测试
(65) ＿＿＿（请填写你的答案）

【试题分析】
项目风险是一种不确定事件或状况，一旦发生，会对至少一个项目目标（如时间、费用、范围或质量目标）产生积极或消极影响。风险具有以下特性：①客观性。风险是一种不以人的意志为转移，独立于人的意识之外的客观存在。②偶然性。由于信息的不对称，未来风险事件发生与否难以预测。③相对性。风险性质会因时空各种因素变化而有所变化。④社会性。风险的后果与人类社会的相关性决定了风险的社会性。⑤不确定性。风险的发生时间具有不确定性。

➧ **参考答案**：参见第 397 页"2021 年下半年上午试题参考答案"。

● 关于识别风险的工具与技术的描述，正确的是（66）。
（66）A．核对单简单易用且可以穷尽所有事项
　　　 B．SWOT 分析可用于考察组织优势能够抵消威胁的程度
　　　 C．文档审查是对项目进行安全性、规范化审查
　　　 D．拥有类似项目或业务领域经验的专家不可以直接识别风险

自我测试
（66）____（请填写你的答案）

【试题分析】
识别风险的工具与技术包括文档审查、信息收集技术、核对单分析、假设分析、图解技术、SWOT 分析及专家判断。其中：

进行核对单分析时，可以根据以往类似项目和其他来源的历史信息与知识编制风险识别核对单，也可用风险分解结构的底层作为风险核对单。核对单简单易用但无法穷尽所有事项。

SWOT 分析从项目的每个优势（Strength）、劣势（Weakness）、机会（Opportunity）和威胁（Threat）出发，对项目进行考察，把产生于内部的风险都包括在内，从而更全面地考虑风险。可用于考察组织优势能够抵消威胁的程度，以及机会可以克服劣势的程度。

文档审查是对项目文档（包括各种计划、假设条件、以往的项目文档、协议和其他信息）进行结构化审查。

专家判断是拥有类似项目或业务领域经验的专家，可以直接识别风险。项目经理应该选择相关专家，邀请他们根据以往经验和专业知识客观地指出可能的风险。

参考答案：参见第 397 页"2021 年下半年上午试题参考答案"。

● 在规划风险应对措施时，（67）策略通常适用于高影响的、严重消极的风险。
（67）A．规避和转移　　　　　　　　B．规避和减轻
　　　 C．转移和接受　　　　　　　　D．专家判断

自我测试
（67）____（请填写你的答案）

【试题分析】
消极风险或威胁的应对策略有以下几种。

（1）规避：规避风险指改变项目计划，以排除风险或条件，或者保护项目目标，使其不受影响，或对受到威胁的一些目标放松要求，如延长进度或减少范围等。

（2）转移：转移风险指设法将风险的后果连同应对的责任转移到第三方身上。包括但不限于利用保险、履约保证书、担保书和保证书。可以利用合同将具体风险的责任转移给另一方。

（3）减轻：减轻风险指设法把不利的风险事件的概率或后果降低到一个可接受的临界值。提前采取行动减少风险发生的概率或者减少其对项目所造成的影响。

（4）接受：接受风险是指项目团队决定接受风险的存在，而不采取任何措施（除非风险真的发生）的风险应对策略。这一策略在不可能用其他方法时使用，或者其他方法不具经济有效性时使用。

每种风险应对策略对风险状况都有不同且独特的影响，要根据风险的发生概率和对项目

总体目标的影响选择不同的策略。规避和减轻策略通常适用于高影响的严重风险，而转移和接受则更适用于低影响的不太严重的威胁。

➤ **参考答案**：参见第 397 页 "2021 年下半年上午试题参考答案"。

● 在信息安全管理中，数字签名主要用于确保数据的（68）。
（68）A．完整性　　　　B．保密性　　　　C．可用性　　　　D．可靠性

📝 **自我测试**
（68）____（请填写你的答案）

【试题分析】
信息系统安全属性包括保密性、完整性、可用性、不可抵赖性。

保密性是应用系统的信息不被泄露给非授权的用户、实体或过程，或供其利用的特性。

完整性是信息未经授权不能进行改变的特性。即应用系统的信息在存储或传输过程中保持不被偶然或蓄意地删除、修改、伪造、乱序、重放和插入等破坏和丢失的特性。

可用性是应用系统信息可被授权实体访问并按需求使用的特性。

不可抵赖性也称作不可否认性，在应用系统的信息交互过程中，确信参与者的真实同一性。

保障应用系统完整性的主要方法如下：

（1）协议：通过各种安全协议可以有效地检测出被复制的信息、被删除的字段、失效的字段和被修改的字段。

（2）纠错编码方法：由此完成检错和纠错功能。最简单和常用的纠错编码方法是奇偶校验法。

（3）密码校验和方法：抗篡改和传输失败的重要手段。

（4）数字签名：保障信息的真实性。

（5）公证：请求系统管理或中介机构证明信息的真实性。

➤ **参考答案**：参见第 397 页 "2021 年下半年上午试题参考答案"。

● （69）不属于机房防静电措施。
（69）A．选择产生静电小的家具材料
　　　B．控制机房温、湿度
　　　C．采用高阻值材料制作工作鞋
　　　D．使用静电消除剂

📝 **自我测试**
（69）____（请填写你的答案）

【试题分析】
根据对机房安全保护的不同要求，机房防静电分为以下几种。

（1）接地与屏蔽：采用必要的措施使计算机系统有一套合理的防静电接地与屏蔽系统。

（2）服装防静电：人员服装采用不易产生静电的衣料，工作鞋采用低阻值材料制作。

（3）温、湿度防静电：控制机房温、湿度，使其保持在不易产生静电的范围内。

（4）地板防静电：机房地板从表面到接地系统的阻值，应控制在不易产生静电的范围内。

（5）材料防静电：机房中使用的各种家具，如工作台、柜等，应选择产生静电小的材料。

（6）维修 MOS 电路保护：在硬件维修时，应采用金属板台面的专用维修台，以保护 MOS 电路。

（7）静电消除要求：在机房中使用静电消除剂等，以进一步减少静电的产生。

➤ **参考答案**：参见第 397 页"2021 年下半年上午试题参考答案"。

● 我国在《国家标准管理办法》中规定国家标准实施（70）年内要进行复审。
（70）A．2　　　　B．3　　　　C．4　　　　D．5

📝 自我测试
（70）____（请填写你的答案）

【试题分析】
国家标准的制定有一套正常程序，每一个过程都要按部就班地完成，这个过程分为前期准备、立项、起草、征求意见、审查、批准、出版、复审和废止九个阶段。自标准实施之日起，至标准复审重新确认、修订或废止的时间，称为标准的有效期。以 ISO 标准为例，该标准每 5 年复审一次。我国在《国家标准管理办法》中规定国家标准实施 5 年内要进行复审，即国家标准有效期一般为 5 年。

➤ **参考答案**：参见第 397 页"2021 年下半年上午试题参考答案"。

● Blocks are storage units one by one，and each block is linked by（71）in Blockchain.
（71）A．Hash　　　B．DES　　　C．RSA　　　D．DSA

📝 自我测试
（71）____（请填写你的答案）

【试题分析】
翻译：块是一个接一个的存储单元，每个块通过区块链中的（71）链接。
（71）A．Hash　　　B．DES　　　C．RSA　　　D．DSA

➤ **参考答案**：参见第 397 页"2021 年下半年上午试题参考答案"。

● The organization shall undertake root cause analysis and determine potential actions to prevent the occurrence or recurrence of（72）.
（72）A．changes　　B．services　　C．problems　　D．incidents

📝 自我测试
（72）____（请填写你的答案）

【试题分析】
翻译：组织应进行根本原因分析，并确定潜在措施，以防止（72）的发生或复发。
（72）A．变更　　　B．服务　　　C．问题　　　D．事故

➤ **参考答案**：参见第 397 页"2021 年下半年上午试题参考答案"。

● The highest level of quality management is:（73）.
（73）A．Detect and correct the defects before the deliverables are sent to the customer as part of the quality control process

B. Use quality assurance to examine and correct the process itself and not just special defects

C. Incorporate quality into the planning and designing of the project and product

D. Create a culture throughout the organization that is committed to quality in processes and products

📝 **自我测试**

（73）____（请填写你的答案）

【试题分析】

翻译：质量管理的最高水平是：（73）。

（73）A．作为质量控制过程的一部分，在将可交付成果发送给客户之前，检测并纠正缺陷

　　　B．使用质量保证检查和纠正过程本身，而不仅仅是特殊缺陷

　　　C．将质量纳入项目和产品的规划和设计中

　　　D．在整个组织内创建一种致力于过程和产品质量的文化

➤ **参考答案**：参见第397页"2021年下半年上午试题参考答案"。

● （74） helps to determine which individual project risks or other sources of uncertainty have the most potential impact on project outcomes.

（74）A．Checklist analysis　　　B．Sensitivity analysis
　　　C．Decision tree analysis　　D．Simulation

📝 **自我测试**

（74）____（请填写你的答案）

【试题分析】

翻译：（74）有助于确定哪些单个项目风险或其他不确定性来源对项目结果具有最大的潜在影响。

（74）A．检查表分析　B．敏感性分析　C．决策树分析　D．模拟

➤ **参考答案**：参见第397页"2021年下半年上午试题参考答案"。

● In China，the security protection level of information system is divided into （75） levels.

（75）A．3　　　　B．4　　　　C．5　　　　D．6

📝 **自我测试**

（75）____（请填写你的答案）

【试题分析】

翻译：在中国，信息系统的安全防护等级分为（75）级。

（75）A．3　　　　B．4　　　　C．5　　　　D．6

➤ **参考答案**：参见第397页"2021年下半年上午试题参考答案"。

2021年下半年下午试题分析与解答

试题一

阅读下列说明，回答问题1至问题3，将解答填入答题纸的对应栏内。

【说明】

A公司承接了某信息系统建设项目，任命小张为项目经理。

在项目启动阶段，小张编制了风险管理计划，组织召开项目成员会议对项目风险进行了识别并编制了项目风险清单。随后，小张根据自己多年的项目实施经验，将项目所有的风险按照时间先后顺序制定了风险应对计划，并亲自负责各项应对措施的执行。风险及应对措施的部分内容如下：

风险1：系统上线后运行不稳定或停机造成业务长时间中断。

应对措施1：系统试运行前开展全面测试。

应对措施2：成立应急管理小组，制定应急预案。

风险2：项目中期人手出现短期不足造成项目延期。

应对措施3：提前从公司其他部门协调人员。

风险3：设备到货发生损坏，影响项目进度。

应对措施4：购买高额保险。

风险4：人员技能不足。

应对措施5：提前安排人员参加原厂技术培训。

……

项目实施过程中，公司相关部门反馈，设备发生损坏的概率低，建议降低保额；原厂培训价格过高，建议改为非原厂培训。小张坚持原计划没有进行调整。系统上线后发生故障停机，由于缺少应急预案造成业务长时间中断，公司高层转达了客户的投诉，也表达了对项目成本管理的不满。

【问题1】

结合案例，请指出小张在项目风险管理各个过程中存在的问题。

🔖 参考答案

（1）项目风险管理计划不应只由项目经理制定，应邀请团队成员、甲方相关人员，必要时还应邀请相关专家参与。

（2）风险识别不能只邀请团队成员，风险识别活动的参与者可包括：项目经理、项目团队成员、风险管理团队、客户、项目团队之外的主题专家、最终用户、其他项目经理、干系人和风险管理专家。

（3）风险定性分析不能凭经验，而是应结合项目实际，采用如风险概率与影响矩阵等工具评估并综合分析风险的概率和影响，然后才对风险进行优先排序。

（4）没有进行风险定量分析。

（5）规划风险应对不当，风险应对措施应在当前项目背景下现实可行，能获得全体相关方的同意。

（6）项目经理亲自负责各项应对措施的执行不妥，应由一名责任人具体负责。

（7）风险应对措施未落实到位，系统上线后发生故障停机，缺少应急预案造成业务长时间中断。

（8）缺乏对风险的监控，未根据风险变化调整风险应对措施。

（9）小张缺乏项目管理经验。

（10）未能与干系人进行良好沟通，导致客户投诉。

解析：

根据题意可知本题主要考查风险管理，把题目中与项目实际情况相关的描述，从风险管理的六个管理过程查找问题，是解答的思路。

项目风险管理包括规划风险管理、识别风险、实施风险分析、规划风险应对和控制风险等各个过程。项目风险管理的目标在于提高项目中积极事件的概率和影响，降低项目中消极事件的概率和影响。

（1）规划风险管理：定义如何实施项目风险管理活动的过程。

（2）识别风险：判断哪些风险可能影响项目并记录其特征的过程。

（3）实施定性风险分析：评估并综合分析风险的发生概率和影响，对风险进行优先排序，从而为后续分析或行动提供基础的过程。

（4）实施定量风险分析：就已识别风险对项目整体目标的影响进行定量分析的过程。

（5）规划风险应对：针对项目目标，制定提高机会、降低威胁的方案和措施的过程。

（6）控制风险：在整个项目中实施风险应对计划、跟踪已识别风险、监督残余风险、识别新风险，以及评估风险过程有效性的过程。

【问题2】

请指出以上案例中提到的应对措施1~5分别采用了什么风险应对策略。

🔖 **参考答案**

案例中提到的应对措施1~5分别采用了以下风险应对策略。

应对措施1：减轻。

应对措施2：接受。

应对措施3：减轻。

应对措施4：转移。

应对措施5：减轻。

解析：

本题考核消极风险的应对策略。规划风险应对是针对项目目标，制定提高机会、降低威胁的方案和措施的过程。消极风险或威胁的应对策略有规避、转移、减轻和接受（**详见2021年下半年上午试题分析第 67 题**），应该为每个风险选择最可能有效的策略或策略组合。可利用风险分析工具（如决策树分析）来选择最适当的应对策略。

通常用规避、转移和减轻这三种策略来应对威胁或可能给项目目标带来消极影响的风险。接受策略既可用来应对消极风险或威胁，也可用来应对积极风险或机会。每种风险应对策略对风险状况都有不同且独特的影响。规避和减轻策略通常适用于高影响的严重风险，而转移和接受则更适用于低影响的不太严重威胁。

【问题3】

请将下面（1）～（3）的答案填写在答题纸的对应栏内。

风险具有一些特性。其中，（1）指风险是一种不以人的意志为转移，独立于人的意识之外的客观存在；（2）指由于信息的不对称，未来风险事件发生与否难以预测；（3）指风险性质会因时空各种因素变化而有所变化。

✦ **参考答案**

（1）客观性。
（2）偶然性。
（3）相对性。

解析：

本题考核风险性质的相关术语，需要多关注相关术语、关键词。

风险具有以下几大特性。

客观性：风险是一种不以人的意志为转移，独立于人的意识之外的客观存在。

偶然性：由于信息的不对称，未来风险事件发生与否难以预测。

相对性：风险性质会因时空各种因素变化而有所变化。

社会性：风险的后果与人类社会的相关性决定了风险的社会性，具有很大的社会影响力。

不确定性：发生时间的不确定性。从总体上看，有些风险是必然要发生的，但何时发生却是不确定的。

试题二

阅读下列说明，回答问题1至问题4，将解答填入答题纸的对应栏内。

【说明】

某公司拟建设一个门户平台，根据工作内容，该平台项目分为需求调研、系统实施、系统测试、数据准备（培训）、上线试运行、验收六个子任务，各子任务预算和三点估算工期如下表所示。

子 任 务	预算（万元）	三点估算工期（周）		
		最悲观	最可能	最乐观
需求调研	1.8	0.5	1	1.5
系统实施	35.2	4	7	16
系统测试	2.4	1	2	3
数据准备（培训）	2.7	1	1	1
上线试运行	3.6	2	3	10
验收	2.7	1	1	1
合计	48.4			

到第 6 周周末时，对项目进行了检查，发现需求调研已经结束，共计花费 1.8 万元，系统实施的工作完成了一半，已花费 17 万元。

【问题 1】
（1）请采用三点估算法估算各个子任务的工期。
（2）请分别计算系统实施和系统测试两个任务的标准差。

参考答案

（1）三点估算法公式如下：

$$t_E = (t_O + 4t_M + t_P)/6$$

各子任务工期如下：
需求调研：$(0.5+1.5+4×1)/6=1$ 周
系统实施：$(4+16+4×7)/6=8$（周）
系统测试：$(1+3+4×2)/6=2$（周）
数据准备（培训）：$(1+1+4×1)/6=1$（周）
上线试运行：$(2+10+4×2)/6=4$（周）
验收：$(1+1+4×1)/6=1$（周）

（2）标准差公式如下：

$$\delta = (t_P - t_O)/6$$

系统实施的标准差：$(16-4)/6=2$（周）
系统测试的标准差：$(3-1)/6≈0.33$（周）

解析：

本题考察三点估算法相关知识。三点估算：通过考虑估算中的不确定性与风险，使用最可能、最乐观、最悲观三种估算值来界定活动成本的近似区间，提高活动持续时间估算的准确性。三点估算的计算公式如下（详见 **2021 年上半年上午试题分析第 49 题**）。

最可能时间（t_M）：基于最可能获得的资源、最可能取得的资源生产率、对资源可用时间的现实预计、资源对其他参与者的可能依赖及可能发生的各种干扰等，所估算的活动持续时间。

最乐观时间（t_O）：基于活动的最好情况，所估算的活动持续时间。

最悲观时间（t_P）：基于活动的最差情况，所估算的活动持续时间。

假定持续时间在三种估算值区间内遵循贝塔分布，则期望持续时间 t_E 的计算公式为：

$$t_E = (t_O + 4\ t_M + t_P)/6$$

标准差（Standard Deviation）：用以说明估算值（期望持续时间 t_E）的离散度和不确定区间，其计算公式为：

$$\delta = (t_P - t_O)/6$$

【问题 2】
该项目开发过程采用瀑布模型，请评估项目到第 6 周周末时的执行绩效。

参考答案

PV＝1.8＋35.2×5/8＝23.8（万元）
AC＝1.8＋17＝18.8（万元）

EV＝1.8＋35.2×1/2＝19.4（万元）
CPI＝EV/AC＝19.4/18.8≈1.03
SPI＝EV/PV＝19.4/23.8≈0.82
因 CPI>1，项目成本节约；SPI<1，进度滞后。

解析：

本题考核的知识点是挣值管理的相关概念及挣值计算（详见 **2021 年上半年下午试题分析与解答试题二**）。

（1）计划值（PV），又叫计划工作量的预算成本。

计算公式：PV＝计划工作量×计划单价

（2）挣值（EV），又叫已完成工作量的预算成本。

计算公式：EV＝已完成工作量×计划单价

（3）实际成本（AC），又叫已完成工作量的实际成本。

计算公式：AC＝已完成工作量×实际单价

（4）进度偏差（SV），指在某个给定的时点，项目提前或落后的进度。

计算公式：SV＝EV－PV。当 SV>0，进度超前；SV<0，进度滞后。

（5）成本偏差（CV），是在某个给定时点的预算亏空或盈余量。

计算公式：CV＝EV－AC。当 CV>0，成本节约；CV<0，成本超支。

（6）进度绩效指数（SPI），反映了项目团队利用时间的效率。

计算公式：SPI＝EV/PV。当 SPI>1，进度超前；SPI<1，进度滞后。

（7）成本绩效指数（CPI），测量预算资源的成本效率。

计算公式：CPI＝EV/AC。当 CPI>1，成本节约；CPI<1，成本超支。

【问题 3】

如果项目从第 7 周开始不会再发生类似的偏差，请计算此项目的完工估算成本 EAC 和完工偏差 VAC。

参考答案

如果项目从第 7 周开始不会再发生类似的偏差，是非典型偏差。

BAC＝48.4（万元）

EAC＝AC＋(BAC－EV)＝18.8＋(48.4－19.4)＝47.8（万元）

VAC＝BAC－EAC＝48.4－47.8＝0.6（万元）

解析：

完工偏差（VAC）是对预算亏空量或盈余量的一种预测。

计算公式：VAC＝BAC－EAC

完工估算成本（EAC）是指完成所有工作所需的预期总成本。EAC 的计算可能有以下两种情况。

（1）非典型偏差时 EAC 的计算公式：EAC＝AC＋(BAC－EV)

（2）典型偏差时 EAC 的计算公式：EAC＝BAC/CPI 或 EAC＝AC＋(BAC－EV)/CPI

（详见 **2021 年上半年下午试题分析与解答试题二**）

【问题4】

为了提升项目的执行绩效，项目组成员提出采取并行施工的方法加快进度，请指出采取该方法的缺点。

★ 参考答案

并行施工可能造成返工和风险增加。它只适用于能够通过并行活动来缩短项目工期的情况。

解析：

本题考查缩短工期的方法，通常可用以下方法缩短活动的工期：

（1）赶工，投入更多的资源或增加工作时间，以缩短关键活动的工期。
（2）快速跟进，并行施工，以缩短关键路径的长度。
（3）使用高素质的资源或经验更丰富的人员。
（4）减小活动范围或降低活动要求。
（5）改进方法或技术，以提高生产效率。
（6）加强质量管理，及时发现问题，减少返工，从而缩短工期。

试题三

阅读下列说明，回答问题1至问题3，将解答填入答题纸的对应栏内。

【说明】

A公司承接了某系统集成项目，任命小王为项目经理。在项目初期，小王制定并发布了项目管理计划。公司派小张作为质量保证工程师（QA）进入项目组，小张按照项目管理计划进行质量控制活动，当执行到测试阶段时，发现成本超预算10%。

小张和项目组统计分析出了五个成本超出预算的问题：①新入职开发人员小王效率低，超支0.5%；②测试时需求A实现存在设计问题，超支2%；③用户增加新需求，超支2.5%；④模块B返工问题，超支3.5%；⑤其他问题超支1.5%。小张绘制了垂直条形图识别出了造成成本超预算的主要原因，并制定了改进措施，在剩余的2个月内利用质量管理工具，将改进措施按照有效性高低进行排序并严格执行，最终将成本偏差控制在了风险控制点的15%以内。

【问题1】

请结合案例，小张按照项目管理计划进行质量控制，依据是否充分？如果不充分，请补充其他依据。

★ 参考答案

小张按照项目管理计划进行质量控制的依据不够充分，还有以下依据：

（1）质量测量指标。
（2）质量核对单。
（3）可交付成果。
（4）项目文件。
（5）组织过程资产。

解析：

本题考查质量控制管理的输入。

质量控制管理的输入有项目管理计划、质量测量指标、质量核对单、可交付成果、项目文件、组织过程资产。

【问题2】

（1）请说明小张使用的是哪种质量管理工具，并写出其质量管理原理。

（2）依据（1）中质量管理原理，请列出首先要解决的问题。

⭐ **参考答案**

（1）小张使用了帕累托图，帕累托图用于识别造成大多数问题的少数重要原因。在横轴上所显示的原因类别，作为有效的概率分布，涵盖100％的可能观察结果。在帕累托图中，通常按类别排列条形，以测量频率或后果。

（2）依据（1）中质量管理原理，首先要解决的问题是：模块B返工问题，因其超支3.5%占比最大。

解析：

本题考核质量工具帕累托图（排列图）的相关知识。

帕累托图用于识别造成大多数问题的少数重要原因。在横轴上所显示的原因类别，作为有效的概率分布，涵盖100％的可能观察结果。在帕累托图中，通常按类别排列条形，以测量频率或后果。

【问题3】

判断下列选项的正误（填写在答题纸的对应栏内，正确的选项填写"√"，错误的选项填写"×"）。

（1）菲利普·克劳士比提出"零缺陷"的概念，他指出"质量是免费的"。（ ）

（2）一个高等级、低质量的软件产品，适合一般使用，可以被认可。（ ）

（3）质量管理计划可以是正式的，也可以是非正式的，可以是非常详细的，也可以是高度概括的。（ ）

（4）测试成本属于非一致性成本。（ ）

（5）在实际质量管理过程中，多种质量管理工具可以综合使用，例如可以利用树形图产生的数据来绘制关联图。（ ）

⭐ **参考答案**

（1）√　（2）×　（3）√　（4）×　（5）√

解析：

本题考核质量管理相关知识。判断题是近年来常考的一种题型。

在质量管理中，质量与等级是两个不同的概念。质量作为实现的性能或成果，是"一系列内在特性满足要求的程度（ISO 9000）"。等级作为设计意图，是对用途相同但技术特性不同的可交付成果的级别分类。例如：

一个低等级（功能有限）、高质量（无明显缺陷，用户手册易读）的软件产品，适合一般使用，可以被认可。

一个高等级（功能繁多）、低质量（有许多缺陷，用户手册杂乱无章）的软件产品，会因质量低劣而无效和/或低效，不会被使用者接受。

质量成本是指在产品生命周期中发生的所有成本，包括为预防不符合要求、为评价产品或服务是否符合要求，以及因未达到要求而发生的所有成本（**详见 2021 年上半年上午试题分析第 63 题**）。

其中，测试成本属于质量成本中的评价成本，属于一致性成本。

试题四

阅读下列说明，回答问题 1 至问题 3，将解答填入答题纸的对应栏内。

【说明】

A 公司承接了某金融行业用户（甲方）信息系统建设项目，服务内容涉及咨询、开发、集成、运维等。公司任命技术经验丰富的张伟担任项目经理，张伟协调咨询部、研发部、集成部、运维部等部门负责人抽调相关人员加入项目组。

考虑到该项目涉及甲方单位多个部门，为使沟通简便、高效，张伟编制了干系人清单，包括甲方各层级管理人员及技术人员、公司高层人员、项目组成员。同时，计划采用电子邮件方式，每周群发周报给所有项目干系人。周报内容涵盖每周工作内容、项目进度情况、质量情况、问题/困难、需要甲方单位配合及决策的各类事宜等。

在项目团队内部，采用项目例会的方式进行沟通。

项目实施过程中，个别项目成员联系张伟，希望能单独沟通个人发展及工作安排问题，张伟建议将问题在月度例会上提出。在月度例会上，部分项目成员抱怨自己承担的项目工作经常与所在部门年初制定的培训工作及团队建设活动冲突，对个人发展不利。为了避免造成负面影响，张伟制止了这些项目成员的发言。之后，张伟向公司高层抱怨相关部门的培训、团队建设等工作总与项目安排有冲突，建议相关部门做出调整。高层不认可张伟的说法，建议张伟加强项目的沟通管理。

【问题 1】

（1）结合案例，请补充干系人清单。

（2）请指出张伟沟通管理中存在的问题。

参考答案

（1）补充干系人清单如下：公司咨询部、研发部、集成部、运维部等部门负责人，其他与项目相关的人员，如项目组成员家属等。

（2）张伟沟通管理中存在的问题如下：

①未制定沟通管理计划。

②张伟单独编制干系人清单不妥，没有相关干系人参与。

③识别干系人不够全面，没有 360 度识别。

④没有分析干系人沟通的需求。

⑤沟通方式单一，只发电子邮件和举行项目例会。

⑥管理沟通存在问题，沟通方式方法不正确，如个别项目成员联系张伟，希望能单独沟

通个人发展及工作安排问题，张伟把团队成员私下沟通的问题放到大会上来讲。

⑦控制沟通存在问题，为了避免造成负面影响，张伟制止了项目成员的发言，造成冲突升级。

⑧与公司高层沟通效果欠佳，张伟向公司高层抱怨相关部门的培训、团队建设等工作总与项目安排有冲突，建议相关部门做出调整，未得到高层支持。

⑨张伟管理经验欠缺。

解析：

本题考核识别干系人、沟通管理相关知识，需要结合沟通管理四个管理过程来回答。

项目干系人是能影响项目决策、活动或结果的个人、群体或组织，以及会受或自认为会受项目决策、活动或结果影响的个人、群体或组织，客户、发起人、执行组织和有关公众等都是典型的干系人。干系人可能来自组织内部的不同层级，具有不同级别的职权；也可能来自项目执行组织的外部。

通过识别干系人过程，找出项目的所有干系人，并初步分析和记录他们的信息，并根据这些信息对他们进行分类。有关他们的典型信息有：他们的角色、所在的部门、他们对项目的影响力、他们的利益、他们的期望、他们受到的项目影响……

项目沟通管理的各个过程，包括以下几个方面。

（1）规划沟通管理：根据干系人的信息需要和要求及组织的可用资产情况，制定合适的项目沟通方式和计划的过程。

（2）管理沟通：根据沟通管理计划，生成、收集、分发、储存、检索及最终处置项目信息的过程。

（3）控制沟通：在整个项目生命周期中对沟通进行监督和控制的过程，以确保满足项目干系人对信息的需求。

【问题2】

请列出项目干系人管理包括哪些内容。

🔖 参考答案

项目干系人管理的具体内容如下：

（1）识别干系人。

（2）编制项目干系人管理计划。

（3）管理干系人参与。

（4）项目干系人参与的监控。

解析：

本题考核干系人管理过程。

干系人管理过程有：识别干系人、编制项目干系人管理计划、管理干系人参与、项目干系人参与的监控。

项目干系人管理的具体内容包括如下几个方面。

1. 识别干系人

首先，项目存在众多项目干系人，项目干系人从项目中获利或受损，对项目的开展会有推进或阻碍的作用。我们要分类找出所有的项目干系人，分析他们对项目的影响或者项目对他们的影响，还要知道影响有多大，因此需要"识别干系人"过程来完成这些任务。

2. 编制项目干系人管理计划

识别出干系人后，项目经理还要依据项目跟干系人之间互相影响的大小、项目干系人的需要确定干系人管理的思路，确定对干系人进行沟通的措施，并制定信息沟通等级，为此要"编制项目干系人管理计划"。

3. 管理干系人参与

在项目的整个生命周期中，还要与项目的干系人维持沟通，解决他们之间的问题，这就需要"管理干系人参与"过程。

4. 项目干系人参与的监控

在依据项目干系人管理计划在项目整个生命周期中管理项目干系人时，还要根据需要定期地或者及时地监控干系人之间的关系，观察计划和实际之间的偏差，管理干系人之间的冲突，为项目推进助力，并尽量减少对项目的干扰。这个过程就是"项目干系人参与的监控"。

【问题3】

在下图的权力/利益矩阵中，针对（1）区域的干系人，项目经理应该"重点管理，及时报告"，采取有力的行动让其满意；针对（2）区域的干系人，项目经理应该"随时告知"项目状况，以维持干系人的满意度；针对（3）区域的干系人，项目经理应该"令其满意"，争取支持；针对（4）区域的干系人，项目经理主要通过"花最少的精力来监督他们"即可。

请将区域代号（A、B、C、D）填写在答题纸（1）～（4）的对应栏内。

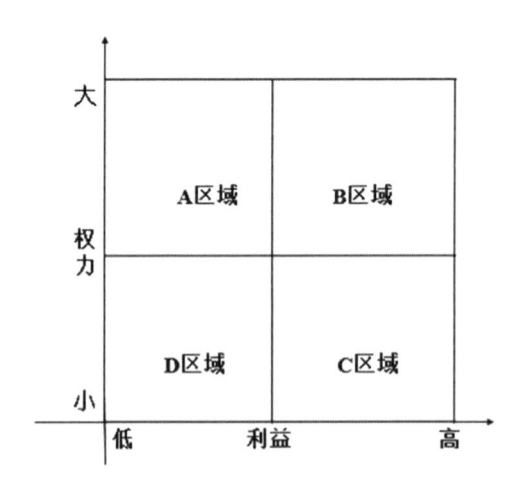

◆ 参考答案

（1）B　（2）C　（3）A　（4）D

解析：

本题考核干系人权力/利益方格各区域干系人的管理策略。

权力/利益矩阵（权力/利益方格）根据干系人权力的大小和利益对干系人进行分类，并指明了项目需要建立的与各干系人之间的关系（**详见 2021 年下半年上午试题分析第 55 题**）。

针对 B 区的干系人，项目经理应该"重点管理，及时报告"，采取有力的行动让其满意；针对 C 区的干系人，项目经理应该"随时告知"项目状况，以维持干系人的满意度；针对 A 区的干系人，项目经理应该"令其满意"，争取支持；针对 D 区的干系人，项目经理主要通过"花最少的精力来监督他们"即可。具体如下图所示。

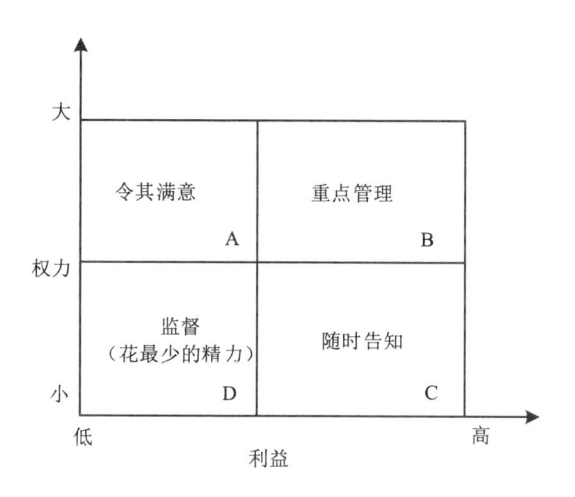

```
         大 ┌─────────────┬─────────────┐
            │             │             │
            │   令其满意   │   重点管理   │
            │         A   │         B   │
       权力 ├─────────────┼─────────────┤
            │             │             │
            │    监督     │   随时告知   │
            │ （花最少的精力）│             │
         小 │         D   │         C   │
            └─────────────┴─────────────┘──→
              低            利益           高
```

2020年系统集成项目管理工程师考试试题与解析

2020 年下半年上午试题分析

● 信息系统的（1）是指系统可能存在着丧失结构、功能、秩序的特性。
（1）A．可用性　　　　B．开放性　　　　C．脆弱性　　　　D．稳定性

自我测试
（1）____（请填写你的答案）

【试题分析】
系统的特点有目的性、可嵌套性、稳定性、开放性、脆弱性和健壮性。

（1）目的性：定义一个系统、组成一个系统或抽象出一个系统，都有明确的目标或者目的，目的性决定了系统的功能。

（2）可嵌套性：系统可以包括若干子系统，系统之间也能够耦合成一个更大的系统。这个特点便于对系统进行分层、分部的管理、研究或者建设。

（3）稳定性：受规则的约束，系统的内部结构和秩序应是可以预见的；系统的状态和演化路径有限并能被预测；系统的功能发生作用导致的后果也是可以预估的。稳定性强的系统使得系统在受到外部作用的同时，内部结构和秩序仍然能够保持。

（4）开放性：系统的可访问性，这个特性决定了系统可以被外部环境识别，外部环境或者其他系统可以按照预定的方法，使用系统的功能或者影响系统的行为。系统的开放性体现在系统有可以清晰描述并被准确识别、理解的接口这一层面上。

（5）脆弱性：这个特性与系统的稳定性相对应，即系统可能存在着丧失结构、功能、秩序的特性，这个特性往往是隐藏不易被外界感知的。脆弱性差的系统，一旦被侵入，整体性会被破坏，甚至面临崩溃，系统瓦解。

（6）健壮性：当系统面临干扰、输入错误、入侵等因素时，系统可能会出现非预期的状态而丧失原有功能、出现错误甚至表现出破坏的功能。系统具有的能够抵抗出现非预期状态的特性称为健壮性，也叫强壮性。通常会采取冗余技术、容错技术、身份识别技术、可靠性技术等来抵御系统出现非预期的状态，保持系统的稳定性。

参考答案：参见第 398 页"2020 年下半年上午试题参考答案"。

● （2）可以将计算机的服务器、网络、内存及存储等实体资源，抽象、封装、规范化并呈现出来，打破实体结构间不可切割的障碍，使用户更好地使用这些资源。
（2）A．虚拟化技术　　B．人工智能技术　　C．传感器技术　　D．区块链技术

自我测试
（2）____（请填写你的答案）

【试题分析】

虚拟化技术是将计算机的各种实体资源，如服务器、网络、内存及存储等，抽象、封装、规范化并呈现出来，打破实体结构间不可切割的障碍，使用户可以用比原本的组态更好的方式来使用这些资源，主要用来解决高性能物理硬件和老旧物理硬件的重组使用，透明化底层物理硬件。

参考答案：参见第398页"2020年下半年上午试题参考答案"。

● 构建国家综合信息基础设施的内容不包含（3）。
  （3）A．加快宽带网络优化升级和区域协调发展
     B．大力提高教育信息化水平
     C．建设安全可靠的信息应用基础设施
     D．加快推进三网融合

自我测试
  （3）____（请填写你的答案）

【试题分析】
构建国家综合信息基础设施的主要内容有：
（1）加快宽带网络优化升级和区域协调发展。
（2）促进下一代互联网规模商用和前沿布局。
（3）建设安全可靠的信息应用基础设施。
（4）加快推进三网融合。
（5）优化国际通信网络布局。

参考答案：参见第398页"2020年下半年上午试题参考答案"。

● 关于我国企业信息化发展战略要点的描述，不正确的是：（4）。
  （4）A．注重以工业化带动信息化　　B．充分发挥政府的引导作用
     C．高度重视信息安全　　　　　D．"因地制宜"推进企业信息化

自我测试
  （4）____（请填写你的答案）

【试题分析】
我国企业信息化发展的战略要点主要包括以下几个方面。
（1）以信息化带动工业化。
（2）信息化与企业业务全过程的融合、渗透。
（3）信息产业发展与企业信息化良性互动。
（4）充分发挥政府的引导作用。
（5）高度重视信息安全。
（6）企业信息化与企业的改组改造和形成现代企业制度有机结合。
（7）"因地制宜"推进企业信息化。

🔖 **参考答案**：参见第 398 页"2020 年下半年上午试题参考答案"。

● 通过网络把实体店的团购、优惠信息推送给互联网用户，从而将这些用户转换为实体店的客户，这种模式称为（5）。

（5）A．B2B　　　　B．C2O　　　　C．B2C　　　　D．O2O

📝 自我测试

（5）＿＿＿（请填写你的答案）

【试题分析】

O2O 即 Online to Offline，含义是线上购买线下的商品和服务，实体店提货或者享受服务。O2O 平台在网上把线下实体店的团购、优惠的信息推送给互联网用户，从而将这些用户转换为实体店的线下客户。

🔖 **参考答案**：参见第 398 页"2020 年下半年上午试题参考答案"。

● 实施（6）是企业落实《中国制造 2025》战略规划的重要途径。

（6）A．大数据　　B．云计算　　C．两化深度融合　　D．区块链

📝 自我测试

（6）＿＿＿（请填写你的答案）

【试题分析】

我国的企业信息化经历了产品信息化、生产信息化、流程信息化、管理信息化、决策信息化、商务信息化等过程，而实施两化深度融合是企业落实《中国制造 2025》战略规划的重要途径。

🔖 **参考答案**：参见第 398 页"2020 年下半年上午试题参考答案"。

● （7）是从特定形式的数据中，集中提炼知识的过程。

（7）A．数据分析　　B．数据抽取　　C．数据转换　　D．数据挖掘

📝 自我测试

（7）＿＿＿（请填写你的答案）

【试题分析】

数据挖掘在这种具有固定形式的数据集上完成知识的提炼，最后以合适的知识模式用于进一步分析决策工作。

🔖 **参考答案**：参见第 398 页"2020 年下半年上午试题参考答案"。

● （8）不属于人工智能的典型应用。

（8）A．自动驾驶　　B．送餐机器人　　C．非接触测温仪　　D．无人超市

📝 自我测试

（8）＿＿＿（请填写你的答案）

【试题分析】

人工智能英文缩写为 AI。它是研究、开发用于模拟、延伸和扩展人的智能的理论、方法、技术及应用系统的一门新的技术科学。

人工智能是计算机科学的一个分支，它企图了解智能的实质，并生产出一种新的能以与人类智能相似的方式做出反应的智能机器，该领域的研究包括机器人、语言识别、图像识别、自然语言处理和专家系统等。人工智能从诞生以来，理论和技术日益成熟，应用领域也不断扩大，可以设想，未来人工智能带来的科技产品，将会是人类智慧的"容器"。人工智能是对人的意识、思维等过程的模拟。人工智能不是人的智能，但能像人那样思考，也可能超过人的智能。

人工智能的主要成果和经典应用如下。

（1）人机对弈：2003年2月GARRY KASPAROV 3:3战平"小深"（DEEP JUNIOR）。

（2）模式识别：采用$模式识别引擎，分支有2D识别引擎、3D识别引擎、驻波识别引擎和多维识别引擎。2D识别引擎已推出指纹识别、人像识别、文字识别、图像识别、车牌识别；驻波识别引擎已推出语音识别；3D识别引擎已推出指纹识别。

（3）自动工程：自动驾驶、印钞工厂和猎鹰绘图。

（4）知识工程：以知识本身为处理对象，研究如何运用人工智能和软件技术，设计、构造和维护知识系统包含专家系统、智能搜索引擎、计算机视觉和图像处理、机器翻译和自然语言理解、数据挖掘和知识发现等。

A选项、B选项、D选项都是人工智能的典型应用，C选项是物联网的应用。

参考答案：参见第398页"2020年下半年上午试题参考答案"。

● 数据可视化技术主要应用于大数据处理的（9）环节。
（9）A．知识展现　　B．数据分析　　C．计算处理　　D．存储管理

自我测试
（9）____（请填写你的答案）

【试题分析】
数据可视化技术主要应用于大数据处理架构的知识展现。

参考答案：参见第398页"2020年下半年上午试题参考答案"。

● ITSS（信息技术服务标准）定义的IT服务生命周期包括（10）。
（10）A．计划、执行、检查、改进
　　　B．规划设计、资源配置、服务运营、持续改进、监督管理
　　　C．服务战略、规划设计、部署实施、服务运营、持续改进
　　　D．规划设计、部署实施、服务运营、持续改进、监督管理

自我测试
（10）____（请填写你的答案）

【试题分析】
信息技术服务标准是一套成体系和综合配套的信息技术服务标准库，全面规范了IT服务产品及其组成要素，用于指导实施标准化和可信赖的IT服务。IT服务生命周期由规划设计、部署实施、服务运营、持续改进和监督管理五个阶段组成（**详见2021年下半年上午试题分析第10题**）。

参考答案：参见第398页"2020年下半年上午试题参考答案"。

●信息系统开发过程中，(11)适合在无法全面准确提出用户需求的情况下，通过反复修改，动态响应用户需求来实现用户的最终需求。

(11) A．结构化方法　　B．原型法　　　　C．瀑布法　　　　D．面向过程方法

📝 自我测试

(11) ____（请填写你的答案）

【试题分析】

原型法：其认为在无法全面准确地提出用户需求的情况下，并不要求对系统做全面、详细的分析，而是基于对用户需求的初步理解，先快速开发一个原型系统，然后通过反复修改来实现用户的最终系统需求。原型法的特点在于其对用户的需求是动态响应、逐步纳入的；系统分析、设计与实现都是随着对原型的不断修改而同时完成的，相互之间并无明显界限，也没有明确分工。

▸ 参考答案：参见第398页"2020年下半年上午试题参考答案"。

●软件质量管理过程中，(12)的目的是确保构造了正确的产品，即产品满足其特定的目的。

(12) A．软件验证　　B．软件确认　　C．管理评审　　D．软件审计

📝 自我测试

(12) ____（请填写你的答案）

【试题分析】

软件确认过程试图确保构造了正确的产品，即产品满足其特定的目的。

▸ 参考答案：参见第398页"2020年下半年上午试题参考答案"。

●(13)是现实世界中实体的形式化描述，将实体的属性（数据）和操作（函数）封装在一起。

(13) A．服务　　　B．类　　　　C．接口　　　　D．消息

📝 自我测试

(13) ____（请填写你的答案）

【试题分析】

类是现实世界中实体的形式化描述，将实体的属性（数据）和操作（函数）封装在一起。

▸ 参考答案：参见第398页"2020年下半年上午试题参考答案"。

●ODBC和JDBC是典型的(14)。

(14) A．分布式对象中间件　　　　B．事务中间件
　　　C．面向消息中间件　　　　　D．数据库访问中间件

📝 自我测试

(14) ____（请填写你的答案）

【试题分析】

数据库访问中间件通过一个抽象层访问数据库，从而允许使用相同或相似的代码访问不同的数据库资源，典型的技术有Windows平台的ODBC和Java平台的JDBC等。

★ **参考答案**：参见第 398 页 "2020 年下半年上午试题参考答案"。

● 关于数据库和数据仓库的描述，正确的是：(15)。
  (15) A. 与数据库相比，数据仓库的数据相对稳定
       B. 与数据仓库相比，数据库的数据相对冗余
       C. 与数据库相比，数据仓库的主要任务是实时业务处理
       D. 与数据仓库相比，数据库的主要任务是支持管理决策

📝 **自我测试**
  (15) ____ （请填写你的答案）

【试题分析】

传统的数据库系统中缺乏决策分析所需的大量历史数据信息，因为传统的数据库一般只保留当前或近期的数据信息。为了满足中高层管理人员预测、决策分析的需要，在传统数据库的基础上产生了能够满足预测、决策分析需要的数据仓库。

数据仓库是一个面向主题的、集成的、相对稳定的、反映历史变化的数据集合，用于支持管理决策（**详见 2021 年上半年上午试题分析第 15 题**）。

★ **参考答案**：参见第 398 页 "2020 年下半年上午试题参考答案"。

● JavaEE 应用服务器运行环境不包括 (16)。
  (16) A. 容器   B. 编译器   C. 组件   D. 服务

📝 **自我测试**
  (16) ____ （请填写你的答案）

【试题分析】

JavaEE 应用服务器运行环境包括组件（Component）、容器（Container）及服务（Services）三部分。构件是表示应用逻辑的代码；容器是构件的运行环境；服务则是应用服务器提供的各种功能接口，可以同系统资源进行交互。

★ **参考答案**：参见第 398 页 "2020 年下半年上午试题参考答案"。

● 在 OSI 七层协议中，(17) 的主要功能是路由选择。
  (17) A. 物理层   B. 数据链路层   C. 传输层   D. 网络层

📝 **自我测试**
  (17) ____ （请填写你的答案）

【试题分析】

OSI 从下到上共分为七层，包括物理层、数据链路层、网络层、传输层、会话层、表示层、应用层（**详见 2021 年上半年上午试题分析第 17 题**）。

其中，网络层的主要功能是将网络地址（例如，IP 地址）翻译成对应的物理地址（例如，网卡地址），并决定如何将数据从发送方路由到接收方。在 TCP/IP 协议中，网络层具体协议有 IP、ICMP、IGMP、IPX、ARP 等。

★ **参考答案**：参见第 398 页 "2020 年下半年上午试题参考答案"。

● (18) 不属于网络链路传输控制技术。

（18）A．SAN　　　　B．令牌　　　　C．FDDI　　　　D．ISDN

📝 **自我测试**
（18）＿＿＿（请填写你的答案）

【试题分析】
网络链路传输控制技术是指如何分配网络传输线路、网络交换设备资源，以便避免网络通信链路资源冲突，同时为所有网络终端和服务器进行数据传输。典型的网络链路传输控制技术有：总线争用技术、令牌技术、FDDI 技术、ATM 技术、帧中继技术和 ISDN 技术。

SAN 是网络存储技术中的存储网络。

➤ **参考答案**：参见第 398 页"2020 年下半年上午试题参考答案"。

● 通过控制网络上的其他计算机，对目标主机所在网络服务不断进行干扰，改变其正常的作业流程，执行无关程序使系统响应变慢甚至瘫痪。这种行为属于（19）。

（19）A．系统漏洞　　　　　　　　B．网络监听
　　　C．拒绝服务攻击　　　　　　D．种植病毒

📝 **自我测试**
（19）＿＿＿（请填写你的答案）

【试题分析】
拒绝服务攻击通过控制网络上的其他计算机，对目标主机所在网络服务不断进行干扰，改变其正常的作业流程，执行无关程序使系统响应变慢甚至瘫痪。

➤ **参考答案**：参见第 398 页"2020 年下半年上午试题参考答案"。

● （20）可以阻止非信任地址的访问，但无法控制内部网络之间的违规行为。
（20）A．防火墙　　B．扫描器　　C．防毒软件　　D．安全审计系统

📝 **自我测试**
（20）＿＿＿（请填写你的答案）

【试题分析】
网络和信息安全产品主要有防火墙、扫描器、防毒软件、安全审计系统等几种（**详见 2021 年上半年上午试题分析第 19 题**）。

其中，防火墙通常比喻为网络安全的大门，用来鉴别什么样的数据包可以进出企业内部网。在应对黑客入侵方面，可以阻止基于 IP 包头的攻击和非信任地址的访问。传统的防火墙无法阻止和检测基于数据内容的黑客攻击和病毒入侵，同时也无法控制内部网络之间的违规行为。

➤ **参考答案**：参见第 398 页"2020 年下半年上午试题参考答案"。

● 云计算中心提供的虚拟主机和存储服务属于（21）。
（21）A．DaaS　　　B．PaaS　　　C．SaaS　　　D．IaaS

📝 **自我测试**
（21）＿＿＿（请填写你的答案）

【试题分析】

按照云计算服务提供的资源层次，可以分为 IaaS、PaaS 和 SaaS 三种服务类型。

IaaS（基础设施即服务）：指消费者通过互联网可以从云计算中心获得完善的计算机基础设施服务，如虚拟主机、存储服务。

PaaS（平台即服务）：向用户提供虚拟的操作系统、数据库管理系统、Web 服务器等平台化的服务。

SaaS（软件即服务）：是一种通过互联网提供软件服务的模式，向用户提供应用软件（如 CRM、办公软件等）、组件、工作流等虚拟化软件的服务。

参考答案：参见第 398 页"2020 年下半年上午试题参考答案"。

- （22）研究计算机怎样模拟或实现人类的学习行为，以获取新的知识或技能，重新组织已有的知识使之不断改善自身的性能，是人工智能技术的核心。

（22）A．人机交互　　B．计算机视觉　　C．机器学习　　D．虚拟现实

自我测试

（22）＿＿＿（请填写你的答案）

【试题分析】

机器学习是研究怎样使用计算机模拟或实现人类学习活动的科学，是人工智能中最具智能特征、最前沿的研究领域之一。它是研究计算机怎样模拟或实现人类的学习行为，以获取新的知识或技能，重新组织已有的知识使之不断改善自身的性能，是人工智能技术的核心。

参考答案：参见第 398 页"2020 年下半年上午试题参考答案"。

- 关于物联网的描述，正确的是：（23）。
    （23）A．物联网中的"网"是指物理上独立于互联网的网络
    　　　B．物联网中的"物"指客观世界的物品，包括人、商品、地理环境等
    　　　C．二维码技术是物联网架构中的应用层技术
    　　　D．应用软件是物联网产业链中需求总量最大和最基础的环节

自我测试

（23）＿＿＿（请填写你的答案）

【试题分析】

物联网概念包括以下三个方面。

（1）物：客观世界的物品，主要包括人、商品、地理环境等。

（2）联：通过互联网、通信网、电视网及传感网等实现网络互联。

（3）网：首先，应和通信介质无关，有线无线都可；其次，应和通信拓扑结构无关，总线、星形均可；最后，只要达到数据传输的目的即可。

参考答案：参见第 398 页"2020 年下半年上午试题参考答案"。

- 关于项目目标和项目特点的描述，不正确的是：（24）。
    （24）A．项目具有完整生命周期和明确起始日期
    　　　B．项目具有临时性、独特性、渐进明细的特点

C．项目目标可分为过程性目标和成果性目标
D．项目通常是实现组织战略计划的一种手段

📝 自我测试
（24）____（请填写你的答案）

【试题分析】
项目目标包括约束性目标和成果性目标。
（1）项目的约束性目标也叫管理性目标，项目的成果性目标有时也简称为项目目标。
（2）项目的成果性目标指通过项目开发出的满足客户要求的产品、系统、服务或成果。

➤ 参考答案：参见第398页"2020年下半年上午试题参考答案"。

● 作为一个优秀项目经理，不需要（25）。
（25）A．了解客户的业务需求　　　B．组建一个和谐的团队
　　　C．注重客户和用户参与　　　D．精通项目相关的技术

📝 自我测试
（25）____（请填写你的答案）

【试题分析】
怎样才能成为一个优秀的项目经理呢？这里提出以下一些建议（**详见2021年上半年上午试题分析第25题**）。
（1）真正理解项目经理的角色：项目经理首先是一个管理岗位，但是也要了解与项目有关的技术、客户的业务需求，以及与其相关的业务知识等。
（2）领导并管理项目团队。
（3）依据项目进展的阶段，组织制定详细、程度适宜的项目计划，监控计划的执行，并根据实际情况、客户要求或其他变更要求对计划的变更进行管理。
（4）真正理解"一把手工程"。
（5）注重客户和用户参与。

➤ 参考答案：参见第398页"2020年下半年上午试题参考答案"。

● 关于项目管理办公室（PMO）的描述，不正确的是：（26）。
（26）A．可以为某一个项目设立PMO
　　　B．支持型PMO通过各种阶段需求项目服从PMO的管理策略
　　　C．PMO不受组织结构的影响，可以存在于任何组织结构中
　　　D．PMO可以为所有项目进行集中的配置管理

📝 自我测试
（26）____（请填写你的答案）

【试题分析】
PMO有几种不同类型，它们对项目的控制和影响程度各不相同，如：
支持型PMO：担当顾问的角色，向项目提供模板、最佳实践、培训，以及来自其他项目的信息和经验教训。这种类型的PMO其实就是一个项目资源库，对项目的控制程度很低。
控制型PMO：不仅给项目提供支持，而且通过各种手段要求项目服从，这种类型的PMO

对项目的控制程度属于中等。服从可能包括采用项目管理框架或方法论，使用特定的模板、格式和工具，服从治理。

指令型 PMO：直接管理和控制项目。项目经理由 PMO 指定并向其报告。这种类型的 PMO 对项目的控制程度很高。

参考答案：参见第 398 页"2020 年下半年上午试题参考答案"。

● 关于项目管理过程组的描述，不正确的是：(27)。
(27) A．5 个项目过程组具有明确的依存关系
B．过程组不是项目的阶段，但与项目阶段存在一定的关系
C．一般来说，监督和控制过程组花费项目预算最多
D．启动过程组包括指定项目章程和识别干系人

自我测试
(27) ____（请填写你的答案）

【试题分析】

执行过程组由为完成在项目管理计划中确定的工作，以达到项目目标所必需的各个过程所组成。这个项目过程组不仅包括项目管理计划实施的各个过程，也包括协调人员和资源的过程。这个项目过程组还会涉及在项目范围说明书中定义的范围，以及经批准的对范围的变更。

对大多数行业的项目来讲，执行过程组会花掉多半的项目预算。

参考答案：参见第 398 页"2020 年下半年上午试题参考答案"。

● 关于项目的建议书下列描述，不正确的是：(28)。
(28) A．项目建议书不能和可行性研究报告合并
B．项目建议书是国家或上级主管部门选择项目的依据
C．项目建议书是对拟建项目提出的框架性的总体设想
D．项目建议书内容可以进行扩充和剪切

自我测试
(28) ____（请填写你的答案）

【试题分析】

项目建议书是项目建设单位向上级主管部门提交的项目申请文件，是对拟建项目提出的总体设想，是国家或上级主管部门选择项目的依据，也是可行性研究的依据。

系统集成类项目建议书的主要内容包括：项目简介，项目建设单位概况，项目建设的必要性；业务分析，总体建设方案，本期项目建设方案，环保、消防、职业安全，项目实施进度，投资估算和资金筹措，效益与风险分析。

项目建设单位可以规定对于规模较小的系统集成项目可以省略项目建议书环节，而将其与项目可行性分析阶段进行合并。

对于系统集成类项目的项目建议书，可以参考《国家电子政务工程建设项目管理暂行办法》中的"附件一：项目项目建议书编制要求（提纲）"内容进行扩充和裁剪。

参考答案：参见第 398 页"2020 年下半年上午试题参考答案"。

● 项目可行性研究报告不包含（29）。
（29）A．项目建设的必要性　　　B．总体设计方案
　　　C．项目实施进度　　　　　D．项目绩效数据

📝 自我测试
（29）＿＿＿（请填写你的答案）

【试题分析】
项目可行性研究报告的内容包括：项目概述；建设单位概况；需求分析和项目建设的必要性；总体建设（设计）方案；本期项目建设（设计）方案；项目招标方案；环保、消防、职业安全；项目组织机构和人员培训；项目实施进度；投资估算和资金来源；效益与评价指标分析；项目风险与风险管理。

项目还在可行性研究阶段，还没有开始项目，因此不包含项目绩效数据。

➤ 参考答案：参见第 398 页"2020 年下半年上午试题参考答案"。

● （30）需要对项目的技术、经济、环境及社会影响进行深入调查研究，是一项费时、费力且需要一定资金支持的工作。
（30）A．机会可行性研究　　　　B．详细可行性研究
　　　C．初步可行性研究　　　　D．研究报告的编写

📝 自我测试
（30）＿＿＿（请填写你的答案）

【试题分析】
可行性研究分为机会可行性研究、初步可行性研究、详细可行性研究（**详见 2021 年上半年上午试题分析第 30 题**）。

其中，详细可行性研究需要对项目的技术、经济、环境及社会影响进行深入调查研究，是一项费时、费力且需要一定资金支持的工作，大型的或比较复杂的项目更是如此。

➤ 参考答案：参见第 398 页"2020 年下半年上午试题参考答案"。

● （31）行为属于招标人与投标人串通投标。
（31）A．投标人之间约定中标人
　　　B．对潜在投标人或者投标人采取不同的资格审查或者评标标准
　　　C．不同投标人的投标文件相互混装
　　　D．招标人授意投标人撤换、修改投标文件

📝 自我测试
（31）＿＿＿（请填写你的答案）

【试题分析】
有下列情形之一的，属于招标人与投标人串通投标：
（1）招标人在开标前开启投标文件并将有关信息泄露给其他投标人。
（2）招标人直接或者间接向投标人泄露标底、评标委员会成员等信息。
（3）招标人明示或者暗示投标人压低或者抬高投标报价。
（4）招标人授意投标人撤换、修改投标文件。

(5) 招标人明示或者暗示投标人为特定投标人中标提供方便。

📌 **参考答案**：参见第 398 页"2020 年下半年上午试题参考答案"。

● 某系统集成供应商与客户签署合同后，通过（32）可以将组织对合同的责任转移到项目组。

（32）A．项目建议书　　　　　　B．内部立项制度
　　　C．可行性报告　　　　　　D．项目投标文件

📝 **自我测试**
（32）＿＿＿（请填写你的答案）

【试题分析】
系统集成供应商所应承担的合同责任发生了转移，由组织转移到了项目组。正因为存在这种责任转移的情形，许多系统集成供应商采用内部立项制度对这种责任转移加以约束和规范。

供应商主要根据项目的特点和类型，决定是否要在组织内部为所签署的外部项目单独立项。

供应商内部立项的主要原因是，通过项目立项方式为项目分配资源，确定合理的项目绩效目标，以项目型工作方式提升项目实施效率。

供应商内部立项的内容包括项目资源估算、项目资源分配、准备项目任命书和任命项目经理等。

📌 **参考答案**：参见第 398 页"2020 年下半年上午试题参考答案"。

● （33）的过程是为实现项目目标而领导和执行项目管理计划中所确定的工作，并实施已批准变更的过程。

（33）A．制定项目管理计划　　　B．指导与管理项目工作
　　　C．监控项目工作　　　　　D．实施整体变更控制

📝 **自我测试**
（33）＿＿＿（请填写你的答案）

【试题分析】
指导与管理项目工作的过程是为实现项目目标而领导和执行项目管理计划中所确定的工作，并实施已批准变更的过程。

📌 **参考答案**：参见第 398 页"2020 年下半年上午试题参考答案"。

● （34）不属于项目章程的作用。

（34）A．确定项目经理，明确项目经理的权力
　　　B．正式确认项目的存在，给项目一个合法的地位
　　　C．规定项目总体目标，包括范围、时间、质量等
　　　D．指导项目的执行、监控和收尾工作

📝 **自我测试**
（34）＿＿＿（请填写你的答案）

【试题分析】

项目章程的作用包括：确定项目经理，规定项目经理的权力；正式确认项目的存在，给项目一个合法的地位；规定项目的总体目标，包括范围、时间、成本和质量等。

➤ 参考答案：参见第 398 页"2020 年下半年上午试题参考答案"。

● 通过叙述启动项目的理由，把项目与执行组织的日常经营运作及战略计划等联系起来。关于项目管理计划用途的描述，不正确的是：(35)。

(35) A. 明确项目，是项目启动的依据
　　　B. 为项目绩效考核和项目控制提供基准
　　　C. 记录制定项目计划所依据的假设条件
　　　D. 促进项目干系人之间的沟通

📝 自我测试
(35) ____（请填写你的答案）

【试题分析】

项目管理计划的主要用途有：指导项目执行、监控和收尾；为项目绩效考核和项目控制提供基准；记录制定项目计划所依据的假设条件；记录制定项目计划过程中的有关方案选择；促进项目干系人之间的沟通；规定管理层审查项目的时间、内容和方式。

A 选项是错误的，因为项目章程是项目启动的依据。

➤ 参考答案：参见第 398 页"2020 年下半年上午试题参考答案"。

● (36) 不属于实施已批准变更的活动。

(36) A. 纠正措施　　B. 预防措施　　C. 缺陷补救　　D. 影响分析

📝 自我测试
(36) ____（请填写你的答案）

【试题分析】

指导与管理项目工作需要对项目所有的变更之影响进行审查，并实施已批准的变更，活动包括以下三个方面。

(1) 纠正措施：为使项目工作绩效重新与项目管理计划一致而进行的有目的的活动。
(2) 预防措施：为确保项目工作的未来绩效符合项目管理计划而进行的有目的的活动。
(3) 缺陷补救：为了修正不一致的产品或产品组件而进行的有目的的活动。

➤ 参考答案：参见第 398 页"2020 年下半年上午试题参考答案"。

● (37) 是确定两种或两种以上变数间相互依赖的定量关系的一种统计分析方法。

(37) A. 趋势分析　　B. 因果图　　C. 回归分析　　D. 帕累托图

📝 自我测试
(37) ____（请填写你的答案）

【试题分析】

监控项目工作的技术有分析技术，它包含以下几项技术。

(1) 趋势分析（又叫趋势预测法）：用于检查项目绩效随时间的变化情况，以确定绩效

是在改善还是在恶化。优点是考虑时间序列发展趋势，使预测结果能更好地符合实际。

（2）因果图：将问题陈述放在鱼骨的头部，作为起点，用来追溯问题来源，回推到可行动的根本原因。

（3）回归分析：确定两种或两种以上变数间相互依赖的定量关系的一种统计分析方法。

（4）帕累托图：是一种特殊的垂直条形图，用于识别造成大多数问题的少数重要原因。

▶ **参考答案**：参见第 398 页"2020 年下半年上午试题参考答案"。

- 正确的变更控制管理流程是：(38)。

  (38) A. 变更请求→CCB 审批（同意）→评估影响→执行变更→分发新文档→记录变更实施情况

  B. 变更请求→评估影响→CCB 审批（同意）→分发新文档→执行变更→记录变更实施情况

  C. 变更请求→CCB 审批（同意）→执行变更→评估影响→记录变更实施情况→分发新文档

  D. 变更请求→评估影响→CCB 审批（同意）→执行变更→记录变更实施情况→分发新文档

📝 自我测试

（38）____（请填写你的答案）

【试题分析】

变更控制管理流程为变更请求→评估影响→CCB 审批（同意）→执行变更→记录变更实施情况→分发新文档。

▶ **参考答案**：参见第 398 页"2020 年下半年上午试题参考答案"。

- 关于范围管理计划的描述，不正确的是：(39)。

  (39) A. 用于规划、跟踪和报告各种需求活动

  B. 作为制定项目管理计划过程的主要依据

  C. 范围管理计划可以是非正式的

  D. 规定了如何制定详细范围说明书

📝 自我测试

（39）____（请填写你的答案）

【试题分析】

范围管理计划是制定项目管理计划过程和其他范围管理过程的主要输入，要对将用于下列工作的管理过程做出规定。范围管理计划可能在项目管理计划之中，也可能作为单独的一项。根据不同的项目，可以是详细的或者概括的，可以是正式的或者非正式的。

（1）如何制定项目范围说明书。

（2）如何根据范围说明书创建 WBS。

（3）如何维护和批准 WBS。

（4）如何确认和正式验收已完成的项目可交付成果。

（5）如何处理项目范围说明书的变更，该工作与实施整体变更控制过程直接相连。

（6）确定 WBS 满足职能和项目的要求，包括重置和非重置成本。

（7）检查 WBS 是否为所有的项目工作提供了逻辑细分。

（8）保证每一个特定层的总成本等于下一个层次构成要素的成本之和。

（9）从全面适应和连续角度来检查 WBS。

（10）所有的工作职责需分配到个人或组织单元。

需求管理计划是对项目的需求进行定义、确定、记载、核实管理和控制的行动指南。需求管理计划主要包括以下内容。

（1）如何规划、跟踪和汇报各种需求活动。

（2）配置管理活动。例如，如何启动产品变更，如何分析其影响，如何进行追溯、跟踪和报告，以及变更审批权限。

（3）需求优先级排序过程。

（4）产品测量指标及使用这些指标的理由。

（5）用来反映哪些需求属性将被列入跟踪矩阵的跟踪结构。

（6）收集需求过程。

参考答案：参见第 398 页"2020 年下半年上午试题参考答案"。

● 范围说明书的内容不包括（40）。

（40）A．项目目标与产品范围描述　　B．项目需求与项目边界

C．项目交付成果与干系人清单　　D．假设条件与项目制约因素

自我测试

（40）____（请填写你的答案）

【试题分析】

项目范围说明书描述要做和不要做的工作的详细程度，决定着项目管理团队控制整个项目范围的有效程度。项目范围说明书包括如下内容（**详见 2021 年下半年上午试题分析第 39 题**）。

（1）项目目标。

（2）产品范围描述。

（3）项目需求。

（4）项目边界。

（5）项目可交付成果。

（6）项目制约因素。

（7）假设条件。

参考答案：参见第 398 页"2020 年下半年上午试题参考答案"。

● （41）可用来确定可交付成果是否符合需求和验收标准。

（41）A．投票　　B．观察　　C．检查　　D．访谈

自我测试

（41）____（请填写你的答案）

【试题分析】

检查是指开展测量、审查与确认等活动，来判断工作和可交付成果是否符合需求和产品

验收标准，是否满足项目干系人的要求和期望。检查有时也被称为审查、产品审查、审计和巡检等。

➤ **参考答案**：参见第398页"2020年下半年上午试题参考答案"。

● 某软件项目执行过程中，客户希望增加几项小功能，开发人员认为很容易实现。作为项目经理首先应该（42）。

（42）A．安排开发人员进行修改　　B．发起变更申请
　　　C．建议客户增加预算　　　　D．获得管理层的同意

📝 **自我测试**
（42）____（请填写你的答案）

【试题分析】
需求变更及项目范围变更一定要遵循变更控制流程，首先是发起变更申请。

➤ **参考答案**：参见第398页"2020年下半年上午试题参考答案"。

● 项目章程中规定的项目审批要求和（43），会影响项目的进度管理。

（43）A．总体里程碑要求　　B．范围基准
　　　C．风险清单　　　　　D．成本基准

📝 **自我测试**
（43）____（请填写你的答案）

【试题分析】
规划进度管理的输入包含项目管理计划、项目章程、组织过程资产和事业环境因素。其中项目章程中规定的总体里程碑进度计划和项目审批要求，都会影响项目的进度管理。

➤ **参考答案**：参见第398页"2020年下半年上午试题参考答案"。

● 下图（单位：周）为某项目实施的单代号网络图，活动E的总浮动时间与自由浮动时间为（44），该项目的最短工期为（45）。

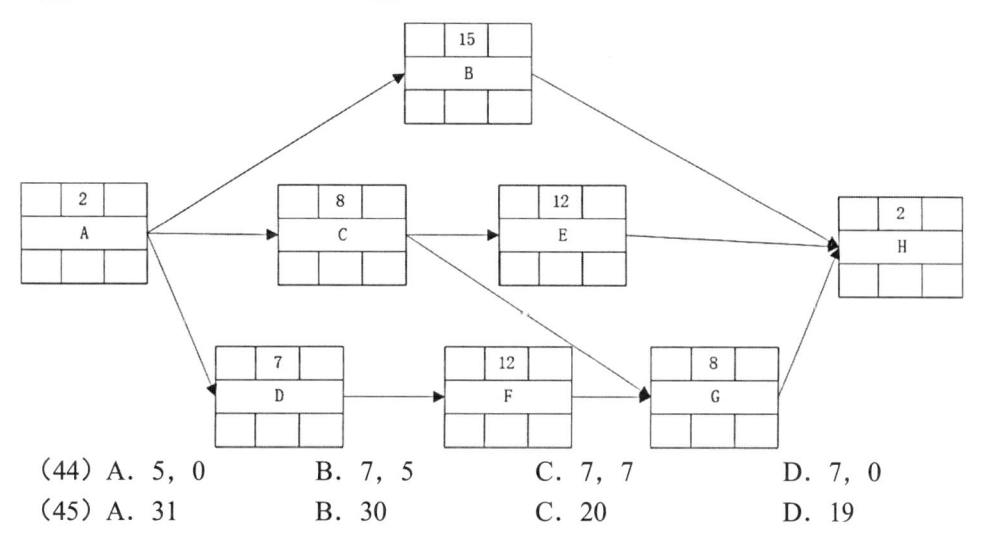

（44）A．5，0　　B．7，5　　C．7，7　　D．7，0
（45）A．31　　　B．30　　　C．20　　　D．19

📝 自我测试
（44）_____ （请填写你的答案）
（45）_____ （请填写你的答案）

【试题分析】

关键路径法还用来计算进度模型中的逻辑网络路径的进度灵活性大小。

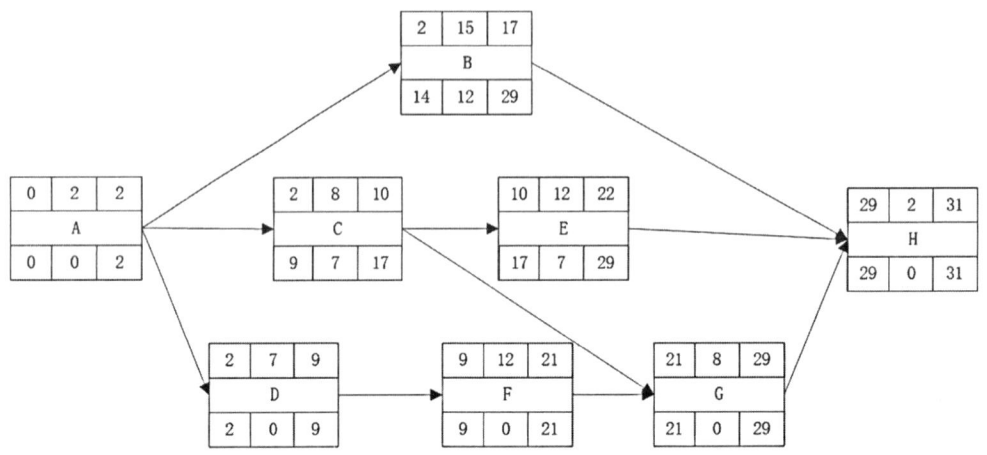

2	15	17
	B	
14	12	29

0	2	2
	A	
0	0	2

2	8	10
	C	
9	7	17

10	12	22
	E	
17	7	29

29	2	31
	H	
29	0	31

2	7	9
	D	
2	0	9

9	12	21
	F	
9	0	21

21	8	29
	G	
21	0	29

"总浮动时间"是指在不延误项目完工时间且不违反进度制约因素的前提下，活动可以从最早开始时间推迟或拖延的时间量，就是该活动的进度灵活性。其计算方法为：本活动的最迟完成时间减去本活动的最早完成时间，或本活动的最迟开始时间减去本活动的最早开始时间。正常情况下，关键活动的总浮动时间为零。活动 E 的总浮动时间＝7。

"自由浮动时间"是指在不延误任何紧后活动的最早开始时间且不违反进度制约因素的前提下，活动可以从最早开始时间推迟或拖延的时间量。其计算方法为：紧后活动最早开始时间的最小值减去本活动的最早完成时间。活动 E 的自由浮动时间＝7。

关键路径是项目中时间最长的活动顺序，决定着可能的项目最短工期。根据网络图，其关键路径是 A-D-F-G-H，最短工期＝2＋7＋12＋8＋2＝31。

★ 参考答案：参见第 398 页 "2020 年下半年上午试题参考答案"。

● 在缩短工期时，不正确的措施是：(46)。
（46）A．赶工，投入更多的资源或增加工作时间
　　　B．降低质控要求，减少问题，减少返工
　　　C．使用优质资源或经验更丰富的人员
　　　D．快速跟进，并行施工，缩短关键路径长度

📝 自我测试
（46）_____ （请填写你的答案）

【试题分析】

缩短工期通常采用以下方法。
（1）赶工：投入更多的资源或增加工作时间，以缩短关键活动的工期。
（2）快速跟进：并行施工，以缩短关键路径的长度。

（3）使用优质资源或经验更丰富的人员。

（4）减少活动范围或降低活动要求，需投资人同意。

（5）改进方法或技术，以提高生产效率。

（6）加强质量管理，及时发现问题，减少返工，从而缩短工期。

参考答案：参见第398页"2020年下半年上午试题参考答案"。

● 关于成本的描述，不正确的是：（47）。

（47）A．产品全生命周期的权益总成本包括开发成本和运维成本

　　　B．项目团队工资属于直接成本，税费属于间接成本

　　　C．管理储备是包含在成本基准之内的一部分预算

　　　D．应急储备是用来应付已经接受的已识别风险的一部分预算

自我测试

（47）_____（请填写你的答案）

【试题分析】

成本基准是经过批准的、按时间段分配的项目预算，不包括任何管理储备，只有通过正式的变更控制程序才能变更，用作与实际结果进行比较的依据。成本基准是不同进度活动经批准的预算的总和。

项目预算和成本基准的各个组成部分。先汇总各项目活动的成本估算及其应急储备，得到相关工作包的成本。然后汇总各工作包的成本估算及其应急储备，得到控制账户的成本。再汇总各控制账户的成本，得到成本基准。由于成本基准中的成本估算与进度活动直接关联，因此就可按时间段分配成本基准，得到一条S曲线。

最后，在成本基准之上增加管理储备，得到项目预算。当出现有必要动用管理储备的变更时，则应该在获得变更控制过程的批准之后，把适量的管理储备移入成本基准中。

参考答案：参见第398页"2020年下半年上午试题参考答案"。

● 成本管理计划中不包括（48）。

（48）A．绩效测量规则　　　　B．测量单位

　　　C．控制临界值　　　　　D．WBS

自我测试

（48）_____（请填写你的答案）

【试题分析】

成本管理计划是项目管理计划的组成部分，描述将如何规划、安排和控制项目成本。成本管理过程及其工具与技术应记录在成本管理计划中。

（1）测量单位：需要规定每种资源的计量单位，例如，用于测量用工时间的人时数、人天数或人周数，用于计量数量的米、升、吨、千米或立方米，或者用货币表示的总价。

（2）精确度：根据活动范围和项目规模，设定成本估算向上或向下取整的程度（例如，100.49美元取整为100美元，995.59美元取整为1000美元）。

（3）准确度：为活动成本估算规定一个可接受的区间（如±10%），其中可能包括一定数量的应急储备。

（4）组织程序链接：工作分解结构为成本管理计划提供了框架，以便据此规范地开展成本估算、预算和控制。在项目成本核算中使用的 WBS 组件，称为控制账户（CA）。每个控制账户都有唯一的编码或账号，直接与执行组织的会计制度相联系。

（5）控制临界值：可能需要规定偏差临界值，用于监督成本绩效。它是在需要采取某种措施前，允许出现的最大偏差。通常用偏离基准计划的百分数来表示。

（6）绩效测量规则：需要规定用于绩效测量的挣值管理（EVM）规则。例如，成本管理计划应该：定义 WBS 中用于绩效测量的控制账户、确定拟用的挣值测量技术（如加权里程碑法、固定公式法、完成百分比法等）、规定跟踪方法，以及用于计算项目完工估算（EAC）的挣值管理公式，该公式计算出的结果可用于验证通过自下而上方法得出的完工估算。

（7）报告格式：需要规定各种成本报告的格式和编制频率。

（8）过程描述：对其他每个成本管理过程进行书面描述。

（9）其他细节：关于成本管理活动的其他细节包括（但不限于）：对战略筹资方案的说明；处理汇率波动的程序；记录项目成本的程序。

参考答案：参见第 398 页"2020 年下半年上午试题参考答案"。

● （49）利用历史数据之间的统计关系和其他变量进行项目成本估算。

（49）A．参数估算　　　　　　　　B．类比估算
　　　C．自上而下估算　　　　　　D．三点估算

自我测试

（49）____（请填写你的答案）

【试题分析】

项目成本估算采用的技术与工具包括：类比估算、参数估算、自下而上估算、三点估算、专家判断、储备分析、质量成本、项目管理软件、卖方投标分析、群体决策技术（**详见 2021 年上半年上午试题分析第 49 题**）。

参数估算：参数估算是指利用历史数据之间的统计关系和其他变量来进行项目工作的成本估算。参数估算的准确性取决于参数模型的成熟度和基础数据的可靠性。

类比估算：类比估算是指以过去类似项目的参数值（如范围、成本、预算和持续时间等）或规模指标（如尺寸、重量和复杂性等）为基础，来估算当前项目的同类参数或指标。

自下而上估算：自下而上估算是对工作组成部分进行估算的一种方法。首先对单个工作包或活动的成本进行最具体、细致的估算；然后把这些细节性成本向上汇总或"滚动"到更高层次，用于后续报告和跟踪。

三点估算：通过考虑估算中的不确定性与风险，使用三种估算值来界定活动成本的近似区间，可以提高活动成本估算的准确性。

参考答案：参见第 398 页"2020 年下半年上午试题参考答案"。

● 某项目计划工期 60 天。当项目进行到 50 天的时候，成本绩效指数为 80%，实际成本为 180 万元，当前计划成本为 160 万元。该项目的绩效情况为：（50）。

（50）A．CPI>1，SPI>1　　　　　　B．CPI<1，SPI<1
　　　C．CPI>1，SPI<1　　　　　　D．CPI<1，SPI>1

📝 **自我测试**

（50）＿＿＿（请填写你的答案）

【试题分析】

AC＝180万元，PV＝160万元，CPI＝80%，根据CPI就排除了A、C选项。CPI＝EV/AC，因此求得EV＝AC×CPI＝160×80%＝128（万元），SPI＝EV/PV＝128/160<1，因此CPI<1，SPI<1。

📌 **参考答案**：参见第398页"2020年下半年上午试题参考答案"。

● （51）列出了每种资源在可用工作日和工作班次的安排。
   （51）A．组织结构图　　　　　　B．资源日历
　　　　C．资源分解结构　　　　　　D．RACI图

📝 **自我测试**

（51）＿＿＿（请填写你的答案）

【试题分析】

资源日历记录每个项目团队成员在项目上的工作时间段。必须很好地了解每个人的可用性和时间限制（包括时区、工作时间、休假时间、当地节假日和在其他项目的工作时间），才能编制出可靠的进度计划。

📌 **参考答案**：参见第398页"2020年下半年上午试题参考答案"。

● （52）方式可以帮助项目团队成员增进沟通，快速形成凝聚力。
   （52）A．集中办公　　B．虚拟团队　　C．在线培训　　　D．共享员工

📝 **自我测试**

（52）＿＿＿（请填写你的答案）

【试题分析】

集中办公是指把部分或全部项目团队成员安排在同一个物理地点工作，以增强团队工作能力。集中办公可以是临时的，也可以贯穿整个项目。"作战室"或"指挥部"是集中办公的一种策略，集中办公可以增进沟通和集体归属感。

📌 **参考答案**：参见第398页"2020年下半年上午试题参考答案"。

● 某项目团队成员的文化与语言背景不同，经过一段时间磨合，成员之间开始建立信任，矛盾基本解决。目前项目团队处于（53）。
   （53）A．形成阶段　　B．震荡阶段　　　C．规范阶段　　　D．发挥阶段

📝 **自我测试**

（53）＿＿＿（请填写你的答案）

【试题分析】

团队建设一般分为以下五个阶段。

（1）形成阶段：一个个的个体转变为团队成员，逐渐相互认识并了解项目情况及他们在项目中的角色与职责，开始形成共同目标。

（2）震荡阶段：团队成员开始执行分配的项目任务，一般会遇到超出预想的困难，希望

被现实打破。个体之间开始争执，互相指责，并且开始怀疑项目经理的能力。

（3）规范阶段：经过一定时间的磨合，团队成员开始协同工作，并调整各自的工作习惯和行为来支持团队，团队成员开始相互信任，项目经理能够得到团队的认可。

（4）发挥阶段：随着相互之间的配合默契和对项目经理的信任加强团队就像一个组织有序的单位那样工作。团队成员之间相互依靠，平稳高效地解决问题。这时团队成员的集体荣誉感会非常强。

（5）解散阶段：所有工作完成后，项目结束，团队解散。

参考答案：参见第 398 页"2020 年下半年上午试题参考答案"。

● 召开视频会议属于（54）沟通。
（54）A．非正式　　　B．拉式　　　C．推式　　　D．交互式

自我测试
（54）____（请填写你的答案）

【试题分析】
项目干系人可能需要对沟通方法的选择展开讨论并取得一致意见。应该基于下列因素来选择沟通方法：沟通需求、成本和时间限制、相关工具和资源的可用性，以及对相关工具和资源的熟悉程度。

沟通方法分为以下几种类型。

（1）交互式沟通：在两方或多方之间进行多向信息交换。这是确保全体参与者对特定话题达成共识的最有效方法，包括会议、电话、即时通信、视频会议等。

（2）推式沟通：把信息发送给需要接收这些信息的特定接收方。这种方法可以确保信息的发送，但不能确保信息送达受众或被目标受众理解。推式沟通包括信件、备忘录、报告、电子邮件、传真、语音邮件、日志、新闻稿等。

（3）拉式沟通：用于信息量很大或受众很多的情况。要求接收者自主自行地访问信息内容。这种方法包括企业内网、电子在线课程、经验教训数据库、知识库等。

参考答案：参见第 398 页"2020 年下半年上午试题参考答案"。

● 根据干系人权力/利益方格分析，某手机厂商对于其品牌的忠实粉丝及未来在用户，应该采取的管理方式是（55）。
（55）A．随时告知　　B．重点管理　　C．监督　　　D．令其满意

自我测试
（55）____（请填写你的答案）

【试题分析】
干系人分类模型分为以下几种。

（1）权力/利益方格：根据干系人的职权大小和对项目结果的关注（利益）程度进行分类。如下图所示（详见 **2021 年下半年上午试题分析第 55 题**）。

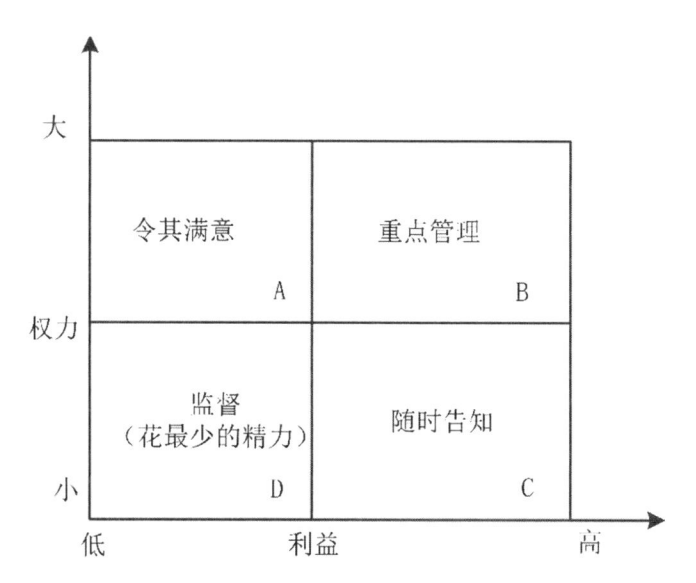

```
大 │
   │  ┌─────────────┬─────────────┐
   │  │             │             │
   │  │   令其满意   │   重点管理   │
   │  │          A  │          B  │
权力│  ├─────────────┼─────────────┤
   │  │    监督     │             │
   │  │ (花最少的精力)│   随时告知   │
小 │  │          D  │          C  │
   └──┴─────────────┴─────────────┘
      低          利益           高
```

因为品牌的忠实粉丝及未来在用户是客户，顾客就是上帝，因此他们有很大的权利决定以后买不买这个手机。因此对于他们，我们要重点管理。

（2）权力/影响方格：根据干系人的职权大小及主动参与（影响）项目的程度进行分类。

（3）影响/作用方格：根据干系人主动参与（影响）项目的程度及改变项目计划或者执行的能力进行分类。

（4）凸显模型：根据干系人的权力（施加自己意愿的能力）、紧迫程度和合法性对干系人进行分类。

参考答案：参见第 398 页"2020 年下半年上午试题参考答案"。

● 某项目需要在半年内完成，目前项目范围不清楚，所需资源类型可以确定。这种情况下，最好签订（56）。

（56）A．总价合同　　B．成本补偿合同　　C．工料合同　　D．采购单合同

自我测试

（56）＿＿＿（请填写你的答案）

【试题分析】

按项目付款方式，可把合同分为总价合同、成本补偿合同和工料合同三种类型（**详见 2021 年上半年上午试题分析第 58 题**）。在项目工作中，要根据项目的实际情况和外界条件的约束来选择合同类型。一般情况下，可以按下列经验来进行选择。

（1）如果工作范围很明确，且项目的设计已具备详细的细节，则使用总价合同。

（2）如果工作性质清楚，但范围不是很清楚，而且工作不复杂，又需要快速签订合同，则使用工料合同。

（3）如果工作范围尚不清楚，则使用成本补偿合同。

（4）如果双方分担风险，则使用工料合同；如果买方承担成本风险，则使用成本补偿合同。

（5）如果卖方承担成本风险，则使用总价合同。

（6）如果是购买标准产品，且数量不大，则使用单边合同。

➤ **参考答案：** 参见第 398 页"2020 年下半年上午试题参考答案"。

● 关于合同管理的描述，不正确的是：(57)。
  (57) A．合同签订前应做好市场调研
      B．合同谈判过程中要抓住实质问题
      C．监理单位不可以参与合同的变更申请
      D．在合同文本上手写旁注和修改不具备法律效力

📝 **自我测试**
（57）____（请填写你的答案）

【试题分析】
在合同变更管理过程中，任何干系人都可以提交变更申请，监理单位作为项目干系人，可以参与合同的变更申请。

➤ **参考答案：** 参见第 398 页"2020 年下半年上午试题参考答案"。

● 当(58)时，项目不应从外部进行采购。
  (58) A．自制成本高于外购   B．技术人员能力不足
      C．与其他项目有资源冲突   D．项目有保密要求

📝 **自我测试**
（58）____（请填写你的答案）

【试题分析】
在进行"自制/外购"分析时，有时项目的执行组织可能有能力自制，但是自制可能与项目有冲突，或自制成本明显高于外购。在这些情况下则需要从外部采购，以兑现进度承诺。需要保密的项目不应从外部进行采购。

➤ **参考答案：** 参见第 398 页"2020 年下半年上午试题参考答案"。

● 关于采购谈判的描述，不正确的是(59)。
  (59) A．采购谈判过程中以买卖双方签署文件为结束标志
      B．项目经理应是合同的主谈人
      C．项目团队可以列席谈判
      D．合同文本的最终版本应反映所达成的协议

📝 **自我测试**
（59）____（请填写你的答案）

【试题分析】
项目经理可以不是合同的主谈人。在合同谈判期间，项目管理团队可列席，并在需要时，就项目的技术、质量和管理要求进行澄清。

➤ **参考答案：** 参见第 398 页"2020 年下半年上午试题参考答案"。

● 关于配置管理的描述，不正确的是：(60)。
  (60) A．配置项的状态分为"草稿"和"正式"两种

B. 所有配置项的操作权限应由配置管理员严格管理
C. 配置基线由一组配置项组成，这些配置项构成一个相对稳定的逻辑实体
D. 配置库可分为开发库、受控库、产品库三种类型

📝 **自我测试**

（60）____（请填写你的答案）

【试题分析】

配置项的状态可分为"草稿""正式""修改"三种。配置项刚建立时，其状态为"草稿"。配置项通过评审后，其状态变为"正式"。此后若更改配置项，则其状态变为"修改"。当配置项修改完毕并重新通过评审时，其状态又变为"正式"。

配置项状态变化如下图所示。

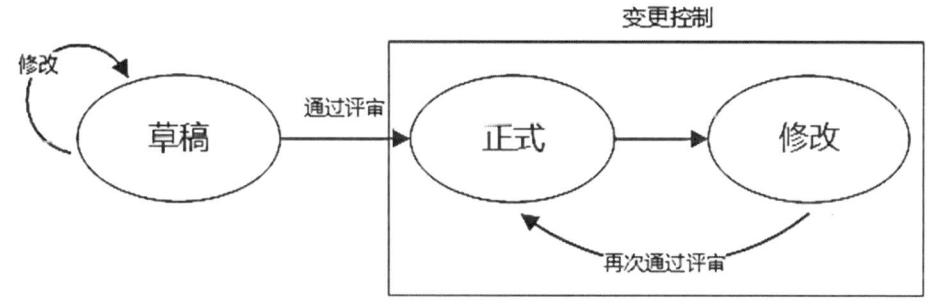

👉 **参考答案**：参见第 398 页"2020 年下半年上午试题参考答案"。

● （61）不属于发布管理与交付活动的工作内容。
（61）A. 检入　　　　B. 复制　　　　C. 存储　　　　D. 打包

📝 **自我测试**

（61）____（请填写你的答案）

【试题分析】

发布管理和交付活动的主要任务包括存储、复制、打包、交付和重建。

（1）存储：应通过下述方式确保存储的配置项的完整性。

① 选择存储介质使再生差错或损坏降至最低限度。

② 根据媒体的存储期，以一定频次运行或刷新已存档的配置项。

③ 将副本存储在不同的受控场所，以减少丢失的风险。

（2）复制：复制是用拷贝方式制造软件的阶段。

① 应建立规程以确保复制的一致性和完整性。

② 应确保发布用的介质不含无关项（如软件病毒或不适合演示的测试数据）。

③ 应使用适合的介质以确保软件产品符合复制要求，确保其在整个交付期中内容的完整性。

（3）打包：应确保按批准的规程制备交付的介质，在需方容易辨认的地方清楚标出发布标识。

（4）交付：供方应按合同中的规定交付产品或服务。

（5）重建：应能重建软件环境，以确保发布的配置项在所保留的先前版本要求的未来一

段时间里是可重新配置的。

参考答案：参见第 398 页"2020 年下半年上午试题参考答案"。

● 质量管理相关技术中，(62)强调质量问题是生产和经营系统的问题，强调最高管理层对质量管理的责任。

(62) A．检验技术　　　　　　　　B．零缺陷理论
　　　C．抽样检验方法　　　　　　D．质量改进观点

自我测试
(62)____（请填写你的答案）

【试题分析】
20 世纪 50 年代，戴明提出质量改进的观点，在休哈特之后系统和科学地提出用统计的方法进行质量和生产力的持续改进；强调大多数质量问题是生产和经营体系的问题；强调最高管理层对质量管理的责任。此后，戴明不断地完善他的理论，最终形成了对质量管理产生重大影响的"戴明十四法"。

参考答案：参见第 398 页"2020 年下半年上午试题参考答案"。

● 某电池生产厂商为了保证产品的质量，在每一块电池出厂前做破坏性测试所产生的成本属于(63)。

(63) A．项目开发成本，不属于质量成本
　　　B．质量成本中的非一致性成本
　　　C．质量成本中的评价成本
　　　D．质量生产中的内部失败成本

自我测试
(63)____（请填写你的答案）

【试题分析】
质量成本是指在产品生命周期中发生的所有成本，包括为预防不符合要求、为评价产品或服务是否符合要求，以及因未达到要求而发生的所有成本（**详见 2021 年上半年上午试题分析第 63 题**）。

其中，破坏性测试是质量成本中的评价成本，属于一致性成本。

参考答案：参见第 398 页"2020 年下半年上午试题参考答案"。

● 某制造商面临大量产品退货，产品经理怀疑是采购和货物分类流程存在问题，此时应该采用(64)进行分析。

(64) A．流程图　　　B．鱼骨图　　　C．直方图　　　D．质量控制图

自我测试
(64)____（请填写你的答案）

【试题分析】
根据题意，产品经理怀疑是采购和货物分类流程存在问题，此时我们用流程图。如果题干中说，产品退货，要找原因，才用鱼骨图。

参考答案：参见第 398 页"2020 年下半年上午试题参考答案"。

● 关于风险识别的描述，不正确的是（65）。
（65）A．风险识别的原则包括先怀疑、后排除
　　　B．风险识别技术包括文档审查、假设分析与 SWOT 分析
　　　C．识别风险活动需要在项目启动时全部完成
　　　D．风险登记册包括已识别风险清单和潜在应对措施清单

自我测试
（65）____（请填写你的答案）

【试题分析】
在项目生命周期中，随着项目的进展，新的风险可能产生或为人所知，所以，识别风险是一项反复进行的过程。频率及参与者都会因项目具体情况不同而异。

参考答案：参见第 398 页"2020 年下半年上午试题参考答案"。

●（66）不属于风险定性分析的输出。
（66）A．项目按时完成的概率　　　B．风险评级和分值
　　　C．风险紧迫性　　　　　　　D．风险分类

自我测试
（66）____（请填写你的答案）

【试题分析】
定性风险分析的输出是更新的项目文件包括（但不限于）以下两种情况。
（1）风险登记册：随着定性风险评估产生出新信息，而更新风险登记册。更新的内容包括对每个风险的概率和影响评估、风险评级和分值、风险紧迫性或风险分类，以及低概率风险的观察清单或需要进一步分析的风险。
（2）假设条件日志：随着定性风险评估产生出新信息，假设条件可能发生变化，需要根据这些新信息来调整假设条件日志。假设条件包含在项目范围说明书中，也可记录在独立的假设条件日志中。
实现项目目标的概率是风险定量分析的输出。

参考答案：参见第 398 页"2020 年下半年上午试题参考答案"。

● 某项目发生一个已知风险，尽管团队之前针对该风险做过减轻措施，但是并不成功，接下来项目经理应该通过（67）控制该风险。
（67）A．重新进行风险识别　　　B．评估应急储备
　　　C．更新风险管理计划　　　D．使用管理储备

自我测试
（67）____（请填写你的答案）

【试题分析】
消极风险或威胁的应对策略有规避、转移、减轻和接受（详见 **2021 年下半年上午试题分析第 67 题**）。

其中：接受风险是指项目团队决定接受风险的存在，而不采取任何措施（除非风险真的发生）的风险应对策略。这一策略在不可能用其他方法时使用，或者其他方法不具经济有效性时使用。该策略表明，项目团队已决定不为处理某风险而变更项目管理计划，或者无法找到任何其他的合理应对策略。该策略可以是被动的或主动的。被动地接受风险，只需要记录本策略，而无须任何其他行动，待风险发生时再由项目团队处理。不过，需要定期复查，以确保威胁没有太大的变化。最常见的主动接受策略是建立应急储备，安排一定的时间、资金或资源来应对风险。

当减轻策略没有作用，则只能接受该风险，进行评估应急储备，并更新风险登记册。

▶ **参考答案**：参见第 398 页"2020 年下半年上午试题参考答案"。

● 保障信息系统完整性的方法不包括（68）。

（68）A．物理加密　　　B．数字签名　　　C．奇偶校验法　　　D．安全协议

✎ 自我测试

（68）____（请填写你的答案）

【试题分析】

保障应用系统完整性的主要方法如下。

（1）协议：通过各种安全协议可以有效地检测出被复制的信息、被删除的字段、失效的字段和被修改的字段。

（2）纠错编码方法：由此完成检错和纠错功能。最简单和常用的纠错编码方法是奇偶校验法。

（3）密码校验和方法：抗篡改和传输失败的重要手段。

（4）数字签名：保障信息的真实性。

（5）公证：请求系统管理或中介机构证明信息的真实性。

▶ **参考答案**：参见第 398 页"2020 年下半年上午试题参考答案"。

● 关于信息系统岗位人员管理的要求，不正确的是（69）。

（69）A．业务开发人员和系统维护人员不能兼任安全管理员、系统管理员

　　　B．对安全管理员、系统管理员等重要岗位进行统一管理，不可一人多岗

　　　C．系统管理员、数据库管理员、网络管理员不能相互兼任岗位或工作

　　　D．关键岗位在处理重要事务或操作时，应保证二人同时在场

✎ 自我测试

（69）____（请填写你的答案）

【试题分析】

对信息系统岗位人员的管理，应根据其关键程度建立相应的管理要求。

（1）对安全管理员、系统管理员、数据库管理员、网络管理员、重要业务开发人员、系统维护人员和重要业务应用操作人员等信息系统关键岗位人员进行统一管理；允许一人多岗，但业务应用操作人员不能由其他关键岗位人员兼任；关键岗位人员应定期接受安全培训，加强安全意识和风险防范意识。

（2）兼职和轮岗要求：业务开发人员和系统维护人员不能兼任或担负安全管理员、系统

管理员、数据库管理员、网络管理员和重要业务应用操作人员等岗位或工作，必要时关键岗位人员应采取定期轮岗制度。

（3）权限分散要求：在上述基础上，应坚持关键岗位"权限分散、不得交叉覆盖"的原则，系统管理员、数据库管理员、网络管理员不能相互兼任岗位或工作。

（4）多人共管要求：在上述基础上，关键岗位人员处理重要事务或操作时，应保持二人同时在场，关键事务应多人共管。

（5）全面控制要求：在上述基础上，应采取对内部人员全面控制的安全保证措施，对所有岗位工作人员实施全面安全管理。

➤ 参考答案：参见第398页"2020年下半年上午试题参考答案"。

● 关于标准分级与类型的描述，不正确的是（70）。
（70）A．GB/T指推荐性国家标准
　　　B．国家标准一般有效期为3年
　　　C．强制性标准的形式包含全文强制和条文强制
　　　D．国家标准的制定过程包括立项、起草、征求意见、审查、批准等阶段

☑ 自我测试
（70）____（请填写你的答案）

【试题分析】
国家标准一般有效期为5年。

➤ 参考答案：参见第398页"2020年下半年上午试题参考答案"。

● The main direction of Integration of Industrialization and Informatization is（71）.
（71）A．internet plus　　　　　B．big data
　　　C．cloud computing　　　D．intelligent manufacturing

☑ 自我测试
（71）____（请填写你的答案）

【试题分析】
翻译：工业化与信息化融合的主要方向是（71）。
（71）A．互联网＋　　B．大数据　　C．云计算　　D．智能制造

➤ 参考答案：参见第398页"2020年下半年上午试题参考答案"。

●（72）is called the gateway of network security, which is used to identify what kind of data packets can enter the enterprise intranet.
（72）A．Anti-virus software　　B．Trojan horse
　　　C．Secret key　　　　　　D．Firewall

☑ 自我测试
（72）____（请填写你的答案）

【试题分析】
翻译：（72）被称为网络安全的大门，用来识别哪些数据包可以进入企业内部网。

（72）A．防病毒软件　　B．木马　　C．密钥　　D．防火墙

参考答案：参见第398页"2020年下半年上午试题参考答案"。

● (73) is a graph that shows the relationship between two variables.
（73）A．Histogram　　　　　　B．Flowchart
　　　C．Scatter diagram　　　　D．Matrix diagram

自我测试
（73）____（请填写你的答案）

【试题分析】
翻译：（73）是表示两个变量之间关系的图形。
（73）A．直方图　　B．流程图　　C．散点图　　D．矩阵图

参考答案：参见第398页"2020年下半年上午试题参考答案"。

● (74) is the process of identifying individual project risks as well as source of overall project risk, and documenting their characteristics.
（74）A．Identify Risks　　　　　　B．Monitor Risks
　　　C．Implement Risk Responses　　D．Plan Risk Management

自我测试
（74）____（请填写你的答案）

【试题分析】
翻译：（74）是识别单个项目风险和总体项目风险来源并记录其特征的过程。
（74）A．识别风险　　B．监控风险　　C．实施风险应对　　D．计划风险管理

参考答案：参见第398页"2020年下半年上午试题参考答案"。

● As one of the core technologies of block chains, (75) refers to the fact that transaction accounting is performed by multiple nodes distributed in different places, and each node records a complete account, so they can participate in the supervision of transaction legitimacy and testify for it together.
（75）A．intelligent contract　　　　　　B．consensus mechanism
　　　C．asymmetric encryption technology　　D．distributed accounts

自我测试
（75）____（请填写你的答案）

【试题分析】
翻译：作为区块链的核心技术之一，（75）是指交易账户由分布在不同地点的多个节点执行，每个节点记录一个完整的账户，共同参与交易合法性的监督，共同为交易合法性做证。
（75）A．智能合约　　B．共识机制　　C．非对称加密技术　　D．分布式账户

参考答案：参见第398页"2020年下半年上午试题参考答案"。

2020年下半年下午试题分析与解答

试题一

阅读下列说明,回答问题1至问题3,将解答填入答题纸的对应栏内。

【说明】

某公司刚承接了某市政府的办公系统集成项目,急需一名质量管理人员。因公司有类似项目经验,资料比较齐全。项目经理考虑到配置管理员小张工作积极负责,安排他来负责本项目的质量管理工作。

小张自学了质量管理的相关知识,并选取了公司之前做过的省级办公系统项目作为参照物,制定了本项目的质量管理计划。

项目执行过程中,小张按照质量管理计划,通过质量核对单进行检查,把全部精力投入到项目交付成果的质量控制中。在试运行阶段,客户提出需求变更,此时小张发现之前未与客户签订需求确认文件。随后项目组只好按照新需求对系统进行修改并通过了内部测试,小张认为测试没问题就算达到了验收标准,因此出具了质量报告,并向客户提交了验收申请。客户依据合同,认为项目尚未达到验收标准,拒绝验收。

【问题1】

结合案例,请指出本项目质量管理过程中存在的问题。

参考答案

规划质量管理过程的不足之处在于以下三个方面。

(1)项目经理不应该安排配置管理员小张负责质量管理,因此他之前没有质量管理的工作经验。

(2)小张不应该单独一个人制定质量管理计划,应该与相关干系人一起制定。

(3)没有制定质量测量指标,造成后期不符合客户需求。

质量保证过程的不足之处在于以下五个方面。

(1)没有进行质量保证工作。

(2)质量保证工作中没有严格按照质量管理计划和过程改进计划进行。

(3)质量保证工作中没有定期或不定期地进行质量审计和过程分析,找到相关问题。

(4)项目经理和小张质量管理意识不足,公司高层需要定期进行培训等相关质量管理工作。

(5)没有收集质量管理过程中的项目绩效数据。

质量控制过程的不足之处在于以下五个方面。

(1)质量控制过程中没有认真执行相关工作,没有分析绩效数据。

(2) 没有认真地进行质量控制，不仅仅要对可交付物进行质量控制，还需要对质量保证过程进行质量控制。

(3) 需求管理工作不到位，需求没有经过确认。

(4) 客户提交需求变更，没有严格按照配置管理和变更管理流程进行管理。

(5) 软件内部测试后，还需相关干系人参与，进行第三方测试，符合验收标准才能出示质量报告。

其他相关知识域的不足之处在于以下三个方面。

(1) 在整个质量管理过程中，需要多方参与，进行全面质量管理。

(2) 与客户沟通存在问题，在发现问题后需及时与相关干系人进行沟通，处理好相关问题，得到相关干系人的理解和支持。

(3) 项目经理在整个项目期间，没有进行质量管理相关工作。任命小张之后，就不管了。

解析：

本题考核的知识点是质量管理的过程。

质量管理是项目管理的重要组成部分，包括确定质量政策、目标与职责的各过程和活动，从而使项目满足其预定的需求。项目质量管理要求保证该项目能够兑现它的关于满足各种需求的承诺，包括产品需求，得到满足和确认，包含"在质量体系中，与决定质量工作的策略、目标和责任的全部管理功能有关的各种过程及活动"。

质量管理有以下三个过程。

(1) 规划质量管理：是识别项目及其可交付成果的质量要求和标准，并准备对策确保符合质量要求的过程。本过程的主要作用是为在整个项目中如何管理和确认质量提供指南和方向。

(2) 实施质量保证：是审计质量要求和质量控制测量结果，确保采用合理的质量标准和操作性定义的过程。本过程的主要作用是促进质量过程改进。

(3) 控制质量：是监督并记录质量活动执行结果，以便评估绩效，并推荐必要的变更过程。主要作用包括：识别过程低效或产品质量低劣的原因，建议并采取相应措施消除这些原因；确认项目的可交付成果及工作满足主要干系人的既定需求，足以进行最终验收。

根据质量管理的三个过程去回答，不符合的就是存在问题的地方。

【问题2】

请简述规划质量管理过程的输入。

★ 参考答案

项目管理计划、干系人登记册、风险登记册、需求文件、事业环境因素、组织过程资产。

解析：

本题考核的知识点是规划质量管理过程的输入、输出及工具与技术，具体如下表所示。

过程名	输入	工具与技术	输出
规划质量管理	1. 项目管理计划 2. 干系人登记册 3. 风险登记册 4. 需求文件 5. 事业环境因素 6. 组织过程资产	1. 成本收益分析 2. 质量成本 3. 七种基本质量工具 4. 标杆对照 5. 实验设计 6. 其他质量管理工具 7. 抽样统计 8. 会议	1. 质量管理计划 2. 过程改进计划 3. 质量测量指标 4. 质量核对单 5. 项目文件更新

【问题3】

请将下面①~③处的答案填写在答题纸的对应栏内。

（1）①用于描述项目或产品的质量属性，用于实施质量保证和控制质量过程，其常见的有：缺陷频率、可用性、可靠性等。

（2）小张使用的质量核对单属于②的输出。

（3）实际技术性能、实际进度绩效、实际成本绩效，这些都被称为③。

参考答案

（1）质量测量指标。

（2）规划质量管理。

（3）工作绩效数据。

解析：

该问题考试的是质量管理的相关概念。

（1）质量测量指标用于描述项目或产品的质量属性，用于实施质量保证和控制质量过程，其常见的有：缺陷频率、可用性、可靠性等。

（2）规划质量管理的输出有：质量管理计划、过程改进计划、质量测量指标、质量核对单和项目文件更新。

（3）工作绩效数据是在执行项目工作的过程中，从每个正在执行的活动中收集到的原始观察结果和测量值。数据是指最底层的细节，将由其他过程从中提炼出项目信息。在工作执行过程中收集数据，再交由各控制过程做进一步分析。工作绩效数据包括但不限于以下项目。

①表明进度绩效的状态信息。

②已经完成与尚未完成的可交付成果。

③已经开始与已经完成的计划活动。

④质量标准满足的程度。

⑤批准与已经开销的费用。

⑥对完成已经开始的计划活动的估算。

⑦绩效过程中的计划活动实际完成百分比。

⑧吸取并已记录且转入经验教训知识库的教训。

⑨资源利用的细节。

试题二

阅读下列说明，回答问题1至问题4，将解答填入答题纸的对应栏内。

【说明】

以下是某项目的挣值图，图中 A、B、C、D 对应的数值分别是 600、570、500、450。

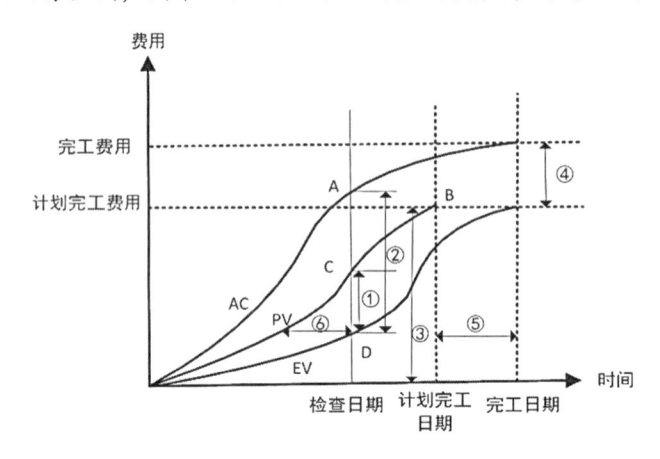

【问题1】

结合案例，请将图中的编号①～⑥填写在答题纸的对应栏内。

当前项目拖延工期	
项目整体拖延工期	
进度绩效	
成本绩效	
项目成本超支	
计划完工成本	

★ 参考答案

当前项目拖延工期	⑥
项目整体拖延工期	⑤
进度绩效	①
成本绩效	②
项目成本超支	④
计划完工成本	③

解析：

本题考核的知识点是挣值管理的相关概念及挣值计算（详见 2021 年上半年下午试题分析与解答试题二）。

（1）计划值（PV），又叫计划工作量的预算成本。

计算公式：PV＝计划工作量×计划单价

（2）挣值（EV），又叫已完成工作量的预算成本。

计算公式：EV＝已完成工作量×计划单价

（3）实际成本（AC），又叫已完成工作量的实际成本。

计算公式：AC＝已完成工作量×实际单价

（4）进度偏差（SV），指在某个给定的时点，项目提前或落后的进度。

计算公式：SV＝EV－PV。当SV＞0，进度超前；SV＜0，进度滞后。

（5）成本偏差（CV），是在某个给定时点的预算亏空或盈余量。

计算公式：CV＝EV－AC。当CV＞0，成本节约；CV＜0，成本超支。

（6）进度绩效指数（SPI），反映了项目团队利用时间的效率。

计算公式：SPI＝EV/PV。当SPI＞1，进度超前；SPI＜1，进度滞后。

（7）成本绩效指数（CPI），测量预算资源的成本效率。

计算公式：CPI＝EV/AC。当CPI＞1，成本节约；CPI＜1，成本超支。

【问题2】

结合案例，请计算项目在检查日期时的成本偏差（CV）和进度偏差（SV），并判断当时的执行绩效。

参考答案

EV＝450，AC＝600，PV＝500

CV＝EV－AC＝450－600＝－150，成本超支

SV＝EV－PV＝450－500＝－50，进度滞后

【问题3】

结合案例，针对问题2的分析结果，项目经理应该采取哪些措施？

参考答案

用工作效率高的人员更换一批工作效率低的人员；赶工或并行施工追赶进度。

解析：

本题考核的知识点是根据项目绩效采取的措施，如下表所示。

序号	参数关系	分析（含义）	措施
1	AC＞PV＞EV SV＜0，CV＜0	效率低、速度较慢、投入超前	用工作效率高的人员更换一批工作效率低的人员；赶工或并行施工追赶进度
2	PV＞AC＝EV SV＜0，CV＝0	效率较低、速度慢、成本与预算相差不大	增加高效人员投入；赶工或并行施工追赶进度
3	AC＝EV＞PV SV＞0，CV＝0	效率较高、速度较快、成本与预算相差不大	抽出部分人员，增加少量骨干人员
4	EV＞PV＞AC SV＞0，CV≥0	效率高、速度较快、投入延后	若偏离不大，维持现状，加强质量控制

【问题4】

结合案例，如果项目在检查日期时的偏差是典型偏差，请计算项目的完工估算成本（EAC）。

参考答案
BAC＝570，EV＝450，PV＝500，AC＝600
CPI＝EV/AC＝450/600＝75%
ETC＝(BAC－EV)/CPI＝(570－450)/75%＝160
EAC＝ETC＋AC＝160＋600＝760

解析：

本题考核的知识点是完工估算成本（EAC）。完工估算成本（EAC）是指完成所有工作所需的预期总成本。EAC 的计算可能有以下两种情况。

（1）非典型偏差时 EAC 的计算公式：EAC＝AC＋(BAC－EV)。
（2）典型偏差时 EAC 的计算公式：EAC＝BAC/CPI 或 EAC＝AC＋(BAC－EV)/CPI。

（详见 2021 年上半年下午试题分析与解答试题二）

试题三

阅读下列说明，回答问题 1 至问题 3，将解答填入答题纸的对应栏内。

【说明】

2018 年年底，某公司承接了大型企业数据中心的运行维护服务项目，任命经验丰富的王伟为项目经理。

2019 年 1 月初项目启动会后，王伟根据经验编制了风险管理计划，整理出了风险清单，并制定了应对措施，考虑到风险管理会发生一定的成本，王伟按照应对措施的实施成本和难易程度对风险进行了排序。

在项目会议上，王伟挑选了 20 项实施成本相对较低、难度相对较小的应对措施，将实施责任分配到个人并将实施进度和成果纳入个人绩效中，3 月底各责任人反馈应对措施均已实施完成。

4 月初，数据中心周边施工作业造成城市用电临时中断，数据中心部分 UPS 由于电池老化未能及时供电，造成部分设备停机，该风险在 20 项应对措施覆盖范围内，当时安排小李负责，而小李认为电力中断发生的可能性太小，没有按照要求对 UPS 做健康检查及测试。

6 月初，数据中心新上线一大批设备，随后又发生了部分设备停机事件，经过调查发现是机房空调制冷不足引起的。客户认为这是运维团队工作的疏忽，王伟坚持认为，大批设备上线，在年初做风险识别时属于未知风险，责任不该由运维团队承担。

【问题 1】

结合案例，请指出本项目风险管理中存在的问题。

参考答案

规划风险管理过程的不足之处在于以下两个方面。
（1）没有制定详细的风险管理计划。
（2）制定风险管理计划应该有项目组成员共同参与制定。

识别风险过程的不足之处在于以下三个方面。
（1）风险识别不够全面。

(2) 风险识别的时候还需相关干系人的参与。

(3) 风险识别是一个反复的过程，不能一次性完成，后期要定期或不定期进行。

风险定性分析过程的不足之处在于以下两个方面。

(1) 定性分析的内容不全，仅仅进行了排序。

(2) 定性分析还需对风险概率影响、风险紧迫性等进行评估，做好概率和影响矩阵。

风险定量分析过程的不足之处在于以下两个方面。

(1) 没有进行定量分析。

(2) 没有对这些风险事件的影响进行分析，并就风险分配一个数值。

制定应急计划过程的不足之处在于以下两个方面。

(1) 风险应对措施制定不全面、不详细，导致进度滞后。

(2) 没有做好风险应急策略，应急策略不是很全面。

风险控制过程的不足之处在于以下三个方面。

(1) 没有进行风险再识别。

(2) 风险控制是一个不断发展变化的过程，项目经理不应该以设备老化作为借口推卸责任。

(3) 没有加强风险管理的培训工作。

解析：

本题考核的知识点是风险管理的过程，其主要知识点如下。

风险管理包括项目风险管理规划、风险识别、定性风险分析、定量风险分析、风险应对规划和风险监控的过程，其中多数过程在整个项目期间都需要更新。项目风险管理的目标在于提高项目中积极事件的概率和影响，降低项目中消极事件的概率和影响。

风险管理有以下六个过程。

(1) 风险管理规划：决定如何进行规划和实施项目风险管理活动。

(2) 风险识别：判断哪些风险会影响项目，并以书面形式记录其特点。

(3) 定性风险分析：对风险概率和影响进行评估和汇总，进而对风险进行排序，以便随后进一步分析或行动。

(4) 定量风险分析：就识别的风险对项目总体目标的影响进行定量分析。

(5) 风险应对规划：针对项目目标制定提高机会、降低威胁的方案和行动。

(6) 风险监控：在整个项目生命周期中，跟踪已识别的风险、监测残余风险、识别新风险和实施风险应对计划，并对其有效性进行评估。

根据风险管理包含的六个过程的内容和作用回答，不符合的就是存在问题的地方。

【问题2】

结合案例，请写出风险管理的主要过程，并说明王伟在这些过程中做了哪些具体工作。

◆ 参考答案

风险管理过程	王伟所执行的工作
风险管理规划	制定了风险管理计划
风险识别	进行了风险识别
定性风险分析	对风险进行了排序
定量风险分析	缺少该阶段所涉及工作
风险应对规划	制定了20项应急措施并完成
风险监控	指定了专项责任人，对部分设备进行调查等

解析：

本题考核的知识点是风险管理的过程，其主要知识点如下。

风险管理包括项目风险管理规划、风险识别、定性风险分析、定量风险分析、风险应对规划和风险监控的过程，其中多数过程在整个项目期间都需要更新。项目风险管理的目标在于增加积极事件的概率和影响，降低项目消极事件的概率和影响。

【问题3】

应对威胁或可能给项目目标带来消极影响的风险，可采用（1）、（2）、（3）和（4）四种策略。

参考答案

（1）规避。

（2）转移。

（3）减轻。

（4）接受。

解析：

本题考核的知识点是风险应对规划中消极风险或威胁的应对策略。消极风险或威胁的应对策略有规避、转移、减轻和接受（详见**2021年下半年上午试题分析第67题**）。

试题四

阅读下说明，回答问题1至问题3，将解答填入答题纸的对应栏内。

【说明】

A公司近期计划启动一个系统集成项目，合同额预付5000万元左右，公司领导安排小张负责项目立项准备工作，小张组织相关技术人员对该项目进行可行性研究，认为该项目基本可行，并形成了一份初步可行性研究报告，通过了公司内部评审。

一个月后，项目审批通过。A公司迅速组织召开项目招标会，共收到8家单位的投标书，评标委员会专家共有6人，其中经济和技术领域专家共3人。评标结束后，评标委员会公布了4个中标候选人，中标结果公示两天后，A公司选定施工经验丰富的B公司中标。

【问题1】

结合案例，请指出A公司在项目立项及招投标阶段的工作不合理的地方。

参考答案

项目立项中不合理的地方如下。
（1）缺少项目建议书。
（2）缺少详细可行性研究，且缺少详细可行性研究报告。
（3）没有进行项目评估。

招投标中不合理的地方如下。
（1）招标未进行公示。
（2）专家人数应该为五人以上单数。
（3）经济、技术专家不能少于总人数的 2/3。
（4）中标候选人应该为 3 人，不能是 4 人。
（5）中标候选人要进行排序。
（6）中标结果要公示 3 天，不能只公示 2 天。
（7）A 公司选定施工经验丰富的 B 公司中标不对，应该选排名第一的公司中标。

解析：

本题考核的知识点是立项管理的过程和内容。

立项管理的过程有项目建议、项目可行性分析、项目审批（论证与评估）、项目招投标、项目合同谈判与签订五个环节。

（1）项目建议。项目建议书（又称立项申请）是项目建设单位向上级主管部门提交项目申请时所必需的文件，是该项目建设筹建单位或项目法人，根据国民经济的发展、国家和地方中长期规划、产业政策、生产力布局、国内外市场、所在地的内外部条件、本单位的发展战略等，提出的某一具体项目的建议文件，是对拟建项目提出的框架性的总体设想。

（2）项目可行性分析。项目的可行性研究是项目立项前的重要工作，需要对项目所涉及的领域、投资的额度、投资的效益、采用的技术、所处的环境、融资的措施、产生的社会效益等多方面进行全面的评价，以便能够对技术、经济和社会可行性进行研究，以确定项目的投资价值。项目可行性研究分为机会可行性研究、初步可行性研究、详细可行性研究、项目可行性研究报告的编写、提交和获得批准和项目评估几个基本的阶段。

（3）项目审批是项目审批部门对系统集成项目的项目建议书、可行性研究报告、初步设计方案和投资概算的批复文件，是后续项目建设的主要依据。批复中核定的建设内容、规模、标准、总投资概算和其他控制指标原则上应严格遵守。

（4）项目招投标。
①招标有公开招标、邀请招标和议标等。
公开招标：是指招标人以招标公告的方式邀请不特定的法人或者其他组织投标。
邀请招标：是指招标人以投标邀请书的方式邀请特定的法人或者其他组织投标。
招标代理：招标人有权自行选择招标代理机构，委托其办理招标事宜。任何单位和个人不得以任何方式为招标人指定招标代理机构。

②投标活动的流程包括以下三个步骤。
第一步：编制标书。

投标人少于三个的，招标人应当依照本法重新招标。在招标文件要求提交投标文件的截止时间后送达的投标文件，招标人应当拒收。

第二步：递交标书。

投标人应当在招标文件要求提交投标文件的截止时间前，将投标文件送达投标地点。在截止时间后送达的投标文件，即已经过了招标有效期的，招标人应当原封退回，不得进入开标阶段。

第三步：标书的签收。

招标人收到标书以后应当签收，不得开启。招标人必须履行完备的签收、登记和备案手续。任何人不得开启投标文件。

③评标由评标委员会负责。评标委员会由具有高级职称或同等专业水平的技术、经济等相关领域专家、招标人和招标机构代表等五人以上单数组成，其中技术、经济等方面专家人数不得少于成员总数的三分之二。

④中标人的投标应当符合下列条件之一。

能最大限度地满足招标文件中规定的各项综合评价标准。

能满足招标文件的实质性要求，并且经评审的投标价格最低；但是投标价格低于成本的除外。

中标人确定后，招标人应当向中标人发出中标通知书，并同时将中标结果通知所有未中标的投标人。中标通知书对招标人和中标人具有法律效力。

招标人和中标人应当自中标通知书发出之日起 30 日内，按照招标文件和中标人的投标文件订立书面合同。招标人和中标人不得再订立背离合同实质性内容的其他协议。依法必须进行招标的项目，招标人应当自确定中标人之日起 15 天内，向有关行政监督部门提交招标投标情况的书面报告。

（5）合同谈判与签约。

在确定中标人后，即进入合同谈判阶段。合同谈判的方法一般是先谈技术条款，后谈商务条款。

技术谈判的主要内容，包括合同技术附件内容、合同实施技术路线、质量评定标准、采购设备和系统报价，以及人员投入开发的比重等。

商务谈判的主要内容，即投标函中的基本条件，包括：投标价的优惠条件；质量、工期、服务违约处罚；其他需要谈判的内容。

合同谈判的技巧是机动灵活，有退有进；既不怕对立又不使会谈破裂；既追求最大利益又注意照顾平衡使对方可接受。

根据立项管理的过程和内容去回答，不符合的就是存在问题的地方。

【问题 2】

请简述项目可行性研究的内容。

参考答案

项目可行性研究一般应包括如下内容：投资必要性、技术可行性、财务可行性、组织可行性、经济可行性、社会可行性、风险因素及对策。

解析：

本题考核的知识点是项目可行性研究的内容（详见 2021 年上半年上午试题分析第 29 题）。

【问题 3】

结合案例，判断下列选项的正误（填写在答题纸对应栏内，正确的选项填写"√"，错误的选项填写"×"）。

(1) 项目立项阶段包括项目可行性分析、项目审批、项目招投标、项目合同谈判与签订和项目章程制定五个阶段。（　　）

(2) 招标人有权自行选择招标代理机构，委托其办理招标事宜。（　　）

(3) 国有资金占控股或者主导地位的，依照国家有关规定是必须进行招标的，项目必须公开招标。（　　）

(4) 投标人少于 5 个的不得开标；招标人应当重新招标。（　　）

(5) 履约保证金不能超过中标合同金额 10%。（　　）

◆ 参考答案

(1) ×　(2) √　(3) ×　(4) ×　(5) √。

解析：

(1) 错误。立项管理的过程有项目建议、项目可行性分析、项目审批（论证与评估）、项目招投标和项目合同谈判与签订 5 个阶段。

(2) 正确。

(3) 错误。国有资金占控股或者主导地位的依法必须进行招标的项目，应当公开招标；但有下列情形之一的，可以邀请招标：①技术复杂、有特殊要求或者受自然环境限制，只有少量潜在投标人可供选择；②采用公开招标方式的费用占项目合同金额的比例过大。

(4) 错误。投标人少于 3 个的不得开标。招标人应当重新招标。

(5) 正确。

2019年系统集成项目管理工程师考试试题与解析

2019年上半年上午试题分析

● 在信息传输模型中，(1)属于译码器。
(1) A．压缩编码器　　B．量化器　　　C．解调器　　　D．TCP/IP 网络

自我测试
(1)_____（请填写你的答案）

【试题分析】

信息传输模型包括：信源、编码、信道、解码、信宿。噪声干扰信道。

(1) 信源：产生信息的实体，信息产生后，由这个实体向外传播。

(2) 信宿：信息的归宿或接收者。

(3) 信道：传送信息的通道，如 TCP/IP 网络。信道可以是抽象的信道，也可以是具有物理意义的实际传送通道。

(4) 编码器：在信息论中是泛指所有变换信号的设备，实际上就是终端机的发送部分。

(5) 译码器：是编码器的逆变换设备，把信道上传送的信号转换成信宿能接收的信号，可包括解调器、译码器、数模转换器等。

(6) 噪声：噪声可以理解为干扰，干扰可以来自信息系统分层结构的任何一层，当噪声携带的信息大到一定程度的时候，在信道中传输的信息可以被噪声淹没导致传输失败。

参考答案：参见第 399 页"2019 年上半年上午试题参考答案"。

● (2)不属于企业信息化应用系统。
(2) A．供应链管理（SCM）　　　　　B．企业资源规划（ERP）
　　C．客户关系管理（CRM）　　　　D．面向服务的架构（SOA）

自我测试
(2)_____（请填写你的答案）

【试题分析】

企业信息化是国民经济信息化的基础，涉及生产制造系统、ERP、CRM、SCM 等。

参考答案：参见第 399 页"2019 年上半年上午试题参考答案"。

● 关于信息资源描述，不正确的是(3)。
(3) A．信息资源的利用具有同质性，相同信息在不同用户中体现相同的价值
　　B．信息资源具有广泛性，人们对其检索和利用，不受时间、空间、语言、地域和行业的制约
　　C．信息资源具有流动性，通过信息网可以快速传输

D. 信息资源具有融合性特点，整合不同的信息资源，并分析和挖掘，可以得到比分散信息资源更高的价值

📝 自我测试
（3）____（请填写你的答案）

【试题分析】
信息资源与自然资源、物质资源相比，具有以下七个特点：
（1）能够重复使用，其价值在使用中得到体现。
（2）信息资源的利用具有很强的目标导向，相同的信息在不同的用户中体现不同的价值。
（3）信息资源具有广泛性，人们对其检索和利用，不受时间、空间、语言、地域和行业的制约。
（4）信息资源是社会公共财富，也是商品，可以被交易或者交换。
（5）信息资源具有流动性，通过信息网可以快速传输。
（6）信息资源具有多态性，可以数字、文字、图像、声音和视频等多种形态存在。
（7）信息资源具有融合性特点，整合不同的信息资源并分析、挖掘，可以得到新的知识，取得比分散信息资源更高的价值。

➤ 参考答案：参见第399页"2019年上半年上午试题参考答案"。

● 电子政务类型中，属于政府对公众的是（4）。
（4）A. G2B　　　　B. G2E　　　　C. G2G　　　　D. G2C

📝 自我测试
（4）____（请填写你的答案）

【试题分析】
电子政务主要包括如下四个方面。
（1）政府间的电子政务（G2G）。
（2）政府对企业的电子政务（G2B）。
（3）政府对公众的电子政务（G2C）。
（4）政府对公务员的电子政务（G2E）。

➤ 参考答案：参见第399页"2019年上半年上午试题参考答案"。

● 关于电子商务的描述，正确的是（5）。
（5）A. 团购网站、电话购物、网上书店属于现代电子商务概念
　　B. 某网站通过推广最新影讯信息及团购折扣活动促进影票销售，这种方式属于O2O模式
　　C. 某农产品在线交易网站，为某地区农产品公司和本地销售商提供线上交易和信息咨询等服务，这种方式属于C2C模式
　　D. 消费者之间通过个人二手物品在线交易平台进行交易，这种商务模式属于B2C模式

📝 自我测试
（5）____（请填写你的答案）

【试题分析】

按照交易对象，电子商务模式包括：企业与企业之间的电子商务（B2B）、企业与消费者之间的电子商务（B2C）、消费者与消费者之间的电子商务（C2C）。电子商务与线下实体店有机结合向消费者提供商品和服务，称为O2O模式。

A选项中所述不是现代电子商务概念，而是传统电子商务概念。

C选项中所述，是农产品公司（Business）与销售商（Business）之间的商务，所以是B2B模式。

D选项中所述，是消费者（Consumer）与消费者（Consumer）之间的商务，所以是C2C模式。

➤ 参考答案：参见第399页"2019年上半年上午试题参考答案"。

● 《中国制造2025》在战略任务和重点中提出"推进信息化与工业化深度融合"，其中(6)的工作内容包括在重点领域试点建设智能工厂/数字化车间，加快人机智能交互、工业机器人、智能物流管理等技术和装备在生产过程中的应用，促进制造工艺的仿真优化、数字化控制、状态信息实时监测和自适应控制。

(6) A．推进制造过程智能化
 B．建立完善智能制造和两化融合管理标准体系
 C．加强互联网基础设施建设
 D．深化互联网在制造领域的应用

📝 自我测试

（6）____（请填写你的答案）

【试题分析】

本题题干中的相关内容是推进制造过程智能化的工作内容。

➤ 参考答案：参见第399页"2019年上半年上午试题参考答案"。

● (7)不属于客户关系管理（CRM）系统的基本功能。
(7) A．自动化销售　　　　　B．自动化项目管理
 C．自动化市场营销　　　D．自动化客户服务

📝 自我测试

（7）____（请填写你的答案）

【试题分析】

客户关系管理的功能可以归纳为三个方面：市场营销中的客户关系管理、销售过程中的客户关系管理、客户服务过程中的客户关系管理，以下简称为市场营销、销售、客户服务。CRM的应用功能有自动化销售、自动化市场营销和自动化客户服务。

➤ 参考答案：参见第399页"2019年上半年上午试题参考答案"。

● 关于商业智能及其技术的描述，正确的是(8)。
(8) A．商业智能是数据仓库和OLTP技术的综合运用
 B．ETL仅支持单一平台的多数据格式处理

C. OLTP 支持复杂的分析操作，侧重决策支持
D. MOLAP 是产生多维数据报表的主要技术

📝 **自我测试**
（8）____（请填写你的答案）

【试题分析】

商业智能是数据仓库、OLAP（而非 OLTP）和数据挖掘等技术的综合运用。

ETL 支持多平台、多数据存储格式（多数据源、多格式数据文件、多维数据库等）的数据组织，要求能自动地根据描述或者规则进行数据查找和理解；减少海量、复杂数据与全局决策数据之间的差距，帮助形成支撑决策所要参考的内容。

联机事务处理（OLTP）侧重于对数据库进行增加、修改和删除等日常事务操作；在线事务处理（OLAP）侧重于针对宏观问题的全面分析数据，从而获得有价值的信息。

MOLAP 表示基于多维数据组织的 OLAP 实现，以多维数据组织方式为核心，即 MOLAP 使用多维数组存储数据。它是产生多维数据报表的主要技术。

➡ **参考答案**：参见第 399 页"2019 年上半年上午试题参考答案"。

● （9）向用户提供虚拟的操作系统、数据库管理系统等服务，满足用户个性化的应用部署需求。

（9）A. SaaS　　　　B. PaaS　　　　C. IaaS　　　　D. DaaS

📝 **自我测试**
（9）____（请填写你的答案）

【试题分析】

云计算服务按照提供的资源层次，可以分为 IaaS（基础设施即服务）、PaaS（平台即服务）、SaaS（软件即服务）三种服务类型（**详见 2020 年下半年上午试题分析第 21 题**）。

其中，PaaS 向用户提供虚拟的操作系统、数据库管理系统、Web 服务器等平台化的服务。

➡ **参考答案**：参见第 399 页"2019 年上半年上午试题参考答案"。

● 信息技术服务标准（ITSS）的 IT 服务生命周期模型中，（10）是在规划设计基础上，依据 ITSS 建立管理体系、提供服务解决方案。

（10）A. 服务战略　　B. 部署实施　　C. 服务运营　　D. 监督管理

📝 **自我测试**
（10）____（请填写你的答案）

【试题分析】

信息技术服务标准是一套成体系和综合配套的信息技术服务标准库，全面规范了 IT 服务产品及其组成要素，用于指导实施标准化和可信赖的 IT 服务。IT 服务生命周期由规划设计、部署实施、服务运营、持续改进和监督管理五个阶段组成（**详见 2021 年下半年上午试题分析第 10 题**）。

➡ **参考答案**：参见第 399 页"2019 年上半年上午试题参考答案"。

● 基于风险方法进行信息系统审计的步骤是（11）。

①决定哪些系统影响关键功能和资产
②评估哪些风险影响这些系统及对商业运作的冲击
③编制组织使用的信息系统清单并对其分类
④在评估的基础上对系统分级，决定审计优先值、资源、进度和频率
（11）A．①②③④　　B．①③②④　　C．③①④②　　D．③①②④

📝 自我测试
（11）____（请填写你的答案）

【试题分析】
基于风险方法进行审计的步骤分为如下四步。
（1）编制组织使用的信息系统清单并对其进行分类。
（2）决定哪些系统影响关键功能和资产。
（3）评估哪些风险影响这些系统及对商业运作的冲击。
（4）在上述评估的基础上对系统分级，决定审计优先值、资源、进度和频率。审计者可以制定年度审计计划，开列出一年之中要进行的审计项目。

简单来讲就是，编清单并分类，找出关键系统，评估该系统的风险，对风险分级。

➤ **参考答案**：参见第 399 页 "2019 年上半年上午试题参考答案"。

● 某业务系统在运行中因应用程序错误导致业务受影响，事后由维护工程师对该应用程序缺陷进行修复。该维护活动属于（12）。
（12）A．更正性维护　　B．适应性维护　　C．完善性维护　　D．预防性维护

📝 自我测试
（12）____（请填写你的答案）

【试题分析】
软件维护有如下类型：①更正性维护：更正交付后发现的错误；②适应性维护：使软件产品能够在变化后或变化中的环境中继续使用；③完善性维护：产品交付后改进其性能和可维护性；④预防性维护：在软件产品中的潜在错误成为实际错误前，检测并对其进行更正。

➤ **参考答案**：参见第 399 页 "2019 年上半年上午试题参考答案"。

● 系统方案设计包括总体设计与各部分的详细设计，（13）属于总体设计。
（13）A．数据库设计　　　　　　B．代码设计
　　　C．网络系统的方案设计　　D．处理过程设计

📝 自我测试
（13）____（请填写你的答案）

【试题分析】
系统方案设计包括总体设计和各部分的详细设计（物理设计）两个方面。
（1）系统总体设计：包括系统的总体架构方案设计、软件系统的总体架构设计、数据存储的总体设计、计算机和网络系统的方案设计等。
（2）系统详细设计：包括代码设计、数据库设计、人/机界面设计、处理过程设计等。

● 追踪工具、版本管理工具和发布工具属于（14）。
（14）A．软件需求工具　　　　　　B．软件测试工具
　　　C．软件配置工具　　　　　　D．软件构造工具

📝 自我测试
（14）____（请填写你的答案）

【试题分析】
软件配置管理工具包括追踪工具、版本管理工具和发布工具。

🔖 **参考答案**：参见第 399 页"2019 年上半年上午试题参考答案"。

● 关于面向对象概念的描述，正确的是（15）。
（15）A．对象包含两个基本要素，分别是对象状态和对象行为
　　　B．如果把对象比作房屋设计图纸，那么类就是实际的房子
　　　C．继承表示对象之间的层次关系
　　　D．多态在多个类中可以定义同一个操作或属性名，并在每个类中可以有不同的实现

📝 自我测试
（15）____（请填写你的答案）

【试题分析】
面向对象的基本概念包括对象、类、抽象、封装、继承、多态、接口、消息、组件、复用和模式等（**详见 2021 年上半年上午试题分析第 13 题**）。其中：

对象：由数据及其操作所构成的封装体，是系统中用来描述客观事物的一个模块，是构成系统的基本单位。对象包含三个基本要素，分别是对象标识、对象状态和对象行为。

类：现实世界中实体的形式化描述，类将该实体的属性（数据）和操作（函数）封装在一起。类和对象的关系可理解为：对象是类的实例，类是对象的模板。

继承：表示类之间的层次关系（父类与子类），而非对象之间的层次关系。这种关系使得某类对象可以继承另外一类对象的特征，继承又可分为单继承和多继承。

多态：使得在多个类中可以定义同一操作或属性名，并在每个类中可以有不同的实现。

🔖 **参考答案**：参见第 399 页"2019 年上半年上午试题参考答案"。

● 中间件有多种类型，IBM 的 MQSeries 属于（16）中间件。
（16）A．面向消息　　B．分布式对象　　C．数据库访问　　　D．事务

📝 自我测试
（16）____（请填写你的答案）

【试题分析】
通常将中间件分为数据库访问中间件、远程过程调用中间件、面向消息中间件、分布式对象中间件、事务中间件等。

（1）数据库访问中间件：通过一个抽象层访问数据库，从而允许使用相同或相似的代码

访问不同的数据库资源。典型技术如 Windows 平台的 ODBC 和 Java 平台的 JDBC 等。

（2）远程过程调用中间件（RPC）：是一种分布式应用程序的处理方法。一个应用程序可以使用 RPC 来"远程"执行一个位于不同地址空间内的过程，从效果上看和执行本地调用相同。

一个 RPC 应用分为服务器和客户两个部分。服务器提供一个或多个远程操作过程；客户向服务器发出远程调用。服务器和客户可以位于同一台计算机，也可以位于不同的计算机，甚至可以运行在不同的操作系统之上。客户和服务器之间的网络通信和数据转换通过代理程序（Stub 与 Skeleton）完成，从而屏蔽了不同的操作系统和网络协议。

（3）面向消息中间件：利用高效可靠的消息传递机制进行平台无关的数据传递，并可基于数据通信进行分布系统的集成。通过提供消息传递和消息队列模型，可在分布环境下扩展进程间的通信，并支持多种通信协议、语言、应用程序、硬件和软件平台，典型产品如 IBM 的 MQSeries。

（4）分布式对象中间件：是在对象之间建议客户/服务器关系的中间件，结合了对象技术与分布式计算技术。该技术提供了一个通信框架，可以在异构分布计算环境中透明传递对象请求。典型产品如 OMG 的 CORBA、SUN 的 RMI/FJB、Microsoft 的 DCOM 等。

（5）事务中间件（TPM）：也称事务处理监控器，提供支持大规模事务处理的可靠运行环境。TPM 位于客户和服务器之间，完成事务管理与协调、负载平衡、失效恢复等任务，以提高系统的整体性能。典型产品如 IBM/BEA 的 Tuxedo。结合对象技术的对象事务监控器如支持 EJB 的 JavaEE 应用服务器等。

➤ **参考答案**：参见第 399 页"2019 年上半年上午试题参考答案"。

● 关于数据库和数据仓库技术的描述，不正确的是（17）。
  （17）A．数据仓库是一个面向主题的、集成的、相对稳定的、反映历史变化的数据集合，用于支持管理决策
     B．企业数据仓库的建设是以现有企业业务系统和大量业务数据的积累为基础的，数据仓库一般不支持异构数据的集成
     C．大数据分析相比传统的数据仓库应用，其数据量更大，查询分析复杂，且在技术上须依托于分布式、云存储、虚拟化等技术
     D．数据仓库的结构通常包含数据源、数据集市、数据分析服务器和前端工具 4 个层次

📝 自我测试
（17）____（请填写你的答案）

【试题分析】
数据仓库是一个面向主题的、集成的、相对稳定的、反映历史变化的数据集合，用于支持管理决策（**详见 2021 年上半年上午试题分析第 15 题**）。

数据仓库是对多个异构数据源（包括历史数据）的有效集成，集成后按主题重组，且存放在数据仓库中的数据一般不再修改。

参考答案：参见第 399 页"2019 年上半年上午试题参考答案"。

- 关于无线通信网络的描述，不正确的是（18）。
  (18) A. 2G 应用于 GSM、CDMA 等数字手机
       B. 3G 主流制式包括 CDMA2000、WCDMA、TD-LTE 和 FDD-LTE
       C. 4G 是集 3G 与 WLAN 于一体，理论下载速率达到 100Mbit/s
       D. 正在研发的 5G，理论上可以 1Gbit/s 以上的速度传送数据

自我测试
（18）____（请填写你的答案）

【试题分析】

在无线通信领域，现在主流应用的是第四代（4G）通信技术。第一代（1G）应用于模拟制式手机，第二代（2G）应用于 GSM、CDMA 等数字手机。从第三代（3G）开始，对应的手机就能处理图像、音乐、视频流等多种媒体，提供包括网页浏览、电话会议、电子商务等多种信息服务。3G 的主流制式为 CDMA2000、WCDMA、TD-SCDMA，其理论下载速率可达到 2.6Mbit/s。4G 包括 TD-LTE 和 FDD-LTE 两种制式，是集 3G 与 WLAN 于一体，并能够快速传输数据、高质量、音频、视频和图像等，理论下载速率达到 100Mbit/s，比普通家用的 ADSL 快 25 倍，并且可以在 ADSL 和有线电视调制解调器没有覆盖的地方部署，能够满足几乎所有用户对于无线服务的要求。

参考答案：参见第 399 页"2019 年上半年上午试题参考答案"。

- 存储磁盘阵列按其连接方式的不同，可分为三类，即 DAS、NAS 和（19）。
  (19) A. LAN   B. WAN   C. SAN   D. RAID

自我测试
（19）____（请填写你的答案）

【试题分析】

网络存储结构大致分为三种：直连式存储（DAS）、网络存储设备（NAS）和存储网络（SAN）。

DAS：是将存储设备通过 SCSI 电缆直接连到服务器，其本身是硬件的堆叠，存储操作依赖于服务器，不带有任何存储操作系统。

NAS：存储设备通过网络接口与网络直接相连，由用户通过网络访问。它类似于一个专用的文件服务器，去掉了通用服务器的大多数计算功能，而仅仅提供文件系统功能，从而降低了设备的成本。NAS 技术支持多种 TCP/IP 网络协议，主要是 NFS 和 CIFS 来进行文件访问，所以 NAS 的性能特点是进行小文件级的共享存储。在具体使用时，NAS 设备通常配置为文件服务器，通过使用基于 Web 的管理界面来实现系统资源的配置、用户配置管理和用户访问登录等。NAS 存储支持即插即用。NAS 可以很经济地解决存储容量不足的问题，但难以获得满意的性能。

SAN：是通过专用交换机将磁盘阵列与服务器连接起来的高速专用子网。它没有采用文件共享存取方式，而是采用块级别存储。SAN 是通过专用高速网将一个或多个网络存储设备和服务器连接起来的专用存储系统，其最大特点是将存储设备从传统的以太网中分离出来，

成为独立的存储区域网络 SAN 的系统结构。根据数据传输过程采用的协议，其技术划分为 FC SAN、IP SAN 和 IB SAN 技术。这种方案的优点是有无限扩展能力，有更高的连接速度和处理能力，高传输性能使得它的适用性更广。缺点是产品成本太高；由于采用的不是传统的 IP 技术，维护成本也大大增加。

参考答案：参见第 399 页"2019 年上半年上午试题参考答案"。

- IP 地址是在 OSI 模型的（20）定义。
  （20）A．物理层　　　B．数据链路层　　C．网络层　　　　D．传输层

自我测试
（20）____（请填写你的答案）

【试题分析】
OSI 采用了分层的结构化技术，从下到上共分为七层，包括物理层、数据链路层、网络层、传输层、会话层、表示层、应用层（**详见 2021 年上半年上午试题分析第 17 题**）。

其中，网络层的主要功能是将网络地址（例如，IP 地址）翻译成对应的物理地址（例如，网卡地址），并决定如何将数据从发送方路由到接收方。在 TCP/IP 协议中，网络层的具体协议有 IP、ICMP、IGMP、IPX、ARP 等。

参考答案：参见第 399 页"2019 年上半年上午试题参考答案"。

- DDoS 拒绝服务攻击是以通过大量合法的请求占用大量网络资源，造成网络瘫痪。该网络攻击破坏了信息安全的（21）属性。
  （21）A．可控性　　　B．可用性　　　　C．完整性　　　　D．保密性

自我测试
（21）____（请填写你的答案）

【试题分析】
信息安全的基本要素主要包括机密性、完整性、可用性、可控性、可审查性（**详见 2021 年上半年上午试题分析第 20 题**）。

其中，可用性是指得到授权的实体在需要时可访问数据，即攻击者不能占用所有的资源而阻碍授权者的工作。

参考答案：参见第 399 页"2019 年上半年上午试题参考答案"。

- 关于大数据及应用的描述，不正确的是（22）。
  （22）A．Flume 属于 Apache 的顶级项目，它是一款高性能、高可用的分布式日志收集系统
  　　　B．MapReduce 模式的主要思想是自动将一个大的计算（如程序）拆解成 Map（映射）和 Reduce（归约）
  　　　C．Kafka 架构分为两层，即生产者（Producer）和消费者（Consumer），它们之间可以直接发送消息

D. 与 Hadoop 相比，Spark 的中间数据存放在内存中，对于迭代运算而言，效率更高

📝 **自我测试**
（22）____（请填写你的答案）

【试题分析】
Flume 最初由 Cloudera 开发，在 2011 年贡献给了 Apache 基金会，2012 年变成了 Apache 的顶级项目。Flume 是一个高可用、高可靠、分布式的海量日志采集、聚合和传输的系统，它支持在日志系统中定制各类数据发送方，用于收集数据。

MapReduce 是一种编程模型，用于大规模数据集（大于 1TB）的并行运算。Map（映射）和 Reduce（归约）的主要思想，都是从函数式编程语言里借来的，极大地方便了编程人员在不会分布式并行编程的情况下，将自己程序运行在分布式系统上，从而实现对 HDFS 和 HBase 上的海量数据分析。

Kafka 是一种高吞吐量的分布式发布订阅消息系统。Producer 负责发布消息到 Kafka broker；Consumer 是消息消费者，即从 Kafka broker 读取消息的客户端。可见，Producer 与 Consumer 间的消息发送是间接的。

Apache Spark 是专为大规模数据处理而设计的快速通用的计算引擎。Spark 是 UC Berkeley AMP Lab（加州大学伯克利分校的 AMP 实验室）所开发的类似 Hadoop MapReduce 的开源通用并行框架。Spark 拥有 Hadoop MapReduce 所具有的优点，但不同于 MapReduce 的是，其中间输出结果可以保存在内存中，从而不再需要读写 HDFS，因此 Spark 能更好地适用于数据挖掘与机器学习等需要迭代的 MapReduce 的算法。

🔖 **参考答案：** 参见第 399 页"2019 年上半年上午试题参考答案"。

● 云计算通过网络提供可动态伸缩的廉价计算能力，(23)不属于云计算的特点。
（23）A．虚拟化　　　B．高可扩展性　　C．按需服务　　　D．优化本地存储

📝 **自我测试**
（23）____（请填写你的答案）

【试题分析】
云计算通过网络提供可动态伸缩的廉价计算能力，其具有下列几大特点。

（1）超大规模：公有云一般拥有超过几十万台服务器，企业私有云一般也拥有数百上千台服务器。

（2）虚拟化：云计算支持用户在任意位置、使用各种终端获取应用服务。用户无须了解、也不用担心应用运行的具体位置。

（3）高可靠性：云使用了数据多副本容错、计算节点同构可互换等措施来保障服务的高可靠性，使用云计算比使用本地计算机更可靠。

（4）通用性：云计算不针对特定的应用，在云的支撑下可以构造出千变万化的应用，同一个云可以同时支撑不同的应用运行。

（5）高可扩展性：云的规模可以动态伸缩，满足应用和用户规模增长的需要。

（6）按需服务：云是一个庞大的资源池，用户按需购买，可以像水电气那样计费。

（7）极其廉价：由于其特殊的容错措施，可以采用极其廉价的节点来构成云，减少企业的数据中心管理成本，而且可以高效地利用资源，因此云计算有低成本的优势。

（8）潜在的危险性：云计算除提供计算服务外，还必然提供存储服务。但是云计算服务当前垄断在私人机构（企业）手中，而他们仅仅能够提供商业信用，所以在选择云计算服务时，务必考虑其潜在的危险性。

➡ **参考答案**：参见第 399 页"2019 年上半年上午试题参考答案"。

● RFID 射频技术多应用于物联网的（24）。
　　（24）A．感知层　　　B．网络层　　　C．应用层　　　D．传输层

📝 **自我测试**
　　（24）＿＿＿（请填写你的答案）

【试题分析】
物联网从架构上可以分为感知层、网络层和应用层（详见 **2021 年上半年上午试题分析第 23 题**）。

其中，感知层负责信息采集和物物之间的信息传输。信息采集的技术包括传感器、条码和二维码、RFID 射频技术、音视频等多媒体信息。信息传输的技术包括远近距离数据传输技术、自组织网络技术、协同信息处理技术、信息采集中间件技术等传感器网络。

➡ **参考答案**：参见第 399 页"2019 年上半年上午试题参考答案"。

● 关于移动互联网关键技术的描述，正确的是（25）。
　　（25）A．Web2.0 保留了 Web1.0 用户体验的低参与度、被动接受的特征
　　　　　B．HTML4 支持地理位置定位，更适合移动应用开发
　　　　　C．Android 是一种基于 Linux 的自由及开放源代码的操作系统，主要用于移动设备
　　　　　D．iOS 是一个开源操作系统，支持的应用开发语言包括 C、C#等

📝 **自我测试**
　　（25）＿＿＿（请填写你的答案）

【试题分析】
Web2.0 指的是一个利用 Web 的平台由用户主导生成内容的互联网产品模式，是第二代互联网（详见 **2021 年上半年上午试题分析第 22 题**）。

其中，在用户体验程度方面，Web2.0 具有高参与度、互动接受的特点。
HTML5 相对于 HTML4 新增了很多特性。
（1）支持 WebGL、拖曳、离线应用和桌面提醒，大大增强了浏览器的用户体验。
（2）支持地理位置定位，更适合移动应用的开发。
（3）支持浏览器页面端的本地存储与本地数据库，加快了页面的反应。
（4）使用语义化标签，标签结构更清晰，且利于 SEO。
（5）摆脱对 Flash 插件的依赖，使用浏览器的原生接口。
（6）使用 CSS3，减少页面对图片的使用。
（7）兼容手机、平板电脑等不同尺寸，不同浏览器的浏览。
Android：本义指"机器人"，是一种基于 Linux 的自由及开放源代码的操作系统，主要

用于移动设备。

iOS：是一个非开源的操作系统，其软件开发工具包本身是可以免费下载的，但为了发布软件，开发人员必须加入苹果开发者计划，并需要付款以获得苹果的批准。iOS 支持的语言是 Objective-C。

参考答案：参见第 399 页"2019 年上半年上午试题参考答案"。

● 2015 年，国务院发布了《关于积极推进"互联网＋"行动的指导意见》，其总体思路是顺应世界"互联网＋"发展趋势，充分发挥我国互联网的规模优势和应用优势，推动互联网由（26）拓展，加速提升产业发展水平，增强各行业创新能力，构筑经济社会发展新优势和新动能。

（26）A．实体经济向虚拟经济　　B．第二产业向第三产业
　　　C．线上领域向线下领域　　D．消费领域向生产领域

自我测试
（26）＿＿（请填写你的答案）

【试题分析】
国务院《关于积极推进"互联网＋"行动的指导意见》在其总体思路中指出，顺应世界"互联网＋"发展趋势，充分发挥我国互联网的规模优势和应用优势，推动互联网由消费领域向生产领域拓展，加速提升产业发展水平，增强各行业创新能力，构筑经济社会发展新优势和新动能。

参考答案：参见第 399 页"2019 年上半年上午试题参考答案"。

●（27）属于人工智能应用领域。
①自动驾驶　②智能搜索引擎　③人脸识别　④3D 打印
（27）A．①②④　　B．①③④　　C．②③④　　D．①②③

自我测试
（27）＿＿（请填写你的答案）

【试题分析】
3D 打印不属于人工智能。

参考答案：参见第 399 页"2019 年上半年上午试题参考答案"。

● 项目具有临时性、独特性与渐进明细的特点，其中临时性指（28）。
（28）A．项目的工期短
　　　B．每个项目都有明确的开始与结束时间
　　　C．项目的成果性目标是逐步完成的
　　　D．项目经理可以随时取消项目

自我测试
（28）＿＿（请填写你的答案）

【试题分析】
项目的三大特点包括：临时性、独特性、渐进明细（详见 **2021 年上半年上午试题分析**

第 24 题）。

(1) 临时性：临时性是指每一个项目都有一个明确的开始时间和结束时间。

(2) 独特性：独特性是指项目要提供某一独特产品，提供独特的服务或成果。

(3) 渐进明细：项目的成果性目标是逐步完成的。

参考答案：参见第 399 页 "2019 年上半年上午试题参考答案"。

● 在（29）组织结构中，项目拥有独立的项目团队，项目经理在调用与项目相关的资源时不需要向部门经理汇报。

(29) A．职能型　　　B．平衡矩阵型　　C．强矩阵型　　　D．项目型

自我测试

(29) ____ （请填写你的答案）

【试题分析】

根据项目经理的权力从小到大，可以将组织结构依次划分为职能型组织、弱矩阵型组织、平衡矩阵型组织、强矩阵型组织和项目型组织（**详见 2021 年上半年上午试题分析第 26 题**）。

在项目型组织中，一个组织被分为若干个项目经理部。一般项目团队成员直接隶属于某个项目而不是某个部门。绝大部分的组织资源直接配置到项目工作中，并且项目经理拥有相当大的独立性和权限。

参考答案：参见第 399 页 "2019 年上半年上午试题参考答案"。

● 公司计划开发一个新的信息系统，该系统需求不明确，事先不能定义需求，需要经过多期开发完成，该系统的生命周期模型应采用（30）。

(30) A．瀑布模型　　　　　　　　B．V 模型
　　　C．测试驱动方法　　　　　　D．迭代模型

自我测试

(30) ____ （请填写你的答案）

【试题分析】

典型的信息系统项目生命周期模型及特点如下。

(1) 瀑布模型：瀑布模型是一个特别经典的周期模型，一般情况下分为计划、需求分析、设计、编码、测试、运行维护等阶段。瀑布模型的各个阶段间具有顺序性及依赖性。每个周期中的交互点都是一个里程碑，上一个周期的结束需要输出本次活动的工作结果，本次活动的工作结果将会作为下一个周期的输入。瀑布模型适用于项目需求明确、项目团队充分了解拟交付的产品、有厚实的行业实践基础，或者整批一次性交付产品有利于干系人的项目。

(2) 迭代模型：迭代模型摒弃了传统的需求分析、设计、编码、测试的流程，将整个生命周期变成若干个冲刺（Sprint）阶段，每一个阶段都由以上若干或者全部传统的流程组成，在每一个阶段中，都包含初始、细化、构建和交付四个阶段。迭代模型适用于需求不明确、开发周期较长的项目。组织需要管理不断变化的目标和范围，降低项目的复杂性。产品的部分交付有利于一个或多个干系人，且不会影响最终的或整批的可交付成果的交付。

(3) V 模型：V 模型从整体上看起来是一个 V 字形的对称结构，由左右两边组成。左边

的下画线分别代表了需求分析、概要设计、详细设计与编码，右边的上画线代表了单元测试、集成测试、系统测试与验收测试。V 模型的价值在于它非常明确地表明了测试过程中存在的不同级别，并且清楚地描述了这些测试阶段和开发各阶段的对应关系。V 模型仅仅把测试过程作为在需求分析、系统设计及编码之后的一个阶段，忽视了测试对需求分析及系统设计的验证，需求的满足情况一直到验收测试时才可被验证。

V 模型如下图所示。

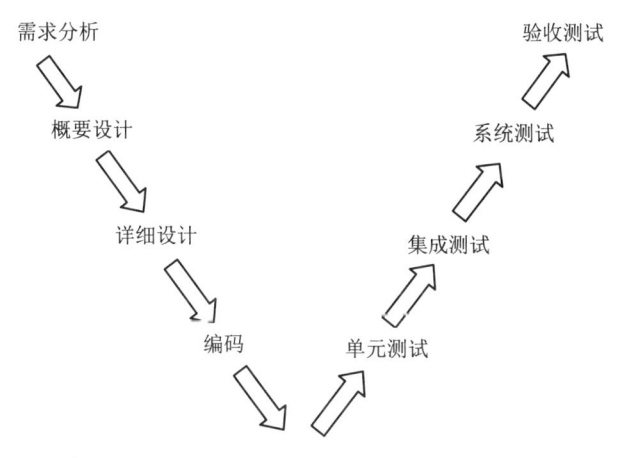

（4）螺旋模型：螺旋模型尤其重视风险分析阶段，特别适用于庞大并且复杂、高风险的项目。通常螺旋模型由制定计划、风险分析、实施工程和客户评估四个阶段组成。在螺旋模型中，发布的第一个模型可能是没有任何产出的，甚至可能仅仅是纸上谈兵的一个目标，但是随着一次次的交付，每一个版本都会朝着固定的目标迈进，最终得到一个更加完善的版本。螺旋模型强调风险分析，特别适用于庞大而复杂的、高风险的系统。

（5）原型化模型：原型化模型首先创建一个快速原型，能够满足项目干系人与未来用户先用原型进行交互，再通过与相关干系人进行充分讨论和分析，最终弄清楚当前系统的需求。进行充分了解之后，在原型的基础上开发用户满意的产品。

参考答案：参见第 399 页"2019 年上半年上午试题参考答案"。

● 项目管理过程中，（31）不完全属于监控过程组。
（31）A．范围确认、监督和控制项目工作、整体变更控制
B．进度控制、控制沟通、风险监督与控制
C．成本控制、质量控制、范围控制
D．管理项目团队、范围控制、控制干系人参与

自我测试
（31）＿＿＿（请填写你的答案）

【试题分析】
管理项目团队是执行过程组，所以 D 选项不全是监控过程组。

参考答案：参见第 399 页"2019 年上半年上午试题参考答案"。

● 关于项目建议书的描述，不正确的是（32）。

(32) A．项目建议书可作为可行性研究的依据
　　　B．系统集成类项目建议书的内容可进行扩充和裁剪
　　　C．项目建议书是建设单位向上级主管部门提交的文件
　　　D．系统集成项目必须提供项目建议书

📝 自我测试
（32）＿＿＿（请填写你的答案）

【试题分析】
项目建设单位可以规定对于规模较小的系统集成项目省略项目建议书环节，而将其与项目可行性分析阶段进行合并。

➤ **参考答案**：参见第 399 页"2019 年上半年上午试题参考答案"。

● 项目可行性研究的内容中，(33)主要从资源配置的角度衡量项目的价值，评估项目在实现经济发展目标、有效配置经济资源、增加供给、创造就业、改善环境、提高人民生活等方面的效益。
　　（33）A．投资必要性　　B．技术可行性　　C．经济可行性　　D．组织可行性

📝 自我测试
（33）＿＿＿（请填写你的答案）

【试题分析】
项目建议书通过批复后或者项目建议与项目可行性阶段进行合并后，项目建设单位应该开展项目可行性研究方面的工作。项目可行性研究一般应包括如下内容：投资必要性、技术可行性、财务可行性、组织可行性、经济可行性、社会可行性、风险因素及对策（**详见 2021 年上半年上午试题分析第 29 题**）。

经济可行性主要是从资源配置的角度衡量项目的价值，评价项目在实现区域经济发展目标、有效配置经济资源、增加供给、创造就业、改善环境、提高人民生活等方面的效益。

➤ **参考答案**：参见第 399 页"2019 年上半年上午试题参考答案"。

● 关于项目可行性研究的描述中，不正确的是(34)。
　　（34）A．初步可行性研究可以形成初步可行性报告
　　　　　B．项目初步可行性研究与详细可行性研究的内容大致相同
　　　　　C．小项目一般只做详细可行性研究，初步可行性研究可以省略
　　　　　D．初步可行性研究的方法有投资估算法、增量效益法等

📝 自我测试
（34）＿＿＿（请填写你的答案）

【试题分析】
投资估算法、增量效益法是详细可行性研究的方法。

➤ **参考答案**：参见第 399 页"2019 年上半年上午试题参考答案"。

● 依据《中华人民共和国招标投标法》，不正确的是(35)。
　　（35）A．投标人少于 3 个的，不得开标

B．招标人和中标人应当在中标通知发出之日起 30 日内订立书面合同

C．招标人不可以自行选择招标代理机构

D．中标通知书对招标人和中标人具有法律效力

📝 **自我测试**

（35）____（请填写你的答案）

【试题分析】

《中华人民共和国招标投标法》第十二条规定，招标人有权自行选择招标代理机构，委托其办理招标事宜。招标人具有编制招标文件和组织评标能力的，可以自行办理招标事宜。

➤ **参考答案**：参见第 399 页 "2019 年上半年上午试题参考答案"。

● 系统集成供应商在进行项目内部立项时的工作不包括（36）。

（36）A．项目资源估算　　　　　　B．任命项目经理

C．组建项目 CCB　　　　　　D．准备项目任命书

📝 **自我测试**

（36）____（请填写你的答案）

【试题分析】

系统集成供应商在进行项目内部立项时，一般包括的内容有项目资源估算、项目资源分配、准备项目任命书和任命项目经理等。

➤ **参考答案**：参见第 399 页 "2019 年上半年上午试题参考答案"。

● 整合者是项目经理承担的重要角色之一，作为整合者，不正确的是（37）。

（37）A．整合者从技术角度审核项目

B．通过与项目干系人主动、全面地沟通，了解他们对项目的需求

C．在相互竞争的干系人之间寻找平衡点

D．通过协调工作，达到项目需求间平衡，实现整合

📝 **自我测试**

（37）____（请填写你的答案）

【试题分析】

整合者是项目经理承担的重要角色之一，其要通过沟通来协调，通过协调来整合。作为整合者，项目经理必须：

（1）通过与项目干系人主动、全面地进行沟通，来了解他们对项目的需求。

（2）在相互竞争的众多干系人之间寻找平衡点。

（3）通过认真、细致的协调工作，来达到各种需求间的平衡，实现整合。

➤ **参考答案**：参见第 399 页 "2019 年上半年上午试题参考答案"。

● 项目章程内容不包括（38）。

（38）A．任命项目经理　　　　　　B．组建项目团队

C．项目总体要求　　　　　　D．项目总体预算

📝 自我测试

（38）____（请填写你的答案）

【试题分析】

项目章程是一份正式批准项目并授权项目经理在项目活动中使用组织资源的文件（**详见 2021 年上半年上午试题分析第 34 题**）。项目章程的主要内容包括：

（1）概括性的项目描述和项目产品描述。

（2）项目目的或批准项目的理由。

（3）项目的总体要求，包括项目的总体范围和总体质量要求。

（4）可测量的项目目标和相关的成功标准。

（5）项目的主要风险。

（6）总体里程碑进度计划。

（7）总体预算。

（8）项目的审批要求。

（9）委派项目经理及其职责和职权。

（10）发起人或其他批准项目章程人员的姓名和职权。

★ **参考答案**：参见第 399 页"2019 年上半年上午试题参考答案"。

● 项目管理计划的内容不包括（39）。

（39）A．范围管理计划与项目范围说明书

　　　B．干系人管理计划与沟通管理计划

　　　C．进度管理计划与进度基准

　　　D．成本管理计划与成本绩效

📝 自我测试

（39）____（请填写你的答案）

【试题分析】

项目管理计划合并和整合了其他规划过程所产生的所有子管理计划和基准。

子管理计划包括：变更管理、沟通管理、配置管理、成本管理、人力资源管理、过程改进、采购管理、质量管理、需求管理、风险管理、进度管理、范围管理、干系人管理计划。

基准包括：成本基准、范围基准、进度基准。

由上可见，成本绩效是不包括在项目管理计划中的。

★ **参考答案**：参见第 399 页"2019 年上半年上午试题参考答案"。

● 指导与管理项目工作过程的输出不包括（40）。

（40）A．工作绩效数据　　　　　　B．批准的变更请求

　　　C．项目管理计划更新　　　　D．项目文件更新

📝 自我测试

（40）____（请填写你的答案）

【试题分析】

指导与管理项目工作过程的输出包括：

（1）可交付成果。

（2）工作绩效数据。

（3）变更请求。

（4）项目管理计划更新。

（5）项目文件更新。

批准的变更请求在项目整体管理中是实施整体变更过程的输出。

➤ **参考答案**：参见第399页"2019年上半年上午试题参考答案"。

● 项目执行过程中，客户要求对项目范围进行修改，项目经理首先应该（41）。

（41）A．向CCB提交正式的变更请求

B．通知客户在项目进展过程中不可以进行范围修改

C．重写项目计划添加新的需求并实施

D．听取高级管理层关于预算和资源计划的建议

📝 自我测试

（41）____（请填写你的答案）

【试题分析】

根据变更控制流程，首先提交变更申请。

➤ **参考答案**：参见第399页"2019年上半年上午试题参考答案"。

● 整体变更控制的工具技术不包括（42）。

（42）A．专家判断　　B．实验设计　　C．会议　　　　D．配置管理工具

📝 自我测试

（42）____（请填写你的答案）

【试题分析】

整体变更控制的工具有专家判断、会议和变更控制工具（包含配置管理工具），实验设计是规划质量管理的工具技术。

➤ **参考答案**：参见第399页"2019年上半年上午试题参考答案"。

● （43）不属于项目范围说明书的内容。

（43）A．项目的可交付成果　　　　B．项目的假设条件

C．干系人清单　　　　　　　D．验收标准

📝 自我测试

（43）____（请填写你的答案）

【试题分析】

项目范围说明书描述要做和不要做的工作的详细程度，决定着项目管理团队控制整个项目范围的有效程度。项目范围说明书包括如下内容（**详见2021年下半年上午试题分析第39题**）。

（1）项目目标。

（2）产品范围描述。

（3）项目需求。

（4）项目边界。

（5）项目可交付成果。

（6）项目制约因素。

（7）假设条件。

干系人清单属于干系人登记册的内容。

参考答案：参见第 399 页"2019 年上半年上午试题参考答案"。

● （44）是在确认范围中使用的工具。

（44）A．群体决策　　B．网络图　　C．控制图表　　D．关键路径法

自我测试

（44）____（请填写你的答案）

【试题分析】

确认范围使用的工具有检查、群体决策技术。

参考答案：参见第 399 页"2019 年上半年上午试题参考答案"。

● 关于范围控制的描述不正确的是（45）。

（45）A．范围控制是监督项目和产品的状态，管理范围基准变更的过程

　　　B．必须以书面的形式记录各种变更

　　　C．每次需求变更经过需求评审后都要重新确定新的基准

　　　D．项目成员可以提出范围变化的要求，并经客户批准后实施

自我测试

（45）____（请填写你的答案）

【试题分析】

范围控制是监督项目和产品的范围状态、管理范围基准变更的过程，其主要作用是在整个项目期间保持对范围基准的维护。对项目范围进行控制，就必须确保所有被请求的变更、推荐的纠正措施或预防措施按照项目整体变更控制处理，并在范围变更实际发生时进行管理。范围控制过程应该与其他控制过程协调开展。未经控制的产品或项目范围的扩大（未对时间、成本和资源做相应调整）被称为范围蔓延。变更不可避免，因此在每个项目上，都必须以书面的形式记录并实施某种形式的变更控制管理。需求基线定义了项目的范围。随着项目的进展，用户的需求可能会发生变化，从而导致需求基线变化及项目范围的变化。每次需求变更并经过需求评审后，都要重新确定新的需求基线。

客户批准是变更的必要条件，但并非充分条件。

参考答案：参见第 399 页"2019 年上半年上午试题参考答案"。

● 前导图法可以描述四种关键活动类型的依赖关系，对于接班同事 A 到岗，交班同事 B 才可以下班的交接班过程，可以用（46）描述。

（46）A．S-F　　　　B．F-F　　　　C．S-S　　　　D．F-S

📝 自我测试

（46）____（请填写你的答案）

【试题分析】

前导图法包括活动之间存在的四种类型的依赖关系。

（1）结束—开始的关系（F-S 型）：前序活动结束后，后续活动才能开始。例如，只有比赛（紧前活动）结束，颁奖典礼（紧后活动）才能开始。

（2）结束—结束的关系（F-F 型）：前序活动结束后，后续活动才能结束。例如，只有完成文件的编写（紧前活动），才能完成文件的编辑（紧后活动）。

（3）开始—开始的关系（S-S 型）：前序活动开始后，后续活动才能开始。例如，开始地基浇灌（紧前活动）之后，才能开始混凝土的找平（紧后活动）。

（4）开始—结束的关系（S-F 型）：前序活动开始后，后续活动才能结束。例如，只有第二位保安人员开始值班（紧前活动），第一位保安人员才能结束值班（紧后活动）。

✦ 参考答案：参见第 399 页"2019 年上半年上午试题参考答案"。

● 下图为某规划的进度网络图（单位：周），在实际实施过程中活动 B-E 比计划延迟了 2 周，活动 J-K 比计划提前了 3 周，则该关键路径是（47），总工期是（48）。

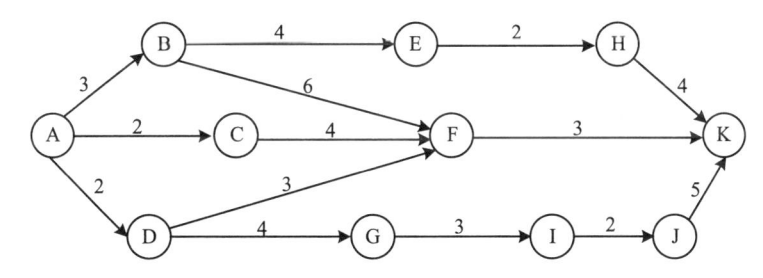

(47) A. A-D-G-I-J-K　　B. A-B-F-K　　C. A-B-E-H-K　　D. A-D-F-K
(48) A. 15　　　　　　　B. 14　　　　　C. 13　　　　　　D. 12

📝 自我测试

（47）____（请填写你的答案）
（48）____（请填写你的答案）

【试题分析】

根据网络图，结合题干中给出的条件：在实际实施过程中活动 B-E 比计划延迟了 2 周，活动 J-K 比计划提前了 3 周，得到下图：

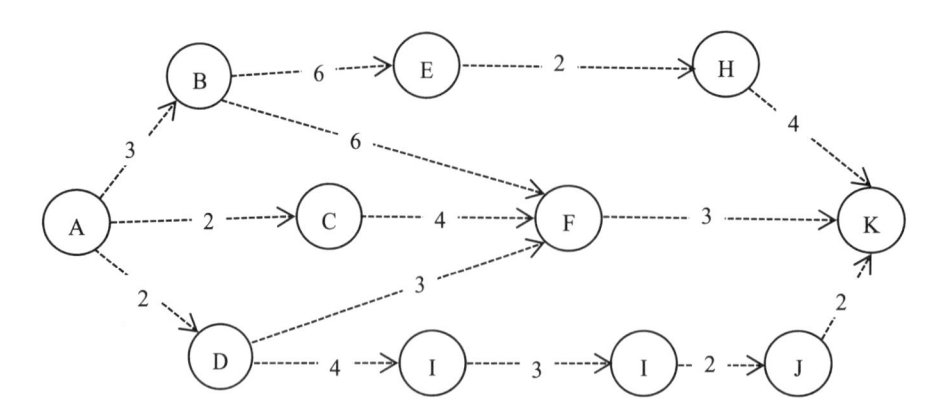

```
       B ----6----> E ----2----> H
      ↗ ↘                          ↘
     3   6                          4
    ↗     ↘                          ↘
   A ---2--> C ----4----> F ----3----> K
    ↘              ↗   ↘            ↗
     2           3      \         2
      ↘         ↗        ↘       ↗
       D ---4--> I ---3--> I ---2--> J
```

修正后的 A-B-E-H-K 线路最长，工期是 15 周，因此本项目的关键路径为 A-B-E-H-K，总工期是 15 周。

🔖 **参考答案**：参见第 399 页 "2019 年上半年上午试题参考答案"。

● 某大型项目原计划于 6 个月后交付，目前由于设备故障、人员流失和客户审核缓慢，导致项目实际进展比计划延迟了 1 个月，作为项目经理首先应该做的是（49）。

（49）A．对关键路径活动进行分析，评估是否可以进行赶工
　　　B．重新设立进度基线，并对新的进度基线进行评审
　　　C．记录进展缓慢的相关问题，并报告管理层
　　　D．与客户沟通项目延期的可能性

📝 **自我测试**
（49）＿＿＿（请填写你的答案）

【试题分析】
对于工期有延迟的项目，首先考虑的是能不能通过赶工来纠正，而不是变更。

🔖 **参考答案**：参见第 399 页 "2019 年上半年上午试题参考答案"。

● 关于成本类型的描述，不正确的是（50）。
（50）A．项目团队差旅费、工资、税金、物料及设备使用费为直接成本
　　　B．随着生产量、工作量或时间而变的成本称为可变成本
　　　C．利用一定时间或资源生产一种商品时，便失去了使用这些资源生产其他最佳替代品的机会，称为机会成本
　　　D．沉没成本是一种历史成本，对现有决策而言是不可控成本

📝 **自我测试**
（50）＿＿＿（请填写你的答案）

【试题分析】
成本主要包括可变成本、固定成本、直接成本、间接成本、机会成本、沉没成本几种类型（**详见 2021 年下半年上午试题分析第 47 题**）。

其中，直接成本是指直接可以归属于项目工作的成本为直接成本，如项目团队的差旅费、工资、项目使用的物料及设备使用费等。直接成本中不包含税金。

参考答案：参见第399页"2019年上半年上午试题参考答案"。

● 某公司组织专家对项目成本进行评估，得到如下结论：最可能成本为10万元，最乐观成本为8万元、最悲观成本为12万元。采用"三点估算法"该项目成本为（51）万元。

（51）A．9　　　　　B．10　　　　　C．11　　　　　D．12

自我测试

（51）____（请填写你的答案）

【试题分析】

使用三点估算法公式：（最乐观＋4×最可能＋最悲观）/6＝（8＋4×10＋12）/6＝10（万元）

参考答案：参见第399页"2019年上半年上午试题参考答案"。

● 关于进度偏差、成本偏差的描述，不正确的是（52）。

（52）A．项目延期完工时，进度偏差和成本偏差均为0
　　　B．成本偏差和进度偏差均为负值说明项目成本超支，进度落后
　　　C．当进度偏差大于0时说明进度超前
　　　D．当成本偏差大于0时说明成本节省

自我测试

（52）____（请填写你的答案）

【试题分析】

本题考核的知识点是挣值管理的相关概念及挣值计算（**详见2021年上半年下午试题分析与解答试题二**）。

进度偏差（SV），指在某个给定的时点，项目提前或落后的进度。

计算公式：SV＝EV－PV。当SV＞0，进度超前；SV＜0，进度滞后。

成本偏差（CV），是在某个给定时点的预算亏空或盈余量。

计算公式：CV＝EV－AC。当CV＞0，成本节约；CV＜0，成本超支。

项目延期完工，进度偏差小于零，进度落后。

参考答案：参见第399页"2019年上半年上午试题参考答案"。

● 关于责任分配矩阵（RAM）的描述，不正确的是（53）。

（53）A．大型项目中，RAM可分为多个层
　　　B．针对具体的一项活动可分配多个成员，每个成员承担不同的职责
　　　C．RAM中用不同的字母表示不同的职责
　　　D．RAM中每项活动中可以有一个以上成员对任务负责

自我测试

（53）____（请填写你的答案）

【试题分析】

无论采用何种形式，都要确保每一个工作包只有一个明确的责任人，而且每一个项目团队成员都非常清楚自己的角色和职责。

参考答案：参见第 399 页"2019 年上半年上午试题参考答案"。

- （54）属于人力资源管理 Y 理论中的观点。
    （54）A．一般人天性好逸恶劳，只要有可能就会逃避工作
        B．在适当的条件下，人们愿意主动承担责任
        C．人缺乏进取心，逃避职责，甘愿听从指挥，安于现状，没有创新性
        D．人生来就以自我为中心，漠视组织的要求

自我测试
（54）____（请填写你的答案）

【试题分析】
（1）X 理论的主要观点如下：
①人天性好逸恶劳，只要有可能就会逃避工作。
②人生来就以自我为中心，漠视组织的要求。
③人缺乏进取心，逃避责任，甘愿听从指挥，安于现状，没有创造性。
④人通常容易受骗，易受人煽动。
⑤人天生反对改革。
⑥人的工作动机就是为了获得经济报酬。
（2）Y 理论的主要观点如下：
①人天生并不是好逸恶劳，他们热爱工作，从工作中得到满足感和成就感。
②外来的控制和处罚对人实现组织的目标不是一个有效的办法，下属能够自我确定目标、自我指挥和自我控制。
③在适当的条件下，人愿意主动承担责任。
④大多数人具有一定的想象力和创造力。
⑤在现代社会中，人的智慧和潜能只是部分地得到发挥，如果给予机会，人喜欢工作，并渴望发挥其才能。

参考答案：参见第 399 页"2019 年上半年上午试题参考答案"。

- 项目团队中原来有 5 名成员，后来又有 4 人加入项目。与之前相比项目成员之间沟通渠道增加（55）条。
    （55）A．26　　　　B．10　　　　C．20　　　　D．36

自我测试
（55）____（请填写你的答案）

【试题分析】
原有沟通渠道 $5 \times (5-1)/2 = 10$（条）
增加成员后沟通渠道变为 $9 \times (9-1)/2 = 36$（条）
项目成员之间沟通渠道的增加＝增加成员后沟通渠道－原有沟通渠道＝36－10＝26（条）

参考答案：参见第 399 页"2019 年上半年上午试题参考答案"。

● 识别项目干系人的活动按时间先后排序，正确的是（56）。
①对干系人分类　　　　　　　　②识别干系人及其信息
③制定干系人管理计划　　　　　④评估关键干系人的诉求和影响力
　（56）A．④③②①　　B．②④①③　　C．①②③④　　D．②①④③

📝 自我测试
　（56）____（请填写你的答案）

【试题分析】
识别干系人的一般顺序如下：
（1）识别全部潜在项目干系人及其相关信息。
（2）识别每个干系人可能产生的影响或提供的支持，并把他们分类，以便制定管理策略。
（3）评估关键干系人对不同情况可能做出的反应或应对，以便策划如何对他们施加影响，提高他们对项目的支持和减轻他们的潜在负面影响。
（4）编制干系统人管理计划。

➤ **参考答案**：参见第399页"2019年上半年上午试题参考答案"。

● （57）的项目不适合使用总价合同。
　（57）A．工程量不大且能精确计算　　B．技术不复杂
　　　　C．项目内容未确定　　　　　　D．风险较小

📝 自我测试
　（57）____（请填写你的答案）

【试题分析】
按项目付款方式,可把合同分为总价合同、成本补偿合同和工料合同三种类型（**详见2021年上半年上午试题分析第58题**）。

总价合同又称为固定价格合同，是指在合同中确定一个完成项目的总价，承包人据此完成项目全部合同内容的合同。总价合同适用于工程量不大且能精确计算、工期较短、技术不复杂、风险不大的项目。

成本补偿合同是发包人向承包人支付为完成工作而发生的全部合法实际成本（可报销成本），并且按照事先约定的某种方式外加一笔费用作为卖方的利润。成本补偿合同适用于以下项目：①需要立即开展工作的项目；②对项目内容及技术经济指标未明确的项目；③风险大的项目。

➤ **参考答案**：参见第399页"2019年上半年上午试题参考答案"。

● 合同变更一般包括以下活动：
①变更实施　②变更请求审查　③变更批准　④变更提出
上述活动正确的排列顺序是（58）。
　（58）A．①②③④　　B．④②③①　　C．④①③②　　D．④③①②

📝 自我测试
　（58）____（请填写你的答案）

【试题分析】

按照合同签约各方的约定，合同变更控制系统的一般处理程序包括以下几个方面。

（1）变更的提出：合同签约各方都可以向监理单位（或变更控制委员会）提出书面的合同变更请求。

（2）变更请求的审查：合同签约各方提出的合同变更要求和建议，必须首先交由监理单位（或变更控制委员会）审查后，提出合同变更请求的审查意见，并报业主。

（3）变更的批准：监理单位（或变更控制委员会）批准或拒绝变更。

（4）变更的实施：在组织业主与承包人就合同变更及其他有关问题协商达成一致意见后，由监理单位（或变更控制委员会）正式下达合同变更指令，承包人组织实施。

参考答案：参见第399页"2019年上半年上午试题参考答案"。

- 关于"自制/外购"分析的描述，不正确的是（59）。

  （59）A．有能力自行研制某种产品的情况下，也有可能需要外部采购

  　　　B．决定外购后，需要进一步分析是购买还是租借

  　　　C．总价合同对进行"自制/外购"分析过程没有影响

  　　　D．任何预算限制都有可能影响"自制/外购"分析

自我测试

（59）____（请填写你的答案）

【试题分析】

任何预算限制都有可能是影响"自制/外购"决定的因素。"自制/外购"分析应该考虑所有相关成本，无论是直接成本还是间接成本。

在进行"自制/外购"过程中也要确定合同的类型，以决定买卖双方如何分担风险。而双方各自承担风险的程度，则取决于具体的合同条款。

参考答案：参见第399页"2019年上半年上午试题参考答案"。

- （60）不属于控制采购过程的工具与技术。

  （60）A．工作绩效信息　　　　　　B．合同变更控制系统

  　　　C．采购绩效审计　　　　　　D．检查与审计

自我测试

（60）____（请填写你的答案）

【试题分析】

控制采购过程的工具与技术包括：合同变更控制系统、检查与审计、采购绩效审计、报告绩效、支付系统、索赔管理和记录管理系统。

参考答案：参见第399页"2019年上半年上午试题参考答案"。

- 在审查项目需求规格说明书时，发现该文档图表编号混乱，应建立（61）解决上述问题。
  ①文档管理制度　②文档书写规范　③图表编号规则　④文档加密

  （61）A．①②④　　B．②③④　　C．①②③　　D．①③④

📝 自我测试
（61）____（请填写你的答案）

【试题分析】
信息系统文档的规范化管理主要体现在文档书写规范、图表编号规则、文档目录编写标准和文档管理制度等方面。

（1）文档书写规范：管理信息系统的文档资料涉及文本、图形和表格等多种类型，无论哪种类型的文档都应该遵循统一的书写规范，包括符号的使用、图标的含义、程序中注释行的使用、注明文档书写人及书写日期等。例如，在程序的开始要用统一的格式包含程序名称、程序功能、调用和被调用的程序、程序设计人等信息。

（2）图表编号规则：在管理信息系统的开发过程中会用到很多的图表，对这些图表进行有规则的编号，可以方便图表的查找。图表的编号一般采用分类结构。根据生命周期法的五个阶段，可以给出如下图所示的分类编号规则。根据该规则，就可以通过图表编号判断该图表处于系统开发周期的哪一个阶段，属于哪一个文档，文档中的哪一部分内容及第几张图表。

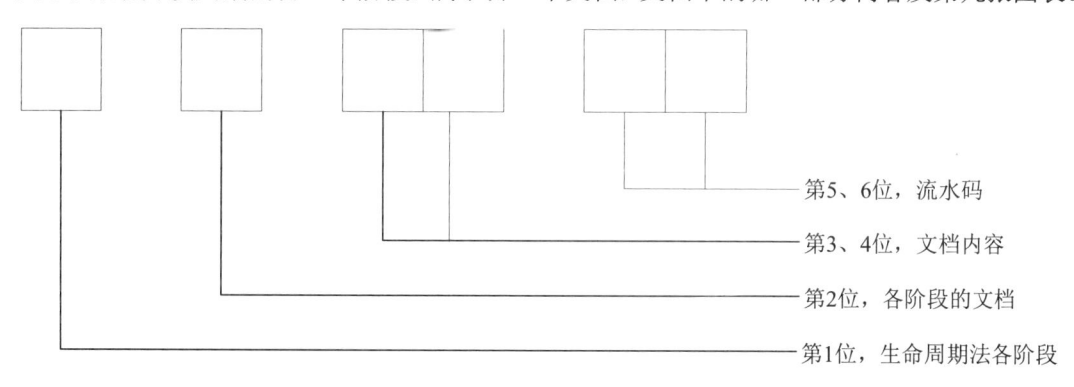

——第5、6位，流水码
——第3、4位，文档内容
——第2位，各阶段的文档
——第1位，生命周期法各阶段

（3）文档目录编写标准：为了存档及未来使用的方便，应该编写文档目录。在管理信息系统的文档目录中应包含文档编号、文档名称、格式或载体、份数、每份页数或件数、存储地点、存档时间、保管人等。文档编号一般为分类结构，可以采用同图表编号类似的编号规则。文档名称要完整规范。格式或载体指的是原始单据或报表、磁盘文件、磁盘文件打印件、大型图表、重要文件原件、光盘存档等。

（4）文档管理制度：为了更好地进行信息系统文档的管理，应该建立相应的文档管理制度。文档管理制度需根据组织实体的具体情况而定，主要包括建立文档的相关规范、文档借阅记录的登记制度、文档使用权限控制规则等。建立文档的相关规范是指文档书写规范、图表编号规则和文档目录编写标准等。文档的借阅应该进行详细的记录，并且需要考虑借阅人是否有使用权限。在文档中存在商业秘密或技术秘密的情况下，还应注意保密。特别要注意的是，项目干系人签字确认后的文档要与相关联的电子文档一一对应。这些电子文档还应设置为只读。

✒ 参考答案：参见第399页"2019年上半年上午试题参考答案"。

● 研发人员应将正在研发调试的模块、文档和数据元素存入（62）。
（62）A．开发库　　　　B．产品库　　　　C．受控库　　　　D．基线库

📝 自我测试

（62）＿＿＿（请填写你的答案）

【试题分析】

配置库可以分为开发库、受控库、产品库三种类型。

（1）开发库，也称为动态库、程序员库或工作库，用于保存开发人员当前正在开发的配置实体，如新模块、文档、数据元素或进行修改的已有元素。动态库中的配置项被置于版本管理之下。动态库是开发人员的个人工作区，由开发人员自行控制。库中的信息可能有较为频繁的修改，只要开发库的使用者认为有必要，无须对其进行配置控制，因为这通常不会影响到项目的其他部分。

（2）受控库，也称为主库，包含当前的基线加上对基线的变更。受控库中的配置项被置于完全的配置管理之下。在信息系统开发的某个阶段工作结束时，将当前的工作产品存入受控库。

（3）产品库，也称为静态库、发行库、软件仓库，包含已发布使用的各种基线的存档，被置于完全的配置管理之下。开发的信息系统产品在完成系统测试之后作为最终产品存入产品库内，等待交付用户或现场安装。

➤ 参考答案：参见第 399 页 "2019 年上半年上午试题参考答案"。

● 质量管理通过质量体系中的质量规划、质量保证、质量控制和（63）实现。
（63）A．质量分析　　B．质量改进　　C．质量检验　　D．质量度量

📝 自我测试

（63）＿＿＿（请填写你的答案）

【试题分析】

质量管理是指确定质量方针、目标和职责，并通过质量体系中的质量规划、质量保证、质量控制和质量改进来使其实现所有管理职能的全部活动。

➤ 参考答案：参见第 399 页 "2019 年上半年上午试题参考答案"。

● 质量管理工具或技术中，（64）用图形方式显示变更的推力和阻力。
（64）A．头脑风暴　　B．实验设计　　C．力场分析　　D．名义小组技术

📝 自我测试

（64）＿＿＿（请填写你的答案）

【试题分析】

力场分析是显示变更的推力和阻力的图形。

➤ 参考答案：参见第 399 页 "2019 年上半年上午试题参考答案"。

● 关于质量管理七种工具的描述，不正确的是（65）。
（65）A．帕累托图用于识别造成大多数问题的少数重要原因
　　　B．控制图展示了项目进展信息，用于判断某一过程是否失控
　　　C．直方图用于描述集中趋势、分散程度和统计分布，反映了时间对分布内的变化的影响

D．过程决策程序图用于理解一个目标与达成此目标的步骤之间的关系

📝 自我测试

（65）____（请填写你的答案）

【试题分析】

帕累托图（也叫排列图）：是一种特殊的垂直条形图，用于识别造成大多数问题的少数重要原因。在帕累托图中，通常按类别排列条形，以测量频率或后果。

控制图：用来确定一个过程是否稳定，或者是否具有可预测的绩效。控制图可用于监测各种类型的输出变量。控制图常用来跟踪批量生产中的重复性活动，也可用来监测成本与进度偏差、产量、范围变更频率或其他管理工作成果，以便帮助确定项目管理过程是否受控。

直方图：是一种特殊形式的条形图，用于描述集中趋势、分散程度和统计分布形状。与控制图不同，直方图不考虑时间对变化的影响。

过程决策程序图（PDPC）：用于理解一个目标与达成此目标的步骤之间的关系。PDPC有助于制定应急计划，因为它能帮助团队预测那些可能破坏目标实现的中间环节。

➤ **参考答案**：参见第399页"2019年上半年上午试题参考答案"。

● （66）不属于项目风险的特性。

（66）A．可变性　　　B．必然性　　　C．相对性　　　D．不确定性

📝 自我测试

（66）____（请填写你的答案）

【试题分析】

项目风险具有以下几大特性。

（1）客观性：风险是一种不以人的意志为转移，独立于人的意识之外的客观存在。因为无论是自然界的物质运动，还是社会发展的规律，都由事物的内部因素所决定，由超过人们主观意识所存在的客观规律所决定。

（2）偶然性：由于信息的不对称，未来风险事件发生与否难以预测。

（3）相对性：风险性质会因时空各种因素变化而有所变化。

（4）社会性：风险的后果与人类社会的相关性决定了风险的社会性，即风险具有社会影响力。

（5）不确定性：发生时间的不确定性。

客观性与必然性并非同一个意思，因此，B选项不属于项目风险的特性。

➤ **参考答案**：参见第399页"2019年上半年上午试题参考答案"。

● （67）从项目的优势、劣势、机会和威胁角度，对项目风险进行分析与管理。

（67）A．头脑风暴法　　B．假设分析　　C．影响图　　D．SWOT分析

📝 自我测试

（67）____（请填写你的答案）

【试题分析】

SWOT 分析技术从项目的每个优势、劣势、机会和威胁出发，对项目进行考察，把产生于内部的风险都包括在内，从而更全面地考虑风险。首先，从项目、组织或一般业务范围的角度识别组织的优势和劣势。然后，通过 SWOT 分析再识别出由组织优势带来的各种项目机会，以及由组织劣势引发的各种威胁。

➡ **参考答案**：参见第 399 页 "2019 年上半年上午试题参考答案"。

● 风险应对策略中，（68）可用于应对积极风险。

（68）A．规避　　　　B．转移　　　　C．减轻　　　　D．分享

📝 自我测试

（68）____（请填写你的答案）

【试题分析】

消极风险或威胁的应对策略有规避、转移、减轻和接受（**详见 2021 年下半年上午试题分析第 67 题**）。

其中，接受策略既可用来应对消极风险或威胁，也可用来应对积极风险或机会。接受机会是指当机会发生时乐于利用，但不主动追求机会。

➡ **参考答案**：参见第 399 页 "2019 年上半年上午试题参考答案"。

● 应用系统运行中涉及的安全和保密层次包括系统级安全、资源访问安全、功能性安全和数据域安全，其中粒度最小的层次是（69）。

（69）A．系统级安全　　B．资源访问安全　　C．功能性安全　　D．数据域安全

📝 自我测试

（69）____（请填写你的答案）

【试题分析】

应用系统运行中涉及的安全和保密层次包括系统级安全、资源访问安全、功能性安全和数据域安全。这四个层次按粒度从大到小的排序是：系统级安全、资源访问安全、功能性安全、数据域安全。

➡ **参考答案**：参见第 399 页 "2019 年上半年上午试题参考答案"。

● 关于信息系统岗位人员安全管理的描述，不正确的是（70）。

（70）A．业务应用操作人员不能是系统管理员

　　　B．业务开发人员不能兼任系统管理员

　　　C．系统管理员可以兼任数据库管理员

　　　D．关键岗位人员处理重要事务或操作时，应保持二人同时在场

📝 自我测试

（70）____（请填写你的答案）

【试题分析】

对信息系统岗位人员的管理，应根据其关键程度建立相应的管理要求。

（1）对安全管理员、系统管理员、数据库管理员、网络管理员、重要业务开发人员、系

统维护人员和重要业务应用操作人员等信息系统关键岗位人员进行统一管理；允许一人多岗，但业务应用操作人员不能由其他关键岗位人员兼任；关键岗位人员应定期接受安全培训，加强安全意识和风险防范意识。

（2）兼职和轮岗要求：业务开发人员和系统维护人员不能兼任或担负安全管理员、系统管理员、数据库管理员、网络管理员和重要业务应用操作人员等岗位或工作；必要时关键岗位人员应采取定期轮岗制度。

（3）权限分散要求：在上述基础上，应坚持关键岗位"权限分散、不得交叉覆盖"的原则，系统管理员、数据库管理员、网络管理员不能相互兼任岗位或工作。

（4）多人共管要求：在上述基础上，关键岗位人员处理重要事务或操作时，应保持二人同时在场，关键事务应多人共管。

（5）全面控制要求：在上述基础上，应采取对内部人员全面控制的安全保证措施，对所有岗位工作人员实施全面安全管理。

参考答案：参见第399页"2019年上半年上午试题参考答案"。

● Big data can be described by four characteristics: Volume, Variety, Velocity and Veracity. (71) refers to the quantity of generated and stored data.

　　(71) A. Volume　　　B. Variety　　　C. Velocity　　　D. Veracity

自我测试

（71）____（请填写你的答案）

【试题分析】

翻译：大数据可以用四个特征来描述：大量、多样、高速和真实性。（71）指生成和存储的数据量。

　　(71) A. 大量　　　B. 多样　　　C. 高速　　　D. 真实性

参考答案：参见第399页"2019年上半年上午试题参考答案"。

● (72) is the extension of internet connectivity into physical devices and everyday objects. Embedded with electronics, internet connectivity, and other forms of hardware (such as sensors), these devices can communicate and interact with others over the Internet, and they can be remotely monitored and controlled.

　　(72) A. Cloud Computing　　　　B. Internet of Things
　　　　　C. Block Chain　　　　　　D. Artificial Intelligence

自我测试

（72）____（请填写你的答案）

【试题分析】

翻译：（72）是将互联网连接扩展到物理设备和日常事务中，这些设备嵌入电子设备、互联网连接设备和其他形式的硬件中（如传感器），可以通过互联网与其他设备通信和交互，并且可以实现远程监控和控制。

　　(72) A. 云计算　　　B. 物联网　　　C. 区块链　　　D. 人工智能

参考答案：参见第 399 页 "2019 年上半年上午试题参考答案"。

● (73) is a process of developing a document that formally authorizes the existence of a project and provides the project manager with the authority to apply organizational resources to project activities.

  (73) A．Develop Project Charter   B．Manage Project Knowledge
    C．Monitor and Control Project work   D．Close Project

自我测试

  (73) ____ （请填写你的答案）

【试题分析】

翻译：(73) 是一个制定正式文件的过程，授权项目的存在，为项目经理提供使用组织资源的权限。

  (73) A．制定项目章程   B．管理项目知识
    C．监督和控制项目工作   D．结束项目

参考答案：参见第 399 页 "2019 年上半年上午试题参考答案"。

● (74) is a process of developing a detailed description of the project and product.

  (74) A．Collect requirements   B．Define scope
    C．Validate scope   D．Control range

自我测试

  (74) ____ （请填写你的答案）

【试题分析】

翻译：(74) 是一个详细描述项目和产品的过程。

  (74) A．收集需求   B．定义范围   C．验证范围   D．控制范围

参考答案：参见第 399 页 "2019 年上半年上午试题参考答案"。

● (75) is a process of monitoring the status of the project to update the project costs and manage changes to the cost baseline.

  (75) A．Plan Cost Management   B．Estimate Costs
    C．Determine Budget   D．Control Costs

自我测试

  (75) ____ （请填写你的答案）

【试题分析】

翻译：(75) 是一个监控项目状态的过程，目的是更新项目成本并且对成本基准的变化进行管理。

  (75) A．规划成本管理   B．估算成本   C．制定预算   D．控制成本

参考答案：参见第 399 页 "2019 年上半年上午试题参考答案"。

2019年上半年下午试题分析与解答

试题一

阅读下列说明,回答问题1至问题4,将解答填入答题纸的对应栏内。

【说明】

某公司开发一个新闻客户端后台大数据平台,该平台可以实现基于用户行为、社交关系、内容、标准、热度、地理位置的内容推荐。公司指派张工负责项目的质量管理,由于刚开始从事质量管理工作,张工进行充分的学习、并梳理了如下内容:

1. 质量规划的目的是确定项目应当采取哪些质量标准,以及如何达到这些标准,进行质量管理规划。

2. 质量与等级类似,质量优于等级,项目中应重点关注质量。可以不必考虑等级问题。

3. 质量规划阶段需要考虑质量成本的因素,质量成本是项目总成本的一个组成部分,因此张工建立了如下表格,以区分一致性成本和非一致性成本。

一致性成本	非一致性成本
1. 预防成本	5. 保修
2. 评价成本	6. 破坏性测试导致的损失
3. 项目内部发现的内部失败成本	7. 客服发现的外部失败成本
4. 培训	8. 检查

【问题1】

在本案例中,张工完成质量管理规划后,应该输出哪些内容?

🔖 **参考答案**

质量管理计划、过程改进计划、质量测量指标、质量核对单、项目文件更新。

解析:

本题考核的知识点是规划质量管理的输出。

规划质量管理的输出有:质量管理计划、过程改进计划、质量测量指标、质量核对单、项目文件更新。

【问题2】

结合案例,请指出张工对质量与等级的看法是否正确?请简述你对质量与等级的认识。

🔖 **参考答案**

张工对质量与等级的看法是不正确的。质量作为实现的性能或成果,是一系列特性满足要求的程度。等级作为设计用途，是对用途相同但技术特性不同的可交付成果的级别分类。

解析：

本题考核的知识点是质量和等级的定义。

在质量管理中，质量和等级是两个不同的概念，它们都很重要。

质量作为实现的性能或成果，是一系列内在特性满足要求的程度。等级作为设计意图，是对用途相同但技术特性不同的可交付成果的级别分类。例如：

（1）一个低等级（功能有限）、高质量（无明显缺陷，用户手册易读）的软件产品，该产品适合一般使用，可以被认可。

（2）一个高等级（功能繁多）、低质量（有许多缺陷，用户手册杂乱无章）的软件产品，该产品的功能会因质量低劣而无效和/或低效，不会被使用者接受。

【问题 3】

请对张工设计的成本分类表格的内容进行判断（正确打√，错误打×）。

参考答案

1. √　2. √　3. ×　4. √　5. √　6. ×　7. √　8. ×

解析：本题考核的知识点是质量成本法。

质量成本是指在产品生命周期中发生的所有成本，包括为预防不符合要求、为评价产品或服务是否符合要求，以及因未达到要求而发生的所有成本（**详见 2021 年上半年上午试题分析第 63 题**）。

其中，内部失败成本属于非一致性成本；破坏性测试导致的损失、检查是评价成本，属于一致性成本。

【问题 4】

①（　　）是将实际或计划的项目实践与可比项目实践进行对照，以便识别最佳实践，形成改进意见，并为绩效考核提供依据。

A．实验设计　　B．标杆对照　　C．头脑风暴　　D．统计抽样

②戴明提出了持续改进的观点，在休哈特之后系统和科学地提出用（　　）的方法进行质量和生产力的持续改进。

A．零缺陷　　B．六西格玛　　C．精益　　D．统计

③实施质量保证的方法有很多，（　　）属于实施质量保证的常用方法。

A．过程分析　　B．实验设计　　C．帕累托图　　D．质量成本

④七种工具包括因果图、流程图、检查表、帕累托图、直方图、控制图和（　　）。

A．运行图　　B．统计图　　C．散点图　　D．鱼骨图

参考答案

① B；② D；③ A；④ C。

解析：

本题考核的知识点是质量管理中的相关概念。

（1）标杆对照是将实际或计划的项目实践与可比项目的实践进行对照，以便识别最佳实

践，形成改进意见，并为绩效考核提供依据。

（2）20世纪50年代，戴明提出了持续改进的观点，在休哈特之后系统和科学地提出用统计的方法进行质量和生产力的持续改进。

（3）实施质量保证的方法有：质量管理与控制工具、质量审计和过程分析。

（4）七种工具包括因果图、流程图、检查表、帕累托图、直方图、控制图和散点图。

试题二

阅读下列说明，回答问题1至问题3，将解答填入答题纸的对应栏内。

【说明】

项目经理根据甲方要求评估了项目的工期和成本。项目进行到20天的时候，项目经理对项目开展情况进行了评估，得到了活动实际花费成本（如下图），此时A、B、C、D、F已经完工，E仅完成了1/2，G仅完成了2/3，H尚未开工。

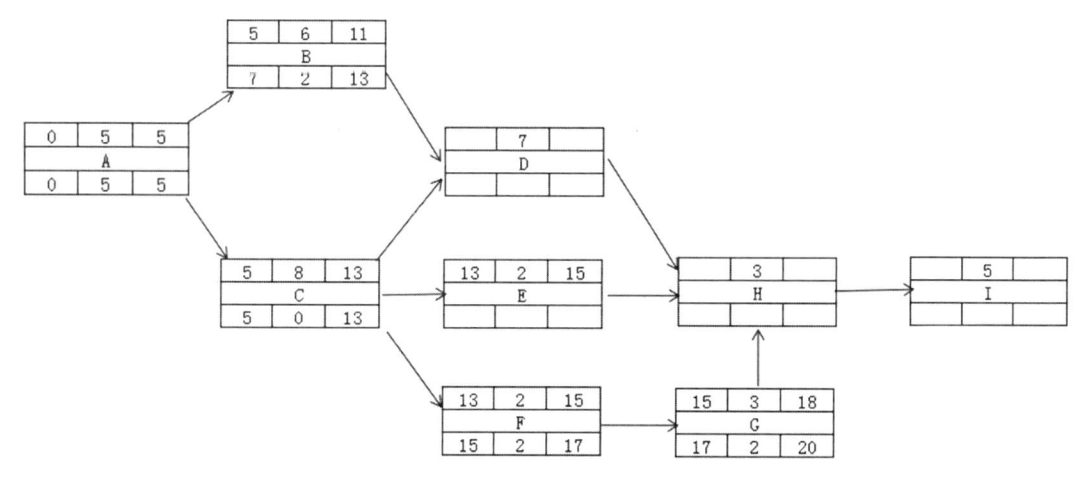

工作代号	紧前工作	估计工期（天）	赶工一天增加的成本（元）	计划成本（万元）	实际成本（万元）
A	无	5	2100	5	3
B	A	6	1000	4	7
C	A	8	2000	7	5
D	C、B	7	1800	8	3
E	C	2	1000	2	3
F	C	2	1200	1	1
G	F	3	1300	3	1
H	D、E、G	3	1600	4	0
I	H	5	1500	5	0

【问题1】

基于以上案例，项目经理得到了代号网络图，请将上图补充完整。

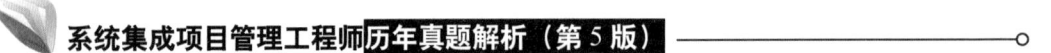

参考答案

网络网见下图。

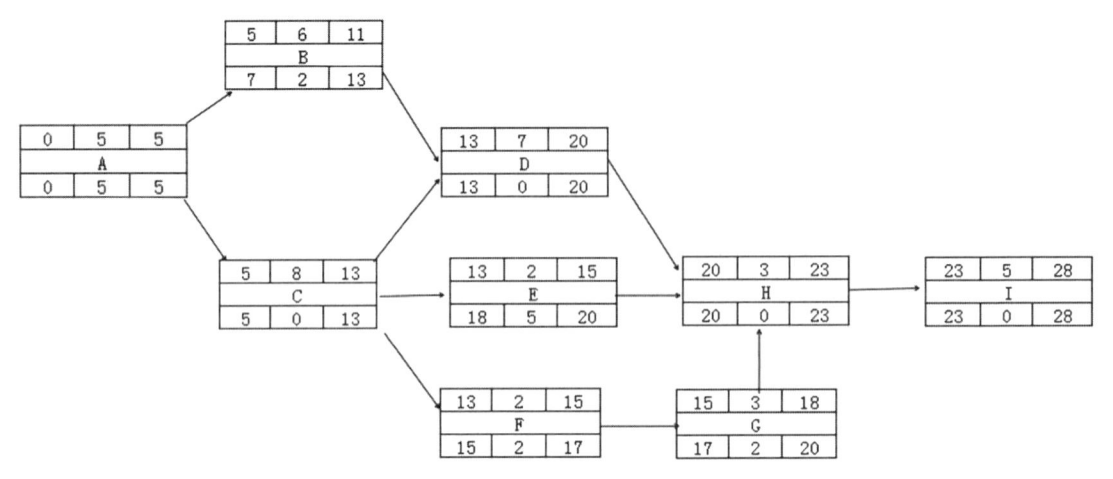

	5	6	11	
		B		
	7	2	13	

0	5	5
	A	
0	5	5

13	7	20
	D	
13	0	20

5	8	13
	C	
5	0	13

13	2	15
	E	
18	5	20

20	3	23
	H	
20	0	23

23	5	28
	I	
23	0	28

13	2	15
	F	
15	2	17

15	3	18
	G	
17	2	20

解析：

本题考核网络图的最早开始、最早结束、最迟开始、最迟结束的算法。

根据正推法和逆推法，算出 D、E、H、I 的最早开始、最早结束、最迟开始、最迟结束，填入空格。

根据正推取大原则，将 13 填入 D、E 的最早开始，并分别计算出 D、E 的最早结束 13＋7＝20，13＋2＝15；将 D、E 最早结束取大 20，填入 H 的最早开始，并计算出 H 的最早结束 20＋3＝23；将 23 填入 I 的最早开始，并计算出 I 的最早结束 23＋5＝28。

逆推，将 I 的最早结束 28 作为工期，填入最迟结束，算出最迟开始，28－5＝23；将 23 填入 H 的最迟结束，并算出最迟开始 23－3＝20；将 20 填入 D、E 的最迟结束，并分别算出最迟开始 20－7＝13 和 20－2＝18。

【问题 2】

基于补充后的网络图：

（1）请推出项目的工期、关键路径和活动 E 的总时差。

（2）项目经理现在想通过赶工的方式提前一天完成项目，应该压缩哪个活动最合适？为什么？

参考答案

（1）工期 28 天；关键路径为 A-C-D-H-I；E 的总时差＝20－15＝5（天）。

（2）压缩 I，因为 I 是关键工作，且赶工成本最低。

解析：

（1）本题考核的知识点是关键路径法和总时差。

①关键路径法是借助网络图和各活动所需时间（估计值），计算每一项活动的最早或最迟开始和结束时间。关键路径法的关键是计算总时差，这样可决定哪一活动有最小时间弹性。CPM 算法的核心思想是将工作分解结构（WBS）分解的活动按逻辑关系加以整合，统筹计算出整个项目的工期和关键路径。进度网络图中可能有多条关键路径。关键路径是项目中时

间最长的活动顺序，决定着可能的项目最短工期。

②总浮动时间（TF），又称作总时差，是在不延误项目完工时间且不违反进度制约因素的前提下，活动可以从最早开始时间推迟或拖延的时间量，就是该活动的进度灵活性。其计算方法为：本活动的最迟完成时间减去本活动的最早完成时间，或本活动的最迟开始时间减去本活动的最早开始时间。正常情况下，关键活动的总浮动时间为零。计算公式如下：

TF＝LS－ES＝LF－EF

（2）本题考核的知识点是进度压缩。

提前一天完成项目，非关键路径上的活动有总浮动时间，关键路径上的活动总浮动时间是零，因此只能赶工关键路径上的活动工期才能提前一天。题目问压缩哪个活动最合适，关键路径上I的赶工成本最低，因此选择赶工I一天。

【问题3】

请计算项目当前的PV、EV、AC、CV、SV，并评价项目进度和成本绩效。

🔖 参考答案

PV＝30万元；EV＝28万元；AC＝23万元。SV＝28－30＝－2（万元）；SV<0，进度滞后。CV＝28－23＝5（万元）；CV>0，成本节约。

解析：

本题考核的知识点是挣值管理的相关概念及挣值计算（**详见2021年上半年下午试题分析与解答试题二**）。

（1）计划值（PV），又叫计划工作量的预算成本。

计算公式：PV＝计划工作量×计划单价

（2）挣值（EV），又叫已完成工作量的预算成本。

计算公式：EV＝已完成工作量×计划单价

（3）实际成本（AC），又叫已完成工作量的实际成本。

计算公式：AC＝已完成工作量×实际单价

（4）进度偏差（SV），指在某个给定的时点，项目提前或落后的进度。

计算公式：SV＝EV－PV。当SV>0，进度超前；SV<0，进度滞后。

（5）成本偏差（CV），是在某个给定时点的预算亏空或盈余量。

计算公式：CV＝EV－AC。当CV>0，成本节约；CV<0，成本超支。

（6）进度绩效指数（SPI），反映了项目团队利用时间的效率。

计算公式：SPI＝EV/PV。当SPI>1，进度超前；SPI<1，进度滞后。

（7）成本绩效指数（CPI），测量预算资源的成本效率。

计算公式：CPI＝EV/AC。当CPI>1，成本节约；CPI<1，成本超支。

因此按照网络图：

（1）计算PV，项目到20天的时候，A、B、C、D、E、F、G工作应该全部完成，所以PV＝A（计划成本）＋B（计划成本）＋C（计划成本）＋D（计划成本）＋E（计划成本）＋F（计划成本）＋G（计划成本）＝5＋4＋7＋8＋2＋1＋3＝30（万元）

（2）计算EV，项目进行到20天的时候，此时A、B、C、D、F已经完工，E仅完成了

1/2，G 仅完成了 2/3，H 尚未开工，所以

EV＝A（计划成本）＋B（计划成本）＋C（计划成本）＋D（计划成本）＋1/2×E（计划成本）＋F（计划成本）＋2/3×G（计划成本）＝5＋4＋7＋8＋2×1/2＋1＋3×2/3＝28（万元）

（3）计算 AC，根据题干中的表，把 A、B、C、D、E、F、G 的实际成本相加，所以

AC＝A（实际成本）＋B（实际成本）＋C（实际成本）＋D（实际成本）＋E（实际成本）＋F（实际成本）＋G（实际成本）＝3＋7＋5＋3＋3＋1＋1＝23（万元）

（4）计算 SV 和 CV，所以：

SV＝EV－PV＝28－30＝－2（万元）；SV<0，进度滞后。

CV＝EV－AC＝28－23＝5（万元）；CV>0，成本节约。

试题三

阅读下列说明，回答问题 1 至问题 3，将解答填入答题纸的对应栏内。

【说明】

A 公司中标工期为 10 个月的某政府（甲方）系统集成项目，需要采购一批液晶显示屏，考虑到项目成本，项目经理小张在竞标的几个供应商里选择了报价最低的 B 公司，并约定交货周期为 5 个月，B 公司提出预付全部货款才能按时支付，小张同意了对方的要求。项目启动后，前期工作进展顺利，临近交货日期，B 公司提出，因为最近公司订单太多，只能按时支付 80% 的货物，经过几次催促，B 公司才答应按时全部交货，产品进入现场后，甲方反馈液晶显示屏有大量残次品，小张与 B 公司交涉多次，相关问题都没有得到解决，甲方很不满意。

【问题 1】

按项目管理过程，请将下面（1）～（4）处的各答案填写在答题纸的对应框内。

采购管理过程包括：（1）、（2）、（3）和（4）。

> 参考答案

（1）编制采购管理计划。

（2）实施采购。

（3）控制采购。

（4）结束采购。

解析：

本题考核的知识点是采购管理的过程。

采购管理的过程包括编制采购管理计划、实施采购、控制采购和结束采购。

【问题 2】

结合案例简要说明小张在采购过程中存在的问题。

> 参考答案

采购过程中存在的问题有：

（1）没有编制采购管理计划。

（2）没有明确采购需求。

（3）价格不应该是选择供应商的唯一要素。

（4）不能由项目经理决定预付全款。
（5）不能按时交货时没有采取控制措施。
（6）采购中没有进行验货。
（7）没有执行有效的合同索赔方式。

解析：

本题考核的知识点是采购管理的过程内容和作用。

采购管理是为完成项目工作，从项目团队外部购买或获取所需的产品、服务或成果的过程。它不仅包括合同管理和变更控制过程，也要执行合同中约定的项目团队应承担的合同义务。采购管理包括以下几个过程。

（1）编制采购管理计划：决定采购什么，何时采购，如何采购；还要记录项目对于产品、服务或成果的需求，并且寻找潜在的供应商。

（2）实施采购：从潜在的供应商处获得适当的信息、报价、投标书或建议书；选择供方，审核所有建议书或报价，在潜在的供应商中选择，并与选中者谈判最终合同。

（3）控制采购：管理合同和买卖双方之间的关系，监控合同的执行情况；审核并记录供应商的绩效以采取必要的纠正措施，并作为将来选择供应商的参考；管理与合同相关的变更。

（4）结束采购：完结单次项目采购的过程。

根据采购管理包含的四个过程的内容和作用去回答，不符合的就是存在问题的地方。

【问题3】

简要叙述选择供应商时需要考虑的因素。

★ 参考答案

（1）价格；（2）质量；（3）服务；（4）位置；（5）供应商的存货政策；（6）柔性。

解析：

本题考核的知识点是供应商选择的条件。

在选择供应商时，企业考虑的主要因素有：价格、质量、服务、位置、供应商的存货政策和柔性。选择供应商的三大主要因素包括：供应商的产品价格、质量和服务。

试题四

阅读下列说明，回答问题1至问题3，将解答填入答题纸的对应栏内。

【说明】

A公司中标某客户业务系统的运行维护服务项目，服务期从2018年1月1日至2018年12月31日。在服务合同中，A公司向客户承诺该系统全年的非计划中断时间不超过20小时。

1月初，项目经理小贾组织项目相关人员召开项目风险管理会议，从人员、资源、技术、管理、客户、设备厂商等多方面对项目风险进行了识别，并制定了包含50多条风险的《风险清单》。小贾按照风险造成的负面影响程度从高到低对这些风险进行了优先级排序。在讨论风险应对措施时，工程师小王建议：针对来自项目团队内部的风险，可以制定应对措施；针对来自外部（如客户、设备厂商）的风险，由于超出团队成员的控制范围，不用制定应对措施。小贾接受了建议，针对《风险清单》中的内部风险制定了应对措施，并将措施的实施责任落实到人，要求所有的应对措施在 3 月底前实施完毕。

3 月底，小贾通过电话会议的方式了解风险应对措施的执行情况，相关负责人均表示应对措施都已实施完成。小贾对大家的工作表示感谢，将《风险清单》中的所有风险进行了关闭，并宣布风险管理工作结束。

5 月初，客户想用国外某厂商研发的新型网络设备替换原有的国产网络设备，并征询小贾的建议。小贾认为新产品一般会采用最先进的技术，设备的稳定性和性能相比原来设备应该会有较大提升，强烈建议客户尽快替换。

6 月，由于产品 Bug，以及与主机、存储设备兼容性问题，新上线网络设备接连发生了 5 次故障。每次发生故障时，小贾第一时间安排人员维修，但故障复杂，加上工程师对新设备操作不熟练，每次维修花费时间较长。5 次维修造成的系统中断时间超过了 20 小时，客户对此非常不满意。

【问题 1】
结合以上案例，请指出 A 公司在项目风险管理中存在的问题。

参考答案

A 公司在项目风险管理中存在以下几方面的问题。
（1）在对风险进行排序时，没有考虑风险概率。
（2）小贾按照风险造成的负面影响程度从高到低对这些风险进行了优先级排序，没有考虑概率。
（3）只针对部分风险制定了应对措施。
（4）小贾没有针对来自外部（如客户、设备厂商）的风险制定应对措施。
（5）没有对风险应对措施的执行结果进行验证（只电话了解，没有验证执行结果）。
（6）没有对风险进行全项目过程持续监控。
（7）当更换新的网络设备时，没有重新进行风险识别。

解析：

本题考核的知识点是风险管理的过程。

风险管理包括项目风险管理规划、风险识别、定性风险分析、定量风险分析、风险应对规划和风险监控等过程。其中多数过程在整个项目期间都需要更新。项目风险管理的目标在于增加积极事件的概率和影响，降低项目消极事件的概率和影响。

风险管理有以下六个过程。
（1）风险管理规划：决定如何进行规划和实施项目风险管理活动。
（2）风险识别：判断哪些风险会影响项目，并以书面形式记录其特点。
（3）定性风险分析：对风险概率和影响进行评估和汇总，进而对风险进行排序，以便随后进一步分析或行动。
（4）定量风险分析：就识别的风险对项目总体目标的影响进行定量分析。
（5）风险应对规划：针对项目目标制定提高机会、降低威胁的方案和行动。
（6）风险监控：在整个项目生命周期中，跟踪已识别的风险、监测残余风险、识别新风险和实施风险应对计划，并对其有效性进行评估。

根据风险管理包含的六个过程的内容和作用去回答，不符合的就是存在问题的地方。

【问题2】
如果你是该项目的项目经理，针对新设备上线的风险，你有什么应对措施？

🔖 参考答案

针对新设备上线的风险，可以采取以下应对措施。

（1）先将新设备在实验环境进行测试，确保兼容性、确定性等没有问题的时候再进行新设备上线。

（2）安排人员通过培训或自学等方式掌握该产品的维护技能。

解析：

本题考核的知识点是风险应对措施。

（1）针对产品Bug，以及与主机、存储设备兼容性问题，新上线网络设备接连发生了5次故障这个问题，可以采取先将新设备在实验环境进行测试，确保兼容性、确定性等没有问题的时候在进行新设备上线。

（2）针对每次发生故障时，小贾第一时间安排人员维修，但故障复杂，加上工程师对新设备操作不熟练，每次维修花费时间较长这个问题，可以采取安排人员通过培训或自学等方式掌握该产品的维护技能。

【问题3】

结合本案例，判断下列选项的正误（填写在答题纸的对应栏内，正确的选项填写"√"，错误的选项填写"×"）。

（1）定量风险分析是评估并综合分析风险的概率和影响，对风险进行优先排序，从而为后续分析或行动提供基础的过程。（　　）

（2）在没有足够的数据建立模型的时候，定量风险分析可能无法实施。（　　）

（3）风险再评估指的是检查并记录风险应对措施在处理已识别风险及其根源方面的有效性，以及风险管理过程的有效性。（　　）

（4）在股票市场上买卖股票属于纯粹风险。（　　）

（5）如果风险管理所花费的成本超过所管理的风险事件的预期货币价值，则可以考虑任其发生不进行管理。（　　）

（6）风险的后果会因时空变化而有所变化，这反映了风险的偶然性。（　　）

🔖 参考答案

（1）×　（2）√　（3）×　（4）×　（5）√　（6）×

解析：

本题考核的知识点是风险管理中的相关概念。

（1）错误。题中说法是定性分析的定义。

（2）正确。

（3）错误。风险再评估是在控制风险中，经常需要识别新风险，对现有风险进行再评估并删去已过时的风险。

（4）错误。只要是买卖股票，就存在赚钱、赔钱、不赔不赚三种后果，因而属于投机风险，不是纯粹风险。

（5）正确。

（6）错误。风险后果会因时空各种因素变化而有所变化，这反映了风险的相对性。

2019年下半年上午试题分析

● 信息系统的(1)决定了系统可以被外部环境识别，外部环境或者其他系统可以按照预定的方法使用系统的功能或者影响系统的行为。

(1) A．可嵌套性　　　B．稳定性　　　C．开放性　　　D．健壮性

📝 自我测试
（1）____（请填写你的答案）

【试题分析】

系统的特点有目的性、可嵌套性、稳定性、开放性、脆弱性和健壮性（详见 2020 年下半年上午试题分析第 1 题）。

➤ 参考答案：参见第 399 页"2019 年下半年上午试题参考答案"。

● 在实际的生产环境中，(2)能使底层物理硬件透明化，实现高性能物理硬件和老旧物理硬件的重组使用。

(2) A．通用技术　　B．智能化技术　　C．遥感和传感技术　　D．虚拟化技术

📝 自我测试
（2）____（请填写你的答案）

【试题分析】

虚拟化技术主要用来解决高性能物理硬件和老旧物理硬件的重组使用，透明化底层物理硬件。

➤ 参考答案：参见第 399 页"2019 年下半年上午试题参考答案"。

● 企业信息化结构不包括(3)。

(3) A．数据层　　　B．作业层　　　C．管理层　　　D．决策层

📝 自我测试
（3）____（请填写你的答案）

【试题分析】

企业信息化的结构包括：产品（服务）层、作业层、管理层和决策层。

➤ 参考答案：参见第 399 页"2019 年下半年上午试题参考答案"。

● 在重点领域试点建设智能工厂、数字化车间，加快人工智能交互、工业机器人、智能物流管理等技术在生产过程中的应用。属于制造过程(4)。

(4) A．信息化　　　B．智能化　　　C．标准化　　　D．工业化

📝 自我测试

（4）＿＿＿（请填写你的答案）

【试题分析】

我国提出加快推动新一代信息技术与制造技术融合发展，把智能制造作为两化深度融合的主攻方向。推进制造过程智能化，在重点领域试点建设智能工厂、数字化车间，加快人工智能交互、工业机器人、智能物流管理、增材制造等技术和装备在生产过程中的应用。

➡ 参考答案：参见第 399 页"2019 年下半年上午试题参考答案"。

● （5）是连接原始电子商务和现代电子商务的纽带。

（5）A．EDI　　　　B．Web　　　　C．HTTP　　　　D．E-mail

📝 自我测试

（5）＿＿＿（请填写你的答案）

【试题分析】

EDI（电子数据交换）是连接原始电子商务和现代电子商务的纽带。

➡ 参考答案：参见第 399 页"2019 年下半年上午试题参考答案"。

● 实施商业智能的步骤依次是：需求分析、(6)、建立商业智能分析报表、用户培训和数据模拟测试、系统改进和完善。

（6）A．数据库建模、数据抽取

　　　B．数据仓库建模、规划系统应用架构

　　　C．规划系统应用架构、数据仓库建模

　　　D．数据抽取、数据仓库建模

📝 自我测试

（6）＿＿＿（请填写你的答案）

【试题分析】

实施商业智能的步骤依次是：需求分析、数据库建模、数据抽取、建立商业智能分析报表、用户培训和数据模拟测试、系统改进和完善。

➡ 参考答案：参见第 399 页"2019 年下半年上午试题参考答案"。

● 大数据具有的特点包括：大量（Volume）、高速（Velocity）、(7)。

①可验证（Verifiable）　②真实性（Veracity）　③多样（Variety）　④价值（Value）

（7）A．①③④　　　B．②③④　　　C．①②④　　　D．①②③

📝 自我测试

（7）＿＿＿（请填写你的答案）

【试题分析】

大数据具有 Volume（大量）、Variety（多样）、Value（价值）、Velocity（高速）和 Veracity（真实性）五大特征。

➡ 参考答案：参见第 399 页"2019 年下半年上午试题参考答案"。

● 智慧城市建设参考模型包括：物联感知层、通信网络层、计算与存储层、数据及服务支撑层、智慧应用层。智慧医疗属于（8）。

（8）A．物联感知层　　　　　　　　B．通信网络层
　　　C．数据及服务支撑层　　　　　D．智慧应用层

■ 自我测试
（8）____（请填写你的答案）

【试题分析】
智慧城市建设参考模型包括有依赖关系的五层（功能层）和对建设有约束关系的三个支撑体系，如下图所示。

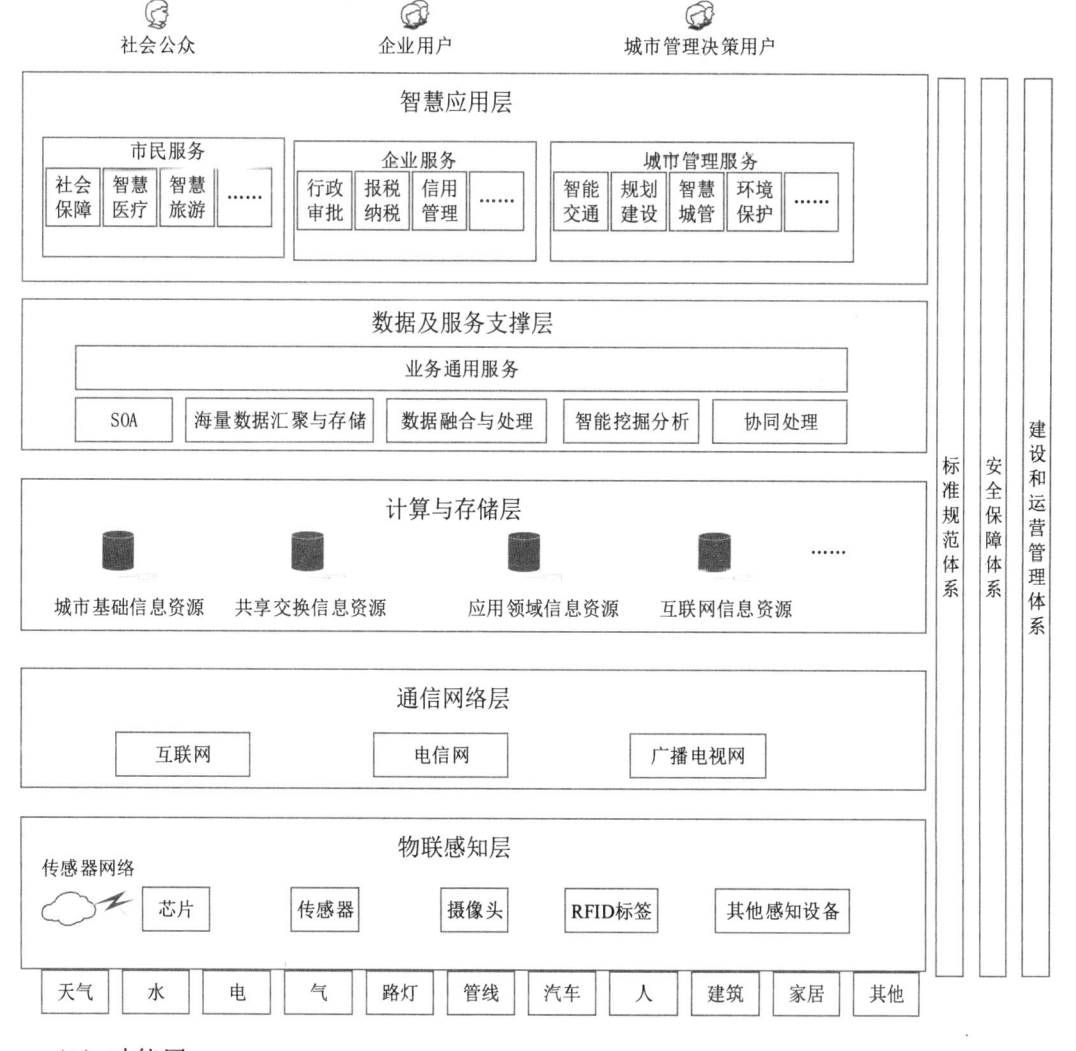

```
                社会公众        企业用户      城市管理决策用户
┌─────────────────────────────────────────────────────────┐  ┌──┐┌──┐┌──┐
│                      智慧应用层                          │  │标││安││建│
│ ┌──市民服务──┐ ┌──企业服务──┐ ┌──城市管理服务──┐      │  │准││全││设│
│ │社会│智慧│智慧│ │行政│报税│信用│ │智能│规划│智慧│环境│  │  │规││保││和│
│ │保障│医疗│旅游│ │审批│纳税│管理│ │交通│建设│城管│保护│  │  │范││障││运│
│ └──────────┘ └──────────┘ └────────────────┘      │  │体││体││营│
├─────────────────────────────────────────────────────────┤  │系││系││管│
│                  数据及服务支撑层                        │  │  ││  ││理│
│               ┌──业务通用服务──┐                       │  │  ││  ││体│
│ │SOA│海量数据汇聚与存储│数据融合与处理│智能挖掘分析│协同处理│ │  ││  ││系│
├─────────────────────────────────────────────────────────┤  │  ││  ││  │
│                     计算与存储层                         │  │  ││  ││  │
│   [📁]          [📁]          [📁]          [📁]  ……    │  │  ││  ││  │
│ 城市基础信息资源 共享交换信息资源 应用领域信息资源 互联网信息资源│  │  ││  ││  │
├─────────────────────────────────────────────────────────┤  │  ││  ││  │
│                      通信网络层                          │  │  ││  ││  │
│     [互联网]          [电信网]         [广播电视网]      │  │  ││  ││  │
├─────────────────────────────────────────────────────────┤  │  ││  ││  │
│                      物联感知层                          │  │  ││  ││  │
│ 传感器网络                                               │  │  ││  ││  │
│  [☁]  │芯片│ │传感器│ │摄像头│ │RFID标签│ │其他感知设备│ │  │  ││  ││  │
└─────────────────────────────────────────────────────────┘  └──┘└──┘└──┘
 │天气│水│电│气│路灯│管线│汽车│人│建筑│家居│其他│
```

（1）功能层。
①物联感知层：提供对城市环境的智能感知能力，通过各种信息采集设备、各类传感器、监控摄像机、GPS 终端等实现对城市范围内的基础设施、大气环境、交通、公共安全等方面信息采集、识别和监测。

②通信网络层：广泛互联，以互联网、电信网、广播电视网及传输介质为光纤的城市专用网作为骨干传输网络，以覆盖全城的无线网络（如 Wi-Fi）、移动 4G 为主要接入网，组成网络通信基础设施。

③计算与存储层：包括软件资源、计算资源和存储资源，为智慧城市提供数据存储和计算，保障上层对于数据汇聚的相关需求。

④数据及服务支撑层：利用 SOA（面向服务的体系架构）、云计算、大数据等技术，通过数据和服务的融合，支撑承载智慧应用层中的相关应用，提供应用所需的各种服务和共享资源。

⑤智慧应用层：各种基于行业或领域的智慧应用及应用整合，如智慧交通、智慧家政、智慧园区、智慧社区、智慧政务、智慧旅游、智慧环保、智慧医疗等，为社会公众、企业、城市管理者等提供整体的信息化应用和服务。

（2）支撑体系。

①安全保障体系：为智慧城市建设构建统一的安全平台，实现统一入口、统一认证、统一授权、日志记录服务。

②建设和运营管理体系：为智慧城市建设提供整体的运维管理机制，确保智慧城市整体建设管理和可持续运行。

③标准规范体系：标准规范体系用于指导和支撑我国各地城市信息化用户、各行业智慧应用信息系统的总体规划和工程建设，同时规范和引导我国智慧城市相关 IT 产业的发展，为智慧城市建设、管理和运行维护提供统一规范，便于互联、共享、互操作和扩展。

参考答案：参见第 399 页"2019 年下半年上午试题参考答案"。

● 信息技术服务标准（ITSS）中，IT 服务的核心要素指的是（9）。
（9）A．工具、技术、流程、服务　　B．人员、过程、技术、资源
　　　C．计划、执行、检查、纠正　　D．质量、成本、进度、风险

自我测试
（9）____（请填写你的答案）

【试题分析】
信息技术服务标准（ITSS）中，IT 服务的核心要素指的是人员、过程、技术、资源。

参考答案：参见第 399 页"2019 年下半年上午试题参考答案"。

● 信息系统生命周期可以分为（10）四个阶段。
（10）A．需求、设计、开发、测试　　B．启动、执行、监控、收尾
　　　C．立项、开发、运维、消亡　　D．启动、设计、估项、运维

自我测试
（10）____（请填写你的答案）

【试题分析】
信息系统的生命周期可以分为立项、开发、运维及消亡四个阶段（**详见 2021 年上半年上午试题分析第 11 题**）。

参考答案：参见第 399 页"2019 年下半年上午试题参考答案"。

- （11）定义了软件质量特性，以及确认这些特性的方法和原则。
  （11）A．软件验收　　B．软件需求　　C．软件规划　　D．软件设计

✍ 自我测试

　　（11）____（请填写你的答案）

【试题分析】

　　软件需求是针对待解决问题的特性的描述，所定义的需求必须可以被验证。根据 IEEE 软件工程标准词汇表，软件需求是指用户解决问题或达到目标所需的条件或能力，是系统或系统部件要满足合同、标准、规范或其他正式规定文档所需具有的条件或能力，以及反映这些条件或能力的文档说明。软件需求就是系统必须完成的事及必须具备的品质。需求是多层次的，包括业务需求、用户需求和系统需求。

➤ **参考答案**：参见第 399 页"2019 年下半年上午试题参考答案"。

- 对象由一组属性和对这组属性进行的操作构成。例如，教师张三的个人信息包括：性别、年龄、职位等，日常工作包括授课等。则（12）就是封装后的一个典型对象。
  （12）A．张三　　　B．教师　　　C．授课　　　D．姓名

✍ 自我测试

　　（12）____（请填写你的答案）

【试题分析】

　　每一个对象必须有一个名字以区别于其他对象，这就是对象标识；状态用来描述对象的某些特征；对象行为用来封装对象所拥有的业务操作。

　　举例说明，对于教师 Joe 而言，包含性别、年龄、职位等个人状态信息，同时还具有授课的行为特征，那么 Joe 就是封装后的一个典型对象。

➤ **参考答案**：参见第 399 页"2019 年下半年上午试题参考答案"。

- 关于软件架构分层模式描述，不正确的是（13）。
  （13）A．允许将一个复杂问题分层实现
  　　　B．每一层最多只影响相邻两层
  　　　C．具有各功能模块高内聚、低耦合的"黑盒"特性
  　　　D．允许每层用不同的实现方法，可以充分支持软件复用

✍ 自我测试

　　（13）____（请填写你的答案）

【试题分析】

　　软件架构分层模式采用层次化的组织方式，每一层都是为上一层提供服务，并使用下层提供的功能。这种模式允许将一个复杂问题逐步分层实现。层次模式中的每一层最多只影响两层，只要给相邻层提供相同的接口，就允许每层用不同的方法实现，可以充分支持软件复用。

　　管道/过滤器模式体现了各功能模块高内聚、低耦合的"黑盒"特性，支持软件功能模块的重用，便于系统维护；同时，每个过滤器自己完成数据解析和合成工作（如加密和解密），易导致系统性能下降，并增加了过滤器具体实现的复杂性。

参考答案：参见第 399 页"2019 年下半年上午试题参考答案"。

● 常见的数据库管理系统中，(14)是非关系型数据库。
　　(14) A．Oracle　　　B．MySQL　　　C．SQL Server　　　D．MongoDB

📝 自我测试
　　(14) ____（请填写你的答案）

【试题分析】
　　常见的数据库管理系统主要有 Oracle、MySQL、SQL Server、MongoDB 等。在这些数据库中，前三种均为关系型数据库，而 MongoDB 是非关系型数据库。

参考答案：参见第 399 页"2019 年下半年上午试题参考答案"。

● 中间件是一种独立的系统软件或服务程序，(15)不属于中间件。
　　(15) A．Tomcat　　　B．WebSphere　　　C．ODBC　　　D．Python

📝 自我测试
　　(15) ____（请填写你的答案）

【试题分析】
　　Python 是一种跨平台的计算机程序设计语言，是一个高层次的结合解释性、编译性、互动性和面对对象的脚本语言。

参考答案：参见第 399 页"2019 年下半年上午试题参考答案"。

● 互联网通过(16)协议可以实现多个网络的无缝连接。
　　(16) A．ISDN　　　B．IPv6　　　C．TCP/IP　　　D．DNS

📝 自我测试
　　(16) ____（请填写你的答案）

【试题分析】
　　TCP/IP 是互联网的核心，利用 TCP/IP 协议可以实现多个网络的无缝连接。

参考答案：参见第 399 页"2019 年下半年上午试题参考答案"。

● 查内存使用情况结果如下：

	total	used	free	shared	buffers	cached
mem	2026	1958	67	0	76	1556

下列结果分析错误的是(17)。
　　(17) A．该内存资源占用状态正常　　　B．该内存资源占用状态异常
　　　　　C．1958 表示系统使用的内存　　　D．67 表示系统剩余内存

📝 自我测试
　　(17) ____（请填写你的答案）

【试题分析】
　　根据题意，表中 total 是 2026，used 是 1958，可见内存使用率超过 90%，已经快满了，

可能存在内存泄漏,需要赶紧处理,因此该内存资源占用状态正常是错误的。

参考答案:参见第 399 页"2019 年下半年上午试题参考答案"。

● 网络按照(18)可划分为总线型结构、环形结构、星形结构、树形结构和网状结构。
(18)A．覆盖的地理范围　　　　B．链接传输控制技术
　　C．拓扑结构　　　　　　　　D．应用传输层

自我测试
(18)＿＿（请填写你的答案）

【试题分析】
网络按照拓扑结构可划分为总线型结构、环形结构、星形结构、树形结构和网状结构。

参考答案:参见第 399 页"2019 年下半年上午试题参考答案"。

● 信息安全中的(19)是指只有得到允许的人才能修改数据,并且能够判别出数据是否已被篡改。
(19)A．机密性　　　B．完整性　　　C．可用性　　　D．可控性

自我测试
(19)＿＿（请填写你的答案）

【试题分析】
信息安全的基本要素主要包括机密性、完整性、可用性、可控性、可审查性（详见 **2021 年上半年上午试题分析第 20 题**）。
其中,完整性是指只有得到允许的人才能修改数据,并且能够判别出数据是否已被篡改。

参考答案:参见第 399 页"2019 年下半年上午试题参考答案"。

● 网络和信息安全产品中,(20)无法发现正在进行的入侵行为,而且成为攻击者的工具。
(20)A．防火墙　　　B．扫描器　　　C．防毒软件　　　D．安全审计系统

自我测试
(20)＿＿（请填写你的答案）

【试题分析】
网络和信息安全产品主要有防火墙、扫描器、防毒软件、安全审计系统等几种（详见 **2021 年上半年上午试题分析第 19 题**）。
其中,扫描器是入侵检测的一种,主要发现网络服务、网络设备和主机的漏洞,通过定期的检测与比较,发现入侵或违规行为留下的痕迹,但其无法发现正在进行的入侵行为,而且会成为攻击者的工具。

参考答案:参见第 399 页"2019 年下半年上午试题参考答案"。

● 用户无须购买软件,而是租用基于 Web 的软件管理企业经营活动,这种模式属于(21)。
(21)A．IaaS　　　B．PaaS　　　C．SaaS　　　D．DaaS

自我测试
(21)＿＿（请填写你的答案）

【试题分析】

云计算服务按照提供的资源层次，可以分为 IaaS（基础设施即服务）、PaaS（平台即服务）、SaaS（软件即服务）三种服务类型（**详见 2020 年下半年上午试题分析第 21 题**）。

其中，SaaS 是一种通过互联网提供软件服务的模式，向用户提供应用软件（如 CRM、办公软件等）、组件、工作流等虚拟化软件的服务。用户无须购买软件，而是向提供商租用基于 Web 的软件来管理企业经营活动。SaaS 类似于个人计算机中各种各样的应用软件。

★ **参考答案**：参见第 399 页"2019 年下半年上午试题参考答案"。

● 作为物联网架构的基础层面，属于感知层的技术主要包括产品和传感器自动识别技术、(22) 和中间件技术。

(22) A. 无线传输技术、自组织组网技术　　B. 无线传输技术、编码技术
　　　C. 编码技术、自组织组网技术　　　　D. 解析技术、自组织组网技术

📝 自我测试

(22) ＿＿＿（请填写你的答案）

【试题分析】

物联网从架构上可以分为感知层、网络层和应用层（**详见 2021 年上半年上午试题分析第 23 题**）。

感知层作为物联网架构的基础层面，主要是达到信息采集并将采集到的数据上传的目的，感知层的技术主要包括：产品和传感器（如条码、RFID、传感器等）自动识别技术、无线传输技术（如 WLAN、UWB、ZigBee、Bluetooth）、自组织组网技术和中间件技术。

★ **参考答案**：参见第 399 页"2019 年下半年上午试题参考答案"。

● 在大数据相关技术中，(23) 是一个分布的、面向列的开源数据库，是一个适合于非结构化数据存储的数据库。

(23) A. HBase　　　　B. MapReduce　　　C. Chukwa　　　D. HDFS

📝 自我测试

(23) ＿＿＿（请填写你的答案）

【试题分析】

大数据的关键技术包括以下几个方面。

（1）HDFS：能提供高吞吐量的数据访问，非常适合大规模数据集上的应用。

（2）HBase：是一个分布的、面向列的开源数据库，是一个适合于非结构化数据存储的数据库。

（3）MapReduce：一种编程模型，主要思想是"Map"（映射）和"Reduce"（归约）。

（4）Chukwa：是一个开源的用于监控大型分布式系统的数据收集系统。

★ **参考答案**：参见第 399 页"2019 年下半年上午试题参考答案"。

● 关于项目的描述，不正确的是 (24)。

(24) A. 建设视频监控系统是一个项目，建成后的系统是项目产品
　　　B. 建设办公大楼是一个项目，建成后的大楼是项目产品

C. 商务谈判是一个项目，如果谈判成功，合同是项目产品
D. ERP 系统的运行维护是一个项目，ERP 系统是项目产品

📝 自我测试
（24）____（请填写你的答案）

【试题分析】
项目是为达到特定的目的、使用一定资源、在确定的期间内、为特定发起人而提供独特的产品、服务或成果而进行的一次性努力。例如：
（1）建设一个视频监控系统是一个项目，建成后的视频监控系统就是该项目的产品。
（2）建设一个办公大楼也是一个项目或者说工程，建成后的办公大楼就是该项目的产品。
（3）开发一个网上书店也是一个项目，完成后的网上书店就是该项目的产品。
（4）一个 ERP 系统的实施也是一个项目，完成后的 ERP 系统就是该项目的产品。
（5）组织一次旅游也是一个项目，订票、订旅馆、解说及其他让旅游者身心愉悦的工作均为这个项目提供的服务。
（6）进行一场谈判也是一个项目，如果谈判成功，合同就是该项目的成果。

★ 参考答案：参见第 399 页 "2019 年下半年上午试题参考答案"。

● 关于项目经理的相关描述，不正确的是（25）。
（25）A. 项目经理需要足够的知识和经验
　　　B. 项目经理必须掌握项目所需的新技术
　　　C. 项目经理必须具有良好的职业道德
　　　D. 项目经理需要具有领导和管理的能力

📝 自我测试
（25）____（请填写你的答案）

【试题分析】
一个合格的项目经理，至少应当具备如下的素质。
（1）足够的知识。
信息系统项目的项目经理所需要的知识包括以下四个部分：
①包括项目管理的理论、方法论和相关工具在内的项目管理知识。
②系统集成专业的 IT 知识。
③客户行业的业务知识。
④其他必要的知识。
（2）丰富的项目管理经验。
经历强调的是已经做过的事情，或者更直接地说就是使用知识的过程，因此它同样包括三个方面的经验：项目管理、系统集成行业和客户行业。
（3）良好的协调和沟通能力。
在管理一个项目的过程中，80%的工作属于沟通，因此要管好项目，就需要项目经理有良好的沟通能力。

（4）良好的职业道德。

项目管理是一个职业，需要从业者有良好的职业道德。

（5）一定的领导和管理能力。

项目经理是通过领导项目团队、按照项目管理的方法来管理项目的。自然需要项目经理有一定的领导能力，包括：为项目团队明确共同目标、决策、激励、博采众长、解决问题、化解冲突、能综合不同利益并平衡冲突的项目目标。

对于技术出身的项目经理而言，在独立管理一个项目之前要完成从一个技术人员到一个管理人员的观点转变。

参考答案：参见第399页"2019年下半年上午试题参考答案"。

● （26）是PMO应具备的特征。

①负责制定项目管理方法、最佳实践和标准

②对所有项目进行集中的配置管理

③项目之间的沟通管理协调中心

④在项目约束条件下完成特定的项目成果性目标

⑤对项目之间的关系组织资源进行优化使用

（26）A．①②③④　　B．②③④⑤　　C．①②③⑤　　D．①②③④⑤

自我测试

（26）____（请填写你的答案）

【试题分析】

PMO的一些关键特征，包括但不限于以下方面。

（1）在所有PMO管理的项目之间共享和协调资源。

（2）明确和制定项目管理方法、最佳实践和标准。

（3）负责制定项目方针、流程、模板和其他共享资料。

（4）为所有项目进行集中的配置管理。

（5）对所有项目的集中的共同风险和独特风险存储库加以管理。

（6）项目工具（如企业级项目管理软件）的实施和管理中心。

（7）项目之间的沟通管理协调中心。

（8）对项目经理进行指导的平台。

（9）通常对所有PMO管理之项目的时间基线和预算进行集中监控。

（10）在项目经理和任何内部或外部的质量人员或标准化组织之间协调整体项目的质量标准。

参考答案：参见第399页"2019年下半年上午试题参考答案"。

● 在项目5个管理过程组中，计划过程组不包括（27）。

（27）A．成本估算　　B．收集需求　　C．风险分析　　D．识别干系人

自我测试

（27）____（请填写你的答案）

【试题分析】

启动过程组定义并批准项目或项目阶段，包括"制定项目章程"和"识别项目干系人"两个过程。

计划过程组整合人员和其他资源，在项目的生命周期或某个阶段执行项目管理计划。计划过程组包括项目整体管理中的"指导和管理项目执行"过程，项目质量管理中的"执行质量保证"过程，项目人力资源管理中的"组建项目团队""建设项目团队""管理项目团队"过程，项目沟通管理中的管理沟通过程，项目采购管理中的"实施采购"过程等。

参考答案：参见第399页"2019年下半年上午试题参考答案"。

● 关于项目建议书的描述，不正确的是（28）。
（28）A．项目建议书是项目建设单位向上级主管部门提交的项目申请文件
　　　B．系统集成类项目建议书的内容包含业务分析、建设方案、实施进度等
　　　C．项目建议书是国家或上级主管选择项目的依据
　　　D．项目建议书是必需的，是后续可行性研究的基础

自我测试
（28）____（请填写你的答案）

【试题分析】

项目建议书是项目建设单位向上级主管部门提交的项目申请文件，是对拟建项目提出的总体设想，是国家或上级主管部门选择项目的依据，也是可行性研究的依据。

系统集成类项目建议书的主要内容包括：项目简介；项目建设单位概况；项目建设的必要性；业务分析；总体建设方案；本期项目建设方案；环保、消防、职业安全；项目实施进度；投资估算和资金筹措；效益与风险分析。

项目建设单位可以规定对于规模较小的系统集成项目可以省略项目建议书环节，而将其与项目可行性分析阶段进行合并。

参考答案：参见第399页"2019年下半年上午试题参考答案"。

● （29）不属于项目可行性研究报告的内容。
（29）A．项目建设必要性　　　　　　B．项目建设方案
　　　C．项目实施进度　　　　　　　D．变更管理计划

自我测试
（29）____（请填写你的答案）

【试题分析】

项目可行性研究报告的内容包括：项目概述，项目建设单位概况，需求分析和项目建设的必要性，总体建设方案，本期项目建设方案，项目招标方案，环保、消防、职业安全，项目组织机构和人员培训，项目实施进度，投资估算和资金来源，效益与评价指标分析，项目风险与风险管理。

参考答案：参见第399页"2019年下半年上午试题参考答案"。

● 对于不同规模和类别的项目，初步可行性研究可能出现的结果包括：（30）。

197

① 肯定，对于比较小的项目甚至可以直接"上马"
② 肯定，转入详细可行性研究
③ 展开专题研究，如建立原型系统，演示主要功能模块或者验证关键技术
④ 否定，项目应该"下马"
⑤ 否定，进行机会可行性研究

（30）A．①③④⑤　　B．①②③④　　C．①②④⑤　　D．②③④⑤

📝 **自我测试**

（30）____（请填写你的答案）

【试题分析】

初步可行性研究可能出现以下四种结果：

（1）肯定，对于比较小的项目甚至可以直接"上马"。
（2）肯定，转入详细可行性研究，进行更深入、更详细的分析研究。
（3）展开专题研究，如市场考察、实验室试验、中间工厂试验等。
（4）否定，项目应该"下马"。

➤ **参考答案**：参见第 399 页 "2019 年下半年上午试题参考答案"。

● 根据 2019 年修订的《中华人民共和国招标投标法实施条例》，招标文件要求中标人要提交履约保证金的，履约保证金不得超过中标合同金额的（31）。

（31）A．2%　　　　B．5%　　　　C．10%　　　　D．15%

📝 **自我测试**

（31）____（请填写你的答案）

【试题分析】

根据 2019 年修订的《中华人民共和国招标投标法实施条例》，招标文件要求中标人要提交履约保证金的，履约保证金不得超过中标合同金额的 10%。

➤ **参考答案**：参见第 399 页 "2019 年下半年上午试题参考答案"。

● 关于供应商项目内部立项的描述，不正确的是（32）。

（32）A．任何规模和类型的项目均要求进行内部立项
　　　B．通过项目立项方式可以确定合理的项目绩效目标
　　　C．通过项目立项方式可以为项目分配资源
　　　D．以项目型工作方式，提升项目实施效率

📝 **自我测试**

（32）____（请填写你的答案）

【试题分析】

供应商主要根据项目的特点和类型，决定是否要在组织内部为所签署的外部项目单独立项。

供应商内部立项的主要原因是，通过项目立项方式为项目分配资源、确定合理的项目绩效目标，以及以项目型工作方式提升项目实施效率。

供应商内部立项的内容有项目资源估算、项目资源分配、准备项目任命书和任命项目经

理等。

➤ **参考答案**：参见第 399 页"2019 年下半年上午试题参考答案"。

- 项目整体管理是项目管理中一项综合性和全局性的管理工作，项目整体包括（33）。

  （33）A．制定项目章程、识别干系人、制定项目管理计划、指导和管理项目工作

  B．制定项目可行性研究报告、制定项目管理计划、指导和管理项目工作、监控项目工作、实施整体变更控制

  C．制定项目章程、制定项目管理计划、指导和管理项目工作、监控项目工作、实施整体变更控制、结束项目

  D．制定项目可行性研究报告、识别干系人、监控项目工作、实施整体变更控制

📝 自我测试

（33）____（请填写你的答案）

【试题分析】

项目整体的过程是制定项目章程、制定项目管理计划、指导和管理项目工作、监控项目工作、实施整体变更控制、结束项目。

➤ **参考答案**：参见第 399 页"2019 年下半年上午试题参考答案"。

- （34）不是制定项目章程的输入。

  （34）A．项目工作说明书　　　　B．商业论证

  C．合同或谅解备忘录等协议　D．项目成功标准

📝 自我测试

（34）____（请填写你的答案）

【试题分析】

项目章程的输入是项目工作说明书、商业论证、协议、组织过程资产、事业环境因素。

➤ **参考答案**：参见第 399 页"2019 年下半年上午试题参考答案"。

- 关于项目管理计划的描述，不正确的是（35）。

  （35）A．项目管理计划必须是自上而下制定出来的

  B．项目管理计划必须得到主要项目干系人的执行批准

  C．其他规划过程的成果是项目管理计划制定的依据

  D．项目管理计划可以指导项目的收尾工作

📝 自我测试

（35）____（请填写你的答案）

【试题分析】

制定项目管理计划是一个收集其他规划过程的结果，并汇成一份综合的、经批准的、现实可行的、正式的项目计划文件的过程。项目管理计划不只是要得到管理层的批准，还需要得到其他主要项目干系人的批准。项目管理计划必须是自下而上制定出来的。

制定项目管理计划的输入有项目章程、其他规划过程的输出、组织过程资产和事业环境因素。

参考答案：参见第 399 页"2019 年下半年上午试题参考答案"。

● （36）不属于指导与管理项目工作的输出。
（36）A．批准的变更请求　　　　B．工作绩效数据
　　　C．可交付成果　　　　　　D．项目管理计划更新

自我测试
（36）____（请填写你的答案）

【试题分析】
指导与管理项目工作的输出有可交付成果、工作绩效数据、变更请求、项目文件更新和项目管理计划更新。

参考答案：参见第 399 页"2019 年下半年上午试题参考答案"。

● （37）的优点是考虑时间序列发展趋势，使预测结果能更好地符合实际。
（37）A．因果分析　　　　　　B．挣值管理
　　　C．回归分析　　　　　　D．趋势分析

自我测试
（37）____（请填写你的答案）

【试题分析】
监控项目工作技术中的分析技术包含以下几方面。
（1）因果分析：问题陈述放在鱼骨的头部，作为起点，用来追溯问题来源，回推到可行动的根本原因。
（2）挣值管理：把范围、进度和资源绩效综合起来考虑，以评估项目绩效和进展的方法。
（3）回归分析：确定两种或两种以上变数间相互依赖的定量关系的一种统计分析方法。
（4）趋势分析法（又叫趋势预测法）：用于检查项目绩效随时间的变化情况，以确定绩效是在改善还是在恶化。优点是考虑时间序列发展趋势，使预测结果能更好地符合实际。

参考答案：参见第 399 页"2019 年下半年上午试题参考答案"。

● 关于整体变更控制的描述，不正确的是：（38）。
（38）A．项目的任何干系人都可以提出变更请求
　　　B．项目经理可以是变更控制委员会（CCB）的成员
　　　C．整体变更控制过程贯穿项目始终，CCB 对此负最终责任
　　　D．整体变更控制的主要作用是降低因未考虑变更对整个项目计划的影响而产生的风险

自我测试
（38）____（请填写你的答案）

【试题分析】
项目的任何干系人都可以提出变更请求。尽管可以口头提出，但所有的变更请求都必须以书面形式记录。
变更控制委员会（CCB）是由主要项目干系人的代表所组成的一个小组，项目经理可以

是其中一员，但通常不是组长。

整体变更控制过程贯穿项目始终，并且应用于项目的各阶段，项目经理对此负最终责任。

实施整体变更控制过程的主要作用是从整合的角度考虑记录在案的项目变更，从而降低因未考虑变更对整个项目目标或计划的影响而产生的项目风险。

➤ **参考答案**：参见第399页"2019年下半年上午试题参考答案"。

● 关于工作分解结构（WBS）和工作包的描述，不正确的是：(39)。
（39）A．工作分解结构必须且只能包括100%的项目工作
　　　B．工作分解结构中的各要素应该相对独立，尽量减少相互交叉
　　　C．如果某个可交付成果规模较小，可以在短时间（80小时）完成，就可以被当作工作包
　　　D．每个工作包只能属于一个控制账户，每个控制账户只能包含一个工作包

📝 **自我测试**
（39）____（请填写你的答案）

【试题分析】

控制账户是一种管理控制点。在该控制点上，将范围、预算（资源计划）、实际成本和进度加以整合，并将它们与挣值进行比较，以测量绩效。控制账户设置在WBS中选定的管理节点上，每个控制账户可能包括一个或多个工作包，但是一个工作包只能属于一个控制账户。

➤ **参考答案**：参见第399页"2019年下半年上午试题参考答案"。

● （40）不属于项目范围说明书的内容。
（40）A．批准项目的原因　　　　　B．项目验收标准
　　　C．项目可交付成果　　　　　D．项目的制约因素

📝 **自我测试**
（40）____（请填写你的答案）

【试题分析】

项目范围说明书描述要做和不要做的工作的详细程度，决定着项目管理团队控制整个项目范围的有效程度。项目范围说明书包括如下内容（**详见2021年下半年上午试题分析第39题**）。

（1）项目目标。
（2）产品范围描述。
（3）项目需求。
（4）项目边界。
（5）项目可交付成果。
（6）项目制约因素。
（7）假设条件。

➤ **参考答案**：参见第399页"2019年下半年上午试题参考答案"。

● 确认范围的主要作用是(41)。

（41）A．明确项目、服务或输出的边界
　　　B．提高最终产品、服务或成果获得验收的可能性
　　　C．对所要交付的内容提供一个结构化的视图
　　　D．在整个项目期间保持对范围基准的维护

📝 自我测试
（41）____（请填写你的答案）

【试题分析】
确认范围是正式验收项目已完成的可交付成果的过程，其主要作用是使验收过程具有客观性；同时，通过验收每个可交付成果，提高最终产品、服务或成果获得验收的可能性。

➤ 参考答案：参见第399页"2019年下半年上午试题参考答案"。

● 在项目实施过程中，客户提出新的功能需求时，正确的做法是：(42)。
（42）A．由项目经理发起变更管理流程来决定是否增加该功能
　　　B．由项目经理根据项目执行情况来决定是否增加该功能
　　　C．由实施人员根据经验判断来决定是否增加该功能
　　　D．由项目的投资人决定是否增加该功能

📝 自我测试
（42）____（请填写你的答案）

【试题分析】
需求变更及项目范围变更一定要遵循变更控制流程。

➤ 参考答案：参见第399页"2019年下半年上午试题参考答案"。

● 关于项目进度管理计划的描述，正确的是：(43)。
（43）A．项目进度管理计划一旦确定，不能被修改
　　　B．在制定项目进度管理计划时，应该考虑项目章程
　　　C．项目进度管理计划一定要形成正式的文件
　　　D．项目进度管理计划是详细的，不能是高度概括的

📝 自我测试
（43）____（请填写你的答案）

【试题分析】
项目章程是制定进度管理计划的输入。项目进度管理计划是项目管理计划的组成部分，项目进度管理过程及其相关的工具与技术应写入进度管理计划。

根据项目需要，进度管理计划可以是正式或非正式的，非常详细或高度概括的。项目进度管理计划应包括合适的控制临界值，还可以规定如何报告和评估进度紧急情况。

在项目执行过程中，可能需要更新进度管理计划，以反映在管理进度过程中所发生的变更。

➤ 参考答案：参见第399页"2019年下半年上午试题参考答案"。

● 关于箭线图的描述，不正确的是：(44)。
（44）A．流入同一节点的活动，均有共同的紧前活动

B. 任两项活动的紧前事件和紧后事件代号至少有一个不同
C. 每一个活动和每一个事件都必须有唯一代号
D. 虚活动不消耗时间,也不消耗资源,主要用于表达活动之间的关系

📝 **自我测试**
（44）____（请填写你的答案）

【试题分析】
在箭线图法中,有如下三个基本原则。
（1）网络图中每一活动和每一事件都必须有唯一的代号,即网络图中不会有相同的代号。
（2）任两项活动的紧前事件和紧后事件代号至少有一个不相同,节点代号沿箭线方向越来越大。
（3）流入（流出）同一节点的活动,均有共同的紧后活动（或紧前活动）。

★ **参考答案**：参见第399页"2019年下半年上午试题参考答案"。

● 某项目的网络图如下,活动D的自由浮动时间为（45）天。

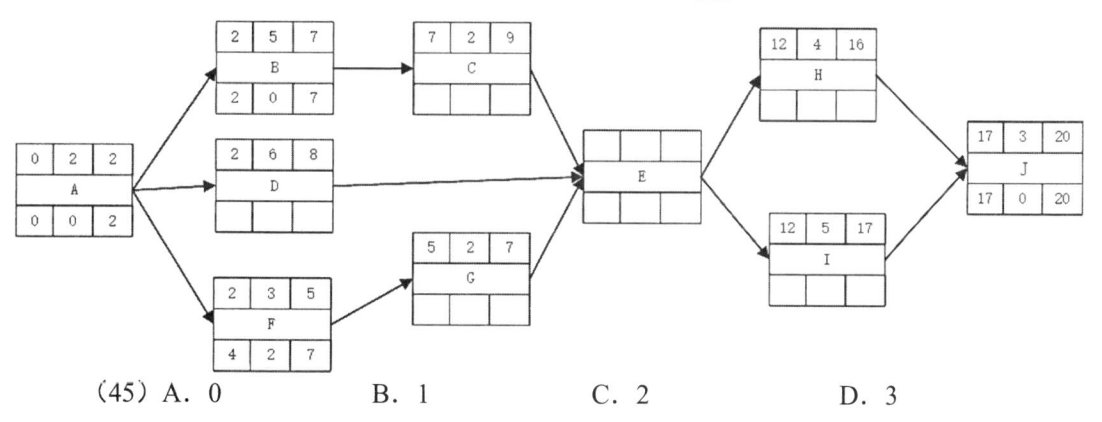

（45）A. 0　　　　　　B. 1　　　　　　C. 2　　　　　　D. 3

📝 **自我测试**
（45）____（请填写你的答案）

【试题分析】
"自由浮动时间"是指在不延误任何紧后活动的最早开始时间且不违反进度制约因素的前提下,活动可以从最早开始时间推迟或拖延的时间量。其计算方法为：紧后活动最早开始时间的最小值减去本活动的最早完成时间。因为E是关键路径上的活动,因此可以得到E的最早开始时间是9,最早结束时间是12,根据关键路径上,自由浮动时间和总浮动时间都是0,因此得到E的最晚开始时间是9,最晚完成时间是12,然后根据"顺推选最大,逆推选最小"的原则,活动D的自由时差＝E的最早开始时间-D的最早完成时间＝9－8＝1。如下图：

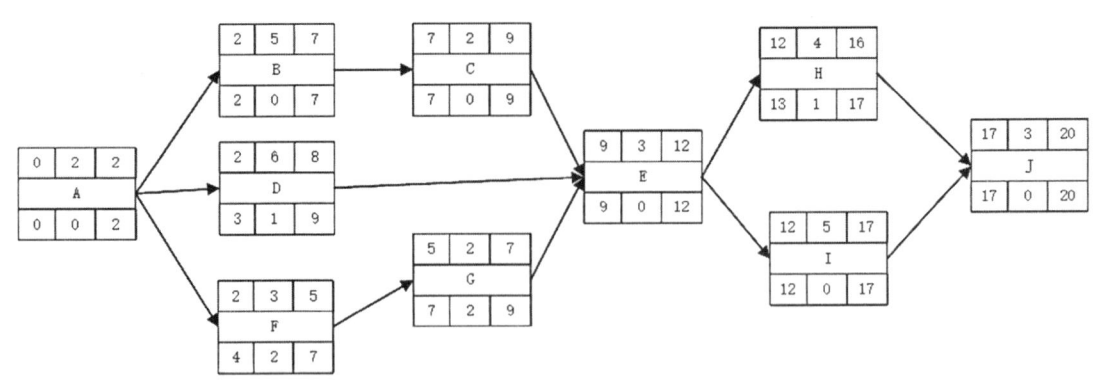

[网络图：节点A(0,2,2/0,2,2) → B(2,5,7/2,0,7)、D(2,6,8/3,1,9)、F(2,3,5/4,2,7)；B→C(7,2,9/7,0,9)；C、D、G→E(9,3,12/9,0,12)；F→G(5,2,7/7,2,9)；E→H(12,4,16/13,1,17)、I(12,5,17/12,0,17)；H、I→J(17,3,20/17,0,20)]

参考答案：参见第 399 页"2019 年下半年上午试题参考答案"。

- （46）不是常用的缩短项目工期的方法。
  （46）A．使用高素质的资源或经验更丰富的人员
  　　　B．改进方法和技术以提高工作效率
  　　　C．用资源平滑技术，使项目资源需求不超过预定的资源限制
  　　　D．采用快速跟进技术，将顺序进行的活动改为部分并行

自我测试
（46）＿＿＿＿（请填写你的答案）

【试题分析】
资源平滑是对进度模型中的活动进行调整，从而使项目资源需求不超过预定的资源限制的一种技术。相对于资源平衡而言，资源平滑不会改变项目关键路径，完工日期也不会延迟。也就是说，活动只在其自由浮动时间和总浮动时间内延迟。因此，资源平滑技术可能无法实现所有资源的优化。

参考答案：参见第 399 页"2019 年下半年上午试题参考答案"。

- 关于成本的描述，正确的是（47）。
  （47）A．在投资决策时应避免受到沉没成本的干扰
  　　　B．项目团队差旅费、工资、物料费属于间接成本
  　　　C．管理储备用于应对已识别风险
  　　　D．管理储备是包含在成本基准内的一部分预算

自我测试
（47）＿＿＿＿（请填写你的答案）

【试题分析】
成本主要包括可变成本、固定成本、直接成本、间接成本、机会成本、沉没成本几种类型（**详见 2021 年下半年上午试题分析第 47 题**）。其中：

沉没成本：由于过去的决策已经发生了的，而不能由现在或将来的任何决策改变的成本称为沉没成本。

间接成本：来自一般管理费用科目，或几个项目共同担负的项目成本所分摊给本项目的费用，就形成了项目的间接成本，如企业的税金、额外福利和保卫费用等。

管理储备：是用于应对项目范围中不可预见的工作，即用于应对项目的"未知—未知"

风险，管理储备不包含在成本基准中，但属于项目总预算和资金需求的一部分，使用管理储备需要得到高层管理者的审批。

应急储备：是包含在成本基准内的一部分预算，用来应对已经接受的已识别风险，即用于"已知—未知"的风险。

➤ **参考答案**：参见第 399 页"2019 年下半年上午试题参考答案"。

● 关于成本估算的描述，不正确的是：(48)。
(48) A．成本估算时，应考虑管理成本、房屋租金、保险等非直接成本
B．在项目生命周期内，项目估算的准确性随着项目的进展而降低
C．项目团队成员学习过程所引起的成本应被计入项目成本中
D．应急储备和管理储备应被计入项目成本中

📝 **自我测试**
(48) ____（请填写你的答案）

【试题分析】
在项目生命周期中，项目估算的准确性将随着项目的进展而逐步提高。
项目估算还需要考虑以下几方面的因素。
（1）非直接成本：指不在 WBS 工作包上的成本，如管理成本、房屋租金、保险等。其中管理成本对项目总成本的影响也较大。
（2）学习曲线：如果采用项目成员都没有用过的新技术，在学习这个新技术时发生的成本应包括学习耗费的时间成本。项目团队实施全新的项目时，也会有学习曲线。
（3）完成的时限：项目工期对成本有影响。
（4）质量要求：质量要求越高，质量成本就越高。
（5）储备：包括应急储备和管理储备，主要是为防范风险所预留的成本。它们都属于项目成本。

➤ **参考答案**：参见第 399 页"2019 年下半年上午试题参考答案"。

● 关于成本估算相关技术的描述，正确的是 (49)。
(49) A．参数估算中会使用到历史数据，因此比类比估算的准确性要高
B．参数估算适合在项目的早期阶段详细信息不足时采用
C．类比估算通常成本较高、耗时较多
D．类比估算既可以针对整个项目，也可以针对项目中的某个部分

📝 **自我测试**
(49) ____（请填写你的答案）

【试题分析】
（1）类比估算。
类比估算是指以过去类似项目的参数值（如范围、成本、预算和持续时间等）或规模指标（如尺寸、重量和复杂性等）为基础，来估算当前项目的同类参数或指标。在估算成本时，这项技术以过去类似项目的实际成本为依据，来估算当前项目的成本。这是一种粗略的估算方法，有时需要根据项目复杂性方面的已知差异进行调整。

在项目详细信息不足时，例如在项目的早期阶段，就经常使用这种技术来估算成本数值。该方法综合利用历史信息和专家判断。

相对于其他估算技术，类比估算通常成本较低、耗时较少，但准确性也较低。可以针对整个项目或项目中的某个部分，进行类比估算。类比估算可以与其他估算方法联合使用。如果以往项目是本质上而不只是表面上类似，并且从事估算的项目团队成员具备必要的专业知识，那么类比估算就最为可靠。

（2）参数估算。

参数估算是指利用历史数据之间的统计关系和其他变量，来进行项目工作的成本估算。参数估算的准确性取决于参数模型的成熟度和基础数据的可靠性。参数估算可以针对整个项目或项目中的某个部分，并可与其他估算方法联合使用。

➤ **参考答案**：参见第399页"2019年下半年上午试题参考答案"。

● 下表给出了某信息化建设项目到2019年8月1日为止的成本执行（绩效）数据，如果当前的成本偏差是非典型的，则完工估算（EAC）为：(50)元。

活动编号	活动	预计完成百分比（%）	实际完成百分比（%）	活动计划值（元）(PV)	实际成本（元）(AC)
1	A	100	100	2000	2000
2	B	100	100	1600	1800
3	C	100	100	2500	2800
4	D	100	80	1500	1600
5	E	100	75	2000	1800
6	F	100	60	2500	2200
合计：				12100	12200
项目总预算（BAC）：50000					
报告日期：2019年8月1日					

（50）A．59238.00　　　B．51900.00　　　C．50100.00　　　D．48100.00

📝 **自我测试**

（50）＿＿＿（请填写你的答案）

【试题分析】

根据非典型偏差时的公式 EAC=(BAC－EV)+AC 计算，因此：

EAC＝(50000－2000－1600－2500－1500×80%－2000×75%－2500×60%)＋12200＝51900.00（元）

➤ **参考答案**：参见第399页"2019年下半年上午试题参考答案"。

● (51)反映了团队成员个人与其承担的工作之间的联系。

（51）A．层次结构图　　B．工作分解结构　　C．矩阵图　　D．文本格式

📝 **自我测试**

（51）＿＿＿（请填写你的答案）

【试题分析】

在项目管理中可采用多种格式来记录团队成员的角色与职责,最常用的有三种:层次结构图、责任分配矩阵和文本格式(**详见 2021 年上半年上午试题分析第 51 题**)。

其中,责任分配矩阵(矩阵图)是用来显示分配给每个工作包的项目资源的表格。它显示工作包或活动与项目团队成员之间的关系。它也可确保任何一项任务都只有一个人负责,从而避免职责不清。

参考答案:参见第 399 页"2019 年下半年上午试题参考答案"。

● 关于虚拟团队的描述,不正确的是(52)。
  (52)A. 现代沟通技术如 E-mail、微信等有助于虚拟团队的沟通和管理
     B. 虚拟团队有助于将行动不便、在家办公或有特殊技能的人纳入团队
     C. 与实体团队相比,虚拟团队成员之间更容易分享知识和经验
     D. 与实体团队相比,在虚拟团队中制定可行的沟通计划更加重要

自我测试
  (52)____(请填写你的答案)

【试题分析】

虚拟团队可定义为具有共同目标、在完成角色任务的过程中很少或没有时间面对面工作的一群人。现代沟通技术(如电子邮件、电话会议、社交媒体、网络会议和视频会议等)使虚拟团队变得可行。在虚拟团队的环境中,制定一个可行的沟通计划就变得尤为重要。通过虚拟团队的形式,我们可以:

(1)在组织内部将身处不同地理位置的员工组建成团队。
(2)为项目团队增加特殊技能,即使相应的专家不在同一地理区域。
(3)将在家办公的员工纳入团队。
(4)在工作班次、工作小时或工作日不同的员工之间组建团队。
(5)将行动不便者或残疾人纳入团队。
(6)执行那些原本会因差旅费用过高而被否决的项目。

虚拟团队的优点:使用更多熟练资源,降低成本,减少出差,减少搬迁费用,拉近团队成员与供应商、客户或其他重要干系人的距离。

虚拟团队的缺点:可能产生误解,有孤立感,团队成员之间难以分享知识和经验,采用通信技术的成本。

参考答案:参见第 399 页"2019 年下半年上午试题参考答案"。

● (53)指的是集合多方的观点和意见,得出一个多数人接受和承诺的冲突解决的方案。
  (53)A. 合作   B. 强制   C. 妥协   D. 问题解决

自我测试
  (53)____(请填写你的答案)

【试题分析】

在项目管理过程中冲突管理的方法包括以下六种(**详见 2021 年上半年下午试题分析与解答试题三**)。

①问题解决：这个过程中，需要公开协商，这是冲突管理中最理想的一种方法。
②合作：得出一个多数人接受和承诺的冲突解决方案。
③强制：强制就是以牺牲其他各方的观点为代价，强制采纳一方的观点。
④妥协：使冲突各方都有一定程度满意、但冲突各方没有任何一方完全满意。
⑤求同存异：关注冲突各方一致的一面，而淡化他们不一致的一面。
⑥撤退：把眼前的或潜在的冲突搁置起来，从冲突中撤退。

参考答案：参见第399页"2019年下半年上午试题参考答案"。

● 关于沟通表达方式的描述，不正确的是：(54)。
　(54) A．文字沟通的优点是：读者可以根据自己的速度进行调整
　　　 B．文字沟通的缺点是：无法控制何时，以及是否被阅读
　　　 C．语言沟通的优点是：节约时间，因为语言速度高于阅读速度
　　　 D．语言沟通的缺点是：达不到文字资料的精确性和准确性

自我测试
（54）____（请填写你的答案）

【试题分析】
（1）文字沟通。

优点：可永久性保存，容易查询；节约时间，阅读速度要高于语言速度；读者可根据自己的速度进行调整；无地理位置要求；更为精确和准确；理论上可以多次无损复制传播。

缺点：纯文字资料损失了大量非语言符号，不利于情感的传递；对于阅读者的选择没有控制力；无法控制何时，以及是否被阅读。

（2）语言沟通。

优点：可以传递感情；可以同时进行跨地域沟通；比邮件快；不需要保存传递信息的优先选择渠道。

缺点：不利于建立促进个人关系（与面对面相比）；无法表现肢体语言；做不到文字资料的精确性和准确性，把握细节的能力不足；语言的速度比阅读的速度相对要慢。

参考答案：参见第399页"2019年下半年上午试题参考答案"。

● 对项目干系人进行分类时，常用的分类方法不包括(55)。
　(55) A．权力/利益方格　　　　　B．权力/影响方格
　　　 C．影响/作用方格　　　　　D．影响/意愿方格

自我测试
（55）____（请填写你的答案）

【试题分析】
干系人分类模型如下。
（1）权力/利益方格：根据干系人的职权大小和对项目结果的关注（利益）程度进行分类。
（2）权力/影响方格：根据干系人的职权大小及主动参与（影响）项目的程度进行分类。
（3）影响/作用方格：根据干系人主动参与（影响）项目的程度及改变项目计划或者执行的能力进行分类。

(4) 凸显模型：根据干系人的权力（施加自己意愿的能力）、紧迫程度和合法性对干系人进行分类。

参考答案：参见第399页"2019年下半年上午试题参考答案"。

● 成本补偿合同不适用于（56）的项目。
  （56）A．需立即开展工作
      B．对项目内容和技术经济指标未确定
      C．风险大
      D．工程量不太大，且能精确计算，工期较短

自我测试
（56）____（请填写你的答案）

【试题分析】
成本补偿合同主要适用于以下项目：
（1）需立即开展工作的项目。
（2）对项目内容及技术经济指标未确定的项目。
（3）风险大的项目。

参考答案：参见第399页"2019年下半年上午试题参考答案"。

● 关于合同变更的描述，不正确的是（57）。
  （57）A．对于任何变更的评估都应该有变更影响分析
      B．合同变更时应首先确定合同变更余款，然后确定合同变更量清单
      C．合同中已有适用于项目变更的价格，按合同已有的价格变更合同条款
      D．合同变更申请、变更评估和变更执行等必须以书面形式呈现

自我测试
（57）____（请填写你的答案）

【试题分析】
"公平合理"是合同变更的处理原则，变更合同价款按下列方法进行。
（1）首先确定合同变更量清单，然后确定变更价款。
（2）合同中已有适用于项目变更的价格，按合同已有的价格变更合同价款。
（3）合同中只有类似于项目变更的价格，可以参照类似价格变更合同价款。
（4）合同中没有适用或类似项目变更的价格，由承包人提出适当的变更价格，经监理工程师和业主确认后执行。

参考答案：参见第399页"2019年下半年上午试题参考答案"。

● "自制/外购"分析过程中，（58）时，项目不应从外部进行采购。
  （58）A．自制成本高于外购　　　　　B．与其他项目有资源冲突
      C．项目需要保密　　　　　　　D．技术人员能力不足

自我测试
（58）____（请填写你的答案）

【试题分析】

在进行"自制/外购"分析时，有时项目的执行组织可能有能力自制，但是可能与其项目有冲突或自制成本明显高于外购，在这些情况下项目需要从外部采购，以兑现进度承诺。需要保密的项目不应从外部进行采购。

✒ **参考答案**：参见第 399 页"2019 年下半年上午试题参考答案"。

● 关于采购谈判的描述，不正确的是（59）。
(59) A．采购谈判过程中以买卖双方签署文件为结束标志
　　　B．项目经理应是合同的主谈人
　　　C．项目团队可以列席谈判
　　　D．合同文本的最终版本应反映所达成的协议

📝 自我测试
（59）____（请填写你的答案）

【试题分析】

项目经理可以不是合同的主谈人。在合同谈判期间，项目管理团队可列席，并在需要时，就项目的技术、质量和管理要求进行澄清。

✒ **参考答案**：参见第 399 页"2019 年下半年上午试题参考答案"。

● 关于配置管理的描述，不正确的是：（60）。
(60) A．所有配置项的操作权限，应由配置管理员严格管理
　　　B．配置项的状态分为"草稿"和"正式"两种
　　　C．配置基线由一组配置项组成，这些配置项构成一个相对稳定的逻辑实体
　　　D．配置库可分为开发库、控制库、产品库三种类型

📝 自我测试
（60）____（请填写你的答案）

【试题分析】

配置项的状态可分为"草稿""正式"和"修改"三种。配置项刚建立时，其状态为"草稿"。配置项通过评审后，其状态变为"正式"。此后若更改配置项，则其状态变为"修改"。当配置项修改完毕并重新通过评审时，其状态又变为"正式"。

配置项状态变化如下图所示。

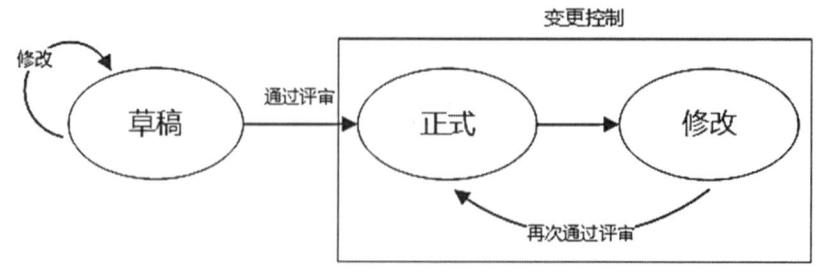

✒ **参考答案**：参见第 399 页"2019 年下半年上午试题参考答案"。

● （61）不属于发布管理与交付活动的工作内容。

（61）A．检入　　　　B．复制　　　　C．存储　　　　D．打包

📝 自我测试
（61）____（请填写你的答案）

【试题分析】
发布管理和交付活动的主要任务包括以下几个方面。
（1）存储：应通过下述方式确保存储的配置项的完整性。
①选择存储介质使再生差错或损坏降至最低限度。
②根据媒体的存储期，以一定频次运行或刷新已存档的配置项。
③将副本存储在不同的受控场所，以减少丢失的风险。
（2）复制：复制是用拷贝方式制造软件的阶段。
①应建立规程以确保复制的一致性和完整性。
②应确保发布用的介质不含无关项（如软件病毒或不适合演示的测试数据）。
③应使用适合的介质以确保软件产品符合复制要求，确保其在整个交付期中内容的完整性。
（3）打包：应确保按批准的规程制备交付的介质。应在需方容易辨认的地方清楚标出发布标识。
（4）交付：供方应按合同中的规定交付产品或服务。
（5）重建：应能重建软件环境，以确保发布的配置项在所保留的先前版本要求的未来一段时间里是可重新配置的。

🔖 参考答案：参见第399页"2019年下半年上午试题参考答案"。

● （62）将质量控制扩展到产品生命周期全过程。
（62）A．检验技术　　　　　　　　B．统计质量控制
　　　C．抽验检验方法　　　　　　D．全面质量管理

📝 自我测试
（62）____（请填写你的答案）

【试题分析】
全面质量管理有四个核心的特征，即全员参加的质量管理、全过程的质量管理、全面方法的质量管理和全面结果的质量管理。

🔖 参考答案：参见第399页"2019年下半年上午试题参考答案"。

● 某电池生产厂商为了保证产品的质量，在每一块电池出厂前做破坏性测试所产生的成本属于（63）。
（63）A．项目开发成本，不属于质量成本　　B．质量成本中的非一致性成本
　　　C．质量成本中的评价成本　　　　　　D．质量生产中的内部失败成本

📝 自我测试
（63）____（请填写你的答案）

【试题分析】
质量成本是指在产品生命周期中发生的所有成本，包括为预防不符合要求、为评价产品

或服务是否符合要求，以及因未达到要求而发生的所有成本（详见 2021 年上半年上午试题分析第 63 题）。

其中，破坏性测试所产生的成本是质量成本中的评价成本，属于一致性成本。

参考答案：参见第 399 页"2019 年下半年上午试题参考答案"。

● 某制造商面临大量产品退货，产品经理怀疑是采购和货物分类流程存在问题，此时应该采用（64）进行分析。

（64）A．流程图　　　B．质量控制图　　C．直方图　　　D．鱼骨图

自我测试

（64）____（请填写你的答案）

【试题分析】

根据题意，产品经理怀疑是采购和货物分类流程存在问题，此时我们用流程图进行分析。如果题干中说，产品退货，要找原因，才用鱼骨图。

参考答案：参见第 399 页"2019 年下半年上午试题参考答案"。

● 关于风险识别的描述，不正确的是（65）。

（65）A．风险识别的原则包括：先怀疑，后排除

　　　B．识别风险活动仅在项目启动时进行

　　　C．风险识别技术包括文档审查，假设分析与 SWOT 分析

　　　D．风险登记册包括已识别清单和潜在应对措施清单

自我测试

（65）____（请填写你的答案）

【试题分析】

在项目生命周期中，随着项目的进展，新的风险可能产生或为人所知，所以，识别风险是一项反复进行的过程。反复的频率及有谁参与都会因项目具体情况不同而异。

参考答案：参见第 399 页"2019 年下半年上午试题参考答案"。

● （66）不属于风险定性分析的输出。

（66）A．风险评级和分值　　　　　B．实现项目目标的概率

　　　C．风险紧迫性　　　　　　　D．风险分类

自我测试

（66）____（请填写你的答案）

【试题分析】

风险定性分析的输出有项目风险的相对排序或优先级清单、按照类别分类的风险、需要在近期采取应对措施的风险清单、要进一步分析与应对的风险清单、低优先级风险观察清单、定性风险分析结果的趋势。实现项目目标的概率是风险定量分析的输出。

参考答案：参见第 399 页"2019 年下半年上午试题参考答案"。

● 某项目发生一个已知风险，尽管团队之前针对该风险做过减轻措施，但是并不成功，接下来项目经理应该通过（67）控制该风险。

(67) A. 重新进行风险识别　　　　B. 使用管理储备
　　　C. 更新风险管理计划　　　　D. 评估应急储备，并更新风险登记册

📝 自我测试
（67）＿＿＿（请填写你的答案）

【试题分析】
消极风险或威胁的应对策略有规避、转移、减轻和接受（详见 **2021 年下半年上午试题分析第 67 题**）。

当减轻措施没有作用时，只能接受该风险，进行评估应急储备，并更新风险登记册。

➤ 参考答案：参见第 399 页"2019 年下半年上午试题参考答案"。

● （68）技术不能保障应用系统的完整性。
　　（68）A. 奇偶校验法　B. 数字签名　C. 物理加密　D. 密码校验

📝 自我测试
（68）＿＿＿（请填写你的答案）

【试题分析】
保障应用系统完整性的主要方法如下。

（1）协议：通过各种安全协议可以有效地检测出被复制的信息被删除的字段、失效的字段和被修改的字段。

（2）纠错编码方法：由此完成检错和纠错功能。最简单和常用的纠错编码方法是奇偶校验法。

（3）密码校验和方法：抗篡改和传输失败的重要手段。

（4）数字签名：保障信息的真实性。

（5）公证：请求系统管理或中介机构证明信息的真实性。

➤ 参考答案：参见第 399 页"2019 年下半年上午试题参考答案"。

● 关于信息系统岗位人员管理的要求，不正确的是（69）。
　　（69）A. 安全管理员和系统管理员不能由一人兼任
　　　　　B. 业务开发人员不能兼任安全管理员、系统管理员
　　　　　C. 系统管理员、数据库管理员、网络管理员不能相互兼任岗位或工作
　　　　　D. 关键岗位在处理重要事务或操作时，应保证二人同时在场

📝 自我测试
（69）＿＿＿（请填写你的答案）

【试题分析】
对信息系统岗位人员的管理，应根据其关键程度建立相应的管理要求。

（1）对安全管理员、系统管理员、数据库管理员、网络管理员、重要业务开发人员、系统维护人员和重要业务应用操作人员等信息系统关键岗位人员进行统一管理；允许一人多岗，但业务应用操作人员不能由其他关键岗位人员兼任；关键岗位人员应定期接受安全培训，加强安全意识和风险防范意识。

（2）兼职和轮岗要求：业务开发人员和系统维护人员不能兼任或担负安全管理员、系统

管理员、数据库管理员、网络管理员和重要业务应用操作人员等岗位或工作；必要时关键岗位人员应采取定期轮岗制度。

（3）权限分散要求：在上述基础上，应坚持关键岗位"权限分散、不得交叉覆盖"的原则，系统管理员、数据库管理员、网络管理员不能相互兼任岗位或工作。

（4）多人共管要求：在上述基础上，关键岗位人员处理重要事务或操作时，应保持二人同时在场，关键事务应多人共管。

（5）全面控制要求：在上述基础上，应采取对内部人员全面控制的安全保证措施，对所有岗位工作人员实施全面安全管理。

参考答案：参见第 399 页"2019 年下半年上午试题参考答案"。

● 关于标准分级与类型的描述，不正确的是（70）。
（70）A．GB/T 指推荐性国家标准
B．强制性标准的形式包含全文强制和条文强制
C．国家标准一般有效期为 3 年
D．国家标准的制定过程包括立项、起草、征求意见、审查、批准等阶段

自我测试
（70）____（请填写你的答案）

【试题分析】
国家标准一般有效期为 5 年。

参考答案：参见第 399 页"2019 年下半年上午试题参考答案"。

● (71) contributes to monitoring and data collection by defining security monitoring and data collection requirements.
（71）A．Information continuity management
B．Information catalogue management
C．Information security management
D．Information distribution management

自我测试
（71）____（请填写你的答案）

【试题分析】
翻译：(71) 通过定义安全监测和数据收集要求，有助于监测和数据收集。
（71）A．信息连续性管理　　　　　　B．信息目录管理
C．信息安全管理　　　　　　　D．信息分发管理

参考答案：参见第 399 页"2019 年下半年上午试题参考答案"。

● (72) seek to perform root cause investigation as to what is leading identified trends.
（72）A．Incident management　　　　B．Problem management
C．Change management　　　　　D．Knowledge management

自我测试
（72）____（请填写你的答案）

【试题分析】

翻译：（72）寻求进行根本原因调查，以了解导致已确定趋势的因素。

（72）A．事件管理　　B．问题管理　　C．变更管理　　D．知识管理

参考答案：参见第399页"2019年下半年上午试题参考答案"。

● The（73）is a graph that shows the relationship between two variables.

（73）A．Histograms　　　　　　B．Flowcharts
　　　C．Matrix diagrams　　　　D．Scatter diagrams

自我测试

（73）____（请填写你的答案）

【试题分析】

翻译：（73）是表示两个变量之间关系的图形。

（73）A．直方图　　B．流程图　　C．矩阵图　　D．散点图

参考答案：参见第399页"2019年下半年上午试题参考答案"。

●（74）is the process of identifying individual project risks as well as source of overall project risk,and documenting their characteristics.

（74）A．Identify risks　　　　　B．Monitor risks
　　　C．Implement risks responses　D．Plan risk management

自我测试

（74）____（请填写你的答案）

【试题分析】

翻译：（74）是识别单个项目风险和总体项目风险来源并记录其特征的过程。

（74）A．识别风险　　B．监控风险　　C．实施风险应对　　D．计划风险管理

参考答案：参见第399页"2019年下半年上午试题参考答案"。

● Work performance information is circulated through（75）processes.

（75）A．Planning　　　　　B．Change
　　　C．Improvement　　　D．Communication

自我测试

（75）____（请填写你的答案）

【试题分析】

翻译：工作绩效信息通过（75）过程循环。

（75）A．规划　　B．改变　　C．改进　　D．沟通

参考答案：参见第399页"2019年下半年上午试题参考答案"。

2019年下半年下午试题分析与解答

试题一

阅读下列说明，回答问题1至问题3，将解答填入答题纸的对应栏内。

【说明】

系统集成A公司中标某市智能交通系统建设项目。李总负责此项目的启动工作，任命小王为项目经理。小王制定并发布了项目章程，其中明确建设周期为1年，于2018年6月开始。

项目启动后，小王将团队分为了开发实施组与质量控制组，分工制定了范围管理计划、进度管理计划与质量管理计划。

为了与客户保持良好沟通，并保证项目按要求尽快完成，小王带领开发团队进驻甲方现场开发。小王与客户经过几次会议沟通后，根据自己的经验形成一份需求文件。然后安排开发人员先按照这份文档来展开工作，具体需求细节后续再完善。

开发过程中，客户不断提出新的需求，小王一边修改需求文件一边安排开发人员进行修改，导致开发工作多次反复。2019年2月，开发工作只完成了计划的50%，此时小王安排项目质量工程师进驻现场，发现很多质量问题。小王随即组织开发人员加班修改。由于项目组几个同事还承担其他项目的工作，工作时间没法得到保障，项目实施进度严重滞后。

小王将项目进展情况向李总进行了汇报，李总对项目现状不满意，抽调公司两名有多年项目实施经验的员工到现场支援。经过努力，项目最终还是延期四个月才完成。小王认为项目延期与客户有一定关系，与客户发生了争执，导致项目至今无法验收。

【问题1】

结合案例，从项目管理角度，简要分析项目所存在的问题。

🔖 参考答案

（1）项目章程不是小王制定的，而是发起人制定的。项目经理可以参与制定，但必须在制定项目章程之前和之中被发起人任命。

（2）项目管理计划不全面，还需包含范围管理、风险管理、采购管理等具体领域的计划、辅助资料和组织方针。

（3）小王应该整合所有的子计划和其他文件，形成项目管理计划。

（4）在项目的执行过程中没有加强质量保证工作，采取多种行动执行项目管理计划，完成项目范围说明书中明确的工作。

（5）小王在项目整体管理的监控过程中，没有分析绩效信息，采取必要的措施进行纠正等相关措施。

（6）小王在实施整体变更过程中没有严格按照变更流程处理相关变更，没有做好配置管理工作。

（7）小王缺乏和项目团队成员之间的沟通，造成不断的冲突。

（8）小王的管理能力还有待提高，不能简单地采用强制手段处理相关问题，应该学会冲突管理的相关措施。

（9）制定相关计划的时候，只有项目团队成员参与，还缺少其他的相关干系人。

（10）相关计划没有经过批准和审批就执行。

（11）收集需求过程有问题，不能以小王个人经验形成需求文件，需要和相关干系人一起参加收集，并采用多种工具，比如需求调查表、访谈等。还要做好需求跟踪矩阵。

解析：

本题考核的知识点是整体管理的内容和作用。

整体管理其基本任务就是为了按照实施组织确定的程序实现项目目标，将项目管理过程组中需要的各个过程有效形成整体。整体管理就是整合了其他的子计划（范围、进度、成本、质量、人力、沟通、干系人、风险、采购等管理计划），变成项目计划。

项目整体管理包括以下六个过程。

（1）制定项目章程：是核准项目或多阶段项目的阶段。制定项目章程是制定一份正式批准项目或阶段的文件；并记录能反映干系人需要和期望的初步要求的过程。它在项目执行组织与发起组织（或客户，如果是外部项目的话）之间建立起伙伴关系。项目章程的批准，标志着项目的正式启动。

（2）制定项目管理计划：是确定、编制所有部分计划并将其综合和协调为项目管理计划所必需的过程。项目管理计划是有关项目如何计划、执行、监控及结束的基本信息来源。

（3）指导与管理项目执行：要求项目经理和项目团队采取多种行动执行项目管理计划，完成项目范围说明书中明确的工作。

（4）监控项目工作：是监视和控制启动、规划、执行和结束项目所需的各个过程。采取纠正或预防措施控制项目的实施效果。监视是贯穿项目始终的项目管理的一个方面。

（5）整体变更控制：贯穿于项目的始终。由于项目很少会准确地按照项目管理计划进行，因而变更控制必不可少。

（6）结束项目或阶段：是完结所有项目管理过程组的所有活动，以正式结束项目或阶段的过程。本过程的主要作用是，总结经验教训，正式结束项目工作，为开展新工作而释放组织资源。

根据整体管理包含的六个过程去回答，不符合的就是存在问题的地方。

【问题2】

结合案例，判断下列选项的正误（填写在答题纸对应栏内，正确的选项填写"√"，错误的选项填写"×"）。

（1）制定项目管理计划采用从上到下的方法，先制定总体项目管理计划，再分解形成其他质量、进度等分项计划。（　　）

（2）项目启动阶段不需要进行风险识别。（　　）

（3）整体变更控制的依据有项目管理计划、工作绩效报告、变更请求和组织过程资产。（　　）

(4) 项目收尾的成果包括最终产品、服务或成果移交。（ ）
(5) 项目管理计划随着项目进展而逐渐明细。（ ）
(6) 项目执行过程中，先执行范围、进度、成本等其他过程管理，然后项目整体管理汇总其他知识领域的执行情况再进行整体协调管理。（ ）

★ **参考答案**

(1) ×　　(2) ×　　(3) √　　(4) √　　(5) √　　(6) ×

解析：

本题考核的是项目整体管理六个过程的内容和作用。

(1) 错误。项目管理计划必须是自下而上制定出来的。

(2) 错误。风险识别是一个反复的过程，项目启动阶段也要做。

(3) 正确。

(4) 正确。

(5) 正确。

(6) 错误。执行过程中要同时进行相关计划，而不能只注重其中一个。

【问题3】

请简要叙述项目整体管理中监控项目工作的输出。

★ **参考答案**

项目整体管理中监控项目工作的输出有变更请求、项目绩效报告、项目文件更新和项目管理计划更新。

解析：

本题考核的是整体管理中监控项目工作过程的输出，监控项目工作的输入、工具与技术及输出如下表所示。

过程名	输入	工具与技术	输出
监控项目工作	1. 项目管理计划 2. 进度预测 3. 成本预测 4. 确认的变更 5. 工作绩效信息 6. 事业环境因素 7. 组织过程资产	1. 专家判断 2. 分析技术 3. 项目管理信息系统 4. 会议	1. 变更请求 2. 项目绩效报告 3. 项目管理计划更新 4. 项目文件更新

试题二

阅读下列说明，回答问题1至问题4，将解答填入答题纸的对应栏内。

【说明】

某公司中标了一个软件开发项目，项目经理根据以往的经验估算了开发过程中各项任务需要的工期及预算成本，如下表所示。

任 务	紧前任务	工 期			PV	AC
		乐 观	可 能	悲 观		
A	/	2	5	8	500	400
B	A	3	5	13	600	650
C	A	3	3	3	300	200
D	B、C	1	1	7	200	
E	C	1	2	3	200	180
F	D、E	1	3	5	300	

到第 13 天晚上，项目经理检查了项目的进展情况和经费使用情况，发现 A、B、C 三项活动均已完工，D 任务明天可以开工，E 任务完成了一半，F 尚未开工。

【问题 1】
请采用合适的方法估算各个任务的工期，并计算项目的总工期和关键路径。

参考答案

A 的工期是 5 天，B 的工期是 6 天，C 的工期是 3 天，D 的工期是 2 天，E 的工期是 2 天，F 的工期是 3 天。

项目的总工期＝16 天。

关键路径是 A-B-D-F。

解析：

本题考核的知识点是进度计算。

三点估算的计算公式如下（**详见 2021 年上半年上午试题分析第 49 题**），根据三点估算的公式分别计算出各活动的期望工期。

$$期望工期（或估计值）=\frac{乐观时间+4\times 可能时间+悲观时间}{6}$$

A＝（2＋4×5＋8）/6＝5（天）

B＝（3＋4×5＋13）/6＝6（天）

C＝（3＋4×3＋3）/6＝3（天）

D＝（1＋4×1＋7）/6＝2（天）

E＝（1＋4×2＋3）/6＝2（天）

F＝（1＋4×3＋5）/6＝3（天）

根据表格的紧前关系，我们得到其单代号网络图如下。

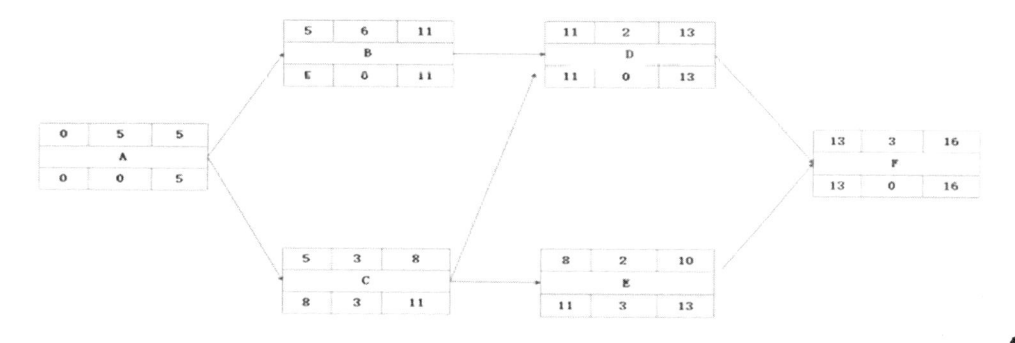

因此该项目的总工期是 A＋B＋D＋F＝5＋6＋2＋3＝16（天）

关键路径是 A-B-D-F。

【问题2】

C、D、E 三项活动的总时差。

参考答案

C 的总时差是 3 天，D 的总时差是 0 天，E 的总时差是 3 天。

解析：

本题考核的知识点是总时差。

在前导图法中，每项活动有唯一的活动号，每项活动都注明了预计工期（活动的持续时间）。通常，每个节点的活动会有如下几个时间。

（1）最早开始时间（ES），某项活动能够开始的最早时间。

（2）最早完成时间（EF），某项活动能够完成的最早时间。计算公式是：EF＝ES＋工期。

（3）最迟完成时间（LF），为了使项目按时完成，某项活动必须完成的最迟时间。

（4）最迟开始时间（LS），为了使项目按时完成，某项活动必须开始的最迟时间。计算公式是：LS＝LF－工期。

这几个时间通常作为每个节点的组成部分，如下图所示。

最早开始时间 ES	工期	最早完成时间 EF
活动名称		
最迟开始时间 LS	总浮动时间 TF	最迟完成时间 LF

"总时差"在不延误项目完工时间且不违反进度制约因素的前提下，活动可以从最早开始时间推迟或拖延的时间量，就是该活动的进度灵活性。关键活动的总时差为零。

计算公式是：TF＝LS－ES＝LF－EF。

根据"顺推选最大，逆推选最小"的原则，得到下图：

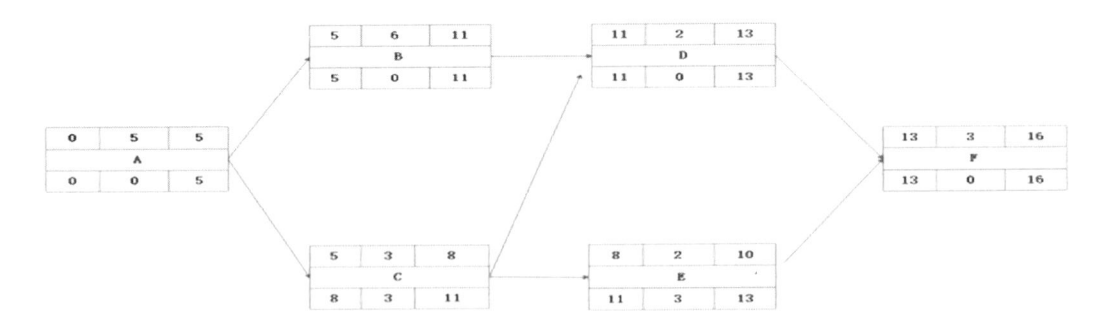

因此根据图和总时差的计算公式，计算 C、D、E 三项活动的总时差。

C 的总时差＝8－5＝11－8＝3（天）

D 的总时差＝11－11＝13－13＝0（天）（D 是关键路径上的活动，关键路径上活动的总时差是 0）

E 的总时差＝11－8＝13－10＝3（天）

【问题 3】

请计算并分析该项目第 13 天晚上时的执行绩效情况。

参考答案

该项目第 13 天晚上的执行绩效是 CV＝70，成本节约；SV＝－300，进度落后。

解析：

本题考核的知识点是挣值管理的相关概念及挣值计算（详见 **2021 年上半年下午试题分析与解答试题二**）。

（1）进度偏差计算公式：SV＝EV－PV。当 SV＞0，进度超前；SV＜0，进度滞后。

（2）成本偏差计算公式：CV＝EV－AC。当 CV＞0，成本节约；CV＜0，成本超支。

根据题干的图表和单代号网络图，首先计算 AC，然后求 PV，最后求 EV：

AC＝400＋650＋200＋180＝1430

PV＝A＋B＋C＋D＋E＝500＋600＋300＋200＋200＝1800

EV＝A＋B＋C＋0.5×E＝500＋600＋300＋0.5×200＝1500

因为要判断项目绩效，根据 CV 和 SV 来计算：

CV＝EV－AC＝1500－1430＝70，CV＞0，成本节约。

SV＝EV－PV＝1500－1800＝－300，SV＜0，进度落后。

【问题 4】

针对项目目前的绩效情况，项目经理应该采取哪些措施？

参考答案

因为 CV＞0，成本节约；SV＜0，进度落后。所以应采取以下措施：赶工；并行施工；使用高素质的资源或经验更丰富的人员；减少项目范围；改进方法或技术；加强质量管理。

解析：

本题考核的知识点是根据项目绩效采取的措施。

缩短工期通常采用以下措施：

（1）赶工，投入更多的资源或增加工作时间，以缩短关键活动的工期。

（2）快速跟进，并行施工，以缩短关键路径的长度。

（3）使用高素质的资源或经验更丰富的人员。

（4）减少活动范围或降低活动要求，需投资人同意。

（5）改进方法或技术，以提高生产效率。

（6）加强质量管理，及时发现问题，减少返工，从而缩短工期。

试题三

阅读下列说明，回答问题 1 至问题 3，将解答填入答题纸的对应栏内。

【说明】

某公司承接了一个软件开发项目，客户要求 4 个月交付。鉴于系统功能不多且相对独立，公司项目管理办公室评估后，认为该项目可以作为敏捷方法的试点项目。公司抽调各研发组的空闲人员组建了项目团队，任命小张为项目经理。

项目团队刚组建时，大家对敏捷和项目目标都充满了信心，但工作开始没多久，项目经理小张就与项目成员老王因技术路线问题产生了分歧。经过几轮讨论，双方都坚持己见，小张认为这严重损害了他作为项目经理的权威，于是想办法把老王调离了项目团队，让项目组采用了他提出的技术路线。

一个月以来，团队一直在紧张地赶工，还是没能按计划完成第一个迭代周期的任务。对于延迟的原因，团队成员指责项目经理没有制定好计划、任务分配不合理、对个人的考核规则不明确、工位分散沟通不顺畅；项目经理指责项目成员能力不足、工作习惯不好、对任务的理解不一致。团队出现了超出预想的困难，这很可能导致无法按时交付。

【问题1】
（1）请简述一般项目团队建设的五个阶段及其特点。
（2）请说明案例中项目团队当前所处的阶段。

★ 参考答案
（1）项目团队建设的五个阶段及其特点如下。

①形成阶段，一个个的个体转变为团队成员，逐渐相互认识并了解项目情况及他们在项目中的角色与职责，开始形成共同目标。团队成员倾向于相互独立，不怎么开诚布公。在本阶段，团队往往对未来有美好的期待。

②震荡阶段，团队成员开始执行分配的项目任务，一般会遇到超出预想的困难，希望被现实打破。个体之间开始争执，互相指责，并且开始怀疑项目经理的能力。

③规范阶段，经过一定时间的磨合，团队成员开始协同工作，并调整各自的工作习惯和行为来支持团队。团队成员开始相互信任，项目经理能够得到团队的认可。

④发挥阶段，随着相互之间的配合默契和对项目经理的信任加强，团队就像一个组织有序的单位那样工作。团队成员之间相互依靠，平稳高效地解决问题。这时团队成员的集体荣誉感会非常强，常将团队换成第一称谓，如"我们组""我们部门"等，并会努力捍卫团队声誉。

⑤解散阶段，所有工作完成后，项目结束，团队解散。

（2）案例中项目团队当前正处于震荡阶段。

解析：
本题考核的知识点是项目团队的五个阶段，回答的时候只要意思相近都有分。

根据题干中的描述，团队成员之间发生争执，互相指责，并且开始怀疑项目经理的能力。这符合震荡阶段的特点。

【问题2】
（1）请指出常用的冲突解决方法。
（2）针对案例中发生的冲突，请指出项目经理采用了哪种冲突管理方法，并说明其特点。

★参考答案
（1）常用的冲突解决方法有问题解决、合作、强制、妥协、求同存异和撤退。

（2）案例中，项目经理采用的是强制措施。强制就是以牺牲其他各方的观点为代价，强制采纳一方的观点，一般只适用于"赢—输"这样的零和游戏情景里。

解析：

（1）本题考核的知识点是冲突的解决方法。

冲突管理的方法包括以下六种（详见 **2021 年上半年下午试题分析与解答试题三**）。

①问题解决：这个过程中，需要公开地协商，这是冲突管理中最理想的一种方法。

②合作：得出一个多数人接受和承诺的冲突解决方案。

③强制：强制就是以牺牲其他各方的观点为代价，强制采纳一方的观点。

④妥协：使冲突各方都有一定程度满意、但冲突各方没有任何一方完全满意。

⑤求同存异：关注他们一致的一面，而淡化不一致的一面。

⑥撤退：把眼前的或潜在的冲突搁置起来，从冲突中撤退。

（2）本题考核的知识点是冲突的解决方法。

根据题干中小张认为这严重损害了他作为项目经理的权威，于是想办法把老王调离了项目团队，让项目组采用了他提出的技术路线，项目经理小张采取的是强制的措施。

【问题3】

（1）请简述成功的项目团队的特点。

（2）对照成功项目团队的特点，指出案例中存在的问题，并写出改进措施。

◆ 参考答案

（1）成功项目团队的特点有：目标明确，结构清晰，流程简明，赏罚分明，纪律严明，工作协同。

（2）案例中项目团队存在的问题：

①没有开展团队建设活动。

②没有明确项目团队的目标，以及项目组各成员的分工。

③没有建立清晰的工作流程和沟通机制。

④没有建立明确的考核评价标准。

⑤没有在团队成员之间建立参与和分享的氛围。

⑥没有制定有效的激励措施。

改进措施：

①采用合适的团队建设手段，消除团队成员间的隔阂。

②明确项目团队的目标，以及项目组各成员的分工。

③建立清晰的工作流程和沟通机制。

④建立明确的考核评价标准。

⑤鼓励团队成员之间建立参与和分享的氛围。

⑥制定有效的激励措施。

解析：

（1）本题考核的知识点是成功团队的特点。

①目标明确：团队的目标明确，成员清楚自己工作对目标的贡献。

②结构清晰：团队的组织结构清晰，岗位明确。

③流程简明：有成文或习惯的工作流程和方法，而且流程简明有效。

④赏罚分明：项目经理对团队成员有明确的考核和评价标准，工作结果公正公开，赏罚分明。

⑤纪律严明：有共同制定并遵守的组织纪律。

⑥工作协同：团队成员相互信任，协同工作，善于总结和学习。

（2）本题考核的知识点是建设项目团队和管理项目团队过程的内容和作用。

建设项目团队：是提高工作能力，促进团队成员互动，改善团队整体氛围，以提高项目绩效的过程。本过程的主要收益是：改进团队协作，增强人际技能，激励团队成员，降低人员离职率，提升整体项目绩效。

管理项目团队：是跟踪团队成员工作表现，提供反馈，解决问题并管理团队变更，以优化项目绩效的过程。本过程的主要收益是：影响团队行为，管理冲突，解决问题，并评估团队成员的绩效。

根据人力资源管理中建设项目团队和管理项目团队的内容和作用去回答，不符合的就是存在问题的地方，然后采取相关的措施。

试题四

阅读下列说明，回答问题1至问题3，将解答填入答题纸的对应栏内。

【说明】

系统集成A公司承接了某市政府电子政务系统机房升级改造项目，任命小张为项目经理。升级改造工作实施前，小张安排工程师对机房进行了检查，形成如下14条记录：

（1）机房有机架30组。

（2）机房内各区域温度保持在25摄氏度左右。

（3）机房铺设普通地板，配备普通办公家具。

（4）机房照明系统与机房设备统一供电，配备了应急照明装置。

（5）机房配备了UPS，无稳压器。

（6）机房设置了避雷装置。

（7）机房安装了防盗报警装置。

（8）机房内配备了灭火器，但没有烟感报警装置。

（9）机房门口设立门禁系统，无人值守。

（10）进入机房人员需要佩带相应证件。

（11）工作人员可以使用个人手机与外界联系。

（12）所有来访人员需经过正式批准，批准通过后可随意进入机房。

（13）来访人员可以携带笔记本电脑进入机房。

（14）机房内明确标示禁止吸烟和携带火种。

【问题1】

根据以上检查记录，请指出该机房在信息安全管理方面存在的问题，并说明原因（将错误编号及原因填写在答题纸对应表格中）。

参考答案

记录	原因
（2）	机房各区域的温度应当根据环境和实际情况有所不同
（3）	地板防静电：机房地板从表面到接地系统的阻值，应控制在不易产生静电的范围内
（4）	分开供电：机房供电系统应将计算机系统供电与其他供电分开，并配备应急照明装置
（5）	采用线路稳压器，防止电压波动对计算机系统的影响
（8）	要有烟感报警器
（9）	要安排人员值班
（11）	无关的物品不能带入机房
（12）	进入机房后，也要遵守机房相关规定
（13）	不经批准，不能携带设备进入机房

解析：

本题考核的知识点是计算机机房与设施安全。

计算机机房的安全保护包括机房场地选择、机房防火、机房空调、降温、机房防水与防潮、机房防静电、机房接地与防雷击、机房电磁防护等。

技术控制包括检测监视系统和人员进出机房和操作权限范围控制。

环境与人身安全包括防火、防漏水和水灾、防静电、防自然灾害和防物理安全威胁。

电磁兼容包括计算机设备防泄漏和计算机设备的电磁辐射标准和电磁兼容标准。

根据计算机机房与设施安全的内容去回答，不符合的就是存在问题的地方。

【问题2】

信息系统安全的属性包括保密性、完整性、可用性和不可抵赖性。请说明各属性的含义。

参考答案

（1）保密性是应用系统的信息不被泄露给非授权的用户、实体或过程，或供其利用的特性。

（2）完整性是信息未经授权不能进行改变的特性。

（3）可用性是应用系统信息可被授权实体访问并按需求使用的特性。

（4）不可抵赖性也称作不可否认性，在应用系统的信息交互过程中，确信参与者的真实同一性。

解析：

本题考核的知识点是信息系统安全各属性的含义。

【问题3】

请列举机房防静电的方式。

参考答案

机房防静电的措施有：①接地与屏蔽；②服装防静电；③温、湿度防静电；④地板防静电；⑤材料防静电；⑥维修MOS电路保护；⑦静电消除要求。

解析：

本题考核的知识点是机房防静电的方式。

①接地与屏蔽：采用必要的措施，使计算机系统有一套合理的防静电接地与屏蔽系统。
②服装防静电：人员服装采用不易产生静电的衣料，工作鞋采用低阻值材料制作。
③温、湿度防静电：控制机房温湿度，使其保持在不易产生静电的范围内。
④地板防静电：机房地板从表面到接地系统的阻值，应控制在不易产生静电的范围内。
⑤材料防静电：机房中使用的各种家具，如工作台、柜等，应选择产生静电小的材料。
⑥维修 MOS 电路保护：在硬件维修时，应采用金属板台面的专用维修台，以保护 MOS 电路。
⑦静电消除要求：在机房中使用静电消除剂等，以进一步减少静电的产生。

根据机房防静电的措施内容去回答，并采取相关措施。

2018 年系统集成项目管理工程师考试试题与解析

2018年上半年上午试题分析

- 基于TCP/IP协议的网络属于信息传输模型中的（1）。
  (1) A. 信源 B. 信道
      C. 信宿 D. 编解码

📝 **自我测试**
（1）____（请填写你的答案）

【试题分析】
信息的传输模型包括：信源、编码器、信道、解码器、信宿、噪声，噪声干扰信道。
（1）信源：信源是产生信息的实体，信息产生后，由这个实体向外传播。
（2）信宿：信宿是信息的归宿或接收者。
（3）信道：信道是传送信息的通道，如TCP/IP网络。信道可以是抽象的信道，也可以是具有物理意义的实际传送通道。
（4）编码器：编码器在信息论中泛指所有变换信号的设备，实际上就是终端机的发送部分。
（5）解码器：解码器是编码器的逆变换设备，它把信道上送来的信号转换成信宿（信息接收者）能接收的信号，可包括解调器、译码器、数模转换器等。
（6）噪声：噪声可以理解为干扰，干扰可以来自信息系统分层结构的任何一层。当噪声携带的信息大到一定程度的时候，在信道中传输的信息可以被噪声淹没导致传输失败。

➤ **参考答案**：参见第400页"2018年上半年上午试题参考答案"。

- 关于"信息化"的描述，不正确的是（2）。
  (2) A. 信息化的手段是基于现代信息技术的先进社会生产工具
      B. 信息化是综合利用各种信息技术改造、支撑人类各项活动的过程
      C. 互联网金融是社会生活信息化的一种体现和重要发展方向
      D. 信息化的主体是信息技术领域的从业者，包括开发和测试人员

📝 **自我测试**
（2）____（请填写你的答案）

【试题分析】
信息化的基本内涵告诉我们：信息化的主体是全体社会成员，包括政府、企业、事业、团体和个人，而不是部分成员。

➤ **参考答案**：参见第400页"2018年上午试题参考答案"。

- 开展区块链技术的商业试探性应用，属于国家信息化体系中的(3)要素。

(3) A．信息技术应用 B．信息网络
    C．信息资源   D．信息技术和产业

📝 自我测试

(3) ____（请填写你的答案）

【试题分析】

国家信息化体系六要素关系如下图所示。

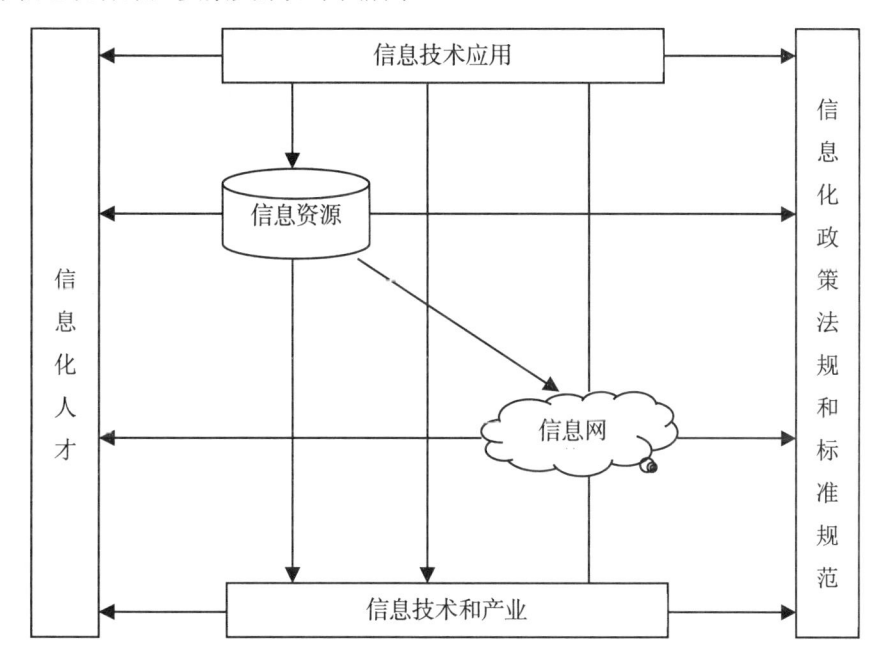

国家信息化体系包括信息技术应用、信息资源、信息网络、信息技术和产业、信息化人才、信息化政策法规和标准规范六个要素。其中，信息技术应用指把信息技术广泛应用于经济和社会各个领域。传统的信息技术包括计算工程、软件工程、网络工程、数据工程、信息安全等，而新一代信息技术包括云计算、大数据、人工智能、物联网、移动互联、区块链等。

➤ 参考答案：参见第400页"2018年上半年上午试题参考答案"。

- 我国陆续建成了以"两网、一站、四库、十二金"工程为代表的国家级信息系统，其中的"一站"属于(4)电子政务模式。

(4) A．G2G   B．G2C   C．G2E   D．B2C

📝 自我测试

(4) ____（请填写你的答案）

【试题分析】

全国"两网、一站、四库、十二金"工程如下图所示。

| 公众访问层 | 中国政府网 | "一站" |

| 应用系统层 | 宏观经济管理　办公业务资源　金税
金盾　金审　金财　金融监管
金保　金农　金水　金质　金关 | "十二金" |

| 数据资源层 | 资源地理基础信息库　法人单位基础信息库
人口基础信息库　宏观经济信息库 | "四库" |

| 网络项目层 | 政务内网　政务外网 | "两网" |

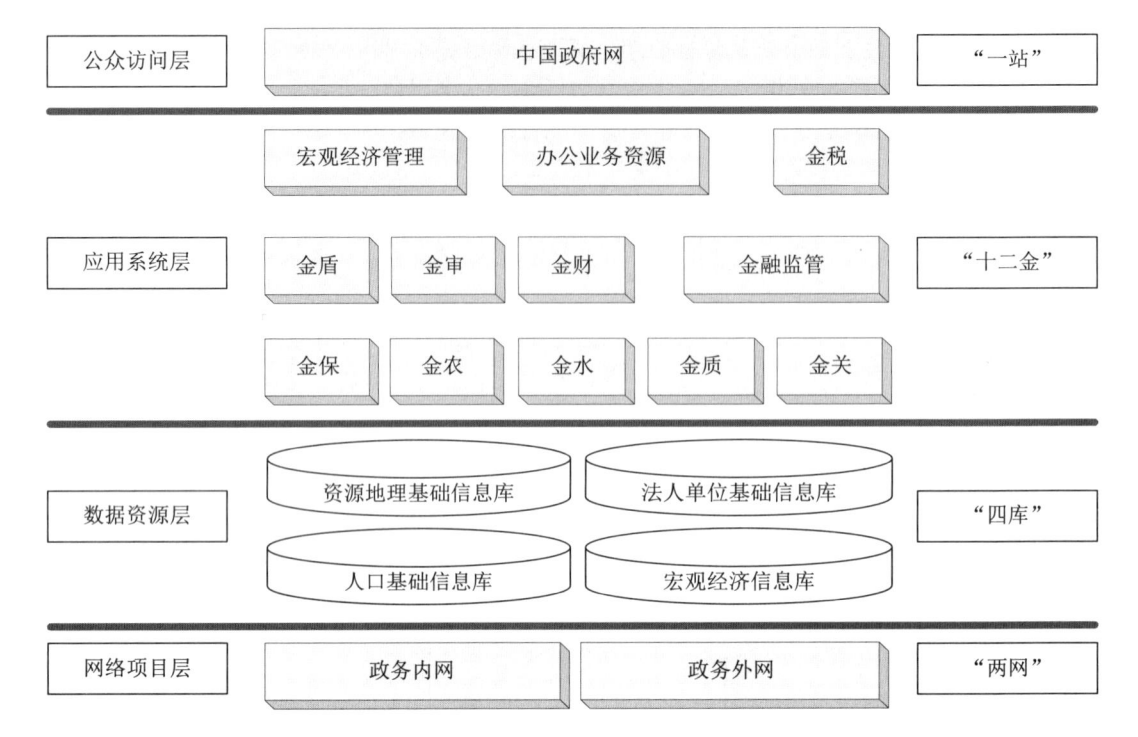

电子政务主要包括如下四个方面：政府间的电子政务（G2G）、政府对企业的电子政务（G2B）、政府对公众的电子政务（G2C）、政府对公务员（G2E）。

在"两网、一站、四库、十二金"工程中，"一站"指政府门户网站。政府门户网站属于政府对公众的电子政务（G2C）模式。

参考答案：参见第400页"2018年上半年上午试题参考答案"。

● 在 A 公司面向传统家电制造业的网上商城技术解决方案中，重点阐述了身份认证、数字签名、防入侵方面的内容，体现了电子商务平台规范（5）的基本特征。

（5）A．可靠性　　　B．普遍性　　　C．便利性　　　D．安全性

自我测试
（5）____（请填写你的答案）

【试题分析】
电子商务应该具有以下基本特征。
（1）普遍性：电子商务作为一种新型的交易方式，将生产企业、流通企业、消费者、金融企业和监管者集成到数字化的网络经济中。
（2）便利性：参与电子商务的各方不受地域、环境、交易时间的限制，能以非常简洁的方式完成传统上较为繁杂的商务活动。
（3）整体性：电子商务能够规范事务处理的工作流程，将人工操作和电子信息处理集成为一个不可分割的整体，保证交易过程的规范和严谨。
（4）安全性：与传统的商务活动不同，电子商务必须采取诸如加密、身份认证、防入侵、数字签名、防病毒等技术手段，以确保交易活动的安全性。

(5) 协调性：商务活动本身是一种磋商、协调的过程，客户与企业之间、企业与企业之间、客户与金融服务部门之间、企业与金融服务部门之间、企业与配送部门之间等需要有序地协作，共同配合来完成交易。

▶ **参考答案**：参见第400页"2018年上半年上午试题参考答案"。

- (6) ____属于互联网在制造领域的应用范畴。
    (6) A．建设智能化工厂和数字化车间
    　　B．加强智能制造工控系统信息安全保障体系
    　　C．开展工业领域的远程诊断管理、全产业链追溯等
    　　D．组织研发具有深度感知的机器人

📝 **自我测试**
(6) ____（请填写你的答案）

【试题分析】
深化互联网在制造领域的应用，主要体现在以下方面：制定互联网与制造业融合发展的路线图，明确发展方向、目标和路径；发展基于互联网的个性化定制、众包设计、云制造等新型制造模式，推动形成基于消费需求动态感知的研发、制造和产业组织方式；建立优势互补、合作共赢的开放型产业生态体系；加快开展物联网技术研发和应用示范，培育智能监测、远程诊断管理、全产业链追溯等工业互联网新应用；实施工业云及工业大数据创新应用试点，建设一批高质量的工业云服务和工业大数据平台，推动软件与服务、设计与制造资源、关键技术与标准的开放共享。

▶ **参考答案**：参见第400页"2018年上半年上午试题参考答案"。

- 客户关系管理（CRM）系统是以客户为中心设计的一套集成化信息管理系统，系统中记录的客户购买记录属于(7)____客户数据。
    (7) A．交易性　　　B．描述性　　　C．促销性　　　D．维护性

📝 **自我测试**
(7) ____（请填写你的答案）

【试题分析】
客户数据可以分为描述性数据、促销性数据和交易性数据三大类。
(1) 描述性数据：这类数据是客户的基本信息。如果针对个人客户，一定要涵盖客户的姓名、年龄、ID和联系方式等；如果针对企业客户，一定要涵盖企业的名称、规模、联系人和法人代表等信息。
(2) 促销性数据：这类数据是体现企业曾经为客户提供的产品和服务的历史数据，主要包括用户产品使用情况调查的数据、促销活动记录数据、客服人员的建议数据和广告数据等。
(3) 交易性数据：这类数据是反映客户对企业做出的回馈的数据，包括历史购买记录数据、投诉数据、请求提供咨询及其他服务的相关数据、客户建议数据等。

▶ **参考答案**：参见第400页"2018年上半年上午试题参考答案"。

- 商业智能（BI）能够利用信息技术将数据转化为业务人员能够读懂的有用信息，辅助

决策，它的实现方式包括三个层次，即（8）。

(8) A．数据统计、数据分析和数据挖掘
　　B．数据仓库、数据 ETL 和数据统计
　　C．数据分析、数据挖掘和人工智能
　　D．数据报表、多维数据分析和数据挖掘

📝 自我测试

（8）____（请填写你的答案）

【试题分析】

商业智能的实现有三个层次：数据报表、多维数据分析和数据挖掘。

（1）数据报表：数据报表是商业智能（BI）的低端实现。数据分析和数据挖掘系统的目的是带给用户更多的决策支持价值，并不是取代数据报表。数据报表系统依然有其不可取代的优势，并且将会长期与数据分析、挖掘系统一起并存下去。

（2）多维数据分析：在线分析处理侧重于针对宏观问题全面分析数据，获得有价值的信息。为了达到在线分析处理的目的，传统的关系型数据库已经不够了，需要一种新的技术，即多维数据分析。数据分析系统的总体架构分为四个部分：源数据、数据仓库、多维数据库和客户端。

（3）数据挖掘：从广义上说，任何从数据库中挖掘信息的过程都叫作数据挖掘。从狭义上说，数据挖掘是从特定形式的数据集中提炼知识的过程。

➤ 参考答案：参见第 400 页"2018 年上半年上午试题参考答案"。

● A 公司是一家云服务提供商，向用户提供多租户、可定制的办公软件和客户关系管理软件，A 公司所提供的此项云服务属于（9）服务类型。

（9）A．IaaS　　　B．PaaS　　　C．SaaS　　　D．DaaS

📝 自我测试

（9）____（请填写你的答案）

【试题分析】

云计算服务按照提供的资源层次，可以分为 IaaS（基础设施即服务）、PaaS（平台即服务）、SaaS（软件即服务）三种服务类型（**详见 2020 年下半年上午试题分析第 21 题**）。

其中，SaaS 是一种通过互联网提供软件服务的模式，向用户提供应用软件（如 CRM、办公软件等）、组件、工作流等虚拟化软件的服务。用户无须购买软件，而是向提供商租用基于 Web 的软件来管理企业经营活动。SaaS 类似于个人计算机中各种各样的应用软件。

➤ 参考答案：参见第 400 页"2018 年上半年上午试题参考答案"。

● 信息技术服务标准（ITSS）定义了 IT 服务的核心要素由人员、过程、技术和资源组成。（10）要素关注"正确做事"。

（10）A．人员　　　B．过程　　　C．技术　　　D．资源

📝 自我测试

（10）____（请填写你的答案）

【试题分析】
ITSS 定义了 IT 服务的核心要素由人员、过程、技术和资源组成,并对这些 IT 服务的组成要素进行标准化,如下图所示,对这四个要素及其关系可以概括为:人员(正确选人)、过程(正确做事)、技术(高效做事)和资源(保障做事)。

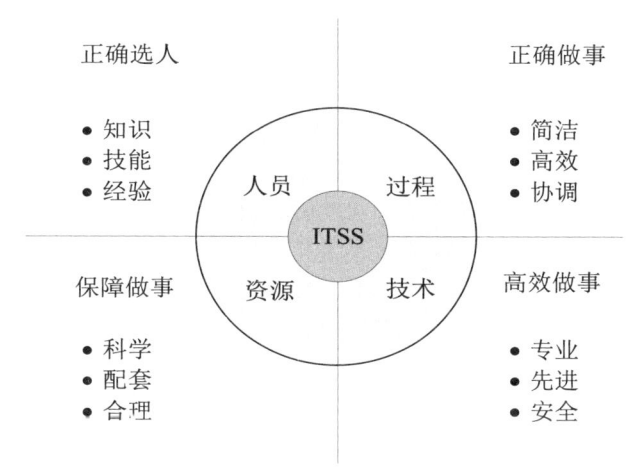

```
        正确选人                    正确做事
      • 知识                     • 简洁
      • 技能      人员   过程    • 高效
      • 经验        ITSS         • 协调

        保障做事    资源   技术    高效做事
      • 科学                     • 专业
      • 配套                     • 先进
      • 合理                     • 安全
```

➤ **参考答案**:参见第 400 页"2018 年上半年上午试题参考答案"。

● 一般公认信息系统审计原则不包括(11)。
(11)A. ISACA 公告   B. ISACA 公告和职业准则
    C. ISACA 职业道德规范   D. COBIT 框架

📝 自我测试
(11)____(请填写你的答案)

【试题分析】
一般公认信息系统审计准则包括职业准则、ISACA 公告和 ISACA 职业道德规范。

(1)职业准则:职业准则包括审计规章、独立性、职业道德及规范、专业能力、规划、审计工作的执行、报告、期后审计。

(2)ISACA 公告:ISACA 公告是信息系统审计与控制协会对信息系统审计一般准则所做的说明。

(3)ISACA 职业道德规范:ISACA 职业道德规范是针对协会会员或信息系统审计认证持有者有关职业及个人的指导规范。

➤ **参考答案**:参见第 400 页"2018 年上半年上午试题参考答案"。

● 在信息系统的生命周期中,"对企业信息系统的需求进行深入调研和分析,形成《需求规格说明书》"是在(12)阶段进行的。
(12)A. 立项   B. 可行性分析
    C. 运维   D. 消亡

📝 自我测试
(12)____(请填写你的答案)

【试题分析】

信息系统的生命周期可以分为立项、开发、运维及消亡四个阶段（详见 2021 年上半年上午试题分析第 11 题）。

其中，立项阶段也称为信息系统的概念阶段、需求分析阶段。这一阶段根据用户业务发展和经营管理的需要，提出建设信息系统的初步构想；然后对企业信息系统的需求进行深入调研和分析，形成《需求规格说明书》并确定立项。

参考答案：参见第 400 页"2018 年上半年上午试题参考答案"。

● 关于信息系统设计的描述，正确的是（13）。
　　（13）A．人机界面设计是系统概要设计的任务之一
　　　　　B．确定系统架构时，要对整个系统进行"纵向"分解而不是"横向"分解
　　　　　C．系统架构设计对设备选型起决定性作用
　　　　　D．设备选型与法律制度无关

自我测试
　　（13）____（请填写你的答案）

【试题分析】

系统方案设计包括总体设计和各部分的详细设计两个方面，其中，系统详细设计包括代码设计、数据库设计、人机界面设计、处理过程设计等。

系统架构将系统整体分解为更小的子系统和组件，对整个系统的分解，既需要进行"纵向"分解，也需要对同一逻辑层分块，进行"横向"分解。

设备、DBMS 及技术选型时，需要权衡各种可供选用的计算机硬件技术、软件技术、数据管理技术、数据通信技术和计算机网络技术及相关产品，同时，必须考虑用户的使用要求、系统运行环境、现行的信息管理和信息技术的标准、规范及有关法律制度等。

参考答案：参见第 400 页"2018 年上半年上午试题参考答案"。

● 软件质量管理过程由许多活动组成，"确保活动的输出产品满足活动的规范说明"是（14）活动的目标。
　　（14）A．软件确认　　B．软件验证　　C．技术评审　　D．软件审计

自我测试
　　（14）____（请填写你的答案）

【试题分析】

软件质量管理过程由许多活动组成，一些活动可以直接发现缺陷，另一些活动则检查活动的价值。软件质量管理过程包括质量保证过程、确认过程、验证过程、评审过程、审计过程等。

（1）质量保证过程：通过制定计划、实施和完成等活动保证项目生命周期中的软件产品和过程符合其规定的要求。

（2）确认过程：软件确认过程确定某一活动的产品是否符合活动的需求，最终的软件产品是否达到其意图并满足用户需求。

（3）验证过程：软件验证过程试图确保活动的输出产品已经被正确构造，即活动的输出

产品满足活动的规范说明。

（4）评审过程与审计过程：对软件进行管理评审、技术评审、检查、走查、审计等。其中：
管理评审的目的是监控进展，决定计划和进度的状态，或评价用于达到目标所用管理方法的有效性。

技术评审的目的是评价软件产品，以确定其对使用意图的适合性。

软件审计的目的是提供软件产品和过程对于可应用的规则、标准、指南、计划和流程的遵从性的独立评价。

★ **参考答案**：参见第400页"2018年上半年上午试题参考答案"。

● 关于对象、类、继承、多态的描述，不正确的是（15）。
（15）A．对象包含对象标识、对象状态和对象行为三个基本要素
　　　B．类是对象的实例，对象是类的模板
　　　C．继承是表示类之间的层次关系
　　　D．多态使得同一个操作在不同类中有不同的实现方式

✎ 自我测试
（15）____（请填写你的答案）

【试题分析】
面向对象的基本概念包括对象、类、抽象、封装、继承、多态、接口、消息、组件、复用和模式等（**详见2021年上半年上午试题分析第13题**）。其中：

对象：由数据及其操作所构成的封装体。对象是系统中用来描述客观事物的一个模块，是构成系统的基本单位。对象包含三个基本要素，分别是对象标识、对象状态和对象行为。

类：现实世界中对实体的形式化描述。类将该实体的属性（数据）和操作（函数）封装在一起。类和对象的关系可理解为：对象是类的实例，类是对象的模板。

继承：表示类之间的层次关系（父类与子类），这种关系使得某类对象可以继承另外一类对象的特征。继承又可分为单继承和多继承。

多态：是一种方法，它使得在多个类中可以定义同一操作或属性名，并且在每个类中可以有不同的实现。

★ **参考答案**：参见第400页"2018年上半年上午试题参考答案"。

● 在典型的软件架构模式中，（16）模式是基于资源不对等，为实现共享而提出的。
（16）A．管道/过滤器　　B．事件驱动　　C．分层　　D．客户/服务器

✎ 自我测试
（16）____（请填写你的答案）

【试题分析】
常见的几种典型架构模式如下。
（1）管道/过滤器模式：在此模式中，每个组件（过滤器）都有一组输入/输出。组件读取输入的数据流，经过内部处理后，产生输出的数据流，该过程主要完成输入流的变换及增量计算。其典型应用包括批处理系统。

（2）面向对象模式：面向对象模式是在面向对象的基础上，将模块数据的表示方法及其

相应操作封装在更高抽象层次的数据类型或对象中。其典型应用是基于组件的软件开发。

（3）事件驱动模式：事件驱动模式的基本原理是，组件并不直接调用操作，而是触发一个或多个事件，系统中的其他组件可以注册相关的事件。触发一个事件时，系统会自动调用注册了该事件的组件，即触发事件会导致另一组件中操作的调用。事件驱动模式的典型应用包括各种图形界面应用。

（4）分层模式：分层模式采用层次化的组织方式，每一层都为上一层提供服务，并使用下一层提供的功能。其典型应用是分层通信协议，如 ISO 的七层网络模型。

（5）客户/服务器模式：客户/服务器模式是基于资源的不对等，为实现共享而提出的模式。该模式将应用一分为二，服务器（后台）负责数据操作和事务处理，客户（前台）完成与用户的交互任务。

参考答案：参见第 400 页"2018 年上半年上午试题参考答案"。

● 关于数据库和数据仓库技术的描述，不正确的是（17）。
（17）A．与数据仓库相比，数据库的数据源相对单一
　　　B．与数据仓库相比，数据库主要存放历史数据，相对稳定
　　　C．建立数据仓库是为了管理决策
　　　D．数据仓库的结构包含数据源、数据集市、OLAP 服务器、前端工具等

自我测试
（17）____（请填写你的答案）

【试题分析】
传统的数据库技术以单一的数据源即数据库为中心，进行事务处理、批处理、决策分析等各种数据处理工作，主要有操作型处理和分析型处理两种。传统数据库系统主要强调的是优化企业的日常事务处理工作，难以实现对数据分析处理要求，无法满足数据处理多样化的要求。

数据仓库是一个面向主题的、集成的、相对稳定的、反映历史变化的数据集合，用于支持管理决策（**详见 2021 年上半年上午试题分析第 15 题**）。

数据仓库是对多个异构数据源（包括历史数据）的有效集成，集成后按主题重组，且存放在数据仓库中的数据一般不再修改。

参考答案：参见第 400 页"2018 年上半年上午试题参考答案"。

● 在 OSI 七层协议中，HTTP 是（18）协议。
（18）A．网络层　　　B．传输层　　　C．会话层　　　D．应用层

自我测试
（18）____（请填写你的答案）

【试题分析】
OSI 采用了分层的结构化技术，OSI 从下到上共分为七层，包括物理层、数据链路层、网络层、传输层、会话层、表示层、应用层（**详见 2021 年上半年上午试题分析第 17 题**）。

下图左侧为 OSI 七层协议，右侧为 TCP/IP 协议分层模型。

应用层	应用层
表示层	
会话层	
传输层	传输层
网络层	网络层
数据链路层	网络接口层
物理层	

在 TCP/IP 协议中，常见的协议有 HTTP、TELNET、FTP、SMTP，如下图所示。

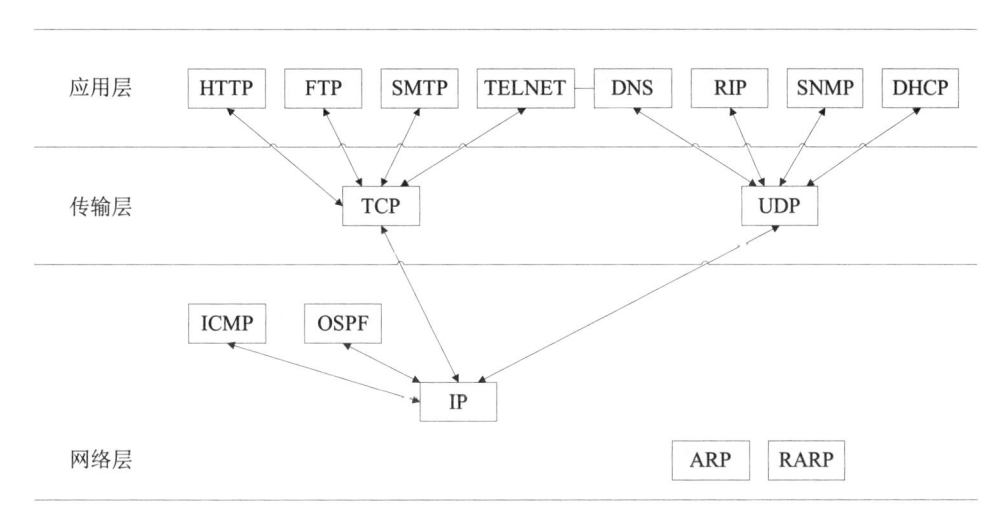

```
应用层    HTTP  FTP  SMTP  TELNET  DNS  RIP  SNMP  DHCP
                   ↓                        ↓
传输层              TCP                     UDP
              ↓                        
         ICMP  OSPF                     
                   ↓                        
                   IP                       
网络层                              ARP  RARP
```

● 在网络存储结构中，(19) 通过 TCP/IP 协议访问数据。
(19) A．直连式存储   B．网络存储设备
     C．光纤通道交换机   D．SCSI 存储

📝 自我测试
(19)____（请填写你的答案）

【试题分析】
网络存储结构大致分为三种：直连式存储（DAS）、网络存储设备（NAS）和存储网络（SAN）（详见 **2019 年上半年试题分析第 19 题**）。

网络存储设备（NAS）支持多种 TCP/IP 网络协议，主要是 NFS 和 CIFS 来进行文件访问，所以 NAS 的性能特点是进行小文件级的共享存储。在具体使用时，NAS 设备通常配置为文件服务器，通过使用基于 Web 的管理界面来实现系统资源的配置、用户配置管理和用户访问登录等。NAS 存储支持即插即用。

➤ **参考答案**：参见第 400 页"2018 年上半年上午试题参考答案"。

● 对 MAC 地址进行变更属于 (20)。
(20) A．链路层交换   B．物理层交换
     C．网络层交换   D．传输层交换

📝 自我测试

（20）____（请填写你的答案）

【试题分析】

在计算机网络中，按照交换层次的不同，网络交换可以分为物理层交换（如电话网）、链路层交换（二层交换，对 MAC 地址进行变更）、网络层交换（三层交换，对 IP 地址进行变更）、传输层交换（四层交换，对端口进行变更，比较少见）和应用层交换（可以理解为 Web 网关等）。

🔖 参考答案：参见第 400 页 "2018 年上半年上午试题参考答案"。

● 只有得到允许的人才能修改数据，并且能够判别数据是否已被篡改，这体现了信息安全的（21）。

（21）A．机密性　　　　B．可用性　　　　C．完整性　　　　D．可控性

📝 自我测试

（21）____（请填写你的答案）

【试题分析】

信息安全的基本要素主要包括机密性、完整性、可用性、可控性、可审查性（**详见 2021 年上半年上午试题分析第 20 题**）。

其中，完整性是指只有得到允许的人才能修改数据，并且能够判别出数据是否已被篡改。

🔖 参考答案：参见第 400 页 "2018 年上半年上午试题参考答案"。

● 在大数据关键技术中，Hadoop 的分布式文件系统 HDFS 属于大数据（22）。

（22）A．存储技术　　B．分析技术　　C．并行分析技术　　D．挖掘技术

📝 自我测试

（22）____（请填写你的答案）

【试题分析】

大数据技术主要涉及数据采集、数据存储、数据管理、数据分析与挖掘四个环节。

在数据采集阶段主要使用的技术是数据抽取工具 ETL。在数据存储环节主要有结构化数据、非结构化数据和半结构化数据的存储与访问。结构化数据一般存放在关系数据库，通过数据查询语言（SQL）来访问；非结构化和半结构化数据一般通过分布式文件系统的非关系型数据库（NoSQL）进行存储。数据管理主要使用分布式并行处理技术，数据分析与挖掘是根据业务需求对大数据进行关联、聚类、分类等钻取和分析，并利用图形、表格加以展示。

Hadoop 分布式文件系统 HDFS（Hadoop Distributed File System）是 Hadoop 项目的核心子项目，是分布式计算中数据存储管理的基础，是基于流数据模式访问和处理超大文件的需求而开发的，可以运行于廉价的商用服务器上。

🔖 参考答案：参见第 400 页 "2018 年上半年上午试题参考答案"。

● 在云计算服务中，"向用户提供虚拟的操作系统"属于（23）。

（23）A．IaaS　　　　B．PaaS　　　　C．SaaS　　　　D．DaaS

📝 自我测试
（23）＿＿（请填写你的答案）

【试题分析】
云计算服务按照提供的资源层次，可以分为 IaaS（基础设施即服务）、PaaS（平台即服务）、SaaS（软件即服务）三种服务类型（详见 2020 年下半年上午试题分析第 21 题）。
其中，PaaS 向用户提供虚拟的操作系统、数据库管理系统、Web 应用等平台化的服务。

➤ **参考答案**：参见第 400 页"2018 年上半年上午试题参考答案"。

● 在物联网的架构中，3G、4G 属于（24）技术。
（24）A．网络层　　　B．感知层　　　C．物理层　　　D．应用层

📝 自我测试
（24）＿＿（请填写你的答案）

【试题分析】
物联网从架构上可以分为感知层、网络层和应用层（详见 2021 年上半年上午试题分析第 23 题）。

其中，网络层利用无线和有线网络对采集的数据进行编码、认证和传输。广泛覆盖的移动通信网络是物联网的基础设施，是物联网三层中标准化程度最高、产业化能力最强、最成熟的部分，为物联网应用特征进行优化和改进，形成协同感知的网络。2G、3G、4G 网络都属于物联网网络层技术。

物联网各层所用的公共技术包括编码技术、标识技术、解析技术、安全技术和中间件技术。

➤ **参考答案**：参见第 400 页"2018 年上半年上午试题参考答案"。

● 相对于 Web1.0 来说，Web2.0 具有多种优势，（25）不属于 Web2.0 的优势。
（25）A．页面简洁、风格流畅　　　　B．个性化、突出自我品牌
　　　C．用户参与度高　　　　　　　D．更加追求功能性利益

📝 自我测试
（25）＿＿（请填写你的答案）

【试题分析】
Web1.0 和 Web2.0 的区别见下表。

项　　目	Web1.0	Web2.0
页面风格	结构复杂，页面烦冗	页面简洁、风格流畅
个性化程度	垂直化、大众化	个性化、突出自我品牌
用户体验程度	低参与度、被动接受	高参与度、互动接受
通信程度	信息闭塞、知识程度低	信息灵通、知识程度高
感性程度	追求物质性价值	追求精神性价值
功能性	实用追求功能性利益	体验追求情感性利益

➤ **参考答案**：参见第 400 页"2018 年上半年上午试题参考答案"。

● 2017 年 11 月 27 日，国务院正式印发《关于深化"互联网＋先进制造业"发展工业互

联网的指导意见》(以下简称《意见》)。《意见》指出：工业互联网通过系统构建网络、平台、(26)三大功能体系，打造人、机、物全面互联的新型网络基础设施，形成智能化发展的新兴业态和应用模式，是推进制造强国和网络强国建设的重要基础，是全面建成小康社会和建设社会主义现代化强国的有力支撑。

(26) A. 开放　　　　B. 融合　　　　C. 安全　　　　D. 流程

📝 自我测试
(26) ＿＿＿（请填写你的答案）

【试题分析】

国务院《关于深化"互联网＋先进制造业"发展工业互联网的指导意见》规定，当前，全球范围内新一轮科技革命和产业变革蓬勃兴起。工业互联网作为新一代信息技术与制造业深度融合的产物，日益成为新工业革命的关键支撑和深化"互联网＋先进制造业"的重要基石，对未来工业发展产生全方位、深层次、革命性影响。工业互联网通过系统构建网络、平台、安全三大功能体系，打造人、机、物全面互联的新型网络基础设施，形成智能化发展的新兴业态和应用模式，是推进制造强国和网络强国建设的重要基础，是全面建成小康社会和建设社会主义现代化强国的有力支撑。

➤ **参考答案**：参见第400页"2018年上半年上午试题参考答案"。

● 2017年7月8日，国务院印发《新一代人工智能发展规划》，该规划提出了"三步走"的战略目标。第一步，到(27)人工智能总体技术和应用与世界先进水平同步，人工智能产业成为新的重要经济增长点，人工智能技术应用成为改善民生的新途径，有力支撑进入创新型国家行列和实现全面建成小康社会的奋斗目标。

(27) A. 2018年　　B. 2020年　　C. 2025年　　D. 2030年

📝 自我测试
(27) ＿＿＿（请填写你的答案）

【试题分析】

《新一代人工智能发展规划》规定，战略目标分三步走：第一步，到2020年人工智能总体技术和应用与世界先进水平同步，人工智能产业成为新的重要经济增长点，人工智能技术应用成为改善民生的新途径，有力支撑进入创新型国家行列和实现全面建成小康社会的奋斗目标。第二步，到2025年人工智能基础理论实现重大突破，部分技术与应用达到世界领先水平，人工智能成为带动我国产业升级和经济转型的主要动力，智能社会建设取得积极进展。第三步，到2030年人工智能理论、技术与应用总体达到世界领先水平，成为世界主要人工智能创新中心，智能经济、智能社会取得明显成效，为跻身创新型国家前列和经济强国奠定重要基础。

➤ **参考答案**：参见第400页"2018年上半年上午试题参考答案"。

● 应用软件开发项目执行过程中允许对需求进行适当修改，并对这种变更进行严格控制，充分体现了项目的(28)特点。

(28) A. 临时性　　B. 独特性　　C. 渐进明细　　D. 无形性

☑ 自我测试
　　（28）____（请填写你的答案）

【试题分析】
项目的三大特点包括：临时性、独特性、渐进明细（详见 2021 年上半年上午试题分析第 24 题）。

（1）临时性：临时性是指每一个项目都有一个明确的开始时间和结束时间。
（2）独特性：独特性是指项目要提供某一独特产品，提供独特的服务或成果。
（3）渐进明细：渐进明细是指项目的成果性目标是逐步完成的。在项目执行的过程中一定会有修改，产生相应的变更。因此，在项目执行过程中要对变更进行控制，以保证项目在各相关方同意下顺利开展。

◆ 参考答案：参见第 400 页"2018 年上半年上午试题参考答案"。

● 小王被安排担任 A 项目的兼职配置管理员，她发现所有项目组成员都跟她一样是兼职的，项目经理没有任何决策权，所有事情都需要请示总经理做决策。这是一个典型的（29）项目组织结构。

　　（29）A．职能型　　　　B．项目型　　　　C．弱矩阵型　　　　D．强矩阵型

☑ 自我测试
　　（29）____（请填写你的答案）

【试题分析】
根据项目经理的权力从小到大，可以将组织结构依次划分为职能型组织、弱矩阵型组织、平衡矩阵型组织、强矩阵型组织和项目型组织（详见 2021 年上半年上午试题分析第 26 题）。

其中，职能型组织中项目经理的权力很小或没有，项目团队成员主要接受部门经理的领导。

◆ 参考答案：参见第 400 页"2018 年上半年上午试题参考答案"。

● 信息系统项目生命周期模型中的（30）适用于需求明确或团队具备行业经验，并开发过类似产品的项目。

　　（30）A．瀑布模型　　　B．V 模型　　　　C．螺旋模型　　　　D．迭代模型

☑ 自我测试
　　（30）____（请填写你的答案）

【试题分析】
典型的信息系统项目生命周期模型包括瀑布模型、迭代模型、V 模型、螺旋模型、原型化模型（详见 2019 年上半年上午试题分析第 30 题）。

其中，瀑布模型是一个特别经典的周期模型，一般情况下分为计划、需求分析、设计、编码、测试、运行维护等阶段。瀑布模型的各个阶段具有顺序性及依赖性，适用于项目需求明确、项目团队充分了解拟交付的产品、有厚实的行业实践基础，或者整批一次性交付产品有利于干系人的项目。

◆ 参考答案：参见第 400 页"2018 年上半年上午试题参考答案"。

● 人们对风险事件都有一定的承受能力，当（31）时，人们愿意承担的风险越大。

（31）A．项目活动投入得越多　　　　B．项目的收益越大

　　　C．个人、组织拥有的资源越少　　D．组织中高级别管理人员相对较少

📝 自我测试

（31）_____（请填写你的答案）

【试题分析】

对于项目风险，人们的承受能力主要受到以下几个因素的影响。

（1）收益的大小：收益总是与损失的可能性相伴随。损失的可能性和数额越大，人们希望为弥补损失而得到的收益也越大；反之，收益越大，人们愿意承担的风险也就越大。

（2）投入的大小：项目活动投入得越多，人们对成功所抱的希望也越大，愿意冒的风险也就越小。

（3）项目活动主体的地位和拥有的资源：在管理人员中，级别高的与级别低的相比，能够承担更大的风险。对同一风险，不同的个人或组织的承受能力也不同。个人或组织拥有的资源越多，其风险承受能力也越大。

🏹 **参考答案**：参见第 400 页"2018 年上半年上午试题参考答案"。

● 在信息系统集成项目建议书中，"信息资源规划和数据库建设"属于（32）部分。

（32）A．业务分析　　　　　　　　B．本期项目建设方案

　　　C．项目建设的必要性　　　　D．效益与风险分析

📝 自我测试

（32）_____（请填写你的答案）

【试题分析】

在项目建议书中，本期项目建设方案包括以下内容：

（1）建设目标与主要建设内容。

（2）信息资源规划和数据库建设。

（3）应用支撑平台和应用系统建设。

（4）网络系统建设。

（5）数据处理和存储系统建设。

（6）安全系统建设。

（7）其他（终端、备份、运维等）系统建设。

（8）主要软硬件选型原则和软硬件配置清单。

（9）机房及配套工程建设。

🏹 **参考答案**：参见第 400 页"2018 年上半年上午试题参考答案"。

● 在项目可行性研究的内容中，（33）主要从资源配置的角度衡量项目的价值，评价项目在实现区域经济发展目标、有效配置经济资源、增加供应、创造就业、改善环境、提高人民生活等方面的效益。

（33）A．经济可行性　　　　　　　B．技术可行性

　　　C．财务可行性　　　　　　　D．组织可行性

📝 **自我测试**
（33）____（请填写你的答案）

【试题分析】
项目建议书通过批复后，或者项目建议与项目可行性阶段进行合并后，项目建设单位应该开展项目可行性研究方面的工作。项目可行性研究一般应包括以下内容：投资必要性、技术可行性、财务可行性、组织可行性、经济可行性、社会可行性、风险因素及对策（**详见2021年上半年上午试题分析第29题**）。

其中，经济可行性主要是从资源配置的角度衡量项目的价值，评价项目在实现区域经济发展目标、有效配置经济资源、增加供应、创造就业、改善环境、提高人民生活等方面的效益。

➥ **参考答案**：参见第400页"2018年上半年上午试题参考答案"。

● 在（34）时，可以不进行招标。
  （34）A．需要采用不可替代的专利或者专有技术
    B．项目全部或部分使用国有投资或国家融资
    C．采购大型关系公共安全的基础设施
    D．使用国际组织或外国政府贷款、援助资金

📝 **自我测试**
（34）____（请填写你的答案）

【试题分析】
有下列情形之一的，可以不进行招标：
（1）需要采用不可替代的专利或者专有技术。
（2）采购人依法能够自行建设、生产或者提供。
（3）已通过招标方式选定的特许经营项目投资人依法能够自行建设、生产或者提供。
（4）需要向原中标人采购工程、货物或者服务，否则将影响施工或者功能配套要求。
（5）国家规定的其他特殊情形。

➥ **参考答案**：参见第400页"2018年上半年上午试题参考答案"。

● 关于项目招、投标的说法，不正确的是（35）。
  （35）A．中标人确定后，招标人应当视情况向中标人发出中标通知书，将中标结果通知所有未中标的投标人
    B．依法必须进行招标的项目，招标人应当自收到评标报告之日起3日内公示中标候选人
    C．招标人在招标文件中要求投标人提交投标保证金的，投标保证金有效期应当与投标有效期一致
    D．投标人少于3个的，不得开标；招标人应当重新招标

📝 **自我测试**
（35）____（请填写你的答案）

【试题分析】

中标人确定后，招标人应当向中标人发出中标通知书，并同时将中标结果通知所有未中标的投标人，而不是"视情况"通知。

参考答案：参见第 400 页"2018 年上半年上午试题参考答案"。

● 针对新中标的某政务工程项目，系统集成商在进行项目内部立项时，立项内容一般不包括（36）。

（36）A．项目资源分配　　　　　　B．任命项目经理
　　　 C．项目可行性研究　　　　　D．准备项目任务书

自我测试

（36）____（请填写你的答案）

【试题分析】

系统集成供应商在进行项目内部立项时，立项内容一般包括项目资源估算、项目资源分配、准备项目任务书和任命项目经理等。

参考答案：参见第 400 页"2018 年上半年上午试题参考答案"。

●（37）没有体现项目经理作为整合者的作用。

（37）A．与项目干系人全面沟通，来了解他们对项目的需求
　　　 B．充分发挥自身经验，制定尽可能详细的项目管理计划
　　　 C．在相互竞争的众多干系人之间寻找平衡点
　　　 D．通过沟通、协调达到各种需求的平衡

自我测试

（37）____（请填写你的答案）

【试题分析】

整合者是项目经理承担的重要角色之一，他要通过沟通来协调，通过协调来整合。作为整合者，项目经理必须：

（1）通过与项目干系人进行主动、全面的沟通，来了解他们对项目的需求。

（2）在相互竞争的众多干系人之间寻找平衡点。

（3）通过认真、细致的协调工作，来达到各种需求间的平衡，实现整合。

参考答案：参见第 400 页"2018 年上半年上午试题参考答案"。

● 项目章程的内容不包括（38）。

（38）A．项目的总体质量要求　　　B．项目的成功标准
　　　 C．项目范围管理计划　　　　D．项目的审批要求

自我测试

（38）____（请填写你的答案）

【试题分析】

项目章程是一份正式批准项目并授权项目经理在项目活动中使用组织资源的文件（**详见 2021 年上半年上午试题分析第 34 题**）。项目章程的主要内容包括：

（1）概括性的项目描述和项目产品描述。
（2）项目目的或批准项目的理由。
（3）项目的总体要求，包括项目的总体范围和总体质量要求。
（4）可测量的项目目标和相关的成功标准。
（5）项目的主要风险。
（6）总体里程碑进度计划。
（7）总体预算。
（8）项目的审批要求。
（9）委派的项目经理及其职责和职权。
（10）发起人或其他批准项目章程的人员的姓名和职权。

★ 参考答案：参见第400页"2018年上半年上午试题参考答案"。

● 项目管理计划的内容不包括（39）。
（39）A．范围基准　　　　　　　B．过程改进计划
　　　C．干系人管理计划　　　　D．资源日历

✍ 自我测试
（39）____（请填写你的答案）

【试题分析】
项目管理计划合并和整合了其他规划过程所产生的所有子管理计划和基准。
子管理计划包括变更管理、沟通管理、配置管理、成本管理、人力资源管理、过程改进、采购管理、质量管理、需求管理、风险管理、进度管理、范围管理、干系人管理等计划。
基准包括成本基准、范围基准、进度基准。

★ 参考答案：参见第400页"2018年上半年上午试题参考答案"。

● （40）是为了修正不一致的产品或产品组件而进行的有目的的活动。
（40）A．纠正措施　　　　　　　B．预防措施
　　　C．缺陷补救　　　　　　　D．产品更新

✍ 自我测试
（40）____（请填写你的答案）

【试题分析】
本题涉及的变更申请目的如下：
（1）纠正措施：为了使项目工作绩效重新与项目管理计划保持一致而进行的有目的的活动。
（2）预防措施：为了确保项目工作的未来绩效符合项目管理计划而进行的有目的的活动。
（3）缺陷补救：为了修正不一致的产品或产品组件而进行的有目的的活动。
（4）产品更新：对正式受控的项目文件或计划等进行的变更申请，以便反映修改或增加的意见或内容。

★ 参考答案：参见第400页"2018年上半年上午试题参考答案"。

● 关于项目整体变更的描述，不正确的是（41）。
（41）A．整体变更控制过程贯穿项目始终
　　　B．任何项目干系人都可以提出变更请求
　　　C．所有变更都应纳入变更管理
　　　D．所有变更请求都应由 CCB 来批准或否决

📝 自我测试
（41）＿＿＿（请填写你的答案）

【试题分析】
每项记录在案的变更请求都必须由一位责任人批准或否决，这个责任人通常是项目发起人或项目经理。应该在项目管理计划或组织流程中指定这位责任人。必要时，应该由变更控制委员会（CCB）来决策是否实施整体变更控制过程。某些特定的变更请求，在 CCB 批准之后，还可能需要得到客户或发起人的批准，除非客户和发起人本来就是 CCB 的成员。

★ 参考答案：参见第 400 页"2018 年上半年上午试题参考答案"。

● 关于变更控制委员会（CCB）的描述，不正确的是（42）。
（42）A．CCB 的成员可能包括客户或项目经理的上级领导
　　　B．一般来说，项目经理会担任 CCB 的组长
　　　C．针对某些变更，除了 CCB 批准以外，可能还需要客户批准
　　　D．针对可能影响项目目标的变更，必须经过 CCB 批准

📝 自我测试
（42）＿＿＿（请填写你的答案）

【试题分析】
变更控制委员会（CCB）是由主要项目干系人的代表所组成的一个小组，项目经理可以是其中的成员之一，但通常不是组长。

★ 参考答案：参见第 400 页"2018 年上半年上午试题参考答案"。

● 关于工作分解结构（WBS）的描述，不正确的是（43）。
（43）A．一般来说 WBS 应控制在 3～6 层为宜
　　　B．WBS 是项目时间、成本、人力等管理工作的基础
　　　C．WBS 必须且只能包括整个项目 100%的工作内容
　　　D．WBS 的制定由项目主要干系人完成

📝 自我测试
（43）＿＿＿（请填写你的答案）

【试题分析】
工作分解结构（WBS）的制定需要所有项目干系人的参与，需要项目团队成员的参与。

★ 参考答案：参见第 400 页"2018 年上半年上午试题参考答案"。

● 项目经理组织所有团队成员对三个技术方案进行投票：团队成员中的 45%选择方案甲；35%选择方案乙；20%选择方案丙，因此，方案甲被采纳。该项目采用的群体决策方法

是（44）。

(44) A．一致同意　　B．大多数原则　　C．相对多数原则　　D．独裁

📝 自我测试

(44) ＿＿＿（请填写你的答案）

【试题分析】

达成群体决策的方法有以下几种：

(1) 一致同意：每个人都同意某个行动方案。

(2) 大多数原则：获得群体中超过50%人员的支持，就能做出决策。

(3) 相对多数原则：根据群体中相对多数的意见做出决策，即便未能获得大多数人的支持。此原则通常在候选项超过两个时使用。

(4) 独裁：由某一个人为群体做出决策。

➤ 参考答案：参见第400页"2018年上半年上午试题参考答案"。

● 在项目实施过程中，用户的环境（业务环境、组织架构等）可能会发生变化，对项目的需求可能也会发生变化。针对项目范围变化的需求，(45) 是真正具备批准权力的人。

(45) A．用户　　　　　　　　　　　B．项目经理
　　　C．变更控制委员会（CCB）　　D．项目投资人

📝 自我测试

(45) ＿＿＿（请填写你的答案）

【试题分析】

很多时候，项目经理会面对来自客户等项目干系人的一系列变化要求。由于这些人都属于客户范围，所以他们的要求通常都被认为是应当会被接受的。实际上这是一种错误认识。客户通常只能提出范围变化的要求，但却没有批准的权力。即使是项目经理也没有批准的权力。真正拥有批准权力的只有一个人，即这个项目的投资人（除非该投资人已经授权给了他人）。

➤ 参考答案：参见第400页"2018年上半年上午试题参考答案"。

●（46）属于规划项目进度过程的输出。

(46) A．项目管理计划　　　　B．项目章程
　　　C．事业环境因素　　　　D．控制临界值

📝 自我测试

(46) ＿＿＿（请填写你的答案）

【试题分析】

规划项目进度管理的输入有项目管理计划、项目章程、组织过程资产和事业环境因素。项目进度管理计划属于规划项目进度过程的输出。进度管理计划的内容包括：①项目进度模型制定；②准确度；③计量单位；④组织程序链接；⑤项目进度模型维护；⑥控制临界值；⑦绩效测量规则；⑧报告格式；⑨过程描述。

➤ 参考答案：参见第400页"2018年上半年上午试题参考答案"。

● 某项目的双代号网络图如下所示,该项目的工期为(47)。

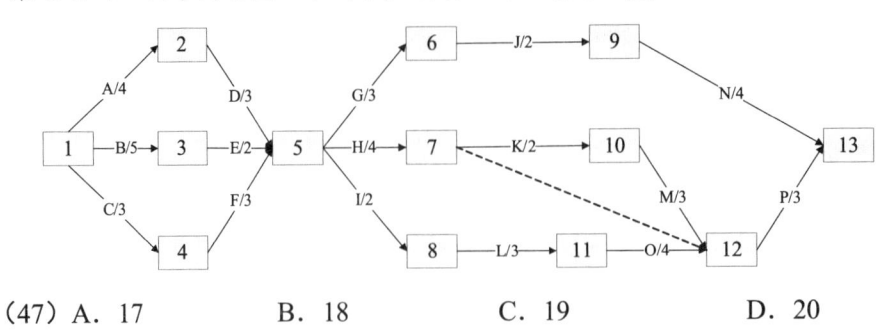

(47) A. 17　　　　　B. 18　　　　　C. 19　　　　　D. 20

📝 自我测试

(47) ____（请填写你的答案）

【试题分析】

双代号网络图亦称"箭线图法"。关键路径即持续时间最长的线路。网络图中至少有一条关键路径。项目的工期就是找图中的关键路径。题中关键路径有多条,如 A-D-H-K-M-P、A-D-I-L-O-P、B-E-H-K-M-P、B-E-I-L-O-P,它们的工期都是 19,因此本项目的工期为 19。

✎ 参考答案:参见第 400 页"2018 年上半年上午试题参考答案"。

● 关于编制进度计划的工具和技术的描述,不正确的是(48)。

(48) A. 总浮动的时间等于本活动的最迟完成时间减去本活动的最早完成时间
　　 B. 自由浮动时间等于紧后活动的最早开始时间的最小值减去本活动的最早完成时间
　　 C. 资源平滑技术通过缩短项目的关键路径来缩短完工时间
　　 D. 关键路径上活动的总浮动时间与自由浮动时间都为 0

📝 自我测试

(48) ____（请填写你的答案）

【试题分析】

资源平滑技术不会改变项目关键路径,完工日期也不会延迟。

✎ 参考答案:参见第 400 页"2018 年上半年上午试题参考答案"。

● (49)属于控制进度的工作内容。

(49) A. 确定完成项目工作所需花费的时间量
　　 B. 确定完成项目工作所需的资源
　　 C. 确定工作之间的逻辑关系
　　 D. 确定是否对工作进度偏差采取纠正措施

📝 自我测试

(49) ____（请填写你的答案）

【试题分析】

控制进度是监督项目活动状态、更新项目进展、管理进度基准变更,以实现计划的过程。
控制进度关注以下内容:

（1）判断项目进度的当前状态。
（2）对引起进度变更的因素施加影响，以保证这种变化朝着有利的方向发展。
（3）判断项目进度是否已经发生变更。
（4）当变更实际发生时，严格按照变更控制流程对其进行管理。

有效控制项目进度的关键是监控项目的实际进度，及时、定期地将它与计划进度进行比较，并立即采取必要的纠偏措施。

➤ **参考答案**：参见第400页"2018年上半年上午试题参考答案"。

● 成本分类是指根据成本核算和成本管理的不同要求，将成本分成不同的类别。其中，项目团队差旅费、工资属于（50）。

（50）A．直接成本　　B．沉没成本　　C．固定成本　　D．机会成本

📝 自我测试
（50）____（请填写你的答案）

【试题分析】

成本主要包括可变成本、固定成本、直接成本、间接成本、机会成本、沉没成本几种类型（详见 **2021年下半年上午试题分析第47题**）。其中：

直接成本：直接可以归属于项目工作的成本为直接成本，如项目团队的差旅费、工资、项目使用的物料及设备使用费等。

沉没成本：由于过去的决策已经发生了的，而不能由现在或将来的任何决策改变的成本称为沉没成本。

固定成本：不随生产量、工作量或时间的变化而变化的非重复成本为固定成本。

机会成本：利用一定的时间或资源生产一种商品时，而失去的利用这些资源生产其他商品和获得收入的机会就是机会成本。

➤ **参考答案**：参见第400页"2018年上半年上午试题参考答案"。

● A公司的某项目即将开始，项目经理估计该项目需12人天完成，如果出现问题耽搁则20人天完成，最快10人天完成。根据项目成本估计中的三点估算法，该项目预计花费（51）人天。

（51）A．14　　　B．13　　　C．12　　　D．11

📝 自我测试
（51）____（请填写你的答案）

【试题分析】

用三点估算法计算（详见 **2021年上半年上午试题分析第49题**）：
(最乐观＋4×最可能＋最悲观)/6＝(10＋4×12＋20)/6＝13

➤ **参考答案**：参见第400页"2018年上半年上午试题参考答案"。

● 某信息化项目到2017年12月31日的成本执行（绩效）数据如下表。根据表中数据，下列选项中不正确的是（52）。

活动编号	活 动	PV（元）	AC（元）	EV（元）
1	召开项目会议	2000	2000	2000
2	制定项目计划	900	1000	900
3	客户需求分析	5000	5500	5000
4	系统总体设计	10500	11500	7350
5	系统编码	20500	22500	19000
6	界面设计	5200	5250	4160
	合计	44100	47750	38410
项目总预算（BAC）：167500				

(52) A．非典型偏差时，完工估算（EAC）为 176840 元

　　B．该项目成本偏差为-9340 元

　　C．该项目进度绩效指数为 0.80

　　D．此项目目前成本超支，进度落后

◆ 自我测试

　（52）____（请填写你的答案）

【试题分析】

本题考核的知识点是挣值管理的相关概念及挣值计算（详见 **2021** 年上半年下午试题分析与解答试题二）。

非典型偏差时的完工估算：$EAC=AC+ETC=AC+BAC-EV=47750+167500-38410=176840$（元）。

成本偏差：$CV=EV-AC=38410-47750=-9340$（元）。

进度绩效指数：$SPI=EV/PV=38410/44100\approx 0.87$。

因为成本偏差和进度偏差都小于零，所以成本超支，进度落后。

◆ 参考答案：参见第 400 页"2018 年上半年上午试题参考答案"。

● 在制定项目管理计划的过程中，项目管理的其他分领域计划也在同步制定。作为项目经理，制定项目人力资源管理计划的过程，需要与制定（53）的过程紧密关联。

　（53）A．沟通计划　　B．质量计划　　C．风险计划　　D．采购计划

◆ 自我测试

　（53）____（请填写你的答案）

【试题分析】

制定项目人力资源计划的过程与制定沟通计划的过程是紧密相关的，因为项目组织结构会对项目的沟通需求产生重要影响。

◆ 参考答案：参见第 400 页"2018 年上半年上午试题参考答案"。

● 项目经理常用领导力、影响力和有效决策等人际关系技能来管理团队，根据项目管理的领导与管理理论，如果针对新员工，采用（54）领导方式更有效。

　（54）A．民主型　　B．部分授权　　C．放任型　　D．指导型

📝 自我测试

（54）＿＿＿（请填写你的答案）

【试题分析】

典型的领导方式有专断型、民主型和放任型。

在项目初期的团队组建过程中，或者对新员工，领导方式可以是专断型（或者说独裁式、指导式）；当团队成员熟悉情况后，则可以采用民主型甚至可以部分授权。

📌 参考答案：参见第 400 页"2018 年上半年上午试题参考答案"。

● 沟通过程管理的最终目标是（55）。
　　（55）A．严格执行沟通计划　　　　B．保障干系人之间有效沟通
　　　　　C．与干系人建立沟通机制　　D．正确传递项目信息

📝 自我测试

（55）＿＿＿（请填写你的答案）

【试题分析】

沟通管理计划制定完成后，在项目的执行阶段中，如无特殊情况，应严格按照计划执行，包括生成、收集、发布、存储、检索、处置项目信息等过程。进行沟通过程管理的最终目标，就是保障干系人之间有效的沟通。有效的沟通包括效果和效率两方面的内容。

📌 参考答案：参见第 400 页"2018 年上半年上午试题参考答案"。

● 关于干系人管理的描述，不正确的是（56）。
　　（56）A．干系人分析在项目立项时进行，以便尽早了解干系人对项目的影响
　　　　　B．识别干系人的方法包含组织相关会议、专家判断、干系人分析等
　　　　　C．干系人分析是系统地收集干系人各种定性和定量信息的一种方法
　　　　　D．典型的项目干系人包含客户、用户、高层领导、项目团队和社会成员等

📝 自我测试

（56）＿＿＿（请填写你的答案）

【试题分析】

干系人分析应该贯穿项目的始终，在项目或阶段的不同时期，应该对干系人之间的关系施加不同的影响。

📌 参考答案：参见第 400 页"2018 年上半年上午试题参考答案"。

●（57）类合同的适用范围比较宽，风险可以得到合理的分摊，但在履行中需要注意双方对实际工作量的确认。
　　（57）A．总价　　　B．成本补偿　　　C．工料　　　D．分包

📝 自我测试

（57）＿＿＿（请填写你的答案）

【试题分析】

按项目付款方式，可把合同分为总价合同、成本补偿合同和工料合同三种类型（**详见 2021 年上半年上午试题分析第 58 题**）。

其中，工料合同也称工时与材料合同、单价合同。它是总价合同与成本补偿合同的混合类型。工料合同只规定了卖方所提供产品的单价，根据卖方在合同执行中实际提供的产品数量计算总价，它是开口合同，合同价格因成本增加而变化。工料合同适用于短期服务和小金额项目。在工作范围未明确就要立即开始工作时，可以增加人员、聘请专家，以及寻求其他外部支持。这类合同的适用范围比较宽，其风险可以得到合理的分摊。这类合同履行中需要注意的问题是双方对实际工作量的确定。

参考答案：参见第400页"2018年上半年上午试题参考答案"。

● 合同变更处理的首要原则是（58）。
（58）A．公平合理　　B．经济利益优先　　C．安全环保　　D．甲方优先

自我测试
（58）＿＿＿（请填写你的答案）

【试题分析】
"公平合理"是合同变更的首要处理原则。

参考答案：参见第400页"2018年上半年上午试题参考答案"。

● 采购人员按照（59）的安排实施采购活动。
（59）A．采购工作说明书　　　　B．需求文档
　　　C．活动资源需求　　　　　D．采购计划

自我测试
（59）＿＿＿（请填写你的答案）

【试题分析】
制定采购计划过程的主要成果之一是采购计划，具体的采购活动将依据采购计划进行，采购计划也称采购管理计划。

对于所购买的产品、成果或服务来说，采购工作说明书定义了与合同相关的那部分项目的范围。采购工作说明书描述足够的细节，以允许预期的卖方确定他们是否有提供买方所需的产品、成果或服务的能力。

参考答案：参见第400页"2018年上半年上午试题参考答案"。

● 关于控制采购的描述，不正确的是（60）。
（60）A．控制采购是管理采购关系、监督合同执行情况，并依据需要实施变更和采取纠正措施的过程
　　　B．采购是买方行为，卖方不需要控制采购过程
　　　C．在控制采购过程中，还需要财务管理工作
　　　D．控制采购可以保证采购产品质量的控制

自我测试
（60）＿＿＿（请填写你的答案）

【试题分析】
控制采购过程是买卖双方都需要的。该过程确保卖方的执行过程符合合同需求，确保买

方可以按合同条款去执行。

🔖 **参考答案**：参见第 400 页 "2018 年上半年上午试题参考答案"。

● 在开发人员编写程序时，程序的开始要用统一的格式，包含程序名称、程序功能、调用和被调用的程序、程序设计人等信息，体现了信息系统文档管理的（61）。

（61）A．文档书写规范　　　　　　B．图表编写规则
　　　C．文档目录编写标准　　　　D．文档管理制度

📝 自我测试
（61）____（请填写你的答案）

【试题分析】
信息系统文档的规范化管理主要体现在文档书写规范、图表编号规则、文档目录编写标准和文档管理制度等方面（**详见 2019 年上半年上午试题分析第 61 题**）。其中：

文档书写规范的内容包括，符号的使用、图标的含义、程序中注释行的使用、注明文档书写人及书写日期等。例如，在程序的开始要用统一的格式包含程序名称、程序功能、调用和被调用的程序、程序设计人等信息。

🔖 **参考答案**：参见第 400 页 "2018 年上半年上午试题参考答案"。

● 配置库的建库模式有多种，在产品继承性较强、工具比较统一、采用并行开发的组织中，一般会按（62）建立配置库。

（62）A．开发任务　　B．客户群　　C．配置项类型　　D．时间

📝 自我测试
（62）____（请填写你的答案）

【试题分析】
配置库的建库模式有两种：按配置项类型建库和按开发任务建库。

（1）按配置项类型建库：适用于通用软件的开发组织。在这样的组织内，产品的继承性往往较强，工具比较统一，对并行开发有一定的需求。

（2）按开发任务建库：适用于专业软件的开发组织。在这样的组织内，使用的开发工具种类繁多，开发模式以线性发展为主，所以就没有必要把配置项严格地分类存储，人为增加目录的复杂性。

🔖 **参考答案**：参见第 400 页 "2018 年上半年上午试题参考答案"。

● "某型号手机，主打商务智能、无线充电、价格低廉，像素高、续航强"。这句话中（63）属于对质量的描述。

（63）A．商务智能　　B．无线充电　　C．价格低廉　　D．像素高、续航强

📝 自我测试
（63）____（请填写你的答案）

【试题分析】
国家标准对质量的定义为："一组固有特性满足要求的程度"。在本题的几个选项中，"像素和续航能力"属于手机的固有特性。

◆ **参考答案**：参见第 400 页 "2018 年上半年上午试题参考答案"。

● 在生产过程中，需要通过统计返工和废品的比率来进行质量管理，这种方法在质量管理中属于（64）。

（64）A．质量成本法　B．标杆对照　　C．实验设计　　D．抽样统计

📝 **自我测试**

（64）____（请填写你的答案）

【试题分析】

（1）质量成本法：指在产品生命周期中发生的所有成本，包括为预防不符合要求、为评价产品或服务是否符合要求，以及因为达到要求而发生的所有成本。其中，非一致性成本中的内部失败成本包含了返工和废品。

（2）标杆对照：是将实际或计划的项目实践与可比项目的实践进行对照，以便识别最佳实践，形成改进意见，并为绩效考核提供依据。

（3）实验设计：是一种统计方法，用来识别哪些因素会对正在生产的产品或正在开发的流程的特定变量产生影响。这种方法可以在质量规划管理过程中使用，以确定测试的数量和类别，以及这些测试对质量成本的影响。该技术的一个重要特征是，它为系统改变所有重要因素提供了一种统计框架。通过实验数据的分析，可以了解产品或流程的最优状态，找到显著影响产品或流程状态的各种因素，并揭示这些因素之间存在的相互影响和协同作用。

（4）抽样统计：是指从目标总体中抽取一部分相关样本用于检查和测量，以满足质量管理计划中的规定。

◆ **参考答案**：参见第 400 页 "2018 年上半年上午试题参考答案"。

● 某项目的质量管理人员在统计产品缺陷时，绘制了如下统计图，并将结果反馈至项目经理，但是由于工期紧张，下列选项中（65）缺陷可以暂时搁置。

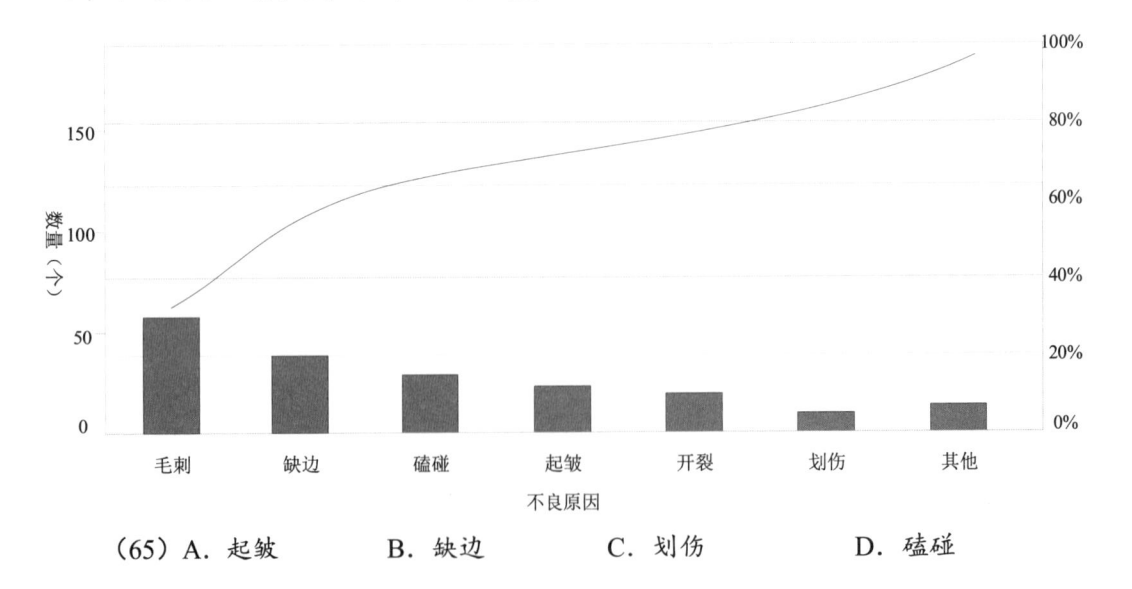

（65）A．起皱　　　B．缺边　　　C．划伤　　　D．磕碰

📝 自我测试

（65）＿＿＿＿（请填写你的答案）

【试题分析】

这是一张帕累托图，帕累托图是一种特殊的垂直条形图，用于识别造成大多数问题的少数重要原因。在横轴上所显示的是原因类别，作为有效的概率分布，涵盖了100%的可能观察结果。横轴上每个特定原因的相对频率逐渐减少，并以"其他"来涵盖未指明的全部其他原因。

➥ 参考答案：参见第400页"2018年上半年上午试题参考答案"。

● 风险识别的输出是（66）。
（66）A．风险因素　　B．已识别风险清单　　C．风险概率　　D．风险损失

📝 自我测试

（66）＿＿＿＿（请填写你的答案）

【试题分析】

识别风险的输出是风险登记册，风险登记册中包含已识别风险清单、潜在应对措施清单。

➥ 参考答案：参见第400页"2018年上半年上午试题参考答案"。

● 在进行项目风险定性分析时，可能会涉及（67）。
（67）A．建立概率及影响矩阵　　　B．决策树分析
　　　C．敏感性分析　　　　　　　D．建模和模拟

📝 自我测试

（67）＿＿＿＿（请填写你的答案）

【试题分析】

实施风险定性分析的工具与技术包括风险概率和影响评估、概率和影响矩阵、风险数据质量评估、风险分类、风险紧迫性评估和专家判断。

➥ 参考答案：参见第400页"2018年上半年上午试题参考答案"。

● （68）是检查并记录风险应对措施在处理已识别风险及其根源方面的有效性，以及风险管理过程的有效性。
（68）A．风险再评估　　B．技术绩效测量　　C．偏差和趋势分析　　D．风险审计

📝 自我测试

（68）＿＿＿＿（请填写你的答案）

【试题分析】

风险审计是检查并记录风险应对措施在处理已识别风险及其根源方面的有效性，以及风险管理过程的有效性。

➥ 参考答案：参见第400页"2018年上半年上午试题参考答案"。

● 关于信息系统岗位人员的安全管理的描述，不正确的是（69）。
（69）A．对安全管理员、系统管理员、重要业务操作人员等关键岗位进行统一管理
　　　B．紧急情况下，关键岗位人员可独自处理重要事务或操作
　　　C．人员离岗后，应立即中止其所有访问权限

D．业务开发人员和系统维护人员不能兼任安全管理员

自我测试
（69）____（请填写你的答案）

【试题分析】
对信息系统岗位人员的管理，应根据其关键程度建立相应的管理要求。

（1）对安全管理员、系统管理员、数据库管理员、网络管理员、重要业务开发人员、系统维护人员和重要业务应用操作人员等信息系统关键岗位人员进行统一管理；允许一人多岗，但业务应用操作人员不能由其他关键岗位人员兼任；关键岗位人员应定期接受安全培训，加强安全意识和风险防范意识。

（2）兼职和轮岗要求：业务开发人员和系统维护人员不能兼任或担负安全管理员、系统管理员、数据库管理员、网络管理员和重要业务应用操作人员等岗位或工作；必要时关键岗位人员应执行定期轮岗制度。

（3）权限分散要求：在上述基础上，应坚持关键岗位"权限分散、不得交叉覆盖"的原则，系统管理员、数据库管理员、网络管理员不能相互兼任岗位或工作。

（4）多人共管要求：在上述基础上，关键岗位人员处理重要事务或操作时，应保持二人同时在场，关键事务应多人共管。

（5）全面控制要求：在上述基础上，应采取对内部人员全面控制的安全保证措施，对所有岗位工作人员实施全面安全管理。

参考答案：参见第 400 页 "2018 年上半年上午试题参考答案"。

● 应用系统运行中涉及的安全和保密层次包括系统级安全、资源访问安全、数据域安全等。以下描述不正确的是（70）。

（70）A．按粒度从大到小排序为系统级安全、资源访问安全、数据域安全
　　　B．系统级安全是应用系统的第一道防线
　　　C．功能性安全会对程序流程产生影响
　　　D．数据域安全可以细分为文本级数据域安全和字段级数据域安全

自我测试
（70）____（请填写你的答案）

【试题分析】
数据域安全可以细分为行级数据域安全和字段级数据域安全。

参考答案：参见第 400 页 "2018 年上半年上午试题参考答案"。

● （71） is a programming model and an associated implementation for processing and generating big data sets with a parallel, distributed algorithm on a cluster. The model is a specialization of the split-apply-combine strategy for data analysis.

（71）A．HDFS　　　B．Chukwa　　　C．MapReduce　　　D．HBase

自我测试
（71）____（请填写你的答案）

【试题分析】

翻译：（71）是一种编程模型和相关实现，用于在集群上使用并行分布式算法处理和生成大数据集。该模型是数据分析的分割—应用—组合策略的专业化。

（71）A．分布式文件系统 　　　　B．数据收集系统
　　　 C．映射归约编程模型　　　　D．分布式存储系统

参考答案：参见第400页"2018年上半年上午试题参考答案"。

● The IoT architecture can be divided into three layers. （72）is the key layer to realize the foundational capabilities which support the electronic devices interact with physical world.

（72）A．Sensing layer　B．Network layer　C．Application layer　D．Operation layer

自我测试
（72）____（请填写你的答案）

【试题分析】

翻译：物联网架构可以分为三层。（72）是实现支持电子设备与物理世界交互的基础功能的关键层。

（72）A．感知层　　　B．网络层　　　C．应用层　　　D．操作层

参考答案：参见第400页"2018年上半年上午试题参考答案"。

● Project Integration Management includes the processes and activities to identify, define, combine, unify, and coordinate the various processes and project management activities within the Project Management Process Groups. （73）process does not belong to Project Integration Management.

（73）A．Developing project charter 　　B．Developing project management plan
　　　 C．Analyzing project risks 　　　　D．Monitoring and controlling project

自我测试
（73）____（请填写你的答案）

【试题分析】

翻译：项目整合管理包括在项目管理过程组中识别、定义、组合、统一和协调各种过程和项目管理活动的过程和活动。（73）过程不属于项目整合管理。

（73）A．制定项目章程 　　　　B．制定项目管理计划
　　　 C．识别项目风险 　　　　D．指导与管理项目

参考答案：参见第400页"2018年上半年上午试题参考答案"。

● In project management and systems engineering, （74）is a deliverable-oriented breakdown of a project into smaller components. It is a key project deliverable that organizes the team's work into manageable sections.

（74）A．RBS　　　　B．PBS　　　　C．GBS　　　　D．WBS

自我测试
（74）____（请填写你的答案）

【试题分析】

翻译：在项目管理和系统工程中，（74）将项目分解为更小的组件。这是一个可交付的重要项目成果，将团队的工作组织成可管理的部分。

（74）A．资源分解结构　　　　　　B．产品分解结构
　　　C．全球广播卫星系统　　　　　D．工作分解结构

参考答案：参见第 400 页"2018 年上半年上午试题参考答案"。

- （75）is the sum of all budgets established for the work to be performed.
（75）A．CPI　　　　B．BAC　　　　C．SPI　　　　D．EAC

自我测试

（75）____（请填写你的答案）

【试题分析】

翻译：（75）是为将要执行的工作建立的所有预算的总和。

（75）A．成本绩效指数　　　　　　B．完工预算
　　　C．进度绩效指数　　　　　　D．完工估算

参考答案：参见第 400 页"2018 年上半年上午试题参考答案"。

2018年上半年下午试题分析与解答

试题一

阅读下列说明，回答问题1至问题4，将解答填入答题纸的对应栏内。

【说明】

某信息系统集成公司承接了一项信息系统集成项目，任命小王为项目经理。

项目之初，根据合同中的相关条款，小王在计划阶段简单地描绘了项目的大致范围，列出了项目应当完成的工作。

甲方的项目经理是该公司的信息中心主任，但该信息中心对其他部门的影响较弱。由于此项目涉及甲方公司的很多业务部门，因此，在项目的实施过程中，甲方的销售部门、人力资源部门、财务部门等都直接向小王提出了很多新的要求，而且很多要求彼此都存在一定的矛盾。

小王尝试做了大量的解释工作，但是甲方的相关部门总是能够在合同的相关条款中找到变更的依据。小王明白是由于合同条款不明确导致了现在的困境，但他也不知道该怎样解决当前所面临的问题。

【问题1】

在本案例中，除了因合同条款不明确导致的频繁变更外，还有哪些因素造成了小王目前的困境？

★ 参考答案

造成目前困境的因素包括以下几方面：

（1）小王对项目的范围没有做细致的分析及调研，确定的范围过粗，没有进行有效的范围确认。

（2）没有建立整体的变更控制流程，变更发生时也没有按照变更流程进行处理。

（3）没有制定相应的项目管理计划，相关干系人也没有确认签字，导致变更不断发生。

（4）甲方信息中心相对弱势，对其他部门影响较弱。

（5）小王在沟通管理方面存在问题，没有进行有效的沟通。

（6）没有制定相关的风险管理计划等。

解析：

本题考核的知识点是整体管理的内容和作用。

整体管理的基本任务就是为了按照实施组织确定的程序实现项目目标，将项目管理过程组中需要的各个过程有效形成整体。整体管理就是整合其他的子计划（范围、进度、成本、质量、人力、沟通、干系人、风险、采购等管理计划），变成项目管理计划。

项目整体管理包括制定项目章程、制定项目管理计划、指导与管理项目执行、监控项目工作、整体变更控制、结束项目或阶段六个过程（详见 **2019 年下半年下午试题试题一**）。

本题根据整体管理六个过程的内容和作用去回答，不符合的就是存在问题的地方。

【问题 2】

结合案例，列举该项目的主要干系人。

🔖 **参考答案**

项目的主要干系人包括：

（1）项目经理小王及项目团队成员。

（2）甲、乙公司高层管理人员。

（3）甲方信息中心工作人员及中心主任。

（4）甲方相关业务部门参与人员。

解析：

本题考核的知识点是干系人管理过程中的干系人概念。

项目干系人包括项目当事人和其利益受该项目影响（受益或受损）的个人和组织；也可以把他们称作项目的利害关系者。除了上述的项目当事人外，项目干系人还可能包括政府的有关部门、社区公众、项目用户、新闻媒体、市场中潜在的竞争对手和合作伙伴等；甚至项目班子成员的家属也应被视为项目干系人。

【问题 3】

简要说明变更控制的主要步骤。

🔖 **参考答案**

变更控制的主要步骤包括：

（1）提出变更申请。

（2）变更影响分析。

（3）CCB 审查批准。

（4）实施变更。

（5）监控变更实施。

（6）结束变更。

解析：

本题考核的知识点是变更管理的工作流程。

变更管理的工作流程内容包括以下几个方面。

（1）提出与接受变更申请。

变更的提出应当及时以正式方式进行，并留下书面记录。变更的提出可以是各种形式，但在评估前应以书面形式提出。

（2）变更影响分析。

项目经理在接到变更申请以后，首先要检查变更申请中需要填写的内容是否完备，然后对变更申请进行影响分析。变更影响分析由项目经理负责，项目经理可以自己完成或指定人员完成，也可以召集相关人员讨论完成。

（3）CCB（变更控制委员会）审查批准。

审查过程，是项目所有者依据变更申请及评估方案决定是否批准变更。评审过程常包括客户、相关领域的专业人士等。审查通常是文档会签形式，重大的变更审查可以包括正式会议形式。

审查过程应注意分工，项目投资人虽有最终的决策权，但通常在专业技术上并非强项。所以应当在评审过程中将专业评审、经济评审分开，对涉及项目目标和交付成果的变更，客户的意见应放在核心位置。

（4）实施变更。

实施变更即执行变更申请中的变更内容。项目经理复杂整合变更所需资源，合理安排变更对于不同的变更申请，涉及的变更实施人员也不同。

（5）监控变更实施。

批准的变更进入实施阶段后，需要对它们的执行情况进行确认，以保证批准的变更都得到正确的落实，即需要对变更实施进行监控。

监控过程中除了调整过的项目基准中所涉及变更的内容外，还应当对项目的整体基准是否反映项目实施情况进行监控。

通过对变更实施的监控，确认变更是否正确完成。对于正确完成的变更，需纳入配置管理系统中；没有正确实施的变更则继续进行变更实施。

（6）结束变更。

变更申请被否决时变更结束，项目经理通知相关变更申请人。

批准的变更被正确完成后，成果纳入配置管理系统中并通知相关受影响人员，变更结束。

【问题4】

基于案例，请判断以下描述是否正确（填写在答题纸的对应栏内，正确的选项填写"√"，不正确的选项填写"×"）。

（1）变更控制委员会是项目的决策机构，不是作业机构。（　　）
（2）甲方的组织结构属于项目型。（　　）
（3）需求变更申请可以由甲方多个部门分别提出。（　　）
（4）信息中心主任对项目变更的实施负主要责任。（　　）

🔖 参考答案

（1）√　（2）×　（3）×　（4）×

解析：

本题考核的知识点是变更管理的相关概念。

（1）正确。

（2）错误。题干中甲方的项目经理是该公司的信息中心主任，但该信息中心对其他部门的影响较弱，由于此项目涉及甲方公司的很多业务部门，可以知道甲方的组织结构不是项目型组织。

（3）错误。题干中在项目的实施过程中，甲方的销售部门、人力资源部门、财务部门等都直接向小王提出了很多新的要求，而且很多要求彼此都存在一定的矛盾，需求变更申请可以由甲方多个部门分别提出是错误的。

（4）错误。题干中甲方的项目经理是该公司的信息中心主任，但该信息中心对其他部门的影响较弱，因此信息中心主任对项目变更的实施负主要责任是错误的。

试题二

阅读下列说明，回答问题1至问题3，将解答填入答题纸的对应栏内。

【说明】

某项目由P1、P2、P3、P4、P5五个活动组成，五个活动全部完成之后项目才能够完成。每个活动都需要用到R1、R2、R3三种互斥资源，三种资源都必须达到活动的资源需求量，活动才能开始。已分配资源只有在完成本活动后才能被其他活动所用。

目前项目经理能够调配的资源有限，R1、R2、R3的可用资源数分别为9、8、5。活动对资源的需求量、已分配资源数和各活动历时见下表（假设各活动之间没有依赖关系）：

资源 活动	资源需求			已分配资源数			历时（周）
	R1	R2	R3	R1	R2	R3	
P1	6	4	1	1	2	1	1
P2	2	3	1	2	1	1	3
P3	8	0	1	2	0	0	3
P4	3	2	0	1	2	0	2
P5	1	4	4	1	1	3	4

【问题1】

基于以上案例，简要叙述最优的活动步骤安排。

★ 参考答案

经分析最优活动步骤安排如下：

（1）P2、P4并行，活动总共历时三周。

（2）P1、P5并行，历时一周后P1释放资源。

（3）P5、P3并行，历时三周后活动完成，项目结束。

解析：

本题考核的知识点是资源优化技术。

资源优化技术是根据资源供需情况，来调整进度模型的技术，包括（但不限于）以下两种情况。

资源平衡：为了在资源需求与资源供给之间取得平衡，根据资源制约对开始日期和结束日期进行调整的一种技术。资源平衡往往导致关键路径改变，通常是延长。

资源平滑：对进度模型中的活动进行调整，从而使项目资源需求不超过预定的资源限制的一种技术。相对于资源平衡而言，资源平滑不会改变项目关键路径，完工日期也不会延迟。资源平滑技术可能无法实现所有资源的优化。

第一步：总的资源固定为 $R1=9$，$R2=8$，$R3=5$，然后每一个活动必须满足所需的资源才能进行，因此后面的人员要求就是迷惑选项。只要考虑它们满足资源要求，而且不超出 $R1=9$，$R2=8$，$R3=5$，就可以了。

第二步：问题是要求最少的天数，因此 5 个活动串行就需要 13 天，这样明显不符合最短，这个是最长的时间，因此不能串行。然后知道它们要并行，这样可以时间最短，但是要求时间最短的话，但是资源是有限的，$R1=9$，$R2=8$，$R3=5$，因会超出资源要求，所以 5 个并行排除，4 个并行排除，3 个并行排除。综上所得：只能 2 个并行。

第三步：P3 如果与 P1、P2 或 P4 并行就会超出资源需求，因此 P3 只能和 P5 并行。P2 和 P4 并行，P1 和 P5 并行。

第四步，逐步分析它们之间并行和串行的关系。

因为系统已经提前分配了一些资源，因此要根据剩下的资源进行优先分配，先完成一些活动。

资源		R1	R2	R3
总资源		9	8	5
已分配资源	P1	1	2	1
	P2	2	1	1
	P3	2	0	0
	P4	1	2	0
	P5	1	1	3
合计已分配资源		7	6	5
剩余资源		2	2	0

（1）P2、P4 并行，活动总共历时三周。

根据上表的剩余资源，先看看 P2 和 P4 并行活动，都从第一周开始，它们已经分配的总资源总数是 $R1=3$，$R2=3$，$R3=1$，因为它们并行需要的总资源是 $R1=5$，$R2=5$，$R3=1$，如下表：

资源活动	资源需求			已分配资源数			历时（周）
	R1	R2	R3	R1	R2	R3	
P2	2	3	1	2	1	1	3
P4	3	2	0	1	2	0	2
资源合计	5	5	1	3	3	1	

根据上表，如果要想 P2 和 P4 并行，还需要资源是 $R1=2$，$R2=2$，$R3=0$。剩余资源是 $R1=2$，$R2=2$，$R3=0$，刚刚满足它们的要求，因此再进行以下分配：

①把剩余的 $R1=2$ 分配 2 个资源给 P4，满足 P4 的 $R1$ 资源需求。

②把剩余的 $R2=2$ 分配 2 个资源给 P2，满足 P2 的 $R2$ 资源需求。

根据以上，剩余资源全部分配好，就满足了 P2 和 P4 并行开始工作的资源需求，得到下图：

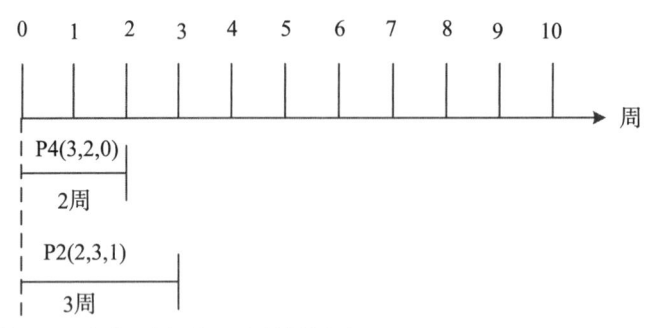

```
0    1    2    3    4    5    6    7    8    9    10
|----|----|----|----|----|----|----|----|----|----|----→ 周
         | P4(3,2,0)  |
         |   2周      |
         | P2(2,3,1)       |
         |    3周          |
```

（2）P1、P5 并行，历时一周后 P1 释放资源。

第四周开始，P2 也已经完成了，这样剩余的资源是 $R1=5$，$R2=5$，$R3=1$（P2 已经分配的资源＋P4 已经分配的资源＋原来没有分配的资源），当 P1 和 P5 并行，它们需要的资源和已经分配的资源如下表：

资源 活动	资源需求			已分配资源数			历时（周）
	R1	R2	R3	R1	R2	R3	
P1	6	4	1	1	2	1	1
P5	1	4	4	1	1	3	4
资源合计	7	8	5	2	3	4	

根据上表，如果 P1 和 P5 并行还需要资源是 $R1=5$，$R2=5$，$R3=1$（P2 已经分配的资源＋P4 已经分配的资源＋原来没有分配的资源），正好剩余资源也是 $R1=5$，$R2=5$，$R3=1$，因此按以下分配资源。

①把剩余资源中的 $R1=5$ 分配 5 个资源给 P1，这样满足了 P1 对 $R1$ 的资源需求。

②把剩余资源中的 $R2=5$ 分配 2 个资源给 P1，分配 3 个资源给 P5，这样满足了 P1 和 P5 对 $R2$ 资源的需求。

③把剩余资源中的 $R3=1$ 分配 1 个资源给 P5，这样满足了 P5 对 $R3$ 的需求。

根据以上，剩余资源全部分配好，就满足了 P1 和 P5 并行开始工作的资源需求，得到下图：

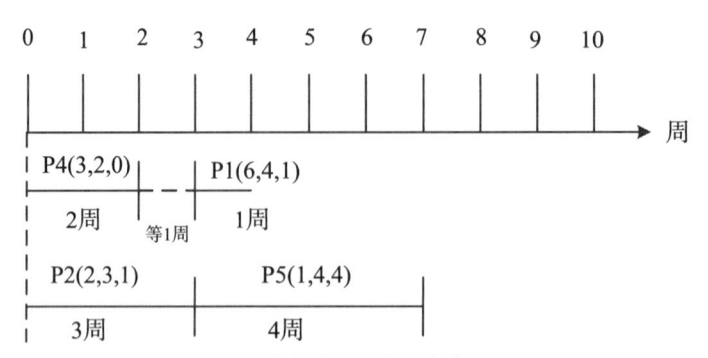

```
0    1    2    3    4    5    6    7    8    9    10
|----|----|----|----|----|----|----|----|----|----|----→ 周
         | P4(3,2,0) |   | P1(6,4,1) |
         |   2周     |等1周|   1周    |
         | P2(2,3,1)       | P5(1,4,4)         |
         |    3周          |    4周            |
```

（3）P5、P3 并行，历时三周后活动完成，项目结束。

当第五周开始，P1 的工作全部完成，这样释放出资源，这样剩余资源是 $R1=6$，$R2=7$，

$R3=2$（P1 已经分配的资源＋P2 已经分配的资源＋P4 已经分配的资源＋原来没有分配的资源），当 P3 和 P5 并行，它们需要的资源和已经分配的资源如下表：

资源 活动	资源需求			已分配资源数			历时（周）
	R1	R2	R3	R1	R2	R3	
P3	8	0	1	2	0	0	3
P5	1	4	4	1	1	3	4
资源合计	9	4	5	3	1	3	

根据上表，如果 P3 和 P5 并行还需要资源是 $R1=6$，$R2=3$，$R3=2$，剩余资源是 $R1=6$，$R2=7$，$R3=2$，因此按以下分配资源：

①把剩余资源中的 $R1=6$ 中分配 6 个资源给 P3，这样满足了 P1 对 R1 的资源需求。

②把剩余资源中的 $R2=7$ 中分配 3 个资源给 P5，这样满足了 P5 对 R2 的资源需求。

③把剩余资源中的 $R3=2$ 中分配 1 个资源给 P3，分配 1 个资源给 P5，这样满足了 P3 和 P5 对 R3 的资源需求。

根据以上，剩余资源全部分配好就满足了 P3 和 P5 并行开始工作的资源需求，得到下图：

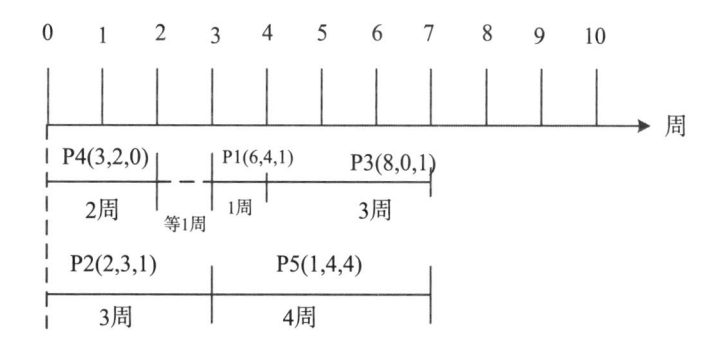

```
0   1   2   3   4   5   6   7   8   9   10
|———|———|———|———|———|———|———|———|———|———|——→ 周

 |P4(3,2,0)|     |P1(6,4,1)|  P3(8,0,1)  |
    2周     等1周    1周         3周

 |P2(2,3,1)    | P5(1,4,4)           |
      3周              4周
```

【问题 2】

基于以上案例，请计算项目的完工时间（详细写出每个活动开始时间、占用资源和完成时间，以及项目经理分配资源的过程）。

★ 参考答案

项目的完工时间计算：

活动名称	开始时间	占用资源			完成时间	分配资源过程		
		R1	R2	R3		R1	R2	R3
P2	0	2	3	1	3	0	2	0
P4	0	3	2	0	2	2	0	0
P1	3	6	4	1	4	5	2	0
P5	3	1	4	4	7	0	3	1
P3	4	8	0	1	7	6	0	1

解析：

本题考核的知识点是时标网络图。

在时标网络图中可以求解各项工作的自由时差和总时差、找关键路径、计算总工期等问题。

（1）在时标网络图中，各项工作的工期大小与箭头长短一致，工期根据箭头长度从标尺上读取。

（2）工作后面的波浪线表示该工作的自由时差，自由时差根据波浪线长度从标尺上读取，若工作后面没有波浪线，则该工作的自由时差就是0。

（3）关键路径就是没有波浪线的各项工作相连，关键路径可有多条。

（4）根据时标网络图，总工期和工作的自由时差等可以从标尺上读取。

【问题3】

在制定项目计划的过程中，往往受到资源条件的限制，经常采用资源平衡和资源平滑方法，请简要描述二者的区别。

参考答案

资源平衡和资源平滑两种方法的区别：

资源平衡可以为保持资源使用量处于均衡水平而进行资源平衡，资源平衡往往导致关键路径改变，通常是延长。

资源平滑不会改变项目关键路径，完工日期也不会延迟。也就是说，活动只在其自由浮动时间和总浮动时间内延迟。

解析：

本题考核的知识点是资源优化技术。

资源优化技术是根据资源供需情况来调整进度模型的技术，包括（但不限于）：

资源平衡是为了在资源需求与资源供给之间取得平衡，根据资源制约对开始日期和结束日期进行调整的一种技术。如果共享资源或关键资源只在特定时间可用，数量有限，或被过度分配，如一个资源在同一时段内被分配至两个或多个活动，就需要进行资源平衡；也可以为保持资源使用量处于均衡水平而进行资源平衡。资源平衡往往导致关键路径改变，通常是延长。

资源平滑是对进度模型中的活动进行调整，从而使项目资源需求不超过预定的资源限制的一种技术。相对于资源平衡而言，资源平滑不会改变项目关键路径，完工日期也不会延迟。也就是说，活动只在其自由浮动时间和总浮动时间内延迟。

试题三

阅读下列说明，回答问题1至问题3，将解答填入答题纸的对应栏内。

【说明】

系统集成商甲公司承接了一项信息管理系统建设项目，甲公司任命具有多年类似项目研发经验的张工为项目经理。

张工上任后，立刻组建了项目团队。人员确定后，张工综合了工作任务、团队人员的经验和喜好，将项目组划分为了三个小组，每个小组负责一个工作任务。

团队进入了开发阶段，张工发现，项目管理原来没有研发编程那么简单；其中1个项目小组的重要开发人员因病请假，导致该小组任务比其他两个小组滞后2周。另外，每个小组内部工作总出现相互推诿情况，而且小组和小组成员矛盾也接连不断，项目任务一度停滞不前。

此时，正赶上人事部推出新的项目绩效考核方案，经过对项目进度和质量方面的考评结果，项目绩效成绩较低，直接影响了每个项目团队成员的绩效奖金。项目组成员负面情绪较重，有的成员在加班劳累和无法获得绩效奖金的双重压力下准备辞职，张工得知后，与项目组成员私下进行了逐一面谈。

【问题1】

结合案例，请指出本项目在人力资源管理方面存在的问题。

参考答案

本项目在人力资源管理方面存在以下问题：
（1）项目经理在项目管理方面经验不足，选人方面存在问题。
（2）没有制定详细的人力资源管理计划。
（3）组建的项目团队不是一个最优化的配置。
（4）人力资源管理存在问题，出现人员缺勤后，没有相应的处理措施。
（5）项目管理规章制度不健全，岗位职责不明确，推诿扯皮时有发生。
（6）团队建设存在问题，没有有效的团队建设活动。
（7）团队管理存在问题，在冲突发生时不能有效地进行冲突管理，矛盾不断升级。
（8）项目绩效方面存在问题，加班员工没有激励措施。

解析：

本题考核的知识点是人力资源管理四个过程的内容和作用。

项目人力资源管理的目的是根据项目需要规划并组建项目团队，对团队进行有效的指导和管理，以保证他们可以完成项目任务，实现项目目标。

人力资源管理包括以下四个过程。

（1）规划人力资源管理：是识别和记录项目角色、职责、所需技能、报告关系，并编制人员配备管理计划的过程；是明确和识别具备所需技能的人力资源，保证项目成功的过程。本过程的主要收益是：建立项目角色与职责、项目组织图，以及包含人员招募和遣散时间表的人员配备管理计划。

（2）组建项目团队：是确认人力资源的可用情况，并为开展项目活动而组建团队的过程。本过程的主要收益是：指导团队选择和职责分配，组建一个成功的团队。

（3）建设项目团队：是提高工作能力，促进团队成员互动，改善团队整体氛围，以提高项目绩效的过程。本过程的主要收益是：改进团队协作，增强人际技能，激励团队成员，降低人员离职率，提升整体项目绩效。

（4）管理项目团队：是跟踪团队成员工作表现，提供反馈，解决问题并管理团队变更，以优化项目绩效的过程。本过程的主要收益是：影响团队行为，管理冲突，解决问题，并评估团队成员的绩效。

根据人力资源管理四个过程的内容和作用去回答，与之不相符合的地方就是存在问题的地方。

【问题 2】

基于以上案例：

（1）判断当前项目团队处于哪个阶段？

（2）简述 X 理论和 Y 理论的主要观点。如果从 X 理论和 Y 理论的观点来看，项目经理张工在该阶段应该采取哪一理论来进行团队激励？为什么？

◆ 参考答案

（1）项目团队正处于震荡阶段。

（2）项目经理张工在该阶段应该采取 Y 理论来进行团队激励，因为基于 Y 理论对人的认识，信奉 Y 理论的管理者对员工采取民主型和放任型的领导方式，在领导行为上遵循以人为中心的、宽容的及放权的领导原则，使下属目标和组织目标能够很好地结合起来，为员工的智慧和能力的发挥创造有利的条件。

解析：

（1）本题考核的知识点是项目团队建设的五个阶段。

①形成阶段：一个个的个体转变为团队成员，逐渐相互认识并了解项目情况及他们在项目中的角色与职责，开始形成共同目标。

②震荡阶段：团队成员开始执行分配的项目任务，一般会遇到超出预想的困难，希望被现实打破。个体之间开始争执，互相指责，并且开始怀疑项目经理的能力。

③规范阶段：经过一定时间的磨合，团队成员开始协同工作，并调整各自的工作习惯和行为来支持团队，团队成员开始相互信任，项目经理能够得到团队的认可。

④发挥阶段：随着相互之间的配合默契和对项目经理的信任加强团队就像一个组织有序的单位那样工作。团队成员之间相互依靠，平稳高效地解决问题。这时团队成员的集体荣誉感会非常强。

⑤解散阶段：所有工作完成后，项目结束，团队解散。

根据题目中的每个小组内部工作总出现相互推诿情况，而且小组和小组成员矛盾也接连不断，项目任务一度停滞不前，符合震荡阶段。

（2）本题考核的知识点是人力资源管理的 X 理论和 Y 理论。

X 理论和 Y 理论的主要观念如下：

X 理论主要体现了独裁型管理者对人性的基本判断，这种假设认为：

①一般人天性好逸恶劳，只要有可能就会逃避工作。

②人生来就以自我为中心，倾向漠视组织的要求。

③人缺乏进取心，喜欢逃避责任，甘愿听从指挥，安于现状，没有创造性。

④人们通常容易受骗，易受人煽动。

⑤人们天生反对改革。

崇尚 X 理论的领导者认为，在领导工作中必须对员工采取强制、惩罚和解雇等手段，强迫员工努力工作，对员工应当严格监督、控制和管理。在领导行为上应当实行高度控制和集中管理，在领导风格上应采用独裁式的领导方式。

Y 理论对人性的假设与 X 理论完全相反，其主要观点为：

①一般人天生并不是好逸恶劳，他们热爱工作，从工作中能得到满足感和成就感。
②外来的控制和处罚对人们实现组织的目标不是一个有效的办法，下属能够自我确定目标，自我指挥和自我控制。
③在适当的条件下，人们愿意主动承担责任。
④大多数人具有一定的想象力和创造力。
⑤在现代社会中，人们的智慧和潜能只是部分地得到发挥。

信奉 Y 理论的管理者认为对员工采取民主型和放任型的领导方式，在领导行为上遵循以人为中心的、宽容的及放权的领导原则，使下属目标和组织目标能够很好地结合起来，为员工的智慧和能力的发挥创造有利的条件。

【问题3】

结合案例，从候选答案中选择一个正确答案，将该选项的编号填入答题纸对应栏内。

（1）项目经理根据工作任务和团队人员的经验和喜好进行分组，这采用了影响员工的方法中的_____方法。

    A．权力   B．任务分配   C．工作挑战   D．友谊

（2）项目经理张工针对成员负面情绪较重的问题，采取了_____方法进行团队建设。

    A．人际关系技能   B．冲突管理   C．绩效评估   D．观察和交谈

参考答案

（1）C （2）A

解析：

本题考核人力资源管理过程中的组建项目团队的工具与技术。题干明确说明根据工作任务和团队人员的经验和喜好进行分组，属于工作挑战。项目经理张工采用的私下面谈，属于人际关系技能。

人际关系技能有时被称为"软技能"，是因富有情商，并熟练掌握沟通技巧、冲突解决方法、谈判技巧、影响技能、团队建设技能和团队引导技能，而具备的行为能力。

项目经理最常用的人际关系技能包括：领导力、激励、沟通、影响力、谈判、建立信任、冲突管理、有效决策、教练技术、团队建设。

试题四

阅读下列说明，回答问题1至问题4，将解答填入答题纸的对应栏内。

【说明】

某系统集成公司 b 承建了 a 公司的办公自动化系统建设项目，任命张伟担任项目经理。

该项目所使用的硬件设备（服务器、存储、网络等）和基础软件（操作系统、数据库、中间件等）均从外部厂商采购，办公自动化应用软件采用公司自主研发的软件产品。采购的设备安装、部署、调试工作分别由公司硬件服务部、软件服务部、网络服务部完成。

由于该项目工期紧，系统相对比较复杂，且涉及实施人员较多，张伟认为自己应投入较大精力在风险管理上。

首先，张伟凭借自身的项目管理经验，对项目可能存在的风险进行分析，并对风险发生

的可能性进行排序。排名前三的风险是：①硬件到货延迟；②客户人员不配合；③公司办公自动化软件可能存在较多 Bug。针对上述三项主要风险，张伟制定了相应的应对措施，并且计划每月底对这些措施的实施情况进行回顾。

项目开始 2 个月后，张伟对项目进度进行回顾时，发现项目进度延迟，主要原因有两点：①购买的数据库软件与操作系统的版本出现兼容性问题，团队成员由于技术技能不足无法解决，后通过协调厂商工程师得以解决，造成项目周期比计划延误一周。②服务器工程师、网络工程师被自己所在的部门经理临时调走支持其他项目，造成项目周期延误一周。客户对于项目进度的延误很不满意。

【问题 1】

请指出张伟在项目风险管理方面做得好的地方。

参考答案

张伟在项目风险管理方面做得好的地方主要有以下几个方面：

（1）项目经理风险意识较强，认识到风险管理的重要性。
（2）项目经理对风险进行识别及排序。
（3）制定相应的风险应对措施。
（4）对风险实施情况进行风险控制。

解析：

本题考核的知识点是风险管理六个过程的内容和作用。

风险管理包括项目风险管理规划、风险识别、定性风险分析、定量风险分析、风险应对规划和风险监控六个过程，其中多数过程在整个项目期间都需要更新。项目风险管理的目标在于增加积极事件的概率和影响，降低项目消极事件的概率和影响。

风险管理的六个过程如下。

（1）风险管理规划：决定如何进行规划和实施项目风险管理活动。
（2）风险识别：判断哪些风险会影响项目，并以书面形式记录其特点。
（3）定性风险分析：对风险概率和影响进行评估和汇总，进而对风险进行排序，以便随后进一步分析或行动。
（4）定量风险分析：就识别的风险对项目总体目标的影响进行定量分析。
（5）风险应对规划：针对项目目标制定提高机会、降低威胁的方案和行动。
（6）风险监控：在整个项目生命周期中，跟踪已识别的风险、监测残余风险、识别新风险和实施风险应对计划，并对其有效性进行评估。

根据风险管理六个过程的内容和作用去回答，与之相符合的地方就是做得好的地方。

【问题 2】

张伟在项目风险管理方面还有哪些待改进之处？

参考答案

张伟在项目风险管理方面还有以下待改进之处：

（1）没有制定详细的风险管理计划。

（2）风险识别不能仅凭个人经验完成，需要与项目组成员一起沟通参与。

（3）没有对风险进行相应的量化分析。

（4）分析识别颗粒度不够，没有识别出所有风险。

（5）风险监控频率过低，发现风险时影响已经非常大。

（6）风险应对措施不合理、不全面。

（7）没有进行风险再识别。

解析：

本题考核的知识点是风险管理六个过程的内容和作用。

根据风险管理六个过程的内容和作用去回答，只要与之不符合的地方就是需要改进的地方。

【问题3】

如果你是项目经理，针对本案例已发生的人员方面的风险，给出应对措施。

参考答案

风险应对措施如下：

（1）与公司高层协商人员安排，采用加班或赶工形式加快进度。

（2）外聘有经验和有相关能力的专业技术人员。

（3）申请外包部分模块或者借助外力，如采用虚拟团队方式提升工作效率。

（4）调整工作计划，安排现有人员完成相关工作。

解析：

本题考核的知识点是风险应对措施。

根据问题2中出现的问题，提出相应的改进措施。

【问题4】

关于风险管理，判断下列描述是否正确（填写在答题纸的对应栏内，正确的选项填写"√"，错误的选项填写"×"）。

（1）按照风险性质划分，买卖股票属于纯粹风险。（　　）

（2）按风险产生原因划分，核辐射、空气污染和噪声属于社会风险。（　　）

（3）风险性质会因时空各种因素变化而有所变化，这反映了风险的偶然性。（　　）

（4）在本案例中，针对硬件到货延迟的风险，b公司与供应商在采购合同中需明确，因到货延迟产生的经济损失由供应商承担，这属于风险转移措施。（　　）

参考答案

（1）× 　（2）× 　（3）× 　（4）√

解析：

本题考核的知识点是风险管理中的相关概念。

（1）错误。投机风险既可能带来机会、获得利益，又隐含威胁、造成损失的风险，因此买卖股票有可能亏损也有可能获利。

（2）错误。按风险产生原因划分，核辐射、空气污染和噪声应该属于技术风险，而不是社会风险。

（3）错误。风险性质会因时空各种因素变化而有所变化，这反映了风险的相对性，而不是风险的偶然性。

（4）正确。

2018年下半年上午试题分析

● 信息系统是一种以处理信息为目的的专门系统类型,组成部件包括软件、硬件、数据库、网络、存储设备、规程等。其中(1)是经过机构化、规范化组织后的事实和信息的集合。

(1) A. 软件　　　　　　　　　　B. 规程
　　C. 网络　　　　　　　　　　D. 数据库

自我测试

(1) ＿＿＿（请填写你的答案）

【试题分析】

信息系统是一种以处理信息为目的的专门的系统类型。信息系统的组成部件包括硬件、软件、数据库、网络、存储设备、感知设备、外设、人员,以及把数据处理成信息的规程等。

其中,数据库是经过机构化、规范化组织后的事实和信息的集合。

参考答案：参见第400页"2018年下半年上午试题参考答案"。

● 根据我国"十三五"规划纲要,(2)不属于新一代信息技术产业创新发展的重点。

(2) A. 人工智能　　　　　　　　B. 移动智能终端
　　C. 先进传感器　　　　　　　D. 4G

自我测试

(2) ＿＿＿（请填写你的答案）

【试题分析】

在"十三五"规划纲要中,我国将培育人工智能、移动智能终端、第五代移动通信(5G)、先进传感器等作为新一代信息技术产业创新重点发展,拓展新兴产业发展空间。

参考答案：参见第400页"2018年下半年上午试题参考答案"。

● 工业和信息化部会同国务院有关部门制定的《信息化发展规划》提出了我国未来信息化发展的指导思想和基本原则。其中,不包括(3)原则。

(3) A. 统筹发展,有序推进　　　　B. 需求牵引,政府主导
　　C. 完善机制,创新驱动　　　　D. 加强管理,保障安全

自我测试

(3) ＿＿＿（请填写你的答案）

【试题分析】

在《信息化发展规划》中提出了我国未来信息化发展的指导思想和基本原则。基本原则包括以下几点:

(1) 统筹发展，有序推进。
(2) 需求牵引，市场导向。
(3) 完善机制，创新驱动。
(4) 加强管理，保障安全。

★ **参考答案**：参见第 400 页"2018 年下半年上午试题参考答案"。

● 建设完善电子政务公共平台包括建设以（4）为基础的电子政务公共平台顶层设计、制定相关标准规范等内容。

(4) A．云计算 B．人工智能
C．物联网 D．区块链

📝 **自我测试**
(4) ＿＿＿（请填写你的答案）

【试题分析】
电子政务建设的发展方向和应用重点包括以下内容。
(1) 加快推动重点政务应用发展。
(2) 加强保障和改善民生应用。
(3) 加强创新社会管理应用。
(4) 强化政务信息资源开发利用。
(5) 建设完善电子政务公共平台，包括：
①完成以云计算为基础的电子政务公共平台顶层设计。
②全面提升电子政务技术服务能力。
③制定电子政务云计算标准规范。
④鼓励向云计算模式迁移。
(6) 提高政府信息系统的信息安全保障能力。

★ **参考答案**：参见第 400 页"2018 年下半年上午试题参考答案"。

● 加快发展电子商务，是企业降低成本、提高效率、拓展市场和创新经营模式的有效手段，电子商务与线下实体店有机结合向消费者提供商品和服务，称为（5）模式。

(5) A．B2B B．B2C C．O2O D．C2C

📝 **自我测试**
(5) ＿＿＿（请填写你的答案）

【试题分析】
按照交易对象，电子商务模式包括企业与企业之间的电子商务（B2B）、商业企业与消费者之间的电子商务（B2C）、消费者与消费者之间的电子商务（C2C）。电子商务与线下实体店有机结合向消费者提供商品和服务，简称 O2O 模式。

★ **参考答案**：参见第 400 页"2018 年下半年上午试题参考答案"。

● 关于我国工业化和信息化的深度融合，不正确的是（6）。
(6) A．工业化是信息化的基础，两者并举互动，共同发展

B．工业化为信息化的发展带来旺盛的市场需求
C．信息化是当务之急，可以减缓工业化，集中实现信息化
D．要抓住网络革命的机遇，通过信息化促进工业化

📝 自我测试
（6）____（请填写你的答案）

【试题分析】
我们不能等工业化完成后才开始信息化或停下工业化只搞信息化，而是应该抓住网络革命的机遇，通过信息化促进工业化，通过工业化为信息化打基础，走信息化和工业化并举、融合、互动、互相促进、共同发展之路。

➤ 参考答案：参见第400页"2018年下半年上午试题参考答案"。

● 商业智能系统的主要功能包括数据仓库、数据ETL、数据统计输出、分析，（7）不属于数据ETL的服务内容。
（7）A．数据迁移　　　　　　B．数据同步
　　 C．数据挖掘　　　　　　D．数据交换

📝 自我测试
（7）____（请填写你的答案）

【试题分析】
ETL服务包括数据迁移、数据合并、数据同步、数据交换、数据联邦和数据仓库。

➤ 参考答案：参见第400页"2018年下半年上午试题参考答案"。

● 到2020年，新一代信息技术与节能环保、生物、高端装备制造产业等将成为国民经济的支柱产业，新一代信息技术中的（8）可以广泛应用于机器视觉、视网膜识别、自动规划、专家系统。
（8）A．人工智能　　　　　　B．自动控制
　　 C．地理信息　　　　　　D．移动计算

📝 自我测试
（8）____（请填写你的答案）

【试题分析】
人工智能是计算机科学的一个分支，该领域的研究试图了解智能的实质，并生产出一种新的能以人类智能相似的方式做出反应的智能机器，研究方向包括机器人、语言识别、图像识别、自然语言处理和专家系统等。

➤ 参考答案：参见第400页"2018年下半年上午试题参考答案"。

● 智慧城市建设参考模型主要包括物联感知层、网络通信层、计算与存储层、数据及服务支撑层、智慧应用层，下列选项中（9）不属于物联感知层。
（9）A．RFID标签　　　　　　B．SOA
　　 C．摄像头　　　　　　　D．传感器

📝 自我测试

（9）＿＿＿（请填写你的答案）

【试题分析】

物联感知层包括芯片、传感器、摄像头、RFID 标签、其他感知设备等。"SOA"的意思是面向服务的架构，它是一个组件模型。

➤ 参考答案：参见第 400 页"2018 年下半年上午试题参考答案"。

● 信息技术服务标准（ITSS）是一套成体系和综合配套的标准库，用于指导实施标准化和可信赖的 IT 服务，ITSS 定义的服务生命周期不包括（10）。

（10）A．战略部署　　B．规划设计　　C．部署实施　　D．服务运营

📝 自我测试

（10）＿＿＿（请填写你的答案）

【试题分析】

信息技术服务标准是一套成体系和综合配套的信息技术服务标准库，全面规范了 IT 服务产品及其组成要素，用于指导实施标准化和可信赖的 IT 服务。IT 服务生命周期由规划设计、部署实施、服务运营、持续改进和监督管理五个阶段组成（**详见 2021 年下半年上午试题分析第 10 题**）。

➤ 参考答案：参见第 400 页"2018 年下半年上午试题参考答案"。

● 针对信息系统审计流程，在了解内部控制结构、评价控制风险、传输内部控制后，下一步应当进行（11）。

（11）A．有限的实质性测试　　　　B．外部控制测试
　　　C．内部控制测试　　　　　　D．扩大的实质性测试

📝 自我测试

（11）＿＿＿（请填写你的答案）

【试题分析】

信息系统审计流程的基本顺序为：审计工作预备工作、了解内部控制结构、评价控制风险、传输内部控制、进行内部控制测试、评价控制风险等。

➤ 参考答案：参见第 400 页"2018 年下半年上午试题参考答案"。

● 某企业信息化系统建设初期，无法全面准确获取需求，此时可以基于对已有需求的初步理解，快速开发一个初步系统模型，然后通过反复修改实现用户的最终需求。这种开发方法称为（12）。

（12）A．结构法　　B．原型法　　C．瀑布模型法　　D．面向对象法

📝 自我测试

（12）＿＿＿（请填写你的答案）

【试题分析】

常用的开发方法包括结构化方法、原型法、面向对象法等。

（1）结构化方法：应用结构化系统开发方法，把整个系统的开发过程分为若干阶段，然

后依次进行，前一阶段是后一阶段的工作依据，按顺序完成。该方法要求在开发之初全面认识系统的需求，充分预料各种可能发生的变化。

（2）原型法：在无法全面准确地提出用户需求的情况下，原型法不要求对系统做全面、详细的分析，而是基于对用户需求的初步理解，先快速开发一个原型系统，然后通过反复修改来实现用户的最终系统需求。

（3）面向对象法：用对象表示客观事物，对象是一个严格模块化的实体，在系统开发中可被共享和重复引用，以达到复用的目的。

➤ **参考答案**：参见第400页"2018年下半年上午试题参考答案"。

● 系统方案设计包括总体设计和详细设计，系统总体设计内容包括（13）。
　　（13）A．计算机和网络系统的方案设计　　B．人机界面设计
　　　　　C．处理过程设计　　　　　　　　　D．数据库设计

📝 **自我测试**
　　（13）＿＿＿＿（请填写你的答案）

【试题分析】
系统方案设计包括总体设计和各部分的详细设计（物理设计）两个方面。
（1）总体设计：包括系统的总体架构方案设计、软件系统的总体架构设计、数据存储的总体设计、计算机和网络系统的方案设计等。
（2）详细设计：包括代码设计、数据库设计、人机界面设计、处理过程设计等。

➤ **参考答案**：参见第400页"2018年下半年上午试题参考答案"。

● 关于配置管理，不正确的是（14）。
　　（14）A．配置管理计划制定时需了解组织结构环境和组织单元之间的联系
　　　　　B．配置标识包含识别配置项，并为其建立基线等内容
　　　　　C．配置状态报告应着重反映当前基线配置项的状态
　　　　　D．功能配置审计是审计配置项的完整性，验证所交付的配置项是否存在

📝 **自我测试**
　　（14）＿＿＿＿（请填写你的答案）

【试题分析】
配置审计也称配置审核或配置评价，包括功能配置审计和物理配置审计，分别用以验证当前配置项的一致性和完整性。
（1）功能配置审计：是审计配置项的一致性（配置项的实际功效是否与其需求一致）。
（2）物理配置审计：是审计配置项的完整性（配置项的物理存在是否与预期一致）。

➤ **参考答案**：参见第400页"2018年下半年上午试题参考答案"。

● 进行面向对象系统分析和设计时，将相关的概念组成一个单元模块，并通过一个名称来引用它，这种行为叫作（15）。
　　（15）A．继承　　　　B．封装　　　　C．抽象　　　　D．复用

📝 **自我测试**
（15）＿＿＿（请填写你的答案）

【试题分析】
面向对象的基本概念包括对象、类、抽象、封装、继承、多态、接口、消息、组件、复用和模式等。其中：
封装：指将相关的概念组成一个单元模块，并通过一个名称来引用它。

➥ **参考答案**：参见第 400 页"2018 年下半年上午试题参考答案"。

● 在软件三层架构中，（16）是位于硬件、操作系统等平台和应用之间的通用服务，用于解决分布系统的异构问题，实现应用与平台的无关性。
（16）A．服务器　　　B．中间件　　　C．数据库　　　D．过滤器

📝 **自我测试**
（16）＿＿＿（请填写你的答案）

【试题分析】
中间件位于硬件、操作系统等平台和应用之间。借助中间件，可以解决分布系统的异构问题。中间件服务具有标准的程序接口和协议。不同的应用、硬件及操作系统平台，可以提供符合接口和协议规范的多种实现，其主要目的是实现应用与平台的无关性。

➥ **参考答案**：参见第 400 页"2018 年下半年上午试题参考答案"。

● 关于数据库和数据仓库技术的描述，不正确的是（17）。
（17）A．数据库是面向主题的，数据仓库是面向事务的
　　　B．数据仓库一般用于存放历史数据
　　　C．数据库主要采用 OLTP，数据仓库主要采用 OLAP
　　　D．数据仓库的数据源相对数据库来说比较复杂

📝 **自我测试**
（17）＿＿＿（请填写你的答案）

【试题分析】
数据库技术：以单一的数据源即数据库为中心，进行事务处理、批处理、决策分析等各种数据处理工作，主要有操作型处理和分析型处理两类。传统数据库系统主要强调的是优化企业的日常事务处理工作，难以实现对数据分析处理的要求，无法满足数据处理多样化的要求。

数据仓库：是一个面向主题的、集成的、相对稳定的、反映历史变化的数据集合，用于支持管理决策。

OLTP 属于传统的关系型数据库的一个主要应用，主要用于基本的、日常的事务处理；OLAP 是数据仓库系统的一个主要应用，支持复杂的分析操作，侧重决策支持，并且提供直观易懂的查询结果。

➥ **参考答案**：参见第 400 页"2018 年下半年上午试题参考答案"。

● Windows 操作系统下的 ping 命令，使用的是（18）协议。

(18) A. UDP　　　　B. ARP　　　　C. ICMP　　　　D. FTP

📝 自我测试

（18）＿＿＿（请填写你的答案）

【试题分析】

ping 命令用来探测主机到主机之间是否可通信，如果不能 ping 到某台主机，表明其不能和这台主机建立连接。ping 使用的是 ICMP 协议，它发送 ICMP 回送请求消息给目的主机。ICMP 协议规定：目的主机必须返回 ICMP 回送应答消息给源主机。如果源主机在一定时间内收到应答，则认为目的主机可达。

➤ **参考答案**：参见第 400 页"2018 年下半年上午试题参考答案"。

● 在网络存储结构中，(19)成本较高、技术较复杂，适用于数据量大、数据访问速度要求高的场合。

（19）A．直连式存储（DAS）　　　　B．网络存储设备（NAS）
　　　C．存储网络（SAN）　　　　　D．移动存储设备（MSD）

📝 自我测试

（19）＿＿＿（请填写你的答案）

【试题分析】

网络存储结构大致分为三种：直连式存储（DAS）、网络存储设备（NAS）和存储网络（SAN）（**详见 2019 年上半年上午试题分析第 19 题**）。其中：

存储网络 SAN 是通过专用交换机将磁盘阵列与服务器连接起来的高速专用子网。它没有采用文件共享存取方式，而是采用块级别存储。SAN 是通过专用高速网将一个或多个网络存储设备和服务器连接起来的专用存储系统，其最大特点是将存储设备从传统的以太网中分离出来，成为独立的存储网络 SAN 的系统结构。根据数据传输过程采用的协议，其技术划分为 FC SAN、IP SAN 和 IB SAN 技术。这种方案的优点是有无限扩展能力，有更高的连接速度和处理能力，高传输性能使得它的适用性更广。缺点是产品成本太高；由于采用的不是传统的 IP 技术，维护成本也大大增加。

➤ **参考答案**：参见第 400 页"2018 年下半年上午试题参考答案"。

● 关于网络交换技术的描述，不正确的是（20）。
（20）A．互联网传输的最小数据单位是 Byte
　　　B．ATM 交换的最小数据单位是码元
　　　C．互联网使用数据报网络
　　　D．ATM 使用虚电路网络

📝 自我测试

（20）＿＿＿（请填写你的答案）

【试题分析】

互联网是数据报网络，单位是 bit；ATM 是虚电路网络，单位是码元。

➤ **参考答案**：参见第 400 页"2018 年下半年上午试题参考答案"。

● 在网络产品中，(21)通常被比喻为网络安全的大门，用来鉴别什么样的数据包可以进出企业内部网。

(21) A．漏洞扫描工具　　　　　　B．防火墙
　　 C．防病毒软件　　　　　　　D．安全审计系统

📝 自我测试
(21) ____（请填写你的答案）

【试题分析】
网络和信息安全产品主要有防火墙、扫描器、防毒软件、安全审计系统等几种（详见2021年上半年上午试题分析第19题）。

其中，防火墙通常被比喻为网络安全的大门，用来鉴别什么样的数据包可以进出企业内部网。

➤ 参考答案：参见第400页"2018年下半年上午试题参考答案"。

● 在大数据关键技术中，HBase主要应用于(22)。
(22) A．数据采集　　B．数据分析　　C．数据存储　　D．数据挖掘

📝 自我测试
(22) ____（请填写你的答案）

【试题分析】
HBase是一个分布式的、面向列的开源数据库，它不同于一般的关系数据库，是一个适合于非结构化数据存储的数据库。

➤ 参考答案：参见第400页"2018年下半年上午试题参考答案"。

● "云"是一个庞大的资源池，可以像自来水、电、煤气那样，根据用户的购买量进行计费，这体现了"云"的(23)特点。

(23) A．高可扩展性　　B．通用性　　　C．按需服务　　D．高可靠性

📝 自我测试
(23) ____（请填写你的答案）

【试题分析】
云计算的特点包括：超大规模、虚拟化、高可靠性、通用性、高可扩展性、按需服务、廉价、有潜在的危险性。其中，按需服务是说"云"是一个庞大的资源池，用户按需购买；云可以像自来水、电、煤气那样计费。

➤ 参考答案：参见第400页"2018年下半年上午试题参考答案"。

● 在物联网架构三层结构中不包括(24)。
(24) A．感知层　　　B．网络层　　　C．数据层　　　D．应用层

📝 自我测试
(24) ____（请填写你的答案）

【试题分析】
物联网从架构上可以分为感知层、网络层和应用层（详见2021年上半年上午试题分析

第 23 题）。在三层结构中不包含数据层。

参考答案：参见第 400 页"2018 年下半年上午试题参考答案"。

- （25）不属于移动互联网所使用的主流开发平台。
  （25）A．Web2.0　　　B．Android　　　C．iOS　　　D．Windows Phone

  自我测试
  （25）____（请填写你的答案）

【试题分析】

移动互联网的关键技术包括架构技术 SOA、页面展示技术 Web2.0 和 HTML5，以及主流开发平台 Android、iOS 和 Windows Phone。

参考答案：参见第 400 页"2018 年下半年上午试题参考答案"。

- 每个项目都有一个明确的开始时间和结束时间，这体现了项目的（26）。
  （26）A．紧迫性　　　B．独特性　　　C．渐进明细　　　D．临时性

  自我测试
  （26）____（请填写你的答案）

【试题分析】

项目的三大特点包括：临时性、独特性、渐进明细（详见 **2021 年上半年上午试题分析第 24 题**）。

（1）临时性：临时性是指每一个项目都有一个明确的开始时间和结束时间。
（2）独特性：独特性是指项目要提供某一独特产品，提供独特的服务或成果。
（3）渐进明细：渐进明细是指项目的成果性目标是逐步完成的。

参考答案：参见第 400 页"2018 年下半年上午试题参考答案"。

- 在（27）中，项目经理权力最小。
  （27）A．弱矩阵型组织　　　　　　B．平衡矩阵型组织
  　　　C．强矩阵型组织　　　　　　D．项目型组织

  自我测试
  （27）____（请填写你的答案）

【试题分析】

根据项目经理的权力从小到大，可以将组织结构依次划分为职能型组织、弱矩阵型组织、平衡矩阵型组织、强矩阵型组织和项目型组织（详见 **2021 年上半年上午试题分析第 26 题**）。

参考答案：参见第 400 页"2018 年下半年上午试题参考答案"。

- （28）清楚地描述了测试各阶段和开发各阶段的对应关系。
  （28）A．瀑布模型　　B．迭代模型　　C．V 模型　　D．螺旋模型

  自我测试
  （28）____（请填写你的答案）

【试题分析】

典型的信息系统项目生命周期模型包括瀑布模型、迭代模型、V 模型、螺旋模型、原型

化模型（详见 2019 年上半年上午试题分析第 30 题）。

其中，V 模型从整体上看起来是一个 V 字形的对称结构，由左右两边组成。左边的下画线分别代表了需求分析、概要设计、详细设计与编码，右边的上画线代表了单元测试、集成测试、系统测试与验收测试。V 模型的价值在于它非常明确地表明了测试过程中存在的不同级别，并且清楚地描述了这些测试阶段和开发各阶段的对应关系。

参考答案：参见第 400 页"2018 年下半年上午试题参考答案"。

● 识别干系人是项目（29）的活动。
（29）A．启动过程组　　　　　　　B．计划过程组
　　　 C．执行过程组　　　　　　　D．监督和控制过程组

自我测试
（29）____（请填写你的答案）

【试题分析】
项目干系人管理知识域包括四个子过程，其中：识别干系人属于启动过程组；制定干系人管理计划属于计划过程组；管理干系人参与属于执行过程组；控制干系人参与属于监控过程组。

参考答案：参见第 400 页"2018 年下半年上午试题参考答案"。

● 关于项目的五个过程组的描述，不正确的是（30）。
（30）A．并非所有项目都会经历五个过程组
　　　 B．项目的过程组很少会是离散的或者只出现一次
　　　 C．项目的过程组经常会发生相互交叠
　　　 D．项目的过程组具有明确的依存关系并在各个项目中按一定的次序执行

自我测试
（30）____（请填写你的答案）

【试题分析】
对于任何项目都必需的五个过程组彼此具有明确的依存关系，并在各个项目中按一定的次序执行；项目过程组很少会是离散的或者只出现一次，它们是相互交叠的活动。

项目过程组是相互交叠的活动，在整个项目中以不同的强度出现，如下图所示。

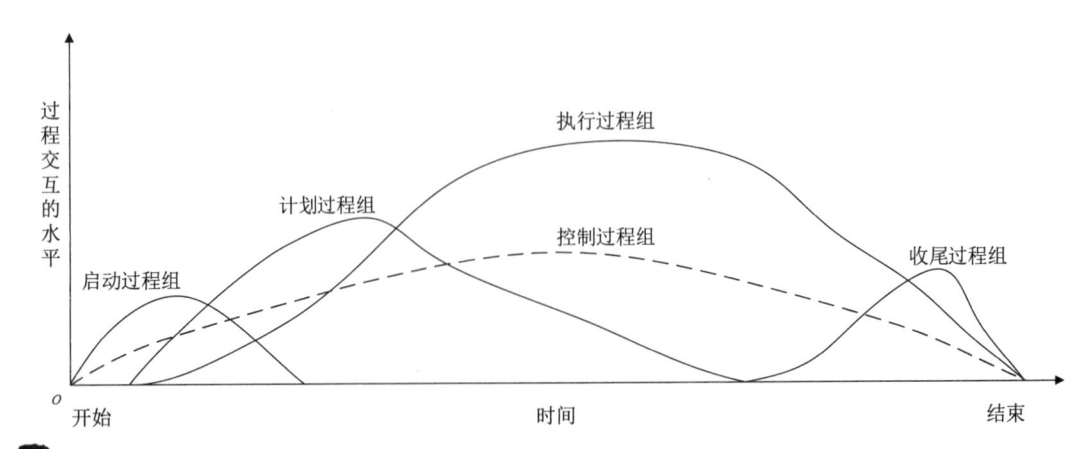

参考答案：参见第 400 页"2018 年下半年上午试题参考答案"。

- 常用的需求分析方法有（31）。
    (31) A．结构化分析法与面向对象分析法
         B．面向对象分析法与数据流
         C．观察法与问卷调查法
         D．结构化分析法与标杆对照法

自我测试
（31）____（请填写你的答案）

【试题分析】
软件需求分析方法有很多种。

从开发过程及特点出发，软件开发一般采用软件生存周期的开发方法，有时采用开发原型以帮助了解用户需求。常用的开发方法包括结构化方法、原型法、面向对象方法等。

在软件分析与设计时，自上而下由全局出发全面规划分析，然后逐步设计实现。

从系统分析出发，可将需求分析方法大致分为：功能分解法、结构化分析法、信息建模法和面向对象分析法。

参考答案：参见第 400 页"2018 年下半年上午试题参考答案"。

- 关于项目建议书的描述，不正确的是（32）。
    (32) A．项目建议书是针对拟建项目提出的总体性设想
         B．项目建议书是项目建设单位向上级主管部门提交的项目申请文件
         C．项目建议书包含总体建设方案、效益和风险分析等内容
         D．项目建议书是银行批准贷款或行政主管部门审批决策的依据

自我测试
（32）____（请填写你的答案）

【试题分析】
项目评估是项目投资前期进行决策管理的重要环节，其目的是审查项目可行性研究的可靠性、真实性和客观性，为银行的贷款决策或行政主管部门的审批决策提供科学依据。

参考答案：参见第 400 页"2018 年下半年上午试题参考答案"。

- 在可行性研究过程中，（33）的内容是：从资源配置的角度衡量项目的价值，评价项目在实现区域经济发展目标、有效配置经济资源、增加供求、创造环境、提高人民生活等方面的效益。
    (33) A．技术可行性研究   B．经济可行性研究
         C．社会可行性研究   D．市场可行性研究

自我测试
（33）____（请填写你的答案）

【试题分析】
项目可行性研究一般应包括以下内容：投资必要性、技术可行性、财务可行性、组织可行

性、经济可行性、社会可行性、风险因素及对策（详见 **2021 年上半年上午试题分析第 29 题**）。

其中，经济可行性主要是从资源配置的角度衡量项目的价值，评价项目在实现区域经济发展目标、有效配置经济资源、增加供应、创造就业、改善环境、提高人民生活等方面的效益。

➤ **参考答案**：参见第 400 页"2018 年下半年上午试题参考答案"。

● 关于项目可行性研究阶段的描述，不正确的是（34）。
(34) A．详细可行性研究的内容与初步可行性研究的内容大致相同
　　　B．初步可行性研究是介于机会研究和详细可行性研究的一个中间阶段
　　　C．初步可行性研究阶段需要从技术、经济等方面进行深入调查研究
　　　D．机会研究的主要任务是对投资项目或投资方向提出建议

📝 **自我测试**
（34）____（请填写你的答案）

【试题分析】
详细可行性研究需要对一个项目的技术、经济、环境及社会影响等进行深入调查研究，是一项费时、费力且需一定资金支持的工作，大型的或比较复杂的项目更是如此。初步可行性研究不需要从技术、经济等方面进行深入调查研究。

➤ **参考答案**：参见第 400 页"2018 年下半年上午试题参考答案"。

● 关于项目招、投标的描述，不正确的是（35）。
(35) A．招标人采用公开招标，应当发布招标公告
　　　B．两个或两个以上法人或者其他组织可以组成一个联合体共同投标
　　　C．招标人在招标文件中要求投标人提交投标保证金的，投标保证金有效期应长于投标有效期
　　　D．评标委员会名单在中标结果确定前需保密

📝 **自我测试**
（35）____（请填写你的答案）

【试题分析】
招标人在招标文件中要求投标人提交投标保证金的，投标保证金不得超过招标项目估算价的 2%。投标保证金有效期应当与投标有效期一致。

➤ **参考答案**：参见第 400 页"2018 年下半年上午试题参考答案"。

● 供应商在进行项目内部立项时，立项内容不包括（36）。
(36) A．项目资源估算　　　　　　　B．项目资源分配
　　　C．任命项目经理　　　　　　　D．项目可行性研究

📝 **自我测试**
（36）____（请填写你的答案）

【试题分析】
系统集成供应商在进行项目内部立项时包括的内容一般有：项目资源估算、项目资源分

配、准备项目任务书、任命项目经理等。

参考答案：参见第 400 页 "2018 年下半年上午试题参考答案"。

● 在职能型组织中，关于项目经理的职责，不正确的是（37）。
（37）A．通过与项目干系人主动、全面地沟通，来了解他们对项目的需求
B．在互相竞争的众多干系人之间寻求平衡点
C．通过认真、细致的协调，来达到各种需求间的整合与平衡
D．项目经理是项目的预算控制者

自我测试
（37）____（请填写你的答案）

【试题分析】
根据项目经理的权力从小到大，可以将组织结构依次划分为职能型组织、弱矩阵型组织、平衡矩阵型组织、强矩阵型组织和项目型组织（**详见 2021 年上半年上午试题分析第 26 题**）。
由下表可知，在职能型组织中，项目预算控制者是职能经理。

项目特点	职能型组织	矩阵型组织			项目型组织
		弱矩阵型组织	平衡矩阵型组织	强矩阵型组织	
项目经理的权力	很小或没有	有限	小～中等	中等～大	大～全权
可用的资源	很少或没有	少	小～中	中～多	几乎全部
项目预算控制者	职能经理	职能经理	混合	项目经理	项目经理
组织中全职参与项目工作的职员比例（%）	没有	0～25	15～60	50～95	85～100
项目经理的职位	部分时间	部分时间	全时	全时	全时
项目经理的一般头衔	项目协调员/项目主管	项目协调员/项目主管	项目经理/项目主任	项目经理/计划经理	项目经理/计划经理
项目管理/行政人员	部分时间	部分时间	部分时间	全时	全时

参考答案：参见第 400 页 "2018 年下半年上午试题参考答案"。

● （38）不属于项目章程的作用。
（38）A．明确项目的人员要求及考核指标
B．正式确认项目的存在，给项目一个合法的地位
C．规定项目的总体目标，包括范围、时间、成本和质量等
D．确定项目经理，规定项目经理的权力

自我测试
（38）____（请填写你的答案）

【试题分析】
项目章程的作用包括以下内容：
（1）确定项目经理，规定项目经理的权力。
（2）正式确认项目的存在，给项目一个合法的地位。

（3）规定项目的总体目标，包括范围、时间、成本和质量等。
（4）通过叙述启动项目的理由，把项目与执行组织的日常经营运作，以及战略计划等联系起来。

➤ **参考答案**：参见第400页"2018年下半年上午试题参考答案"。

● 项目管理计划不包括（39）。
（39）A．变更管理计划　　　　　　B．变更日志
　　　C．配置管理计划　　　　　　D．范围基准

📝 自我测试
（39）____（请填写你的答案）

【试题分析】
项目管理计划合并和整合了其他规划过程所产生的所有子管理计划和基准。
子管理计划包括变更管理、沟通管理、配置管理、成本管理、人力资源管理、过程改进、采购管理、质量管理、需求管理、风险管理、进度管理、范围管理、干系人管理等计划。
基准包括成本基准、范围基准、进度基准。
"变更日志"属于项目文件。

➤ **参考答案**：参见第400页"2018年下半年上午试题参考答案"。

●（40）不属于项目管理信息系统的子系统。
（40）A．工作授权系统　　　　　　B．配置管理系统
　　　C．IT基础设施监控系统　　　D．信息收集与发布系统

📝 自我测试
（40）____（请填写你的答案）

【试题分析】
作为事业环境因素的一部分，项目管理信息系统提供下列工具：进度计划工具、工作授权系统、配置管理系统、信息收集与发布系统，以及其他基于IT的工具。

➤ **参考答案**：参见第400页"2018年下半年上午试题参考答案"。

● 在项目执行的过程中，一名干系人确定了一个新需求，该需求对项目是否成功起到关键的作用，项目经理接下来应该（41）。
（41）A．为该需求建立变更请求，提交给变更控制委员会审批
　　　B．评估重要性，以确定是否执行变更流程
　　　C．寻求项目发起人对变更的批准
　　　D．考虑该需求比较关键，安排相关人员进行修改

📝 自我测试
（41）____（请填写你的答案）

【试题分析】
项目的任何干系人都可以提出变更请求。尽管可以口头提出，但所有变更请求都必须以书面形式记录，并纳入变更管理系统及配置管理系统中。

变更管理的工作流程如下：

（1）提出变更申请。

（2）变更影响分析。

（3）CCB 审查批准。

（4）实施变更。

（5）监控变更实施。

（6）结束变更。

➤ **参考答案**：参见第 400 页"2018 年下半年上午试题参考答案"。

● 关于项目收尾的描述，不正确的是（42）。

（42）A．项目收尾分为管理收尾和合同收尾

B．管理收尾和合同收尾都要进行产品核实，都要总结经验教训

C．每个项目阶段结束时都要进行相应的管理收尾

D．对于整个项目而言，管理收尾发生在合同收尾之前

📝 自我测试

（42）____（请填写你的答案）

【试题分析】

行政收尾（也叫管理收尾）与合同收尾的区别如下。

（1）行政收尾是针对项目和项目各阶段的，不仅整个项目要进行一次行政收尾，而且每个项目阶段结束时都要进行相应的行政收尾；而合同收尾是针对合同的，每一个合同需要而且只需要进行一次合同收尾。

（2）从整个项目来说，合同收尾发生在行政收尾之前；如果是以合同形式进行的项目，在收尾阶段，先要进行采购审计和合同收尾，然后进行行政收尾。

（3）从某一个合同的角度来说，合同收尾中又包括行政收尾工作（合同的行政收尾）。

（4）行政收尾要由项目发起人或高级管理层给项目经理签发项目阶段结束或项目整体结束的书面确认，而合同收尾则要由负责采购管理的成员（可能是项目经理或其他人）向卖方签发合同结束的书面确认。

➤ **参考答案**：参见第 400 页"2018 年下半年上午试题参考答案"。

● 关于项目范围定义的描述，不正确的是（43）。

（43）A．范围定义是制定目标和产品详细描述的过程

B．范围定义过程的输出包括范围管理计划、干系人登记册、需求文件

C．范围说明书是对项目范围、可交付成果、假设条件相同和制约因素等的描述

D．在项目进行中，往往需要多次反复开展范围定义的活动

📝 自我测试

（43）____（请填写你的答案）

【试题分析】

定义范围过程的输出包括项目范围说明书和项目文件。

➤ **参考答案**：参见第 400 页"2018 年下半年上午试题参考答案"。

● 某项目团队针对三个方案进行投票，支持 A 方案的人有 35%，支持 B 方案的人有 40%，支持 C 方案的有 25%，根据以上投票结果选取了 B 方案，此决策依据的是群体决策中的（44）。

　　（44）A．一致性同意原则　　　　B．相对多数原则
　　　　　C．大多数原则　　　　　　D．独裁原则

📝 自我测试
　　（44）____（请填写你的答案）

【试题分析】
达成群体决策的方法有一致性同意原则、大多数原则、相对多数原则、独裁等几种。
（1）一致性同意原则：每个人都同意某个行动方案。
（2）大多数原则：获得群体中超过 50%人员支持，就能做出决策。通常人数为单数，防止因平局而无法达成决策。
（3）相对多数原则：是指根据群体中相对多数的意见做出决策，即便未能获得大多数人的支持。此原则通常在候选项超过两个时使用。本题中支持 B 方案的人有 40%，是相对多数。
（4）独裁原则：由某一个人为群体做出决策。

➤ 参考答案：参见第 400 页"2018 年下半年上午试题参考答案"。

● 当范围变更导致成本基线发生变化时，项目经理需要做的工作不包括（45）。
　　（45）A．重新确定新的需求基线　　B．发布新的成本基准
　　　　　C．调整项目管理计划　　　　D．调整项目章程

📝 自我测试
　　（45）____（请填写你的答案）

【试题分析】
需求基线定义了项目的范围。随着项目的进展，用户的需求可能会发生变化，从而导致需求基线的变化，以及项目范围的变化。每次需求变更并经过需求评审后，都要重新确定新的需求基线。

在批准对范围、活动资源或成本估算的变更后，需要相应地对成本基准做出变更。而成本基准和成本管理计划等本身就属于项目管理计划更新的内容。

项目章程规定的是一些比较大的、原则性的问题，通常不会因项目变更而对项目章程进行修改。当项目目标发生变化，需要对项目章程进行修改时，只有管理层和发起人有权进行变更，项目经理无权修改项目章程。

➤ 参考答案：参见第 400 页"2018 年下半年上午试题参考答案"。

● 规划项目进度管理是为实施项目进度管理制定政策、程序，并形成文档化的项目进度管理计划的过程，（46）不属于规划项目进度管理的输入。
　　（46）A．项目章程　　B．范围基准　　C．里程碑清单　　D．组织文化

📝 自我测试

（46）＿＿＿（请填写你的答案）

【试题分析】

规划项目进度管理的输入包括项目管理计划、项目章程、组织过程资产和事业环境因素，组织文化属于事业环境因素。

➤ **参考答案**：参见第 400 页"2018 年下半年上午试题参考答案"。

● 在下图（某工程单代号网络图）中，活动 B 的总浮动时间为（47）天。

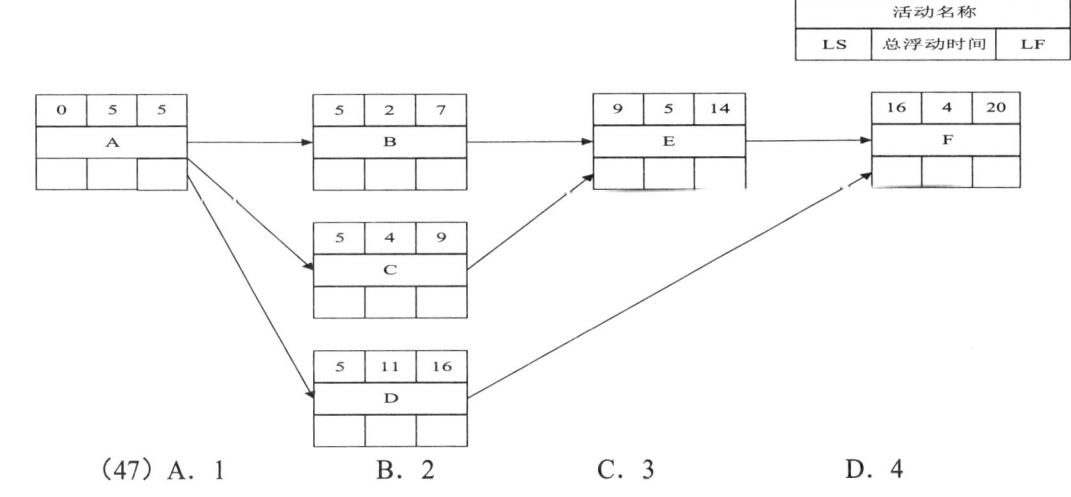

ES	工期	EF
	活动名称	
LS	总浮动时间	LF

0	5	5
	A	

5	2	7
	B	

9	5	14
	E	

16	4	20
	F	

5	4	9
	C	

5	11	16
	D	

（47）A. 1   B. 2   C. 3   D. 4

📝 自我测试

（47）＿＿＿（请填写你的答案）

【试题分析】

关键路径是项目中时间最长的活动路径，决定着可能的最短项目工期。

总浮动时间：在不延误项目完工时间且不违反进度制约因素的前提下，活动可以从最早开始时间推迟或拖延的时间量，就是该活动的进度灵活性，被称为"总浮动时间"。正常情况下，关键活动的总浮动时间为零。

在本题中，关键路径是 A-D-F，总工期是 20 天。活动 B 的总浮动时间＝总工期－经过 B 最长的路径＝20－(A+B+E+F)＝20－(5+2+5+4)＝4（天）。

➤ **参考答案**：参见第 400 页"2018 年下半年上午试题参考答案"。

● 某工程由 9 个活动组成，其各活动情况如下表所示，该工程关键路径为（48）。

活动	紧前活动	所需天数（天）	活动	紧前活动	所需天数（天）
A	—	3	F	C	6
B	A	2	G	E	2
C	B	5	H	F, G	5
D	B	7	I	H, D	2
E	C	4			

（48）A．A-B-C-E-G-I   B．A-B-C-F-H-I   C．A-B-D-H-I   D．A-B-D-I

📝 自我测试
（48）＿＿＿（请填写你的答案）

【试题分析】
本题中的关键路径有两条：A-B-C-F-H-I、A-B-C-E-G-H-I，总工期是 23 天。

➤ 参考答案：参见第 400 页"2018 年下半年上午试题参考答案"。

● 关于项目控制进度过程，不正确的是（49）。
（49）A．有效项目进度控制的关键是严格按照制定的项目进度计划执行，避免项目偏离计划
B．当项目的实际进度滞后于进度计划时，可以通过赶工，投入更多的资源或增加工作时间来缩短工期
C．项目控制进度的工具与技术有关键路径法、趋势分析法等
D．项目控制进度旨在发现计划偏离并及时采取纠正措施，以降低风险

📝 自我测试
（49）＿＿＿（请填写你的答案）

【试题分析】
项目控制进度的工具与技术包括绩效审查、项目管理软件、资源优化技术、建模技术、提前量和滞后量、进度压缩、进度计划制定工具。

➤ 参考答案：参见第 400 页"2018 年下半年上午试题参考答案"。

● 投资者赵某可以选择股票和储蓄存款两种投资方式。他于 2017 年 1 月 1 日用 2 万元购进某股票，一年后亏损了 500 元；如果当时他选择储蓄存款，一年后将有 360 元的收益。由此可知，赵某投资股票的机会成本为（50）元。
（50）A．500   B．360   C．860   D．140

📝 自我测试
（50）＿＿＿（请填写你的答案）

【试题分析】
成本的类型可分为可变成本、固定成本、机会成本和沉没成本等几种，其中：
机会成本是指利用一定的时间或资源生产一种商品时，所放弃的利用这些资源生产其他商品和获得收入的机会。
在本题中，赵某选择投资股票，就会失去选择储蓄存款的机会，所以投资股票的机会成本就是储蓄存款的 360 元收益。

➤ 参考答案：参见第 400 页"2018 年下半年上午试题参考答案"。

● 关于项目成本估算所采用的技术和工具，不正确的是（51）。
（51）A．成本估算需要采用定量方法，与估算人员的技术和管理经验无关
B．三点估算法涉及最可能成本、最乐观成本和最悲观成本
C．类比估算相对于其他估算技术，具有成本低、耗时少、准确率低的特点

D．在估算活动成本时，可能会受到质量成本因素的影响

自我测试
（51）____（请填写你的答案）

【试题分析】
项目成本估算采用的技术与工具包括：类比估算、参数估算、自下而上估算、三点估算、专家判断、储备分析、质量成本、项目管理软件、卖方投标分析、群体决策技术（详见 **2021 年上半年上午试题分析第 49 题**）。

类比估算：类比估算是指以过去类似项目的参数值（如范围、成本、预算和持续时间等）或规模指标（如尺寸、重量和复杂性等）为基础，来估算当前项目的同类参数或指标。类比估算相对于其他估算技术，具有成本低、耗时少、准确率低的特点。

三点估算：通过考虑估算中的不确定性与风险，使用最可能成本（C_m）、最乐观成本（C_o）、最悲观成本（C_p）三种估算值，使用下面的公式来计算预期成本（C_E）：
$$C_E=(C_o+4C_m+C_p)/6$$
基于三点的假设分布计算出期望成本，并说明期望成本的不确定区间。

质量成本：在估算活动成本时，可能要用到关于质量成本的各种假设。

在项目成本估算中，很多工具与技术的估算准确度都需要估算人员的技术和管理经验作为支撑，比如专家判断、类比估算等。

参考答案：参见第 400 页"2018 年下半年上午试题参考答案"。

● 某工程项目，完工预算为 2000 万元。到目前为止，由于某些特殊原因，实际支出 800 万元，成本绩效指数为 0.8，假设后续不再发生成本偏差，则完工估算（EAC）为（52）万元。

（52）A．2500　　　　B．2160　　　　C．2000　　　　D．2800

自我测试
（52）____（请填写你的答案）

【试题分析】
本题考核的知识点是挣值管理的相关概念及挣值计算（详见 **2021 年上半年下午试题分析与解答试题二**）。

由题目可知，完工预算 BAC=2000 万元，实际成本 AC=800 万元，成本绩效指数 CPI=0.8。通过计算得出：EV=CPI×AC=0.8×800=640（万元）。

后续不再发生成本偏差，完工估算 EAC=BAC－EV+AC=2000－640+800=2160（万元）。

参考答案：参见第 400 页"2018 年下半年上午试题参考答案"。

● 层次结构图用于描述项目的组织结构，常用的层次结构图不包含（53）。
（53）A．工作分解结构　　　　B．组织分解结构
　　　C．资源分解结构　　　　D．过程分解结构

自我测试
（53）____（请填写你的答案）

【试题分析】

在项目管理中可采用多种格式来记录团队成员的角色与职责，最常用的有三种：层次结构图、责任分配矩阵和文本格式（详见 **2021 年上半年上午试题分析第 51 题**）。

常用的层次结构图包括工作分解结构（WBS）、组织分解结构（OBS）、资源分解结构（RBS）三种。

➤ **参考答案**：参见第 400 页"2018 年下半年上午试题参考答案"。

● 关于项目团队管理，不正确的是（54）。
（54）A．项目团队管理用于跟踪个人和团队的绩效，解决问题和协调变更
　　　 B．项目成员的工作风格差异是冲突的来源之一
　　　 C．在一个项目团队环境下，项目经理不应公开处理冲突
　　　 D．合作、强制、妥协、求同存异等是解决冲突的方法

📝 自我测试
（54）____（请填写你的答案）

【试题分析】

当在一个团队的环境下处理冲突时，项目经理应该认识到冲突的特点：
（1）冲突是自然的，而且要找出一个解决办法。
（2）冲突是一个团队问题，而不是某人的个人问题。
（3）应公开地处理冲突。
（4）冲突的解决应聚焦在问题上，而不是人身攻击。
（5）冲突的解决应聚焦在现在，而不是过去。

➤ **参考答案**：参见第 400 页"2018 年下半年上午试题参考答案"。

● 关于管理沟通的工具，不正确的是（55）。
（55）A．沟通模型的各要素会影响沟通的效率和效果
　　　 B．管理沟通过程中要确保已创建并发布的信息能够被接受和理解
　　　 C．项目经理在项目进行中应定期或不定期进行绩效评估
　　　 D．为了方便快捷地进行沟通，项目进行过程中需选择固定的沟通渠道

📝 自我测试
（55）____（请填写你的答案）

【试题分析】

项目经理在深入研究项目的要求和特点后，在不同的项目实施阶段，针对不同的干系人，选择适合的沟通渠道。

➤ **参考答案**：参见第 400 页"2018 年下半年上午试题参考答案"。

● 下图有关干系人权力和利益的描述，不正确的是（56）。

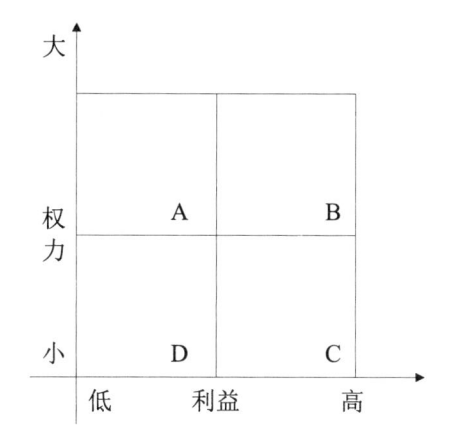

（56）A．项目经理的主管领导就是 A 区的干系人，要"令其满意"
　　　B．项目客户是 B 区的干系人，要"重点管理、及时报告"
　　　C．对于 C 区的干系人，要"随时告知"
　　　D．对于 D 区的干系人，花费最少的精力监督即可

📝 **自我测试**

（56）____（请填写你的答案）

【试题分析】

权力/利益方格（如下图所示）根据干系人权力的大小，以及利益相关性对干系人进行分类和管理。该图指明了项目需要建立的与各干系人之间关系的种类。

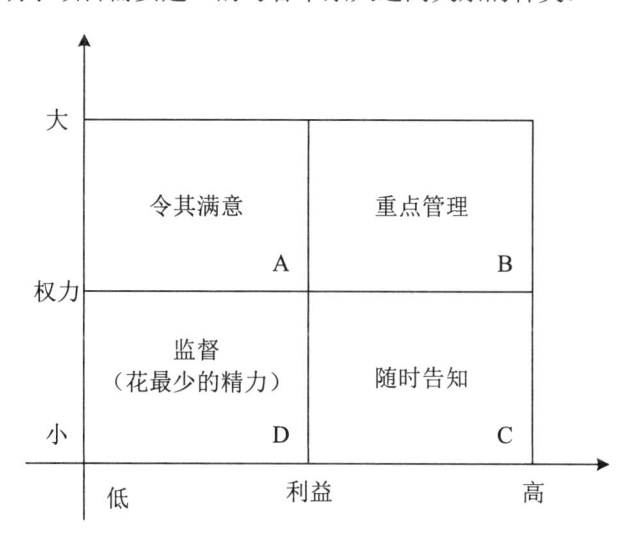

首先关注处于方格中 B 区的干系人，他们对项目有很高的权力，也很关注项目的结果，项目经理应该"重点管理，及时报告"，应采取有力的行动让 B 区干系人满意。项目的客户和项目经理的主管领导，就是这样的项目干系人。

尽管 C 区干系人权力低，但关注项目的结果，因此项目经理要"随时告知"项目状况，以维持 C 区干系人的满意程度。

A 区的关键干系人具有"权力大、对项目结果关注度低"的特点，因此争取 A 区干系人

的支持，对项目的成功至关重要，项目经理对 A 区干系人的管理策略应该是"令其满意"。

D 区干系人的特点是"权力低、对项目结果的关注度低"，因此项目经理主要是通过"花最少的精力来监督他们"即可。

➤ **参考答案**：参见第 400 页"2018 年下半年上午试题参考答案"。

● 关于项目合同的分类，正确的是（57）。
（57）A．信息系统工程项目合同通常按照信息系统范围和项目总价划分
　　　B．需要立即开展工作的项目不适宜采用成本补偿合同
　　　C．工程量大、工期较长、技术复杂的项目宜采用总价合同
　　　D．工料合同兼有成本补偿合同和总价合同的特点，适用范围较宽

📝 **自我测试**
（57）____（请填写你的答案）

【试题分析】
信息系统工程项目合同通常有两种分类方式：一种是按信息系统范围划分；另一种是按项目付款方式划分。

按项目付款方式，可把合同分为总价合同、成本补偿合同和工料合同三种类型（**详见 2021 年上半年上午试题分析第 58 题**）。

其中：
总价合同适用于工程量不太大且能精确计算、工期较短、技术不太复杂、风险不大的项目。

成本补偿合同适用于：①需要立即开展工作的项目；②对项目内容及技术经济指标未确定的项目；③风险大的项目。

工料合同也称工时与材料合同、单价合同。它是总价合同与成本补偿合同的混合类型。工料合同只规定了卖方所提供产品的单价，根据卖方在合同执行中实际提供的产品数量计算总价，它是开口合同，合同价格因成本增加而变化。工料合同适用于短期服务和小金额项目。在工作范围未明确就要立即开始工作时，可以增加人员、聘请专家，以及寻求其他外部支持。这类合同的适用范围比较宽，其风险可以得到合理的分摊。这类合同履行中需要注意的问题是双方对实际工作量的确定。

➤ **参考答案**：参见第 400 页"2018 年下半年上午试题参考答案"。

● 合同变更的处理由（58）来完成。
（58）A．配置管理系统　　　　　　B．变更控制系统
　　　C．发布管理系统　　　　　　D．知识管理系统

📝 **自我测试**
（58）____（请填写你的答案）

【试题分析】
合同变更的处理由合同变更控制系统来完成，其是项目整体变更控制系统的一部分。

➤ **参考答案**：参见第 400 页"2018 年下半年上午试题参考答案"。

● 项目经理赵某负责公司的大数据分析平台项目，搭建该平台需要大规模的计算能力。经过市场调研，国内 A 公司可提供大规模计算服务。赵某在制定项目的采购计划时，正确的做法是（59）。

（59）A．直接把 A 公司的大规模计算服务列入采购计划

B．将国际上最先进的高性能计算服务器列入采购计划

C．考虑项目管理计划、项目需求文档、活动成本估算等输入

D．以 A 公司的采购政策和工作程序作为采购指导

自我测试

（59）____（请填写你的答案）

【试题分析】

制定采购计划的输入项包括项目管理计划、项目需求文档、风险登记册、活动资源要求、项目进度、活动成本估算、干系人登记册、事业环境因素、组织过程资产等。

在制定采购计划时，要按照项目管理的思维，从制定采购计划过程的输入项着手思考解决问题。

参考答案：参见第 400 页"2018 年下半年上午试题参考答案"。

● 控制采购的输入不包括（60）。

（60）A．合同管理计划　　B．采购档案　　C．合同　　D．采购文件

自我测试

（60）____（请填写你的答案）

【试题分析】

控制采购的输入包括项目管理计划、采购文件、合同、批准的变更请求、工作绩效报告、工作绩效数据。

采购档案是指一套完整的、带索引的合同文档（包括已结束的合同），采购文件、合同等都属于采购档案内容。

控制采购的输入不包括合同管理计划。

参考答案：参见第 400 页"2018 年下半年上午试题参考答案"。

● 质量保证计划属于软件文档中的（61）。

（61）A．开发文档　　B．产品文档　　C．管理文档　　D．说明文档

自我测试

（61）____（请填写你的答案）

【试题分析】

软件文档分为开发文档、产品文档、管理文档三类。其中，开发文档包括：

（1）可行性研究报告和项目任务书。

（2）需求规格说明。

（3）功能规格说明。

（4）设计规格说明，包括程序和数据规格说明。

（5）开发计划。

（6）软件集成和测试计划。

（7）质量保证计划。

（8）安全和测试信息。

✦ **参考答案**：参见第 400 页"2018 年下半年上午试题参考答案"。

● 关于配置库的描述，不正确的是（62）。

（62）A．开发库用于保存开发人员当前正在开发的配置项

　　　B．受控库包含当前的基线及对基线的变更

　　　C．产品库包含已发布使用的各种基线

　　　D．开发库是开发人员的个人工作区，由配置管理员控制

✎ **自我测试**

（62）____（请填写你的答案）

【试题分析】

配置库可以分为开发库、受控库、产品库三种类型（**详见 2019 年上半年上午试题分析第 62 题**）。

（1）开发库。开发库也称为动态库，用于保存开发人员当前正在开发的配置实体，是开发人员的个人工作区，由开发人员自行控制。

（2）受控库。受控库包含当前的基线加上对基线的变更。受控库中的配置项被置于完全的配置管理之下。

（3）产品库。产品库包含已发布使用的各种基线的存档，被置于完全的配置管理之下。

✦ **参考答案**：参见第 400 页"2018 年下半年上午试题参考答案"。

● 质量管理的发展，大致经历了手工艺人时代、质量检验阶段、统计质量控制阶段和（63）四个阶段。

（63）A．零缺陷质量管理　　　　　B．全面质量管理

　　　C．过程质量管理　　　　　　D．精益质量管理

✎ **自我测试**

（63）____（请填写你的答案）

【试题分析】

质量管理的发展，大致经历了手工艺人时代、质量检验阶段、统计质量控制阶段、全面质量管理四个阶段。

✦ **参考答案**：参见第 400 页"2018 年下半年上午试题参考答案"。

● 针对规划质量管理的工具和技术，不正确的是（64）。

（64）A．成本效益法通过比较可能的成本和预期的收益来提高质量

　　　B．预防成本是质量成本，内部失败成本不是质量成本

　　　C．统计抽样的频率和规模应在规划质量管理过程中确定

　　　D．实验设计是规划质量管理过程中使用的一种统计方法

📝 自我测试
（64）____（请填写你的答案）

【试题分析】

质量成本是指在产品生命周期中发生的所有成本，包括为预防不符合要求、为评价产品或服务是否符合要求，以及因未达到要求而发生的所有成本（**详见 2021 年上半年上午试题分析第 63 题**）。

其中，预防成本是质量成本中的一致性成本；内部失败成本是质量成本中的非一致性成本。

📌 **参考答案**：参见第 400 页"2018 年下半年上午试题参考答案"。

● （65）属于规划质量管理的输出。
　　（65）A．项目管理计划　　　　　B．需求文件
　　　　　C．风险登记册　　　　　　D．质量核对单

📝 自我测试
（65）____（请填写你的答案）

【试题分析】

规划质量管理的输出包括质量管理计划、过程改进计划、质量测量指标、质量核对单、项目文件更新。

📌 **参考答案**：参见第 400 页"2018 年下半年上午试题参考答案"。

● （66）不是风险识别的原则。
　　（66）A．由粗及细，由细及粗　　B．先怀疑，后排除
　　　　　C．对客户保密　　　　　　D．排除与确认并重

📝 自我测试
（66）____（请填写你的答案）

【试题分析】

风险识别的原则包括以下内容：
（1）由粗及细，由细及粗。
（2）严格界定风险内涵并考虑风险因素之间的相关性。
（3）先怀疑，后排除。
（4）排除与确认并重。
（5）必要时，可做实验论证。

📌 **参考答案**：参见第 400 页"2018 年下半年上午试题参考答案"。

● （67）属于定量风险分析的工具和技术。
　　（67）A．概率和影响矩阵　　　　B．风险数据质量评估
　　　　　C．风险概率和影响评估　　D．敏感性分析

📝 自我测试
（67）____（请填写你的答案）

【试题分析】
定量风险分析（也称风险定量分析）的工具和技术包括以下几个方面。
（1）数据收集和展示技术：访谈、概率分布。
（2）定量风险分析和建模技术：敏感性分析、预期货币价值分析、建模和模拟。
（3）专家判断。

➤ **参考答案**：参见第 400 页"2018 年下半年上午试题参考答案"。

● 有关控制风险的描述，不正确的是（68）。
　（68）A．控制风险时，需要参考已经发生的成本
　　　　B．风险分类是控制风险过程所采用的工具和技术
　　　　C．可使用挣值分析法对项目总体绩效进行监控
　　　　D．控制风险过程中需要更新风险登记册

📝 自我测试
　（68）____（请填写你的答案）

【试题分析】
控制风险的工具和技术包括风险再评估、风险审计、偏差和趋势分析、技术绩效测量、储备分析、会议。风险分类是风险定性分析的工具和技术，而不是控制风险的工具和技术。

➤ **参考答案**：参见第 400 页"2018 年下半年上午试题参考答案"。

● 在信息系统安全技术体系中，安全审计属于（69）。
　（69）A．物理安全　　B．网络安全　　C．数据安全　　D．运行安全

📝 自我测试
　（69）____（请填写你的答案）

【试题分析】
在 GB/T 20271—2006《信息安全技术 信息系统安全通用技术要求》中，将信息系统安全技术体系分为物理安全、运行安全、数据安全。在系统运行安全管理制度中规定了系统运行审计制度，需要定期对应用系统的安全审计跟踪记录及应用系统的日志进行检查与审计，检查非授权访问及应用系统的异常处理日志。其中，运行安全包括风险分析、信息系统安全性检测分析、信息系统安全监控、安全审计、信息系统边界安全防护、备份与故障排除、恶意代码防护、信息系统的应急处理、可信计算和可信连接技术。

➤ **参考答案**：参见第 400 页"2018 年下半年上午试题参考答案"。

● 根据《信息安全等级保护管理办法》的规定，信息系统受到破坏后，会对社会秩序和公共利益造成严重损害，或者对国家安全造成损害，则该信息系统的安全保护等级为（70）。
　（70）A．一级　　　　B．二级　　　　C．三级　　　　D．四级

📝 自我测试
　（70）____（请填写你的答案）

【试题分析】
信息系统的安全保护等级分为以下五级：

第一级，信息系统受到破坏后，会对公民、法人和其他组织的合法权益造成损害，但不损害国家安全、社会秩序和公共利益。

第二级，信息系统受到破坏后，会对公民、法人和其他组织的合法权益产生严重损害，或者对社会秩序和公共利益造成损害，但不损害国家安全。

第三级，信息系统受到破坏后，会对社会秩序和公共利益造成严重损害，或者对国家安全造成损害。

第四级，信息系统受到破坏后，会对社会秩序和公共利益造成特别严重损害，或者对国家安全造成严重损害。

第五级，信息系统受到破坏后，会对国家安全造成特别严重损害。

参考答案：参见第400页"2018年下半年上午试题参考答案"。

● Cloud storage is a model of computer of computer data storage in which the digital data is stored in logical pools. The physical storage spans multiple servers (sometimes in multiple locations), and the physical environment is typically owned and managed by a hosting company. As for the cloud concept, the cloud storage service is one kind of（71）.

（71）A．IaaS　　　B．PaaS　　　C．SaaS　　　D．DaaS

自我测试
（71）____（请填写你的答案）

【试题分析】
翻译：云存储是一种计算机数据存储模型，数字数据存储在逻辑池中。物理存储跨越多个服务器（有时在多个位置），物理环境通常由托管公司拥有和管理。关于云概念，云存储服务是一种（71）。

（71）A．基础设施即服务　　　B．平台即服务
　　　C．软件即服务　　　　　D．数据即服务

参考答案：参见第400页"2018年下半年上午试题参考答案"。

●（72）is a subset of artificial intelligence in the field of computer science that often uses statistical techniques to give computers the ability to "learn" (i.e., progressively improve performance on a specific task) with data. Without being explicitly programmed.

（72）A．Machine learning　　　B．Program language learning
　　　C．Natural language learning　　D．Statistical learning

自我测试
（72）____（请填写你的答案）

【试题分析】
翻译：（72）是计算机科学领域中人工智能的一个子集，通常使用统计技术使计算机具有"学习"（逐步提高特定任务的性能）数据的能力，而不需要进行显式编程。

（72）A．机器学习　　　B．程序语言学习
　　　C．自然语言学习　D．统计学习

◆ 参考答案：参见第 400 页"2018 年下半年上午试题参考答案"。

● Configuration management is focus on the specification of both the deliverables and the processes; While （73） is focused on identifying, documenting, and approving or rejecting changes to the project documents, deliverables, or baselines.

（73）A．cost management　　　　　　B．change management
　　　C．configuration management　　D．capacity management

📝 自我测试
（73）____（请填写你的答案）

【试题分析】
翻译：配置管理关注可交付成果和过程的规范；而（73）关注识别、记录和批准或拒绝对项目文档、可交付成果或基线的更改。
（73）A．成本管理　　B．变更管理　　C．配置管理　　D．容量管理

◆ 参考答案：参见第 400 页"2018 年下半年上午试题参考答案"。

● Quality management ensures that an organization product or service is consistent. It has four main components: quality planning, quality assurance （74） and quality improvement.

（74）A．quality objective　　B．quality policy
　　　C．quality control　　　D．quality system

📝 自我测试
（74）____（请填写你的答案）

【试题分析】
翻译：质量管理确保组织的产品或服务是一致的。它有四个主要组成部分：质量策划、质量保证、（74）和质量改进。
（74）A．质量目标　　B．质量方针　　C．质量控制　　D．质量体系

◆ 参考答案：参见第 400 页"2018 年下半年上午试题参考答案"。

● In a project plan, when the project manager schedules activities, he (or she) often uses （75） method, precedence relationships between activities are represented by circles connected by one or more arrows. The length of the arrow represents the duration of the relevant activity.

（75）A．causality diagram　　B．Gantt chart
　　　C．histogram　　　　　　D．arrow diagram

📝 自我测试
（75）____（请填写你的答案）

【试题分析】
翻译：在项目计划中，当项目经理安排活动时，他（或她）经常使用（75）方法，活动之间的优先关系用一个或多个箭头连接的圆圈表示。箭头的长度表示相关活动的持续时间。
（75）A．因果图　　B．甘特图　　C．柱状图　　D．箭线图

◆ 参考答案：参见第 400 页"2018 年下半年上午试题参考答案"。

2018年下半年下午试题分析与解答

试题一

阅读下列说明，回答问题1至问题3，将解答填入答题纸的对应栏内。

【说明】

A公司承接了某信息系统工程项目。公司李总任命小王为项目经理，向公司项目管理办公室负责。项目组接到任务后，各成员根据各自分工制定了相应项目管理子计划，小王将收集到的各子计划合并为项目管理计划并直接发布。

为了保证项目按照客户要求尽快完成，小王基于自身的行业经验，对客户需求初步了解后，立即安排项目团队开始实施项目。在项目实施过程中，客户不断调整需求，小王本着客户至上的原则，对客户的需求均安排项目组成员进行修改，导致某些工作内容多次重复。项目进行到后期才发现项目进度严重滞后，客户对项目进度很不满意，并提出了投诉。接到客户投诉后李总要求项目管理办公室给出说明。项目管理办公室对该项目情况也不了解，因此组织相关人员对项目进行审查，发现了很多问题。

【问题1】

结合案例，请简要分析造成项目目前状况的原因。

参考答案

造成项目目前状况的原因包括：

(1) 项目经理小王项目管理经验不足，管理能力不强，不适合项目经理职位。

(2) 项目管理子计划应该根据项目管理计划来制定和细化，而不是先有项目管理子计划，再合并为项目管理计划。

(3) 项目管理计划没有经过相关干系人评审就直接发布。

(4) 对客户需求没有完整地获取、分析并确认，就开始实施项目。

(5) 小王没有建立需求变更控制流程，没有进行需求变更控制。

(6) 小王没有进行有效的进度检查和进度控制。

(7) 小王与客户的沟通存在问题，没有有效的沟通管理。

(8) 项目管理办公室没有对小王进行监督和指导，没有对项目过程进行监控。

解析：

本题考核的知识点是整体管理的内容和作用。

整体管理的基本任务就是为了按照实施组织确定的程序实现项目目标，将项目管理过程组中需要的各个过程有效形成整体。整体管理就是整合了其他子计划（范围、进度、成本、质量、人力、沟通、干系人、风险、采购等管理计划），变成项目管理计划。

项目整体管理包括制定项目章程、制定项目管理计划、指导与管理项目执行、监控项目工作、整体变更控制、结束项目或阶段六个过程（详见 **2019 年下半年下午试题分析与解答试题一**）。

本题根据整体管理包含的六个过程的内容和作用去回答，不符合的就是存在问题的地方。

【问题 2】

请简述项目管理办公室的职责。

参考答案

项目管理办公室的职责如下：

（1）在所有 PMO 管理的项目之间共享和协调资源。

（2）明确和制定项目管理方法、最佳实践和标准。

（3）负责制定项目方针、流程、模板和其他共享资料。

（4）为所有项目进行集中的配置管理。

（5）对所有项目的集中的共同风险和独特风险存储库加以管理。

（6）项目工具的实施和管理中心。

（7）项目之间的沟通管理协调中心。

（8）对项目经理进行指导的平台。

（9）通常对所有 PMO 管理的项目的时间基线和预算进行集中监控。

（10）在项目经理和任何内部或外部的质量人员或标准化组织之间协调整体项目的质量标准。

解析：

本题考核的知识点是项目管理办公室。

【问题 3】

结合案例，判断下列选项的正误（填写在答题纸对应栏内，正确的选项填写"√"，错误的填写"×"）。

（1）项目整体管理包括选择资源分配方案，平衡相互竞争的目标和方案，以及协调项目管理各知识领域之间的依赖关系。（　　）

（2）只有在过程之间相互交互时，才需要关注项目整体管理。（　　）

（3）项目整体管理还包括开展各种活动来管理项目文件，以确保项目文件与项目管理计划及交付成果（产品、服务或能力）的一致性。（　　）

（4）针对项目范围、进度、成本、质量、人力资源、沟通、风险、采购、干系人九大领域的管理，最终是为了实现项目的整体管理，实现项目目标的综合最优。（　　）

（5）半途而废、失败的项目，只需要说明项目终止的原因，不需要进行最终产品、服务或成果的移交。（　　）

参考答案

（1）√　（2）×　（3）√　（4）√　（5）×

解析：本题考核的知识点是整体管理中的相关概念。

（1）正确。

（2）错误。整体管理的基本任务就是为了按照实施组织确定的程序实现项目目标，将项目管理过程组中需要的各个过程有效形成整体。整体管理贯穿项目的始终。

（3）正确。

（4）正确。

（5）错误。如果项目在完工前就提前终止，该阶段过程还需制定程序，来调查和记录提前终止的原因，还需要恰当地移交已完成或已取消的项目或阶段。

试题二

阅读下列说明，回答问题1至问题3，将解答填入答题纸的对应栏内。

【说明】

某大型央企A公司计划开展云数据中心建设项目，并将公司主要业务和应用逐步迁移到云平台上。由于项目金额巨大，A公司决定委托当地某知名招标代理机构，通过公开招标方式选择系统集成商。

6月20日招标代理机构在网站发布了该项目的招标公告，招标公告要求投标人必须在6月30日上午10:00前提交投标文件，地点为黄河大厦五层第一会议室。

6月28日B公司向招标代理机构发送了书面通知，称之前提交的投标材料有问题，希望用重新制作的投标文件替换原有的投标文件，招标代理机构拒绝了该投标人的要求。

6月30日上午9:30，五家公司提交了投标材料。此时招标代理机构接到了C公司的电话，对方称由于堵车原因，可能会迟到，希望开标时间推迟半个小时，招标代理机构与已递交材料的五家公司代表沟通后，大家一致同意将开标时间推迟到上午10:30。

6月30日上午10:30，C公司到场提交投标材料后开标工作开始，评标委员会对投标文件进行了评审和比较，向A公司推荐了中标候选人D公司和E公司，经过慎重考虑，A公司决定D公司中标。

7月10日A公司公布中标结果，并向D公司发出了中标通知书。

7月11日B公司向招标代理机构询问中标结果，招标代理机构以保密为由拒绝告知。

8月20日A公司与D公司签署了商务合同，并要求D公司尽快组织人员启动项目实施。

8月22日D公司项目团队正式进场，A公司发现D公司将项目的某重要工作分包给了另一家公司，通过查阅商务合同，以及D公司投标文件发现，D公司未在这两份文件中提及任何分包事宜。

【问题1】

综合以上案例，请指出招、投标及项目实施过程中存在的问题。

参考答案

招、投标及项目实施过程中存在如下问题：

（1）6月20日招标代理机构在网站发布了该项目的招标公告，招标公告要求投标人必须在6月30日上午10:00前提交投标文件存在问题。

（2）招标代理机构拒绝了 B 公司用重新制作的投标文件替换原有的投标文件的要求存在问题。

（3）招标代理机构同意将开标时间推迟存在问题。

（4）上午 10:30，C 公司到场提交投标材料后开标工作开始存在问题。

（5）评标委员会向 A 公司推荐了中标候选人 D 公司和 E 公司存在问题。

（6）A 公司公布中标结果，并向 D 公司发出了中标通知书存在问题。

（7）B 公司向招标代理机构询问中标结果，招标代理机构以保密为由拒绝告知存在问题。

（8）8 月 20 日 A 公司与 D 公司签署了商务合同存在问题。

（9）D 公司将项目的某重要工作分包给另一家公司存在问题。

解析：

本题考核的知识点是《中华人民共和国招标投标法》中的相关内容。

《中华人民共和国招标投标法》的相关内容如下：

第二十四条规定：招标人应当确定投标人编制投标文件所需要的合理时间；但是，依法必须进行招标的项目，自招标文件开始发出之日起至投标人提交投标文件截止之日止，最短不得少于二十日。

第二十九条规定：投标人在招标文件要求提交投标文件的截止时间前，可以补充、修改或者撤回已提交的投标文件，并书面通知招标人。补充、修改的内容为投标文件的组成部分。

第三十四条规定：开标应当在招标文件确定的提交投标文件截止时间的同一时间公开进行；开标地点应当为招标文件中预先确定的地点。

第三十六条规定：未通过资格预审的申请人提交的投标文件，以及逾期送达或者不按照招标文件要求密封的投标文件，招标人应当拒收。

第四十五条规定：中标人确定后，招标人应当向中标人发出中标通知书，并同时将中标结果通知所有未中标的投标人。中标通知书对招标人和中标人具有法律效力。中标通知书发出后，招标人改变中标结果的，或者中标人放弃中标项目的，应当依法承担法律责任。

第四十六条规定：招标人和中标人应当自中标通知书发出之日起三十日内，按照招标文件和中标人的投标文件订立书面合同。招标人和中标人不得再行订立背离合同实质性内容的其他协议。招标文件要求中标人提交履约保证金的，中标人应当提交。

第四十八条规定：中标人应当按照合同约定履行义务，完成中标项目。中标人不得向他人转让中标项目，也不得将中标项目肢解后分别向他人转让。中标人按照合同约定或者经招标人同意，可以将中标项目的部分非主体、非关键性工作分包给他人完成。接受分包的人应当具备相应的资格条件，并不得再次分包。中标人应当就分包项目向招标人负责，接受分包的人就分包项目承担连带责任。

第五十五条规定：国有资金占控股或者主导地位的依法必须进行招标的项目，招标人应当确定排名第一的中标候选人为中标人。排名第一的中标候选人放弃中标、因不可抗力不能履行合同、不按照招标文件要求提交履约保证金，或者被查实存在影响中标结果的违法行为等情形，不符合中标条件的，招标人可以按照评标委员会提出的中标候选人名单排序依次确定其他中标候选人为中标人，也可以重新招标。

根据《中华人民共和国招标投标法》的相关内容去回答，不符合就是存在问题的地方。

【问题2】

采购文件为实施采购、控制采购和结束采购等过程提供了依据，请列举常见的采购文件。

◆ 参考答案

常见的采购文件有：方案邀请书（RFP）、报价邀请书（RFQ）、征求供应商意见书（RFI）、投标邀请书（IFB）、招标通知、洽谈邀请和承包商初始建议征求书。

解析：

本题考核的知识点是采购文件。

采购文件用来得到潜在卖方的报价建议书。当选择卖方的决定基于价格（如当购买商业产品或标准产品）时，通常使用标书、投标或报价而不是报价建议书这个术语。

【问题3】

从候选答案中选择一个正确选项，将该选项编号填入答题纸对应栏内。

（1）中的卖方100%承担成本超支的风险。

（2）允许根据条件变化（如通货膨胀，某些特殊商品的成本增加或降低），以事先确定的方式对合同价格进行最终调整。

候选答案：

  A．固定总价合同   B．成本补偿合同
  C．总价加奖励费用合同   D．总价加经济价格调整合同

◆ 参考答案

（1）A   （2）D

解析：

本题考核的知识点是合同类型。

（1）固定总价合同（FFP）：是最常用的合同类型。大多数买方都喜欢这种合同，因为采购的价格在一开始就被确定，并且不允许改变（除非工作范围发生变更）。因合同履行不好而导致的任何成本增加都由卖方承担。这种合同中，卖方（乙方或承包商）承担了超过合同约定的"固定总价"以外的项目造价，总之卖方100%承担成本超支的风险。

（2）总价加经济价格调整合同（FP-EPA）：如果卖方履约要跨越相当长的周期（数年），就应该使用总价加经济价格调整合同（FP-EPA）。如果买方和卖方之间要维持多种长期关系，也可以采用这种合同类型。它是一种特殊的总价合同，允许根据条件变化（如通货膨胀，某些特殊商品的成本增加或降低），以事先确定的方式对合同价格进行最终调整。

试题三

阅读下列说明，回答问题1至问题4，将解答填入答题纸的对应栏内。

【说明】

下表给出了某信息系统建设项目的所有活动截止到2018年6月1日的成本绩效数据，

项目完工预算 BAC 为 30000 元。

活动名称	完成百分比（%）	PV（元）	AC（元）
1	100	1000	1000
2	100	1500	1600
3	100	3500	3000
4	100	800	1000
5	100	2300	2000
6	80	4500	4000
7	100	2200	2000
8	60	2500	1500
9	50	4200	2000
10	50	3000	1600

【问题1】

请计算项目当前的成本偏差 CV、进度偏差 SV、成本绩效指数 CPI、进度绩效指数 SPI，并指出该项目的成本和进度执行情况（CPI 和 SPI 结果保留两位小数）。

参考答案

PV＝25500（元）；EV＝20000（元）；AC＝19700（元）；CV＝300（元）；SV＝－5500（元）；CPI≈1.02；SPI≈0.78。

CPI＞1，成本节约；SPI＜1，进度落后。

解析：

本题考核的知识点是挣值管理的相关概念及挣值计算（详见 **2021 年上半年下午试题分析与解答试题二**）。

（1）进度偏差计算公式：SV＝EV－PV。当 SV＞0，进度超前；SV＜0，进度滞后。

（2）成本偏差计算公式：CV＝EV－AC。当 CV＞0，成本节约；CV＜0，成本超支。

（3）进度绩效指数计算公式：SPI＝EV/PV。当 SPI＞1，进度超前；SPI＜1，进度滞后。

（4）成本绩效指数计算公式：CPI＝EV/AC。当 CPI＞1，成本节约；CPI＜1，成本超支。

解题思路：

（1）计算 PV，根据题干中的表格，各活动的 PV 之和就是该项目当前的 PV，得到：

PV＝PV（活动1）＋PV（活动2）＋PV（活动3）＋PV（活动4）＋PV（活动5）＋PV（活动6）＋PV（活动7）＋PV（活动8）＋PV（活动9）＋PV（活动10）

＝1000＋1500＋3500＋800＋2300＋4500＋2200＋2500＋4200＋3000

＝25500（元）

（2）计算 EV，根据题干中的表格，各活动的 PV×完成百分比之和就是该项目当前的 EV，得到：

EV＝PV（活动1）×100%＋PV（活动2）×100%＋PV（活动3）×100%＋PV（活动4）×100%＋PV（活动5）×100%＋PV（活动6）×80%＋PV（活动7）×100%＋PV（活动8）×60%＋PV（活动9）×50%＋PV（活动10）×50%

=1000+1500+3500+800+2300+4500×80%+2200+2500×60%+4200×50%+3000×50%

=20000（元）

（3）计算AC，根据题干中的表格，各活动的AC之和就是该项目的当前AC，得到：

AC=AC（活动1）+AC（活动2）+AC（活动3）+AC（活动4）+AC（活动5）+AC（活动6）+AC（活动7）+AC（活动8）+AC（活动9）+AC（活动10）

=1000+1600+3000+1000+2000+4000+2000+1500+2000+1600

=19700（元）

（4）计算项目当前的CV、SV、CPI、SPI。

CV=EV−AC=20000−19700=300（元）

SV=EV−PV=20000−25500=−5500（元）

CPI=EV/AC=20000/19700≈1.02，CPI>1，成本节约。

SPI=EV/PV=20000/25500≈0.78，SPI<1，进度落后。

【问题2】

项目经理对项目偏差产生的原因进行了详细分析，预期未来还会发生类似偏差，如果项目要按期完成，请估算项目中的ETC（结果保留一位小数）。

参考答案

如果项目要按期完成，ETC≈12569.1（元）。

解析：

本题考核的知识点是挣值管理的相关概念及挣值计算（详见**2021年上半年下午试题分析与解答试题二**）。

根据题干中预期未来还会发生类似偏差，属于典型偏差，因此根据公式：ETC=(BAC−EV)/(CPI×SPI)来计算ETC。

ETC=(BAC−EV)/(CPI×SPI)=(30000−20000)/(1.02×0.78)=10000/0.7956≈12569.1（元）

【问题3】

假如此时项目增加10000元的管理储备，项目完工预算BAC如何变化？

参考答案

增加10000元的管理储备对BAC无影响。因为管理储备是不作为项目完工预算BAC分配的。计算BAC时，不需要考虑管理储备。

解析：

本题考核的知识点是管理储备、项目完工预算BAC的概念。

成本基准（BAC）：也叫项目完工预算，成本基准是经过批准的、按时间段分配的项目预算，不包括任何管理储备，只有通过正式的变更控制程序才能变更，用作与实际结果进行比较的依据。成本基准是不同进度活动经批准的预算的总和。

最后，在成本基准之上增加管理储备，得到项目预算。当出现有必要动用管理储备的变更时，则应该在获得变更控制过程的批准之后，把适量的管理储备移入成本基准中。

管理储备是为了管理控制的目的而特别留出的项目预算，用来应对项目范围中不可预见的工作（"未知—未知"风险）。管理储备不包括在成本基准中，但属于项目总预算和资金需求的一部分，使用前需要得到高层管理者审批。当动用管理储备资助不可预见的工作时，就要把动用的管理储备增加到成本基准中，从而导致成本基准变更。

【问题 4】

在以下成本中，直接成本有哪三项？间接成本有哪三项？（从候选答案中选择正确选项，将该选项编号填入答题纸的对应栏内，所选答案多于三项不得分）

候选答案：
A．销售费用
B．项目成员的工资
C．办公室电费
D．项目成员的差旅费
E．项目所需的物料费
F．公司为员工缴纳的商业保险费

参考答案
直接成本：选项 B、D、E；间接成本：选项 A、C、F。

解析：

本题考核的知识点是成本类型中的直接成本和间接成本。成本主要包括可变成本、固定成本、直接成本、间接成本、机会成本、沉没成本几种类型（**详见 2021 年下半年上午试题分析第 47 题**）。其中：

直接成本：直接可以归属于项目工作的成本为直接成本，如项目团队的差旅费、工资、项目使用的物料及设备使用费等。

间接成本：来自一般管理费用科目，或几个项目共同担负的项目成本所分摊给本项目的费用，就形成了项目的间接成本，如企业的税金、额外福利和保卫费用等。

试题四

阅读下列说明，回答问题 1 至问题 3，将解答填入答题纸的对应栏内。

【说明】

某公司规模较小，公司总经理认为工作开展应围绕研发和市场进行，在该项目研发过程中，编写相关文档会严重耽误项目执行的进度，应该能省就省。2018 年 1 月公司中标一个公共广播系统建设项目，主要包括广播主机、控制器等设备及平台软件的研发工作。公司任命小陈担任项目经理，为保证项目质量，小陈指定一直从事软件研发工作的小张兼职负责项目的质量管理。

小张参加完项目需求和设计方案评审后，便全身心投入自己负责的研发工作中。在项目即将交付前，小张按照项目组制定的验收大纲进行了检查，并按照项目组拟订的文件列表检查文件是否齐全，然后签字通过。客户验收时发现系统存在严重的质量问题，不符合客户的验收标准，项目交付时间推延。

【问题1】

结合案例，分析该项目中质量问题产生的原因。

🔖 **参考答案**

该项目中质量问题产生的原因包括：
（1）公司高层（总经理）不重视项目质量。
（2）公司高层认为相关文档会耽误项目执行的进度，能省就省的指导思想错误。
（3）项目经理小陈缺乏对兼职质量管理员小张的质量管理活动的指导和监控。
（4）小张不适合质量管理员岗位要求。
（5）小张没有做到兼顾质量管理工作和开发工作，忽略了质量管理工作。
（6）没有制定项目质量管理计划。
（7）没有进行质量保证过程。
（8）质量控制活动频次太低，只在即将交付前进行。
（9）质量检查只进行了文件齐全的检查，没有进行可交付成果是否满足质量要求的检查。

解析：

本题考核的知识点是质量管理的内容和作用。

质量管理是指确定质量方针、目标和职责，并通过质量体系中的质量规划、质量保证、控制质量及质量改进来使其实现所有管理职能的全部活动。

质量管理主要过程的内容和作用包括以下几个方面。

（1）规划质量管理：是识别项目及其可交付成果的质量要求和标准，并准备对策确保符合质量要求的过程。本过程的主要作用是为在整个项目中如何管理和确认质量提供指南和方向。

（2）实施质量保证：是审计质量要求和质量控制测量结果，确保采用合理的质量标准和操作性定义的过程。本过程的主要作用是促进质量过程改进。

（3）控制质量：是监督并记录质量活动执行结果，以便评估绩效，并推荐必要的变更过程。主要作用包括：
①识别过程低效或产品质量低劣的原因，建议并采取相应措施消除这些原因。
②确认项目的可交付成果及工作满足主要干系人的既定需求，足以进行最终验收。

根据质量管理的三个过程去回答，不符合的就是存在问题的地方。

【问题2】

请简述质量控制过程的输入。

🔖 **参考答案**

质量控制过程的输入包括：①项目管理计划；②质量测试指标；③质量核对单；④工作绩效数据；⑤批准的变更请求；⑥可交付成果；⑦项目文件；⑧组织过程资产。

解析：

本题考核的知识点是质量管理中质量控制过程的输入。质量控制的输入、工具与技术及输出如下表所示。

过程名	输入	工具与技术	输出
控制质量	1. 项目管理计划 2. 质量测量指标 3. 质量核对单 4. 工作绩效数据 5. 批准的变更请求 6. 可交付成果 7. 项目文件 8. 组织过程资产	1. 七种质量工具 2. 统计抽样 3. 检查 4. 审查已批准的变更请求	1. 质量控制测量结果 2. 确认的变更 3. 核实的可交付成果 4. 工作绩效信息 5. 变更请求 6. 项目管理计划更新 7. 项目文件更新 8. 组织过程资产更新

【问题3】

基于案例,请判断以下描述是否正确(填写在答题纸对应栏内,正确的选项填写"√",错误的选项填写"×")。

(1)项目质量管理包括确定质量政策、目标与职责的各个过程和活动,从而使项目满足其预定的需求。( )

(2)帕累托图是一种特殊形式的条形图,用于描述几种趋势、分散程度和统计分布形状。( )

(3)通过持续过程改进,可以减少浪费,消除非增值活动,使各个过程在更高的效率与效果水平上运行。( )

(4)从项目作为一项最终产品来看,项目质量体现在其性能或使用价值上,即项目的过程质量。( )

参考答案

(1)√ (2)× (3)√ (4)×

解析:

本题考核的知识点是质量管理中的相关概念。

(1)正确。

(2)错误。帕累托图是一种特殊的垂直条形图,用于识别造成大多数问题的少数重要原因。在帕累托图中,通常按类别排列条形,以测量频率或后果。

(3)正确。

(4)错误。从项目作为一项最终产品来看,项目质量体现在其性能或使用价值上,即项目的产品质量。

2017年系统集成项目管理工程师考试试题与解析

2017 年上半年上午试题分析

● 在以下关于信息的质量属性的叙述中，不正确的是（1）。
（1）A．完整性：对事物状态描述的全面程度
　　　B．可验证性：信息的来源、采集方法、传输过程是符合预期的
　　　C．安全性：在信息的生命周期中，信息可以被非授权访问的可能性
　　　D．经济性：信息获取、传输带来的成本在可以接受的范围之内

📝 自我测试
（1）____（请填写你的答案）

【试题分析】
信息的质量属性包括以下内容。
（1）精确性：对事物状态描述的精准程度。
（2）完整性：对事物状态描述的全面程度，完整信息应包括所有重要事实。
（3）可靠性：信息的来源、采集方法、传输过程是可以信任的、符合预期的。
（4）及时性：信息具有时效性，及时性是指人们获得的信息是有效的、有价值的信息。例如，昨天的天气信息不论怎样精确、完整，对指导明天的穿衣并无帮助，从这个角度出发，这条信息的价值为零。
（5）经济性：指信息获取、传输带来的成本在可以接受的范围之内。
（6）可验证性：指信息的主要质量属性可以被证实或者证伪的程度。
（7）安全性：指在信息的生命周期中，信息可以被非授权访问的可能性。可能性越低，安全性越高。

➤ 参考答案：参见第401页"2017年上半年上午试题参考答案"。

● 在国家信息化体系六要素中，（2）是进行信息化建设的基础。
（2）A．信息技术和产业　　　　　B．信息化政策法规和规范标准
　　　C．信息资源的开发和利用　　D．信息化人才

📝 自我测试
（2）____（请填写你的答案）

【试题分析】
国家信息化体系六要素结构如下图所示（见下页）。
其中，信息技术应用是信息化体系六要素中的龙头，是国家信息化建设的主阵地。
信息资源的开发利用是国家信息化的核心任务，是国家信息化建设取得实效的关键。信息网络是信息资源开发利用和信息技术应用的基础。信息技术和产业是我国进行信息化建设

的基础。信息化人才是国家信息化成功之本,对其他各要素的发展速度和质量有着决定性的影响,是信息化建设的关键。信息化政策法规和标准规范用于规范和协调信息化体系各要素之间的关系,是国家信息化快速、持续、有序、健康发展的根本保障。

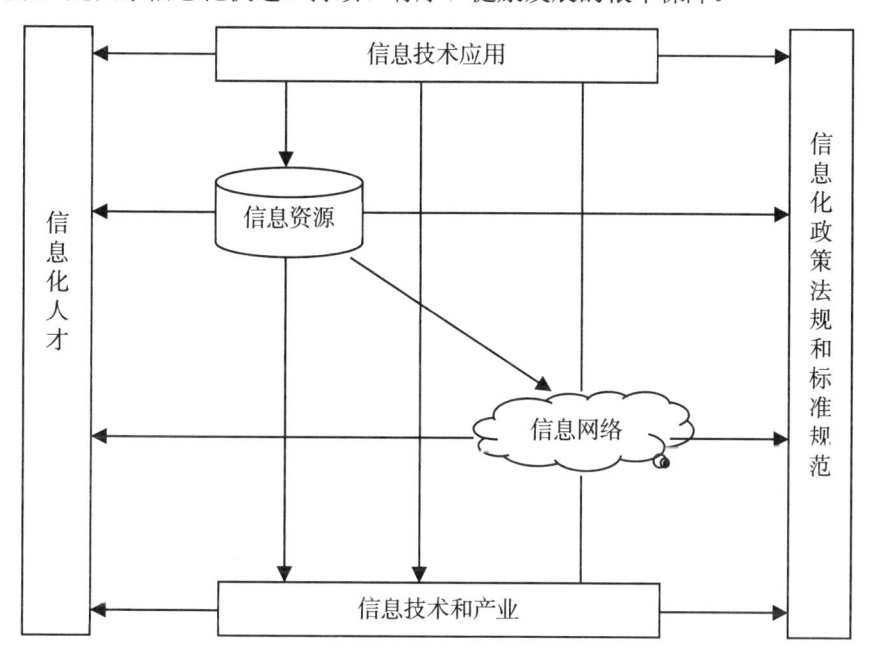

参考答案:参见第401页"2017年上半年上午试题参考答案"。

● 2013年9月,工业和信息化部会同国务院有关部门制定了《信息化发展规划》,作为指导今后一个时期加快推动我国信息化发展的行动纲领。在《信息化发展规划》中,提出了我国未来发展的指导思想和基本原则。在以下关于信息化发展的叙述中,不正确的是(3)。

(3) A. 信息化发展的基本原则是:统筹发展、有序推进、需求牵引、市场导向、完善机制、创新驱动、加强管理、保障安全
    B. 信息化发展的主要任务包括促进工业领域信息化深度应用,包括推进信息技术在工业领域全面普及,推动综合集成应用和业务协调创新等
    C. 信息化发展的主要任务包括推进农业农村信息化
    D. 目前,我国的信息化建设处于开展阶段

自我测试
(3) ____ (请填写你的答案)

【试题分析】
信息化发展的基本原则是:统筹发展、有序推进、需求牵引、市场导向、完善机制、创新驱动、加强管理、保障安全。

我国信息化发展的主要任务和发展重点是:促进工业领域信息化深度应用、加快推进服务业信息化、积极提高中小企业信息化应用水平、协力推进农业农村信息化、全面深化电子政务应用、稳步提高社会事业信息化水平、统筹城镇化与信息化互动发展、加强信息资源开

发利用、构建下一代国家综合信息基础设施、促进重要领域基础设施智能化改造升级、着力提高国民信息能力、加强网络与信息安全保障体系建设。

目前，我国的信息化建设处于深入发展阶段。

✎ **参考答案**：参见第401页"2017年上半年上午试题参考答案"。

● 电子政务是我国国民经济和社会信息化的重要组成部分。(4)一般不属于电子政务内容。

(4) A．公务员考勤打卡系统
　　B．政府大院为保证办公环境的门禁系统
　　C．某商务网站的可为政府提供采购服务的系统
　　D．政府办公大楼门前的电子公告显示屏

✎ **自我测试**
(4) ＿＿＿（请填写你的答案）

【试题分析】
电子政务是指政府机构在其管理和服务职能中运用现代信息技术，实现政府组织结构和工作流程的重组优化，超越时间、空间和部门分隔的制约，建成一个精简、高效、廉洁、公平的政府运作模式。

电子政务模型可简单概括为两个方面：政府部门内部利用先进的网络信息技术实现办公自动化、管理信息化、决策科学化；政府部门与社会各界利用网络信息平台充分进行信息共享与服务、加强群众监督、提高办事效率及促进政务公开，等等。

✎ **参考答案**：参见第401页"2017年上半年上午试题参考答案"。

● 电子商务不仅包括信息技术，还包括交易原则、法律法规和各种技术规范等内容，其中电子商务的信用管理、收费及隐私保护等问题属于(5)方面的内容。

(5) A．信息技术　　　　　　　B．交易规则
　　C．法律法规　　　　　　　D．技术规范

✎ **自我测试**
(5) ＿＿＿（请填写你的答案）

【试题分析】
电子商务相关法律包括消费者权益保护、隐私保护、电子商务交易真实性认定、知识产权保护等方面的法律法规。

✎ **参考答案**：参见第401页"2017年上半年上午试题参考答案"。

● 商业智能描述了一系列的概念和方法，通过运用基于事实的支持系统来辅助制定商业决策，商业智能的主要功能不包括(6)。

(6) A．数据使用培训（数据使用方法论的创建、宣贯和实施落地）
　　B．数据ETL（数据的抽取，转换和加载）
　　C．数据统计输出（统计报表的设计和展示）
　　D．数据仓库功能（数据存储和访问）

📝 **自我测试**

（6）____（请填写你的答案）

【试题分析】

商业智能系统应具有的主要功能包括以下内容。

（1）数据仓库：高效的数据存储和访问方式。提供结构化和非结构化的数据存储，容量大，运行稳定，维护成本低，支持元数据管理，支持多种结构，例如中心式数据仓库和分布式数据仓库等。存储介质能够支持近线式和二级存储器，能够很好地支持容灾和备份方案。

（2）数据 ETL：数据 ETL 支持多平台、多数据存储格式（多数据源、多格式数据文件、多维数据库等）的数据组织，要求能自动根据描述或者规则进行数据查找和理解，减少海量、复杂数据与全局决策数据之间的差距，帮助形成支撑决策要求的参考内容。

（3）数据统计输出（报表）：报表能快速地完成数据统计的设计和展示，其中包括统计数据表样式和统计图展示，可以很好地输出给其他应用程序或者以 Html 形式表现和保存。对于自定义设计部分要提供简单易用的设计方案，支持灵活的数据填报和针对非技术人员设计的解决方案，能自动地完成输出内容的发布。

（4）分析功能：可以通过业务规则形成分析内容，并且展示样式丰富，具有一定的交互要求，例如，预警或者趋势分析等。支持多维度的 OLAP，可实现维度变化、旋转、数据切片和数据钻取等，以帮助用户做出正确的判断和决策。

★ **参考答案**：参见第401页"2017年上半年上午试题参考答案"。

● 物联网技术作为智慧城市建设的重要技术，其架构一般可分为（7），其中（8）负责信息采集和物物之间的信息传输。

（7）A. 感知层、网络层和应用层　　B. 平台层、传输层和应用层
　　　C. 平台层、汇聚层和应用层　　D. 汇聚层、平台层和应用层
（8）A. 感知层　　　　　　　　　　B. 网络层
　　　C. 应用层　　　　　　　　　　D. 汇聚层

📝 **自我测试**

（7）____（请填写你的答案）
（8）____（请填写你的答案）

【试题分析】

物联网从架构上可以分为感知层、网络层和应用层（**详见 2021 年上半年上午试题分析第 23 题**）。

其中，感知层负责信息采集和物物之间的信息传输。信息采集技术涉及传感器、条码和二维码、RFID（射频识别）技术、音视频等多媒体信息采集；信息传输涉及远、近距离数据传输技术，自组织网络技术，协同信息处理技术，信息采集中间件技术，传感器网络技术。

物联网各层所用的公共技术包括编码技术、标识技术、解析技术、安全技术和中间件技术。

★ **参考答案**：参见第401页"2017年上半年上午试题参考答案"。

● 智慧城市建设参考模型包括有依赖关系的五层结构和对建设有约束关系的三个支撑体系，五层结构包括物联感应层、通信网络层、计算与存储层、数据及服务支撑层、智慧应

用层；三个支撑体系除了建设和运营管理体系、安全保障体系之外还包括（9）。

（9）A．人员自愿调配体系　　　　B．数据管理体系
　　　C．标准规范体系　　　　　　D．技术研发体系

📝 自我测试
（9）____（请填写你的答案）

【试题分析】
智慧城市的三个支撑体系如下。
（1）安全保障体系：为智慧城市建设构建统一的安全平台，实现统一入口、统一认证、统一授权、日志记录服务。
（2）建设和运营管理体系：为智慧城市建设提供整体的运维管理机制，确保智慧城市整体建设管理和可持续运行。
（3）标准规范体系：标准规范体系用于指导和支撑我国各地城市信息化用户、各行业智慧应用信息系统的总体规划和工程建设，同时，规范和引导我国智慧城市相关IT产业的发展，为智慧城市建设、管理和运行维护提供统一规范，便于互联、共享、互操作和扩展。

👉 参考答案：参见第401页"2017年上半年上午试题参考答案"。

● 信息技术服务标准（ITSS）所定义的IT服务四个核心要素是：人员、流程、资源和（10）。

（10）A．技术　　　　　　　　　　B．工具
　　　 C．合作伙伴　　　　　　　　D．持续改进

📝 自我测试
（10）____（请填写你的答案）

【试题分析】
信息技术服务标准（ITSS）所定义的IT服务四个核心要素是人员（People）、流程（Process）、技术（Technology）和资源（Resource），简称PPTR。

👉 参考答案：参见第401页"2017年上半年上午试题参考答案"。

● 在移动互联网的关键技术中，（11）是页面展示技术。

（11）A．SOA　　　　　　　　　　B．Web Service
　　　 C．HTML5　　　　　　　　　D．Android

📝 自我测试
（11）____（请填写你的答案）

【试题分析】
移动互联网的关键技术包括架构技术SOA、页面展示技术Web2.0和HTML5，以及主流开发平台Android、iOS和Windows Phone。
HTML5是在原有HTML基础之上扩展了API，使Web应用成为RIA（Rich Internet Applications），具有高度互动性、丰富的用户体验，以及功能强大的客户端。HTML5的第一份正式草案已于2008年1月22日公布。HTML5的设计目的是在移动设备上支持多媒体，推动浏览器厂商，使Web开发能够跨平台、跨设备支持。HTML5仍处于完善之中。然而，

大部分现代浏览器已经支持 HTML5。

★ **参考答案**：参见第 401 页"2017 年上半年上午试题参考答案"。

● 信息系统的生命周期可以分为立项、开发、运维及消亡四个阶段。以下对各阶段的叙述中，不正确的是（12）。

（12）A．立项阶段：依据用户业务发展和经营管理的需求，提出建设信息系统的初步构想，对企业信息系统的需求进行深入调研和分析，形成《需求规格说明书》

B．开发阶段：通过系统分析、系统设计、系统实施、系统验收等工作实现并交付系统

C．运维阶段：信息系统通过验收，正式移交给用户后的阶段，系统的运行维护就是更正性维护

D．消亡阶段：信息系统不可避免地会遇到更新改造甚至废弃重建等

📝 自我测试

（12）____（请填写你的答案）

【试题分析】

信息系统的生命周期可以分为立项、开发、运维及消亡四个阶段（详见 **2021 年上半年上午试题分析第 11 题**）。

其中，运维阶段是指信息系统通过验收，正式移交给用户以后系统进入的阶段。要保障系统正常运行，系统维护是一项必要的工作。系统的运行维护可分为更正性维护（也称纠错性维护）、适应性维护、完善性维护、预防性维护四种类型。

★ **参考答案**：参见第 401 页"2017 年上半年上午试题参考答案"。

● 根据《关于信息安全等级保护工作的实施意见》的规定，信息系统受到破损后，会对社会秩序和公共利益造成较大的损害，或者对国家安全造成损害，该信息系统应实施（13）的信息安全保护。

（13）A．第一级　　　　　　　　B．第二级
　　　 C．第三级　　　　　　　　D．第四级

📝 自我测试

（13）____（请填写你的答案）

【试题分析】

信息系统的安全保护等级分为五级，其中对第三级的描述如下。

第三级：信息系统受到破坏后，会对社会秩序和公共利益造成严重损害，或者对国家安全造成损害。

★ **参考答案**：参见第 401 页"2017 年上半年上午试题参考答案"。

● 常用的需求分析方法有：面向数据流的结构分析方法（SA）、面向对象的分析方法（OOA）。（14）不是结构化的分析方法的图形工具。

（14）A．决策树　　　　　　　　B．数据流图
　　　 C．数据字典　　　　　　　D．快速原型

📝 自我测试

（14）____（请填写你的答案）

【试题分析】

结构化分析方法给出一组帮助系统分析人员产生功能规约的原理与技术。它一般利用图形表达用户需求，使用的手段主要有数据流图、数据字典、结构化语言、判定表及决策树等。

参考答案：参见第401页"2017年上半年上午试题参考答案"。

● 以下关于软件需求分析和软件设计的叙述中，不正确的是（15）。

（15）A．需求分析可以检测和解决需求之间的冲突，并发现系统的边界
　　　B．软件设计是根据软件需求，产生一个软件内部结构的描述，并将其作为软件构造的基础
　　　C．需求分析是为了评价和改进产品质量，识别产品缺陷和问题而进行的活动
　　　D．软件设计是为了描述软件架构及相关组件之间的接口

📝 自我测试

（15）____（请填写你的答案）

【试题分析】

软件需求是针对待解决问题的特性的描述。所定义的需求必须可以被验证。在资源有限时，可以通过优先级对需求进行权衡。通过需求分析，可以检测和解决需求之间的冲突，发现系统的边界，并详细描述系统需求。

软件设计是根据软件需求，产生一个软件内部结构的描述，并将其作为软件构造的基础。通过软件设计，描述软件架构及相关组件之间的接口；然后，进一步详细地描述组件，以便能构造这些组件。

软件测试是为了评价和改进产品质量、识别产品的缺陷和问题而进行的活动。软件测试是针对一个程序的行为，在有限测试用例集合上，动态验证是否达到预期的行为。

参考答案：参见第401页"2017年上半年上午试题参考答案"。

● 在面向对象的概念中，类是现实世界中实体的形式化描述，类将该实体的（16）和操作封装在一起。

（16）A．属性　　　　　　　　　　B．需求
　　　C．对象　　　　　　　　　　D．抽象

📝 自我测试

（16）____（请填写你的答案）

【试题分析】

对象是由数据及其操作所构成的封装体，是系统中用来描述客观事物的一个模块，是构成系统的基本单位。

类是现实世界中实体的形式化描述，类将该实体的属性（数据）和操作（函数）封装在一起。

类和对象的关系可以理解为，对象是类的实例，类是对象的模板。

参考答案：参见第 401 页"2017 年上半年上午试题参考答案"。

- 在以下关于数据仓库的叙述中，正确的是（17）。
  （17）A．数据仓库主要用于支持决策管理
  B．数据仓库的数据源相对比较单一
  C．存放在数据仓库中的数据一般是实时更新的
  D．数据仓库为企业的特定应用服务，强调处理的响应时间、数据的安全性和完整性等

自我测试
（17）____（请填写你的答案）

【试题分析】
数据仓库是一个面向主题的、集成的、相对稳定的、反映历史变化的数据集合，主要用于支持管理决策（**详见 2021 年上半年上午试题分析第 15 题**）。

数据仓库是对多个异构数据源（包括历史数据）的有效集成，集成后按主题重组，且存放在数据仓库中的数据一般不再修改。

参考答案：参见第 401 页"2017 年上半年上午试题参考答案"。

- 在 OSI 七层协议中，（18）主要负责确保数据可靠、顺序、无错地从 A 点传输到 B 点。
  （18）A．数据链路层　　　　　　B．网络层
  C．传输层　　　　　　　　D．会话层

自我测试
（18）____（请填写你的答案）

【试题分析】
OSI 采用了分层的结构化技术，从下到上共分为七层，包括物理层、数据链路层、网络层、传输层、会话层、表示层、应用层（**详见 2021 年上半年上午试题分析第 17 题**）。其中，传输层主要负责确保数据可靠、顺序、无错地从 A 点传输到 B 点。传输层常见协议有 TCP、UDP、SPX。

参考答案：参见第 401 页"2017 年上半年上午试题参考答案"。

- 在以下关于网络规划、设计与实施工作的叙述中，不正确的是（19）。
  （19）A．在设计网络拓扑结构时，应考虑的主要因素有：地理环境、传输介质与距离，以及可靠性
  B．在设计主干网时，连接建筑的主干网一般考虑以光缆作为传输介质
  C．在设计广域网连接方式时，如果网络用户有 WWW、E-mail 等具有互联网功能的服务器，建议采用 ISDN 和 ADSL 等技术连接外网
  D．在很难布线的地方或者经常需要变动布线结构的地方，应首先考虑使用无线网络接入

自我测试
（19）____（请填写你的答案）

【试题分析】

在选择拓扑结构时,应该考虑的主要因素有:地理环境、传输介质与距离,以及可靠性。

主干网技术的选择,要根据需求分析中用户方网络规模大小、网上传输信息的种类和用户方可投入的资金等因素来考虑。连接建筑群的主干网一般以光缆作为传输介质。

在设计广域网连接方式时,要根据网络规模的大小、网络用户的数量来选择对外连接通道的带宽。如果没有 WWW、E-mail 等具有互联网功能的服务器,用户可以采用 ISDN 或 ADSL 等技术连接外网;如果有 WWW、E-mail 等具有互联网功能的服务器,用户可采用 DDN(或 E1)专线连接、ATM 交换及永久虚电路连接外网。

无线网络的出现就是为了解决有线网络无法克服的困难。无线网络首先适用于很难布线的地方(比如受保护的建筑物、机场等)或者经常需要变动布线结构的地方(如展览馆等)。另外,学校也是一个很重要的无线网络应用领域。

参考答案:参见第 401 页"2017 年上半年上午试题参考答案"。

● (20)一般不属于机房建设的内容。
(20)A. 消费者监控安装调试　　　　B. 三通一平
C. 网络设备安装调试　　　　　D. 空调系统安装调试

自我测试
(20)____(请填写你的答案)

【试题分析】

三通一平是指基本建设项目开工的前提条件,具体指水通、电通、路通和场地平整。因此它不属于机房建设的内容。

参考答案:参见第 401 页"2017 年上半年上午试题参考答案"。

● GB 50174—2008《电子信息系统机房设计规范》将电子信息系统机房根据使用性质、管理要求及其在经济和社会中的重要性进行级别规划。在以下关于级别划分的叙述中,正确的是(21)。
(21)A. 电子信息系统机房应划分为 A、B、C 三级,A 级最高
B. 电子信息系统机房应划分为 A、B、C 三级,C 级最高
C. 电子信息系统应划分为 T1、T2、T3、T4 四级,T1 最高
D. 电子信息系统应划分为 T1、T2、T3、T4 四级,T4 最高

自我测试
(21)____(请填写你的答案)

【试题分析】

机房的安全等级分为以下三个基本类别。

A 类:对计算机机房的安全有严格的要求,有完善的计算机机房安全措施。
B 类:对计算机机房的安全有较严格的要求,有较完善的计算机机房安全措施。
C 类:对计算机机房的安全有基本的要求,有基本的计算机机房安全措施。

参考答案:参见第 401 页"2017 年上半年上午试题参考答案"。

- 在以下关于计算机病毒与蠕虫的特点比较的叙述中，正确的是（22）。
  (22) A. 在传染机制中，蠕虫是通过主要程序运行的
       B. 为系统打补丁，能有效预防蠕虫，但不能有效预防病毒
       C. 在触发机制中，蠕虫的触发者是计算机使用者
       D. 蠕虫和病毒都是以寄生模式生存的

📝 自我测试
（22）____（请填写你的答案）

【试题分析】
在传染机制中，病毒通过主要程序运行，蠕虫利用系统的漏洞。在触发机制中，病毒的触发者是计算机使用者，而蠕虫的触发者是程序自身。

➤ 参考答案：参见第 401 页"2017 年上半年上午试题参考答案"。

- 大数据存储技术首先需要解决的是数据海量化和快速增长需求的问题，其次处理格式多样化的数据。谷歌文件系统（GFS）和 Hadoop 的（23）奠定了大数据存储技术的基础。
  (23) A. 分布式文件系统   B. 分布式数据库系统
       C. 关系型数据库系统   D. 非结构化数据分析系统

📝 自我测试
（23）____（请填写你的答案）

【试题分析】
大数据存储技术首先需要解决的是数据海量化和快速增长需求的问题。存储的硬件架构和文件系统的性价比要大大高于传统技术，存储容量计划应可以无限制扩展，且要求有很强的容错能力和并发读写能力。目前，谷歌文件系统（GFS）和 Hadoop 的分布式文件系统（HDFS）奠定了大数据存储技术的基础。大数据存储技术第二个要解决的问题是如何处理格式多样化的数据，这要求大数据存储管理系统能够对各种非结构化数据进行高效管理，代表产品有 BigTable、Hadoop、HBase 等非关系型数据库（NoSQL）。

➤ 参考答案：参见第 401 页"2017 年上半年上午试题参考答案"。

- 在云计算服务类型中，(24)向用户提供虚拟数据的操作系统，数据库管理系统、Web 应用系统等服务。
  (24) A. IaaS   B. DaaS
       C. PaaS   D. SaaS

📝 自我测试
（24）____（请填写你的答案）

【试题分析】
云计算服务按照提供的资源层次，可以分为 IaaS（基础设施即服务）、PaaS（平台即服务）、SaaS（软件即服务）三种服务类型（**详见 2020 年下半年上午试题分析第 21 题**）。

其中，PaaS（平台即服务）向用户提供虚拟的操作系统、数据库管理系统、Web 应用等平台化的服务。

➤ 参考答案：参见第 401 页"2017 年上半年上午试题参考答案"。

● 在物联网的关键技术中，射频识别（RFID）是一种（25）。
（25）A．信息采集技术　　　　　　B．无线传输技术
　　　C．自组织组网技术　　　　　D．中间件技术

📝 自我测试
（25）____（请填写你的答案）

【试题分析】
物联网从架构上可以分为感知层、网络层和应用层（**详见 2021 年上半年上午试题分析第 23 题**）。

感知层负责信息采集和物物之间的信息传输。信息采集技术涉及传感器、条码和二维码、RFID（射频识别）技术、音视频等多媒体信息采集；信息传输涉及远、近距离数据传输技术，自组织网络技术、协同信息处理技术，信息采集中间件技术，传感器网络技术。

➤ 参考答案：参见第 401 页"2017 年上半年上午试题参考答案"。

● 与例行工作相比，项目具有更明显的特点，其中（26）是指每一个项目都有一个明确的开始时间和结束时间。
（26）A．临时性　　　　　　　　　B．暗示性
　　　C．独特性　　　　　　　　　D．渐进明细

📝 自我测试
（26）____（请填写你的答案）

【试题分析】
项目的三大特点包括：临时性、独特性、渐进明细（**详见 2021 年上半年上午试题分析第 24 题**）。

（1）临时性：每一个项目都有一个明确的开始时间和结束时间。
（2）独特性：独特性是指项目要提供某一独特产品，提供独特的服务或成果。
（3）渐进明细：渐进明细是指项目的成果性目标是逐步完成的。

➤ 参考答案：参见第 401 页"2017 年上半年上午试题参考答案"。

● 项目目标包括成果性目标和（27）目标，后者也叫管理性目标。
（27）A．建设性　　　　　　　　　B．约束性
　　　C．指导性　　　　　　　　　D．原则性

📝 自我测试
（27）____（请填写你的答案）

【试题分析】
项目目标包括成果性目标和约束性目标。项目的成果性目标有时也简称为项目目标，指通过项目开发出来的满足客户要求的产品、系统、服务或成果。项目的约束性目标也叫管理性目标，是指完成项目成果性目标需要的时间、成本及要满足的质量。

➤ 参考答案：参见第 401 页"2017 年上半年上午试题参考答案"。

● 在以下类型的组织结构中，项目经理权力相对较大的是（28）组织。

(28) A. 职能型 B. 弱矩阵型
C. 强矩阵型 D. 项目型

自我测试
(28) ____（请填写你的答案）

【试题分析】
根据项目经理的权力从小到大，可以将组织结构依次划分为职能型组织、弱矩阵型组织、平衡矩阵型组织、强矩阵型组织和项目型组织（**详见2021年上半年上午试题分析第26题**）。其中，项目型组织是项目经理权力最大的组织。

参考答案：参见第401页"2017年上半年上午试题参考答案"。

● 软件统一过程（RUP）是迭代模型的一种。在以下关于RUP的叙述中，不正确的是(29)。

(29) A. RUP生命周期在时间上分为四个顺序阶段，分别是初始阶段、细化阶段、构建阶段和交付阶段
B. RUP的每个阶段都要执行核心过程工作流的"商业建模""需求调研""分析与设计""实现""测试""部署"。每个阶段的内部仅完成一次迭代即可
C. 软件产品交付给用户使用一段时间后，如有新的需求，则应该开始另外一个RUP开发周期
D. RUP可以用于大型复杂软件项目的开发

自我测试
(29) ____（请填写你的答案）

【试题分析】
软件统一过程（RUP）是迭代模型中的一种。

RUP可以用二维坐标来描述。横轴表示时间，是项目的生命周期，体现开发过程的动态结构，主要包括周期（Cycle）、阶段（Phase）、迭代（Iteration）和里程碑（Milestone）；纵轴表示自然的逻辑活动，体现开发过程的静态结构，主要包括活动（Activity）、产物（Artifact）、工作者（Worker）和工作流（Workflow）。

RUP中的软件生命周期在时间上被分解为四个顺序阶段，分别是初始阶段（Inception）、细化阶段（Elaboration）、构建阶段（Construction）和交付阶段（Transition）。这四个阶段的顺序执行就形成了一个周期。

每个阶段结束于一个主要的里程碑。在每个阶段的结尾执行一次评估，以确定这个阶段的目标是否已经满足。

每个阶段从上到下迭代，亦即从核心过程工作流"商业建模""需求调研""分析与设计"……执行到"部署"，再从核心支持工作流"配置与变更管理""项目管理"执行到"环境"，完成一次迭代。根据需要，在一个阶段内部，可以完成一次到多次的迭代。

软件产品交付给用户使用一段时间后，如有新的需求，则应该开始另外一个RUP开发周期。

大型复杂项目通常采用迭代方式实施，这使项目团队可以在迭代过程中综合考虑反馈意

见和经验教训，从而降低项目风险。

➤ **参考答案**：参见第 401 页"2017 年上半年上午试题参考答案"。

● 小王是某软件开发项目的项目经理，在组内讨论项目采用的开发方法时，项目组最后采取了下图模式，他们采取的是（30）。

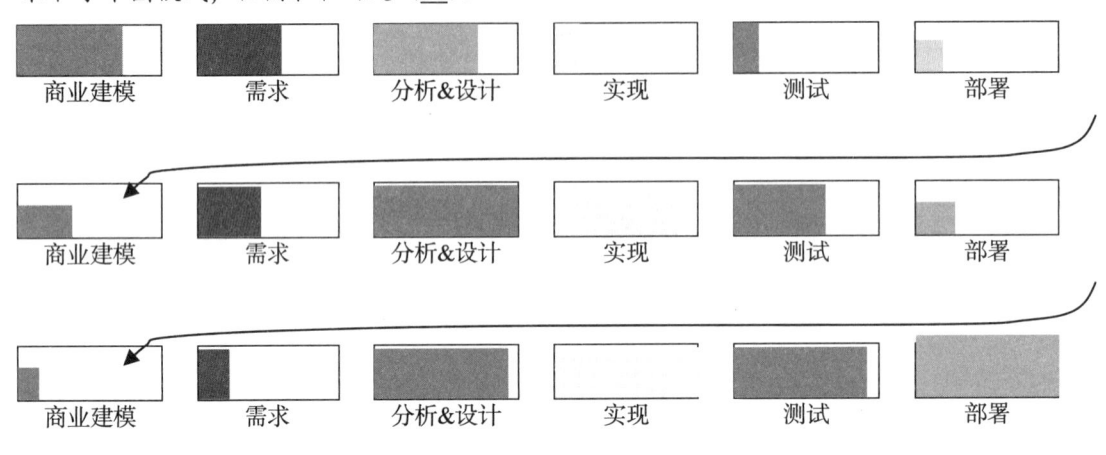

| 商业建模 | 需求 | 分析&设计 | 实现 | 测试 | 部署 |

| 商业建模 | 需求 | 分析&设计 | 实现 | 测试 | 部署 |

| 商业建模 | 需求 | 分析&设计 | 实现 | 测试 | 部署 |

（30）A．瀑布模型　　B．原型化模型　　C．迭代模型　　D．螺旋模型

📝 **自我测试**

（30）____（请填写你的答案）

【试题分析】

在迭代模型中，每一阶段都执行一次传统的、完整的串行过程串，每执行一次过程串就是一次迭代。每一次迭代涉及的过程都包括不同比例的所有活动。

➤ **参考答案**：参见第 401 页"2017 年上半年上午试题参考答案"。

● 在 V 模型中，（31）是对详细设计进行验证，（32）与需求分析相对应。

（31）A．集成测试　　　　　　　B．系统测试
　　　C．验收测试和确认测试　　D．验证测试
（32）A．代码测试　　　　　　　B．集成测试
　　　C．验收测试　　　　　　　D．单元测试

📝 **自我测试**

（31）____（请填写你的答案）
（32）____（请填写你的答案）

【试题分析】

典型的信息系统项目生命周期模型包括瀑布模型、迭代模型、V 模型、螺旋模型、原型化模型（**详见 2019 年上半年上午试题分析第 30 题**）。

其中，V 模型如下图所示，从图中可以直观地看到，详细设计与集成测试对应，需求分析与验收测试对应。

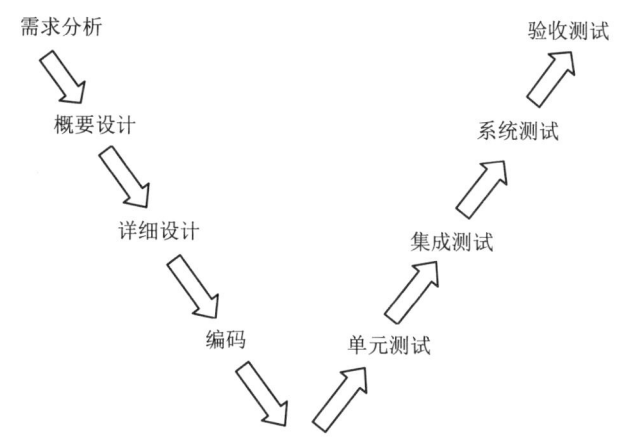

```
         需求分析                           验收测试
            ⇓                                 ⇑
         概要设计                           系统测试
            ⇓                                 ⇑
         详细设计                           集成测试
            ⇓                                 ⇑
            编码    ⇒    单元测试
```

★ **参考答案**：参见第401页"2017年上半年上午试题参考答案"。

● 项目经理小张在组织项目核心团队编写可行性研究报告。对多种技术方案进行比较，选择和评价属于（33）分析。

（33）A．投资必要性　　　　　　B．技术可行性
　　　C．经济可行性　　　　　　D．组织可行性

📝 **自我测试**
（33）____（请填写你的答案）

【试题分析】

项目可行性研究一般应包括以下内容：投资必要性、技术可行性、财务可行性、组织可行性、经济可行性、社会可行性、风险因素及对策（**详见2021年上半年上午试题分析第29题**）。

其中，技术可行性主要从项目实施的技术角度，合理设计技术方案，并进行比较、选择和评价。

★ **参考答案**：参见第401页"2017年上半年上午试题参考答案"。

● 某项目的立项负责人制定了一份某软件开发项目的详细可行性研究报告，目录如下：1. 概述，2. 需求确定，3. 现有资源，4. 技术方案，5. 计划进度，6. 项目组织，7. 效益分析，8. 协作方式，9. 结论。该报告欠缺的必要内容是（34）。

（34）A．应用方案　　　　　　　B．质量计划
　　　C．投资估算　　　　　　　D．项目评估原则

📝 **自我测试**
（34）____（请填写你的答案）

【试题分析】

详细可行性研究报告的内容包括：概述，项目技术背景与发展概况，现行系统业务、资源、设施情况分析，项目技术方案，实施进度计划，投资估算与资金筹措计划，人员及培训计划，不确定性（风险）分析，经济和社会效益预测与评价，可行性研究结论与建议。

★ **参考答案**：参见第401页"2017年上半年上午试题参考答案"。

● 某集成商准备去投标一个政府网站开发项目,该系统集成商在项目招标阶段的工作依次是(35)。
①建立评标小组　②制定投标文件　③参与开标过程　④研读招标公告　⑤提交投标文件

(35) A. ①②③④⑤　　　　　　　　B. ⑤②④③
     C. ④②⑤③　　　　　　　　　D. ①④⑤②③

自我测试
(35)＿＿＿(请填写你的答案)

【试题分析】
系统集成商在项目招标阶段的工作顺序为:①研读招标公告;②制定投标文件;③提交投标文件;④参与开标过程。

参考答案:参见第401页"2017年上半年上午试题参考答案"。

● 在项目章程的作用中,不包括(36)。
(36) A. 为项目人员绩效考核提供依据
     B. 确立项目经理,规定项目经理的权力
     C. 规定项目的总体目标
     D. 正式确认项目的存在

自我测试
(36)＿＿＿(请填写你的答案)

【试题分析】
项目章程的作用如下:
(1)确定项目经理,规定项目经理的权力。
(2)正式确认项目的存在,给项目一个合法的地位。
(3)规定项目的总体目标,包括范围、时间、成本和质量等。
(4)通过叙述启动项目的理由,把项目与执行组织的日常经营运作及战略计划等联系起来。

参考答案:参见第401页"2017年上半年上午试题参考答案"。

● (37)不属于项目章程的内容。
(37) A. 项目工作说明书
     B. 项目的主要风险,如项目的主要风险类别
     C. 里程碑进度计划
     D. 可测量的项目目标和相关的成功标准

自我测试
(37)＿＿＿(请填写你的答案)

【试题分析】
项目章程是一份正式批准项目并授权项目经理在项目活动中使用组织资源的文件(**详见2021年上半年上午试题分析第34题**)。项目章程的主要内容包括:

（1）概括性的项目描述和项目产品描述。
（2）项目目的或批准项目的理由，即为什么要做这个项目。
（3）项目的总体要求，包括项目的总体范围和总体质量要求。
（4）可测量的项目目标和相关的成功标准。
（5）项目的主要风险，如项目的主要风险类别。
（6）总体里程碑进度计划。
（7）总体预算。
（8）项目的审批要求，是指在项目的规划、执行、监控和收尾过程中，应该由谁来做出哪种批准。
（9）委派的项目经理及其职责和职权。
（10）发起人或其他批准项目章程的人员姓名和职权。
项目工作说明书属于项目章程的输入。

 参考答案：参见第401页"2017年上半年上午试题参考答案"。

● 为项目选择特定的生命周期模型一般是（38）中的工作。
（38）A．项目管理计划制定　　　　B．项目章程
　　　 C．项目任务书　　　　　　　D．质量计划制定

 自我测试
（38）____（请填写你的答案）

【试题分析】
项目管理计划是说明项目将如何执行、监督和控制项目的一份文件。它合并与整合了其他各规划过程所产生的所有子管理计划和范围基准。范围基准包括经批准的详细范围说明书、工作分解结构（WBS）和WBS词典、进度基准、成本基准等（**详见2021年上半年上午试题分析第35题**）。

项目管理计划的内容包括项目所选用的生命周期及各阶段将采用的过程。

 参考答案：参见第401页"2017年上半年上午试题参考答案"。

●（39）不属于项目验收的内容。
（39）A．验收测试　　　　　　　　B．系统维护工作
　　　 C．项目终验　　　　　　　　D．系统试运行

 自我测试
（39）____（请填写你的答案）

【试题分析】
系统集成项目在验收阶段主要包含以下四方面的工作内容，分别是验收测试、系统试运行、系统文档验收和项目终验。

（1）验收测试：验收测试是对信息系统进行全面的测试。测试要依照双方合同约定的系统环境进行，以确保系统的功能和技术设计满足建设方的功能需求和非功能需求，并能正常运行。验收测试阶段应包括编写验收测试用例、建立验收测试环境、全面执行验收测试、出具验收测试报告，以及验收测试报告的签署。

（2）系统试运行：系统通过验收测试的环节以后，可以开通系统试运行。系统试运行期间主要包括数据迁移、日常维护，以及缺陷跟踪和修复等方面的工作内容。为了检验系统的试运行情况，客户可将部分数据或配置信息加载到信息系统上进行正常操作。在试运行期间，甲乙双方可以进一步确定具体的工作内容并完成相应的交接工作。对于在试运行期间系统发生的问题，根据其性质判断是否是系统缺陷，如果是系统缺陷，应该及时更正系统的功能；如果不是系统自身缺陷，而是额外的信息系统新需求，此时可以遵循项目变更流程进行变更，也可以将其暂时搁置，作为后续升级项目工作内容的一部分。

（3）系统文档验收：在系统经过验收测试后，系统的文档应当逐步、全面地移交给客户。客户也可按照合同或者项目工作说明书的规定，对所交付的文档加以检查和评价；对不清晰的地方可以提出修改要求，在最终交付系统前，系统的所有文档都应当验收合格并经双方签字认可。

对于系统集成项目，所涉及的文档应该包括以下部分：

①系统集成项目介绍。
②系统集成项目最终报告。
③信息系统说明手册。
④信息系统维护手册。
⑤软硬件产品说明书、质量保证书等。

（4）项目终验：在系统经过试运行以后的约定时间，例如，三个月或者六个月，双方可以启动项目的最终验收工作。通常情况下，大型项目都分为试运行和最终验收两个步骤。对于一般项目而言，可以将系统测试和最终验收合并进行，但需要对最终验收的过程加以确认。

最终验收报告就是业主方认可承建方项目工作的最主要文件之一，这是确认项目工作结束的重要标志。对于信息系统而言，最终验收标志着项目的结束和售后服务的开始。

最终验收的工作包括双方对验收测试文件的认可和接受、双方对系统试运行期间的工作状况的认可和接受、双方对系统文档的认可和接受、双方对结束项目工作的认可和接受。

项目最终验收合格后，应该由双方的项目组撰写验收报告，提请双方工作主管认可。这标志着项目组开发工作的结束和项目后续活动的开始。

➤ **参考答案**：参见第401页"2017年上半年上午试题参考答案"。

● 信息系统集成项目完成验收后要进行一个综合性的项目后评价，评价的内容一般包括（40）。

（40）A．系统目标评价、系统质量评价、系统技术评价、系统可持续评价
　　　B．系统社会效益评价、系统过程评价、系统技术评价、系统可用性评价
　　　C．系统目标评价、系统过程评价、系统效益评价、系统可持续性评价
　　　D．系统责任评价、系统环境影响评价、系统效益评价、系统可持续性评价

📝 **自我测试**

（40）＿＿＿＿（请填写你的答案）

【试题分析】

项目后评价通过对已经建成的信息系统进行全面综合的调研、分析、总结，对信息系统

目标是否实现、信息系统前期论证过程、开发建设过程，以及运营维护过程是否符合要求，信息系统是否实现了预期的经济效益、管理效益及社会效益，信息系统是否能够持续稳定地运行等方面的工作内容做出独立、客观的评价。项目后评价的主要内容一般包括系统目标评价、系统过程评价、系统效益评价和系统可持续性评价四个方面。

▶ **参考答案**：参见第401页"2017年上半年上午试题参考答案"。

● 在项目变更管理中，变更影响分析一般由（41）负责。
（41）A．变更申请提出者　　　　B．变更管理者
　　　C．变更控制委员会　　　　D．项目经理

📝 自我测试
（41）____（请填写你的答案）

【试题分析】
在项目变更管理中，项目经理的职责是负责变更申请的影响分析，负责召开变更控制委员会会议，负责监控变更及批准变更的正确实施等。

▶ **参考答案**：参见第401页"2017年上半年上午试题参考答案"。

● 通过增加资源来压缩进度工期的技术称为（42）。
（42）A．快速跟进　　　　　　　B．持续时间缓冲
　　　C．赶工　　　　　　　　　D．提前量管理

📝 自我测试
（42）____（请填写你的答案）

【试题分析】
进度压缩是指在不改变项目范围的前提下，缩短项目的进度时间，以满足进度制约因素、强制日期或其他进度目标。进度压缩技术包括以下两种。

（1）赶工：通过增加资源，以最小的成本增加来压缩进度工期的一种技术。赶工的例子包括批准加班、增加额外资源或支付额外费用等，从而加快关键路径上的活动。赶工只适用于那些通过增加资源就能缩短持续时间的活动。赶工并非总是切实可行的，它可能导致风险和/或成本的增加。

（2）快速跟进：将正常情况下按顺序执行的活动或阶段并行执行。例如，在大楼的建筑图纸尚未全部完成前就开始基建施工。快速跟进可能造成返工和风险增加，只适用于能够通过并行活动来缩短工期的情况。

▶ **参考答案**：参见第401页"2017年上半年上午试题参考答案"。

● 在范围定义的工具和技术中，（43）通过产品分解、系统分析、价值工程等技术厘清产品范围，并把对产品的要求转化成项目的要求。
（43）A．焦点小组　　　　　　　B．备选方案
　　　C．产品分析　　　　　　　D．引导式研讨会

📝 自我测试
（43）____（请填写你的答案）

【试题分析】

范围定义的工具和技术有如下几种。

（1）产品分析：产品分析旨在弄清产品范围，并把对产品的要求转化成项目的要求。

（2）焦点小组：焦点小组召集预定的干系人和主题专家开会讨论，了解他们对产品、服务或成果的期望和态度。由一位受过训练的主持人引导大家进行互动式讨论。焦点小组往往比"一对一"的访谈更热烈。

焦点小组会议是一种群体访谈，而不是一对一访谈，可以有6～10个被访者参加。针对访谈者提出的问题，被访谈者之间开展互动式讨论，以求得更有价值的意见。

（3）备选方案生成：备选方案生成是一种用来制定尽可能多的潜在可选方案的技术，用于识别执行项目工作的不同方法。许多通用的管理技术都可用于生成备选方案，如头脑风暴、横向思维、备选方案分析等。

（4）引导式研讨会：引导式研讨会把主要干系人召集在一起，通过集中讨论来定义产品需求。研讨会是快速定义跨职能需求和协调干系人差异的重要技术。由于群体互动的特点，被有效引导的研讨会有助于参与者之间建立信任、改进关系、改善沟通，从而有利于干系人达成一致意见。此外，研讨会能够比单项会议更早发现问题，更快解决问题。

参考答案：参见第401页"2017年上半年上午试题参考答案"。

● 下图是变更控制管理流程图，该流程图缺少（44）。

（44）A．评估影响记录　　　　　B．配置审计
　　　C．变更定义　　　　　　　D．记录变更

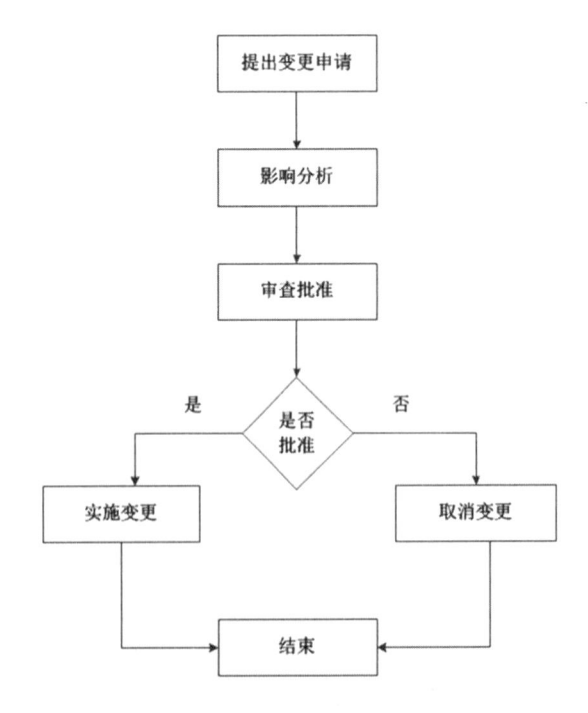

自我测试

（44）____（请填写你的答案）

【试题分析】

变更控制管理流程图如下所示:

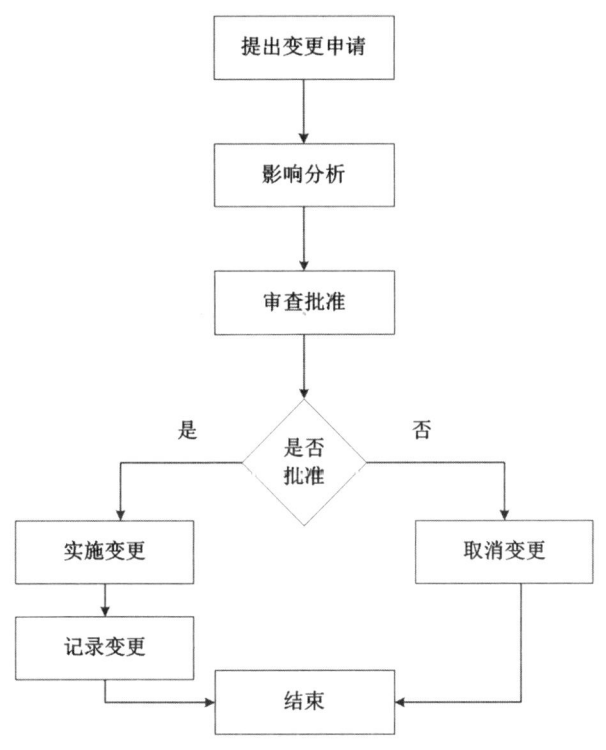

```
          提出变更申请
               ↓
           影响分析
               ↓
           审查批准
               ↓
          是否批准
         是 ↙    ↘ 否
      实施变更    取消变更
         ↓          ↓
      记录变更       │
         ↓          ↓
           结束
```

✎ **参考答案**: 参见第 401 页 "2017 年上半年上午试题参考答案"。

● 下面的箭线图中（活动的时间单位：周），活动 G 最多可以推迟（45）周而不会影响项目的完工日期。

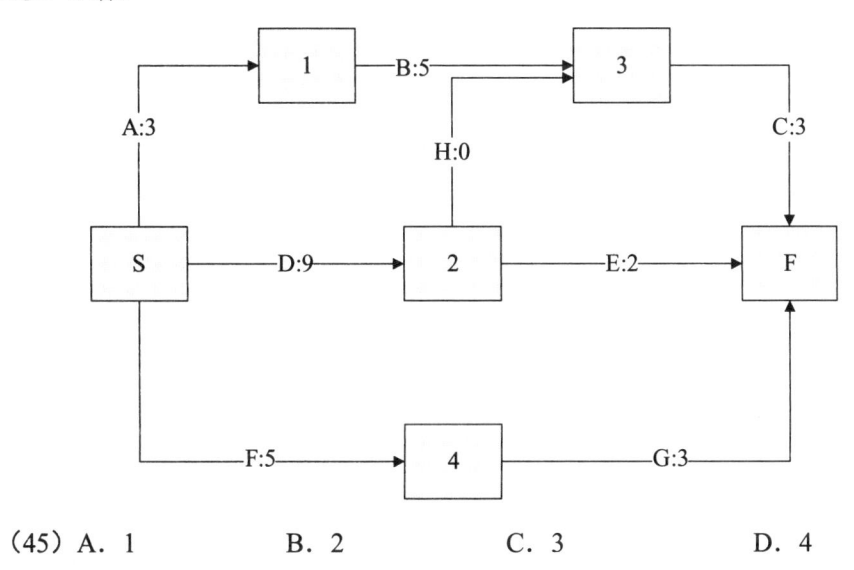

```
              ┌───┐  B:5   ┌───┐
           ┌─→│ 1 │───────→│ 3 │
           │  └───┘        └───┘
         A:3               ↑    │
           │            H:0     C:3
           │                │    │
           │                │    ↓
         ┌───┐  D:9  ┌───┐ E:2 ┌───┐
         │ S │──────→│ 2 │────→│ F │
         └───┘       └───┘     └───┘
           │                     ↑
         F:5                   G:3
           │         ┌───┐       │
           └────────→│ 4 │───────┘
                     └───┘
```

（45）A. 1　　　　B. 2　　　　C. 3　　　　D. 4

📝 自我测试

（45）＿＿＿（请填写你的答案）

【试题分析】

关键路径为 D-H-C，工期为 12 周，活动 G 的最早开始时间是第 5 周，最迟开始时间是第 9 周，因此推迟 4 周不会影响总工期。

➤ **参考答案**：参见第 401 页"2017 年上半年上午试题参考答案"。

● 确认项目范围是验收项目可交付成果的过程。其中：使用的方法是（46）。

（46）A．检查和群体决策技术　　　　B．验证和决策
　　　C．检查和群体创新技术　　　　D．验证和审查

📝 自我测试

（46）＿＿＿（请填写你的答案）

【试题分析】

确认项目范围采用的方法有检查和群体决策技术。

➤ **参考答案**：参见第 401 页"2017 年上半年上午试题参考答案"。

● 进行范围确认是项目中一项非常重要的工作，制定和执行确认程序时，第一项工作一般是（47）。

（47）A．确定需要进行确认范围的时间
　　　B．识别确认范围需要哪些投入
　　　C．确定确认范围正式被接受的标准和要素
　　　D．确定确认范围会议的组织步骤

📝 自我测试

（47）＿＿＿（请填写你的答案）

【试题分析】

进行确认的一般步骤如下：
（1）确定需要进行确认范围的时间。
（2）识别确认范围需要哪些投入。
（3）确定确认范围正式被接受的标准和要素。
（4）确定确认范围会议的组织步骤。
（5）组织确认范围会议。

➤ **参考答案**：参见第 401 页"2017 年上半年上午试题参考答案"。

● 在管理项目及投资决策过程中，需要考虑很多成本因素，比如人员的工资、项目过程中需要的物料、设备等，但是在投资决策的时候我们不需要考虑（48），还应尽量排除它的干扰。

（48）A．机会成本　　　　B．沉没成本
　　　C．可变成本　　　　D．间接成本

📝 自我测试

（48）＿＿＿（请填写你的答案）

【试题分析】

沉没成本是指由于过去的决策已经发生了的，而不能由现在或将来的任何决策改变的成本。沉没成本是一种历史成本，对现有决策而言是不可控成本，会在很大程度上影响人们的行为方式与决策，在投资决策时应排除沉没成本的干扰。

2001年诺贝尔经济学奖获得者之一的美国经济学家斯蒂格利茨用一个生活中的例子来说明什么是沉没成本。他说："假如你花7美元买了一张电影票，你怀疑这个电影是否值7美元。看了半个小时后，你最担心的事被证实了：影片糟透了。你应该离开影院吗？在做这个决定时，你应当忽视那7美元。它是沉没成本，无论你离开影院与否，钱都不会再收回。"斯蒂格利茨在这里不但生动地说明了什么是沉没成本，还指明了我们对待沉没成本应持怎样的态度。

参考答案：参见第401页"2017年上半年上午试题参考答案"。

● 进行项目估算时，需要根据项目的特点等因素，决定采用何种估算方法。（49）方法的准确性会受到所采用估算模型的成熟度和基础数据可靠性的影响。

（49）A．专家判断　　　　　　　B．类比估算
　　　C．参数估算　　　　　　　D．自下而上估算

自我测试
（49）____（请填写你的答案）

【试题分析】

项目成本估算采用的技术与工具包括：类比估算、参数估算、自下而上估算、三点估算、专家判断、储备分析、质量成本、项目管理软件、卖方投标分析、群体决策技术（**详见2021年上半年上午试题分析第49题**）。

其中，参数估算是指利用历史数据之间的统计关系和其他变量（如建筑施工中的平方米）来进行项目工作的成本估算。参数估算的准确性取决于估算模型的成熟度和基础数据的可靠性。参数估算可以针对整个项目或项目中的某个部分，并可与其他估算方法联合使用。

参考答案：参见第401页"2017年上半年上午试题参考答案"。

● 在质量管理中，（50）可以识别造成大多数问题的少量重要原因。

（50）A．直方图　　　　　　　　B．控制图
　　　C．核查表　　　　　　　　D．帕累托图

自我测试
（50）____（请填写你的答案）

【试题分析】

排列图：也称帕累托图，是按照发生频率大小顺序绘制的直方图，表示有多少结果是由已确认类型或范畴的原因所造成的。按等级排序的目的是指导如何采取主要纠正措施。项目团队应首先采取措施纠正造成最多数量缺陷的问题。从概念上说，帕累托图与帕累托法则一脉相承，该法则认为：数量较少的原因往往造成绝大多数的问题或者缺陷。此项法则也称为二八原理，即80%的问题是由20%的原因所造成的。可以使用帕累托图汇总各种类型的数据进行二八分析。

参考答案：参见第 401 页"2017 年上半年上午试题参考答案"。

● 下图是质量控制管理工具（51）。

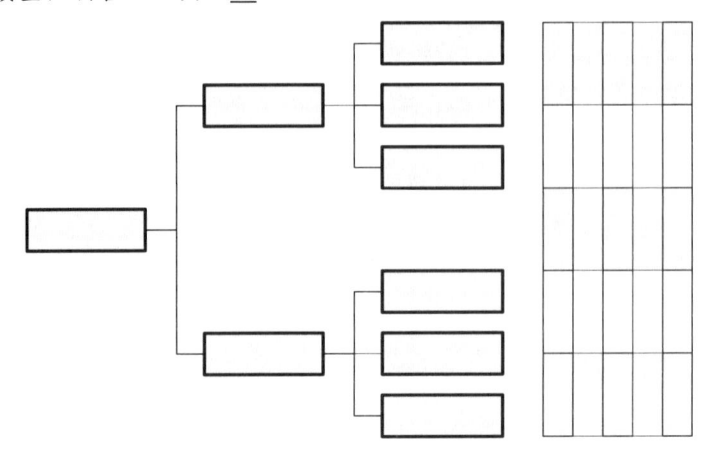

（51）A．亲和图 　　　　　　　　B．过程决策程序图
　　　C．矩阵图 　　　　　　　　D．优先矩阵图

自我测试
（51）____（请填写你的答案）

【试题分析】
这是优先矩阵图。优先矩阵图是一种矩阵数据分析法。它的目的是帮助人们在从矩阵图或树图的分析中，根据权重系数、决定准则及测量/评价关联性，决定要优先实施的方案。

优先矩阵图能清楚地列出关键数据的格子，将大量数据排列成阵列，以便容易地看到和了解关键数据。用此方法将与达到目的最有关系的数据用一个简略的、双轴的相互关系图表示出来，相互关系的程度可以用符号或数值来代表。与矩阵图的区别是：优先矩阵图不是在矩阵图上填符号，而是填数据，形成一个分析数据的矩阵。它是一种定量分析问题的方法。应用这种方法，往往需要借助计算机来求解。

参考答案：参见第 401 页"2017 年上半年上午试题参考答案"。

● 当需要确保每一个工作包只有一个明确的责任人，而且每一个项目团队成员都非常清楚自己的角色和职责时，应采用的工具和技术是（52）。

（52）A．组织结构图和职位描述　　　B．人际交往
　　　C．组织理论　　　　　　　　　D．专家判断

自我测试
（52）____（请填写你的答案）

【试题分析】
在项目管理中可采用多种格式来记录团队成员的角色与职责，最常用的有三种：层次结构图、责任分配矩阵和文本格式（**详见 2021 年上半年上午试题分析第 51 题**）。

除此之外，在一些分计划（如风险、质量和沟通计划）中也可以列出某些项目的工作分配。组织结构图和职位描述，能够确保每一个项目团队成员都非常清楚自己的角色和职责。

参考答案：参见第 401 页"2017 年上半年上午试题参考答案"。

● 在实施某项目时，由于地域限制，必须建立一个虚拟团队，此时制定（53）就显得更加重要。

（53）A．一个可行的沟通计划　　　B．一个可行的风险计划
　　　C．一个可行的采购计划　　　D．一个可行的质量计划

自我测试
（53）＿＿＿＿（请填写你的答案）

【试题分析】
虚拟团队容易产生误解、有孤立感、团队成员之间难以分享知识和经验等问题，因此在建立虚拟团队时，制定一个可行的沟通计划就显得更加重要。

参考答案：参见第 401 页"2017 年上半年上午试题参考答案"。

● 在沟通过程中，当发送方自认为已经掌握了足够的信息，有了自己的想法且不需要进一步听取多方意见时，一般会选择（54）进行沟通。

（54）A．征询方式　　　　　　　B．参与讨论方式
　　　C．推销方式　　　　　　　D．叙述方式

自我测试
（54）＿＿＿＿（请填写你的答案）

【试题分析】
一般沟通过程所采用的方式分为：参与讨论方式、征询方式、推销方式（说明）、叙述方式。在发送方自认为已经掌握了足够的信息，有了自己的想法且不需要进一步听取多方意见时，往往首先选择控制力极强、参与程度最弱的"叙述方式"；其次选择"推销方式"；而当自己掌握信息有限，没有完整成型的意见，需要更多地听取意见时，一般优先选择"参与讨论方式"或者"征询方式"。

参考答案：参见第 401 页"2017 年上半年上午试题参考答案"。

● 权力/利益方格根据干系人权力的大小及利益大小（或项目关注度）对干系人进行分类是干系人分析的方法之一，对于那些对项目有很高的权力，同时又非常关注项目结果的干系人，项目经理应采取的干系人管理策略是（55）。

（55）A．令其满意　　　　　　　B．重点管理
　　　C．随时告知　　　　　　　D．监督

自我测试
（55）＿＿＿＿（请填写你的答案）

【试题分析】
权力/利益方格根据干系人权力的大小及利益相关性对干系人进行分类和管理。其中：
　　对项目有很高的权力，也很关注项目结果的干系人，处于下图中的 B 区。项目经理应该"重点管理，及时报告"，应采取有力的行动让 B 区干系人满意。项目的客户和项目经理的主管领导，就是这样的项目干系人。

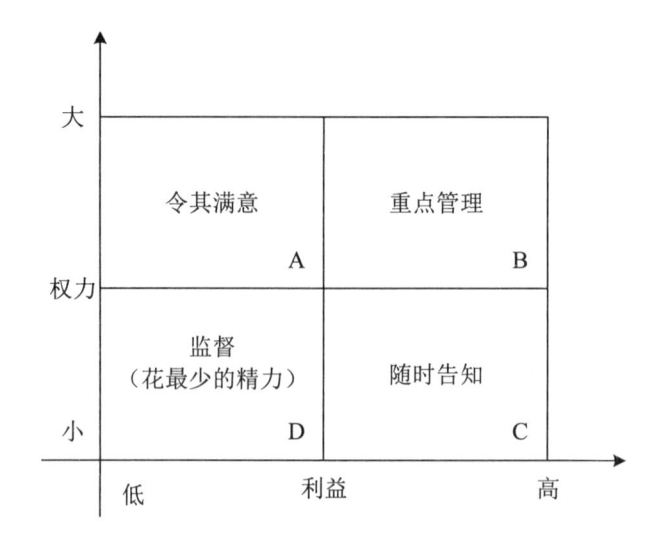

```
大
         │
         │    令其满意          重点管理
         │
         │         A              B
权力 ────┼─────────────┬────────────
         │
         │    监督
         │  (花最少的精力)      随时告知
         │
         │         D              C
小       │
         └─────────────┴────────────→
        低           利益          高
```

🔖 **参考答案**：参见第 401 页"2017 年上半年上午试题参考答案"。

● 某项目经理在制定干系人管理计划时，绘制的如下表格是（56）。

干系人	不知晓	抵 制	中 立	支 持	领 导
干系人 1	C			D	
干系人 2			C	D	
干系人 3				D C	

（56）A．干系人职责分配矩阵　　　B．干系人优先矩阵
　　　C．干系人参与评估矩阵　　　D．干系人亲和图

📝 **自我测试**

（56）____（请填写你的答案）

【试题分析】

在进行干系人分析的时候，可以使用"干系人参与评估矩阵"来记录干系人的当前参与程度。下表中 C 表示干系人当前参与程度，D 表示所需干系人参与的程度。

干系人	不知晓	抵 制	中 立	支 持	领 导
干系人 1	C			D	
干系人 2			C	D	
干系人 3				D C	

在上表中，干系人 3 已处于所需的"支持"参与程度，而对于干系人 1 和干系人 2 则需要请教专家，必要的话还要与干系人 1 和干系人 2 做进一步沟通，采取进一步行动，使他们达到所需的参与程度 D。

通过分析识别出干系人当前参与程度与需要他们达到的参与程度之间的差距。项目管理团队可以制定方案或使用专家判断来制定行动和沟通方案，以消除上述差距。

🔖 **参考答案**：参见第 401 页"2017 年上半年上午试题参考答案"。

● 在以下关于不同项目合同类型的叙述中，不正确的是（57）。

（57）A．成本补偿合同也称为成本加酬金合同，承包人无成本风险

B．总价合同又称固定价格合同，适用于工期短、风险大的项目

C．工时和材料合同又称为单价合同，是综合了固定价格合同和成本补偿合同两者优点的一种合同类型

D．固定单价合同中的合同单价一次性明确，固定不变，即不再因为环境的变化和工作量的增加而变化

📝 自我测试

（57）____（请填写你的答案）

【试题分析】

按项目付款方式，可把合同分为总价合同、成本补偿合同和工料合同三种类型（详见 **2021 年上半年上午试题分析第 58 题**）。其中：

总价合同，又称固定价格合同、固定总价合同。它是指在合同中确定一个完成项目的总价，承包人据此完成项目全部合同内容的合同。采用总价合同，买方必须准确定义要采购的产品或服务。总价合同适用于工程量不太大且能精确计算、工期较短、技术不太复杂、风险不大的项目，同时，要求发包人必须准备详细全面的设计图纸和各项说明，使承包人能准确计算工程量。

参考答案：参见第 401 页"2017 年上半年上午试题参考答案"。

● 小王作为某项目的项目经理，决定采用投标人会议的方式选择卖方。在以下做法中，正确的是（58）。

（58）A．限制参会者提问的次数，防止少数人问太多问题

B．防止参会者私下提问

C．小王不需要参加投标人会议，只需采购管理员参与即可

D．设法获得每个参会者的机密信息

📝 自我测试

（58）____（请填写你的答案）

【试题分析】

投标人会议（也称为发包会、承包商会议、供应商会议、投标前会议或竞标会议）是指在准备建议书之前与潜在供应商举行的会议。投标人会议用来确保所有潜在供应商对采购目的（如技术要求和合同要求等）有一个清晰的、共同的理解。对供应商问题的答复可能作为修订条款包含在采购文件中。在投标人会议上，所有潜在供应商都应得到同等对待，以保证一个好的招标结果。因此为了做到公平起见，**要防止参会者私下提问**。

参考答案：参见第 401 页"2017 年上半年上午试题参考答案"。

● 合同变更控制系统用来规范合同变更，保证买卖双方在合同变更过程中达成一致，其内容不包括（59）。

（59）A．变更跟踪系统　　　　　　B．变更书面记录

C．变更争议解决程序　　　　D．合同审计程序

📝 自我测试

（59）____（请填写你的答案）

【试题分析】

合同变更的处理由合同变更控制系统来完成。合同变更控制系统包括变更的文书记录工作、跟踪系统、争议解决程序，以及各种变更所需的审批层次，不包括合同审计程序。

➤ 参考答案：参见第 401 页 "2017 年上半年上午试题参考答案"。

● 编写配置管理计划，识别配置项的工作是（60）的职责。

（60）A．配置管理员　　　　　　　B．项目经理
　　　C．项目配置管委会　　　　　D．产品经理

📝 自我测试

（60）____（请填写你的答案）

【试题分析】

配置管理员负责在项目的整个生命周期中进行配置管理活动，具体工作包括以下内容：

（1）编写配置管理计划。

（2）建立和维护配置管理系统。

（3）建立和维护配置库。

（4）识别配置项。

（5）建立和管理基线。

（6）版本管理和配置控制。

（7）配置状态报告。

（8）配置审计。

（9）发布管理和交付信息。

（10）对项目成员进行配置管理培训。

➤ 参考答案：参见第 401 页 "2017 年上半年上午试题参考答案"。

● 某项目因甲方不能提供实施环境，严重影响了项目的进度，为此项目组按下列流程提出索赔。图中各方指的是（61）。

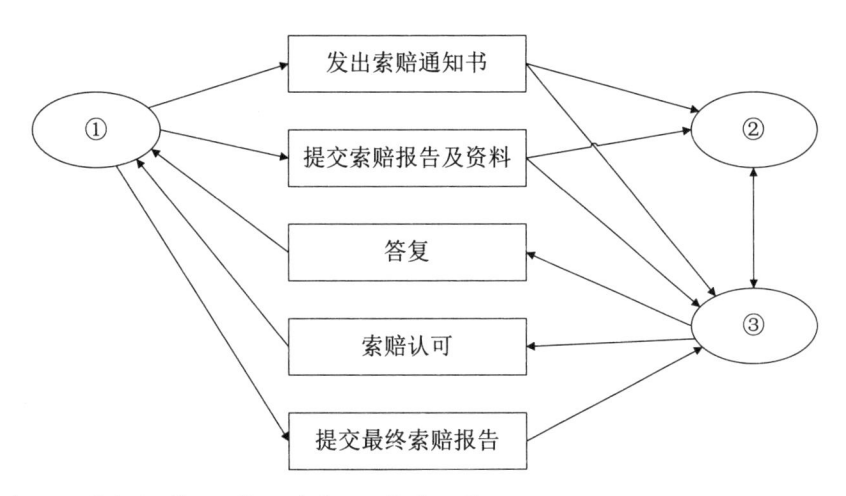

```
          ┌─→ 发出索赔通知书 ──────────┐
          │                              ↓
   ①──────┼─→ 提交索赔报告及资料 ────→ ②
    ↑     │                              ↕
    │     ├─→ 答复 ←──────────────────┐
    │     │                           │
    │     ├─→ 索赔认可 ←──────────────③
    │     │                           ↑
    └─────┴─→ 提交最终索赔报告 ───────┘
```

（61）A．①招标单位 ②承建单位 ③建设单位
　　　B．①政府部门 ②建设单位 ③承建单位
　　　C．①建设单位 ②承建单位 ③监理单位
　　　D．①承建单位 ②建设单位 ③监理单位

自我测试
（61）____（请填写你的答案）

【试题分析】
项目发生索赔事件后，一般先由监理工程师调解，达成索赔认可共识，索赔认可遵循的一般流程如下图所示。

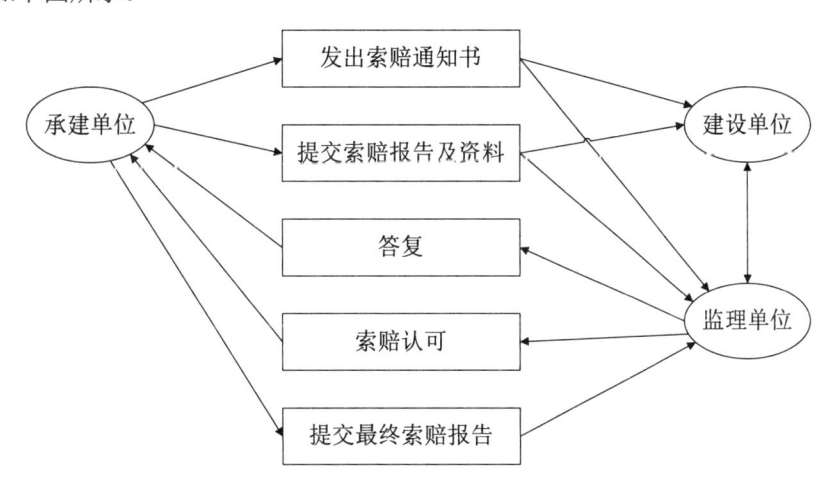

```
              ┌─→ 发出索赔通知书 ──────────┐
              │                              ↓
   承建单位───┼─→ 提交索赔报告及资料 ────→ 建设单位
     ↑        │                              ↕
     │        ├─→ 答复 ←──────────────────┐
     │        │                           │
     │        ├─→ 索赔认可 ←──────────── 监理单位
     │        │                           ↑
     └────────┴─→ 提交最终索赔报告 ───────┘
```

（1）提出索赔要求：在知道或应当知道索赔事项发生后的 28 天内，索赔方应以书面的索赔通知书形式，向监理工程师正式提出索赔意向通知。

（2）报送索赔资料：在索赔通知书发出后的 28 天内，索赔方应向监理工程师提出延长工期和（或）补偿经济损失的详细索赔报告及有关资料。索赔报告的内容主要有总论部分、根据部分、计算部分和证据部分。

索赔报告编写的一般要求如下：
①索赔事件应该真实。

②责任分析应清楚、准确、有根据。

③充分论证事件给索赔方造成的实际损失。

④索赔计算必须合理、正确。

⑤文字要精练、条理要清楚、语气要中肯。

（3）监理工程师答复：监理工程师在收到索赔方送交的索赔报告及有关资料后，应于28天内给予答复，或要求索赔方进一步补充索赔理由和证据。

监理工程师逾期答复后果：监理工程师在收到索赔方送交的索赔报告及有关资料后，28天内未予答复或未对索赔方做进一步要求，视为该项索赔已经得到认可。

（4）索赔认可：如果索赔方或发包人均接受监理工程师对索赔的答复，即说明索赔获得认可。

（5）关于持续索赔：当索赔事件持续进行时，索赔方应当阶段性地向监理工程师发出索赔意向，并在索赔事件终了后的 28 天内，向监理工程师送交索赔的有关资料和最终索赔报告，监理工程师应在 28 天内给予答复或要求索赔方进一步补充索赔理由和证据。逾期未答复，视为该项索赔成立。

若调解不成，可由政府建设主管机构进行调解；若仍调解不成，则可由经济合同仲裁委员会进行调解或仲裁，仲裁委员会的裁决具有法律效力，但如果对仲裁结果不服，仍可以通过诉讼解决。也就是说，在上述第（3）步之后，索赔方或发包人不能接受监理工程师对索赔的答复意见，即产生了索赔分歧，此时通常可考虑进入仲裁或诉讼程序。

★ **参考答案**：参见第 401 页"2017 年上半年上午试题参考答案"。

● 配置库可用来存放配置项并记录与配置项相关的所有信息，是配置管理的有力工具。根据配置库的划分，在信息系统开发的某个阶段工作结束时形成的基线应存入（62）；开发的信息系统产品完成系统测试之后等待交付用户时应存入（63）。

（62）A．开发库　　　B．受控库　　　C．产品库　　　D．动态库
（63）A．开发库　　　B．受控库　　　C．产品库　　　D．基线库

📝 **自我测试**
（62）＿＿＿（请填写你的答案）
（63）＿＿＿（请填写你的答案）

【试题分析】

配置库存放配置项并记录与配置项相关的所有信息，是配置管理的有力工具，使用配置库可以帮助配置管理员把信息系统开发过程中的各种工作产品，包括半成品或阶段产品和最终产品管理得井井有条，使其不至于管乱、管混、管丢。

配置库可以分为开发库、受控库、产品库三种类型（**详见 2019 年上半年上午试题分析第 62 题**）。

（1）开发库也称为动态库、程序员库或工作库，用于保存开发人员当前正在开发的配置实体，如新模块、文档、数据元素，或进行修改的已有元素。

（2）受控库也称为主库，包含当前的基线，以及对基线的变更。受控库中的配置项被置于完全的配置管理之下。在信息系统开发的某个阶段工作结束时，将当前的工作产品存入受

控库。

（3）产品库也称为静态库、发行库、软件仓库，包含已发布使用的各种基线的存档，被置于完全的配置管理之下。在开发的信息系统产品完成系统测试之后，作为最终产品存入产品库内，等待交付用户或现场安装。

➤ **参考答案**：参见第 401 页"2017 年上半年上午试题参考答案"。

● 某软件项目进行到测试阶段时，发现概要设计说明书中存在一处错误，因此要进行修改。在以下配置项中，不会受到影响的是（64）。

（64）A．需求规格说明书　　　　B．详细设计说明书
　　　C．程序代码　　　　　　　D．测试大纲和测试用例

📝 自我测试
（64）____（请填写你的答案）

【试题分析】
概要设计在需求分析之后，所以概要设计出了问题，不会影响需求规格说明书。

➤ **参考答案**：参见第 401 页"2017 年上半年上午试题参考答案"。

● 在项目面临的各种风险中，（65）对客户的影响最为深远。

（65）A．范围风险　　　　　　　B．进度风险
　　　C．成本风险　　　　　　　D．质量风险

📝 自我测试
（65）____（请填写你的答案）

【试题分析】
只有质量风险造成的影响才是最为深远的。

➤ **参考答案**：参见第 401 页"2017 年上半年上午试题参考答案"。

● 风险预测从两个方面来评估风险，即（66）和风险发生可能带来的后果。

（66）A．风险原因分析　　　　　B．风险发生的时间
　　　C．风险应对措施　　　　　D．风险发生的可能性

📝 自我测试
（66）____（请填写你的答案）

【试题分析】
风险值＝风险发生的概率×风险发生的后果。

➤ **参考答案**：参见第 401 页"2017 年上半年上午试题参考答案"。

● 某项目承包者设计该项目有 0.5 的概率获利 200000 美元，0.3 的概率亏损 50000 美元，还有 0.2 的概率维持平衡。该项目的期望值货币的价值为（67）美元。

（67）A．20000　　　B．85000　　　C．50000　　　D．180000

📝 自我测试
（67）____（请填写你的答案）

【试题分析】

期望货币值＝200000×0.5＋0.3×(－50000)＝85000（美元）。

参考答案：参见第 401 页"2017 年上半年上午试题参考答案"。

● 数字签名技术属于信息系统安全管理中保证信息（68）技术。

（68）A．保密性　　　　B．可用性　　　　C．完整性　　　　D．可靠性

自我测试

（68）＿＿＿＿（请填写你的答案）

【试题分析】

数字签名是笔迹签名的模拟，用于保证信息传输的完整性、进行发送者的身份认证，以及防止交易中抵赖行为等。公钥签名体制的基本思路是：

（1）发送者 A 用自己的私钥加密信息，从而对文件签名。

（2）将签名的文件发送给接收者 B。

（3）B 利用 A 的公钥（可从 CA 机构等渠道获得）解密文件，从而验证签名。

参考答案：参见第 401 页"2017 年上半年上午试题参考答案"。

● （69）不属于知识产权的基本特征。

（69）A．时间性　　　　　　　　B．地域性

　　　C．专有性　　　　　　　　D．实用性

自我测试

（69）＿＿＿＿（请填写你的答案）

【试题分析】

知识产权的特性具体包括无体性、专有性、地域性和时间性。

（1）无体性：知识产权的对象是没有具体形体，不能用五官触觉去认识，不占任何空间，但能以一定形式为人们感知的智力创造成果，是一种抽象的财富。

（2）专有性：知识产权的专有性是指除权利人同意或法律规定外，权利人以外的任何人不得享有或使用该项权利。除非通过"强制许可"、"合理使用"或者"征用"等法律程序，否则权利人独占或垄断的专有权利受到严格保护，他人不得侵犯。

（3）地域性：知识产权所有人对其智力成果享有的知识产权在空间上的效力要受到地域的限制。这种地域特征，是它与有形财产权的一个核心区别。知识产权的地域性是指知识产权只在授予其权利的国家或确认其权利的国家产生，并且只能在该国范围内受法律保护，而其他国家则对其没有必须给予法律保护的义务。

（4）时间性：知识产权时间性的特点表明，这种权利仅在法律规定的期限内受到保护，一旦超过法律规定的有效期限，这一权利就自行消灭，相关知识产品即成为整个社会的共同财富，为全人类所共同使用。

实用性不属于知识产权的基本特征。

参考答案：参见第 401 页"2017 年上半年上午试题参考答案"。

● 通过招标过程确定中标人后，实施合同内的合同价款应为（70）。

（70）A．招标预算　　　　　　　B．中标者的投标价
　　　 C．所有投标价的均价　　 D．评标委员会综合各方面因素后给出的建议价

📝 自我测试
（70）____（请填写你的答案）

【试题分析】
在招标过程中，确定中标人后，实施合同内注明的合同价款应为中标人的投标价。

➤ **参考答案**：参见第 401 页 "2017 年上半年上午试题参考答案"。

● （71）The capability provided to the consumer is to use provider's applications running on a cloud infrastructure. The applications are accessible from various client devices through either a thin client inface, such as a web browser (e.g.,erb-based E-mail),or a program interface.

　　　（71）A．IaaS　　　　B．PaaS　　　　C．SaaS　　　　D．DaaS

📝 自我测试
（71）____（请填写你的答案）

【试题分析】
翻译：（71）提供给消费者的功能是使应用程序运行在云基础设施上。应用程序可以从各种客户端设备通过客户机内接口，如 Web 浏览器（例如，基于 ERB 的 E-mail）或一个程序接口访问。

（71）A．基础设施即服务　 B．平台即服务　 C．软件即服务　 D．桌面即服务

➤ **参考答案**：参见第 401 页 "2017 年上半年上午试题参考答案"。

● （72）refers to the application of the internet and other information technology in conventional industries. It is an incomplete equation where various internet (mobile internet,cloud computing,big data or internet of things) can be added to other fields, fostering new industries and business development.

　　　（72）A．internet plus　　　　　　B．industry 4.0
　　　　　 C．big data　　　　　　　　D．cloud computing

📝 自我测试
（72）____（请填写你的答案）

【试题分析】
翻译：（72）是指互联网和其他信息技术在传统产业中的应用。它不是一个完整的方程式，而是各种网络形式（移动互联网、云计算、大数据、物联网）被添加到其他领域，培育新的工业和商业的发展。

　　　（72）A．互联网＋　　　　　　　B．工业 4.0
　　　　　 C．大数据　　　　　　　　D．云计算

➤ **参考答案**：参见第 401 页 "2017 年上半年上午试题参考答案"。

● For any information system to serve its purpose, the information must be （73）when it is needed.

（73） A．integral B．available
C．irreplaceable D．confidential

📝 **自我测试**

（73）____（请填写你的答案）

【试题分析】

翻译：要想让信息系统达到其使用目的，信息在需要的时候都必须是（73）。

（73） A．完整的 B．可用的
C．不可替代的 D．可信的

➤ 参考答案：参见第 401 页"2017 年上半年上午试题参考答案"。

● （74） is a project management technique for measuring project performance and process. It has the ability to combine measurements of the project management triangle: scope, time and costs.

（74） A．Critical Path Method(CPM) B．Earned Value Management (EVM)
C．Net Present Value Method(NPVM) D．Expert Judgment Method(EJM)

📝 **自我测试**

（74）____（请填写你的答案）

【试题分析】

翻译：（74）是测量项目绩效和过程的项目管理技术，必须结合项目管理三角：范围、时间和成本。

（74） A．关键路径法 B．挣值管理
C．净现值法 D．专家判断法

➤ 参考答案：参见第 401 页"2017 年上半年上午试题参考答案"。

● The key benefit of （75） is that it provides guidance and direction on how the project costs will be managed throughout the project.

（75） A．Plan Cost Management B．Control Cost
C．Estimate Cost D．Determine Budget

📝 **自我测试**

（75）____（请填写你的答案）

【试题分析】

翻译：（75）的主要好处是它可以提供一个指南，对如何进行项目成本的管理提供指导。

（75） A．成本管理计划 B．控制成本
C．成本估算 D．成本预算

➤ 参考答案：参见第 401 页"2017 年上半年上午试题参考答案"。

2017 年上半年下午试题分析与解答

试题一

阅读下列说明，回答问题 1 至问题 3，将解答填入答题纸的对应栏内。

【说明】

A 公司想要升级其数据中心的安防系统，经过详细的可行性分析及项目评估后，决定通过公开招标的方式进行采购。某系统集成商 B 公司要求在投标前按照项目实际情况进行综合评估后才能做出投标决策。B 公司规定：评估分数（按满分为 100 分进行归一化后的得分）必须在 70 分以上的投标项目才具有投标资格。于是 B 公司项目负责人张工在购买标书后，综合考虑竞争对手、项目业务与技术等因素，制定了如下评估表：

序号	评估对象	评估级别	单位级别相对重要程度	加权得分（分）	评估级别说明
1	回款容易程度	5	8	40	0：非常困难，回款可能性小于 20% 1：比较困难，回款可能性小于 50% 2：困难，回款可能性小于 60% 3：有一定难度，回款可能性小于 70% 4：基本没有难度，回款可能性小于 90% 5：应该没问题，回款可能性大于 90%
2	项目业务熟悉程度	4	3	12	0：完全不熟悉 1：熟悉程度低于 20% 2：熟悉程度低于 40% 3：熟悉程度低于 60% 4：熟悉程度低于 80% 5：熟悉程度高于 80%
3	项目技术熟悉程度	5	3	15	0：完全不熟悉 1：熟悉程度低于 20% 2：熟悉程度低于 40% 3：熟悉程度低于 60% 4：熟悉程度低于 80% 5：熟悉程度高于 80%
4	竞争胜出可能性	2	8	16	0：竞争非常激烈，中标可能性为 0 1：竞争高度激烈，中标可能性不超过 20% 2：竞争比较激烈，中标可能性不超过 50% 3：竞争激烈程度不高，中标可能性不超过 70% 4：竞争激烈程度较低，中标可能性不超过 90% 5：几乎没有竞争，中标可能性超过 90%
合计得分					
归一化评估结果					

【问题1】

综合上述案例，请帮助项目经理张工计算该项目的评估结果（包括合计得分和归一化评估结果）。

参考答案

合计得分＝83（分）；归一化评估结果≈75.45（分）。

解析：

本题需采用归一化评估结果的公式计算。归一化结果的含义可以理解为综合成本评估结果在百分制评价体系中对应的评价分数。

公式如下：

$$归一化评估结果 = 100 \times \frac{\sum_{i=1}^{n} 评估结果_i \times 相对重要程度_i}{\sum_{i=1}^{n} 5 \times 相对重要程度_i}$$

根据以上公式，合计得分：$40+12+15+16=83$（分）

$$归一化评估结果：\frac{100 \times 83}{5 \times (8+3+3+8)} \approx 75.45（分）$$

【问题2】

基于以上案例，如果你是B公司管理层领导，对于该项目，是决定投标还是放弃投标？为什么？

参考答案

决定投标。根据B公司规定，归一化后的得分必须在70分以上的投标项目才具有投标资格，该项目归一化结果为75分，满足投标要求。

解析：

本题考核的知识点是对归一化评估结果的理解。

【问题3】

请指出项目论证应包括哪几个方面？

参考答案

项目论证应包括：

（1）项目运行环境评价。

（2）项目技术评价。

（3）项目财务评价。

（4）项目国民经济评价。

（5）项目环境评价。

（6）项目社会影响评价。

（7）项目不确定性和风险评价。

（8）项目综合评价等。

解析：

本题考核的知识点是项目论证的内容。

项目论证是指对拟实施项目技术上的先进性、适用性，经济上的合理性、盈利性，实施上的可能性、风险性进行全面科学的综合分析，为项目决策提供客观依据的一种技术经济研究活动。"先论证，后决策"是现代项目管理的基本原则，它围绕着市场需求、开发技术、财务经济三个方面展开调查和分析，市场是前提、技术是手段、财务经济是核心。

项目论证的作用包括：①项目论证是确定项目是否实施的依据；②项目论证是筹措资金、向银行贷款的依据；③项目论证是编制计划、设计、采购、施工，以及资源配置的依据；④项目论证是防范风险、提高项目效率的重要保证。

试题二

阅读下列说明，回答问题1至问题4，将解答填入答题纸的对应栏内。

【说明】

某项目细分为A、B、C、D、E、F、G、H共八个模块，而且各个模块之间的依赖关系和持续时间如下表所示：

活动代码	紧前活动	活动持续时间（天）
A	—	5
B	A	3
C	A	6
D	A	4
E	B、C	8
F	C、D	5
G	D	6
H	E、F、G	9

【问题1】

计算该活动的关键路径和项目的总工期。

参考答案

关键路径为A-C-E-H，总工期28天。

解析：

本题考核的知识点是前导图法和关键路径法。

前导图法也称紧前关系绘图法，是用于编制项目进度网络图的一种方法，它使用方框或者长方形（被称作节点）代表活动，节点之间用箭头连接，以显示节点之间的逻辑关系。这种网络图也被称作单代号网络图（只有节点需要编号）或活动节点图（AON）。

前导图法包括活动之间存在的四种类型的依赖关系。

（1）结束—开始的关系（F-S型）：前序活动结束后，后续活动才能开始。

（2）结束—结束的关系（F-F型）：前序活动结束后，后续活动才能结束。

(3)开始—开始的关系（S-S 型）：前序活动开始后，后续活动才能开始。

(4)开始—结束的关系（S-F 型）：前序活动开始后，后续活动才能结束。

在前导图法中，每项活动有唯一的活动号，每项活动都注明了预计工期（活动的持续时间）。

通常，每个节点的活动会有如下几个时间。

(1)最早开始时间（ES）。某项活动能够开始的最早时间。

(2)最早结束时间（EF）。某项活动能够完成的最早时间，公式为：EF＝ES＋工期。

(3)最迟结束时间（LF）。为了使项目按时完成，某项活动必须完成的最迟时间。

(4)最迟开始时间（LS）。为了使项目按时完成，某项活动必须开始的最迟时间，公式为：LS＝LF－工期。

关键路径法是借助网络图和各活动所需时间（估计值），计算每一项活动的最早或最迟开始和结束时间。关键路径法的关键是计算总时差，这样可决定哪一活动有最小时间弹性。CPM 算法的核心思想是将工作分解结构（WBS）分解的活动按逻辑关系加以整合，统筹计算出整个项目的工期和关键路径。进度网络图中可能有多条关键路径。关键路径是项目中时间最长的活动顺序，决定着可能的项目最短工期。

根据题干中紧前关系，得到下图：

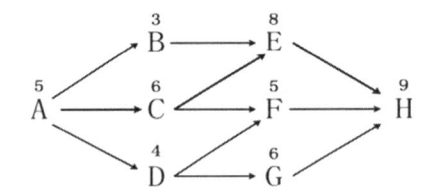

根据前导图，得到该项目的关键路径是 A-C-E-H，总工期＝A＋C＋E＋H＝5＋6＋8＋9＝28（天）。

【问题2】

(1)计算活动 B、C、D 的总体时差。

(2)计算活动 B、C、D 的自由时差。

(3)计算活动 D、G 的最迟开始时间。

★ 参考答案

(1)B 的总时差为 3，C 的总时差为 0，D 的总时差为 4。

(2)B 的自由时差为 3，C 的自由时差为 0，D 的自由时差为 0。

(3)

答案1：如果是第 0 天开始，D 最迟第 9 天开始；G 最迟第 13 天开始。

答案2：如果是第 1 天开始，D 最迟第 10 天开始；G 最迟第 14 天开始。

解析：

(1)本题考核的知识点是总时差。

总时差在不延误项目完工时间且不违反进度制约因素的前提下，活动可以从最早开始时间推迟或拖延的时间量，就是该活动的进度灵活性。关键活动的总浮动时间为零。

总时差的计算方法为本活动的最迟完成时间减去本活动的最早完成时间，或本活动的最迟开始时间减去本活动的最早开始时间。

根据题干,我们得到下图:

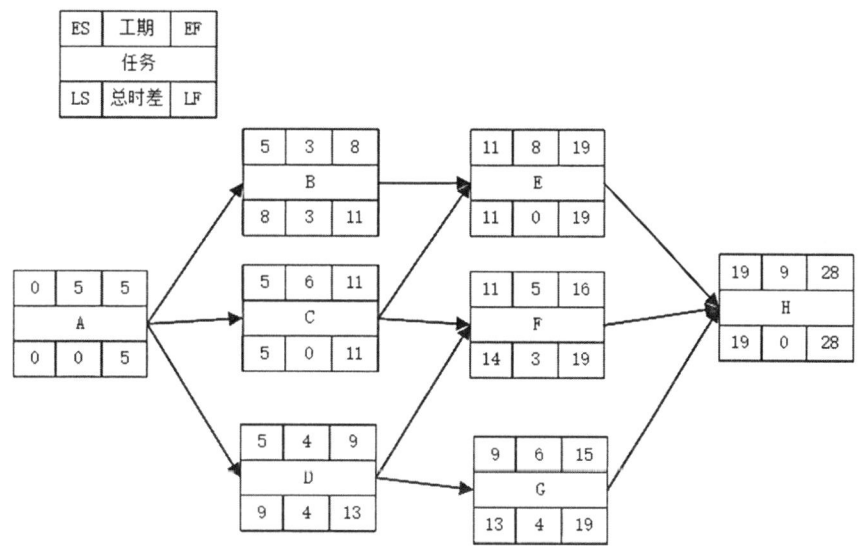

```
ES  工期  EF
    任务
LS  总时差 LF
```

5	3	8
	B	
8	3	11

11	8	19
	E	
11	0	19

0	5	5
	A	
0	0	5

5	6	11
	C	
5	0	11

11	5	16
	F	
14	3	19

19	9	28
	H	
19	0	28

5	4	9
	D	
9	4	13

9	6	15
	G	
13	4	19

根据上图,计算 B、C、D 的总时差:

B 的总时差＝8－5＝11－8＝3

C 的总时差＝5－5＝11－11＝0(关键路径上活动的总时差为 0)

D 的总时差＝9－5＝13－9＝4

(2)本题考核的知识点是自由时差。

自由时差是指在不延误任何紧后活动的最早开始时间且不违反进度制约因素的前提下,活动可以从最早开始时间推迟或拖延的时间量。关键活动的自由浮动时间为零。

自由时差的计算方法为:紧后活动最早开始时间的最小值减去本活动的最早完成时间。

根据上图,计算 B、C、D 的自由时差:

B 的自由时差＝11－8＝3

C 的自由时差＝11－11＝0

D 的自由时差＝9－9＝0

(3)本题考核的知识点是关键路径法中最早开始时间,最早结束时间的计算。

这里要注意说明一下是第 0 天开始或第 1 天开始。

如果是第 0 天开始,A 开始的时间是 0,因此 D 的最早开始时间是第 9 天,G 的最迟开始时间是第 13 天。

如果是第 1 天开始,A 开始的时间是 1,因此 D 的最早开始时间是第 10 天,G 的最迟开始时间是第 14 天。

【问题 3】

如果活动 G 今早开始,但工期拖延了 5 天,则该项目的工期会拖延多少天?请说明理由。

★ 参考答案

工期会拖延 1 天。因为 G 的总时差为 4,延误了 5 天,会影响总工期 1 天。

解析：

本题考核的知识点是总时差。

因为 G 的总时差是 4 天，工期延误了 5 天，因此超过了 1 天，根据题目中 G 的计划工期是 6 天，延误了 5 天，意味 G 实际工期是 11 天，因此关键路径由原来的 A-C-E-H（28 天）变成 A-D-G-H（29 天），29－28＝1 天，因此工期会拖延 1 天。

【问题 4】

请简要说明什么是接驳缓冲和项目缓冲。如果采取关键链法对该项目进行进度管理，则接驳缓冲应该设置在哪里？

★ **参考答案**

因为项目缓冲是用来保证项目不因关键链的延误而延误。接驳缓冲是用来保护关键链不受非关键链延误的影响。接驳缓冲放在非关键链与关键链的接合点。

因此接驳缓冲放在非关键链活动 B 与关键链活动 E 之间，非关键链活动 F 与关键链活动 H 之间，非关键链活动 G 与关键链活动 H 之间。

解析：

本题考核的知识点是关键链法。

关键链法增加了作为"非工作活动"的持续时间缓冲，用来应对不确定性。项目缓冲放置在关键链末端的缓冲，用来保证项目不因关键链的延误而延误。接驳缓冲放置在非关键链与关键链的接合点，用来保护关键链不受非关键链延误的影响。关键链法重点管理剩余的缓冲持续时间与剩余的活动链持续时间之间的匹配关系。该题的接驳缓冲和项目缓冲如下图：

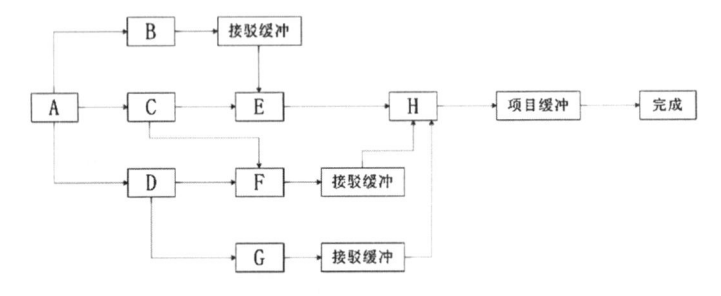

试题三

阅读下列说明，回答问题 1 至问题 3，将解答填入答题纸的对应栏内。

【说明】

某政府部门为了强化文档管理，实现文档管理全部电子化，并达到文档的实时生成和同步流转的目标，使文档管理有一次突破性升级，拟建设一个新的文档管理系统。项目主要负责人希望该系统与政府部门正在建设的新办公大楼能够同期投入使用，因此该部门将原来预计的文档管理系统的开发时间压缩了 3 个月，然后据此制定了招标文件，并进行招标。

某公司长期从事系统集成项目，但是并不具备文档管理系统的开发经验。在参与此项目的招、投标时，虽然认为项目风险较大，但为了企业的业务发展，还是觉得应该投标，并最终中标。

张某被任命为该项目的项目经理。考虑到该公司对此类项目尚无成熟案例，他认为做好项目风险管理很重要，就参照以前的项目模板，制定了一个项目风险管理计划，经公司领导签字后就下发各小组实施。但随着项目的进行，各成员发现项目中面临的问题与风险管理计划缺乏相关性，就按照各自的理解对实际风险控制和应对措施进行安排，致使验收一拖再拖，项目款项也迟迟不能收回。

【问题1】

请指出该项目经理在项目风险管理方面存在哪些问题？

参考答案

在项目风险管理方面存在如下问题：
（1）在没有成熟案例的情况下，参照以前模板制定的风险计划不妥，偏离项目实际情况。
（2）风险管理计划应该全员参与制定，必要时邀请相关专家和干系人参与。
（3）没有进行风险识别，并导致实际出现的问题与风险计划没有相关性。
（4）风险管理计划中没有风险控制和风险应对的内容。
（5）管理过程中缺乏对风险的监督和控制。

解析：

本题考核的知识点是风险管理的内容和作用。

风险管理包括项目风险管理规划、风险识别、定性风险分析、定量风险分析、风险应对规划和风险监控的过程。其中多数过程在整个项目期间都需要更新。项目风险管理的目标在于增加积极事件的概率和影响，降低项目消极事件的概率和影响。

风险管理有以下六个过程。
（1）风险管理规划：决定如何进行规划和实施项目风险管理活动。
（2）风险识别：判断哪些风险会影响项目，并以书面形式记录其特点。
（3）定性风险分析：对风险概率和影响进行评估和汇总，进而对风险进行排序，以便随后进一步分析或行动。
（4）定量风险分析：就识别的风险对项目总体目标的影响进行定量分析。
（5）风险应对规划：针对项目目标制定提高机会、降低威胁的方案和行动。
（6）风险监控：在整个项目生命周期中，跟踪已识别的风险、监测残余风险、识别新风险和实施风险应对计划，并对其有效性进行评估。

根据风险管理包含的六个过程的内容和作用去回答，不符合的就是存在问题的地方。

【问题2】

针对该项目的情况，请指出项目中存在的具体风险项，并简要说明。

参考答案

项目中存在的具体风险项包括以下几个方面。
（1）进度风险：文档管理系统的开发时间被压缩了3个月。
（2）质量风险：该公司不具备文档管理系统的开发经验。
（3）管理风险：没有按照规范进行风险管理，方法、工具、制度等不完善。

(4) 人员风险：项目经理的经验与管理水平不够。

解析：

本题考核的知识点是风险管理的风险识别和风险类别。

风险识别判断哪些风险会影响项目，并以书面形式记录其特点。

风险类别为确保系统、持续、详细和一致地进行风险识别的综合过程。并为保证风险识别的效力和质量的风险管理工作提供了一个框架。风险分解结构是提供该框架的方法之一，该结构也可通过简单列明项目的各个方面表述出来。

【问题3】

在（1）～（5）中填写恰当内容（从候选答案中选择一个正确选项，将该选项编号填入答题纸对应栏内）。

项目经理在制定风险管理计划时，参考了以前的计划模板，该计划模板属于（1）；按照项目的目标把风险进行结构化分解，得到的是（2）；在风险识别时，要考虑（3）中所定义的各项假设条件的不确定性；在风险识别时，可参考（4）库中的历史项目风险数据；在进行风险分析时，需要进行风险数据的（5）评估，以确定这些风险数据对风险管理的有用成分。

候选答案：

    A．组织过程资产　　B．资产　　　　C．风险　　　　D．质量
    E．项目范围说明书　F．评审　　　　G．工具　　　　H．RBS

❖ 参考答案

（1）A　（2）H　（3）E　（4）A　（5）D

解析：

本题考核的主要知识点是风险管理的相关概念，（1）和（4）考核的知识点是组织过程资产。

组织过程资产是指任何一种及所有用于影响项目成功的资产，反映了组织从以前项目中吸取的教训和学习到的知识。通常归纳为如下两类：

1．组织进行工作的过程与程序。

①组织标准过程，如标准、方针（安全健康方针、项目管理方针）；软件生命周期与项目生命期，以及质量方针与程序（过程审计、目标改进、核对表，以及供组织内部使用的标准过程定义）。

②标准指导原则、工作指令、建议评价标准与实施效果评价准则。

③模板（如风险模板、工作分解结构模板与项目进度网络图模板）。

④根据项目的具体需要修改组织标准过程的指导原则与准则。

⑤组织沟通要求（如可利用的特定沟通技术，允许使用的沟通媒介、记录的保留，以及安全要求）。

⑥项目收尾指导原则或要求（如最后项目审计、项目评价、产品确认，以及验收标准）。

⑦财务控制程序（如进度报告、必要的开支与支付审查、会计编码，以及标准合同条文）。

⑧确定问题与缺陷控制、问题与缺陷识别和解决，以及行动追踪的问题与缺陷管理程序。

⑨变更控制程序，包括修改公司正式标准、方针、计划与程序，或者任何项目文件，以及批准与确认任何变更时应遵循的步骤。

⑩风险控制程序，包括风险类型、概率的确定与后果，以及概率与后果矩阵。

⑪批准与签发工作授权的程序。

2. 组织整体信息存储检索知识库。

①过程测量数据库，用于搜集与提供过程与产品实测数据。

②项目档案（如范围、费用、进度，以及质量基准、实施效果测量基准、项目日历、项目进度网络图、风险登记册、计划的应对行动，以及确定的风险后果）。

③历史信息与教训知识库（如项目记录与文件、所有的项目收尾资料与文件记录、以前项目选择决策结果与绩效的信息，以及风险管理努力的信息）。

④问题与缺陷管理数据库，包括问题与缺陷状态、控制信息、问题与缺陷解决和行动结果。

⑤配置管理知识库，包括公司所有正式标准、方针、程序和任何项目文件的各种版本与基准。

⑥财务数据库，包括如工时、发生的费用、预算，以及任何项目费用超支等信息。

（2）RBS（风险分解结构）有助于项目团队在识别风险的过程中发现有可能引起风险的多种原因，不同的 RBS 适用于不同类型的项目。RBS 是按风险类别排列的一种层级结构。

（3）项目范围说明书的主要内容包括产品范围描述；验收标准；可交付成果；项目的除外责任；制约因素；假设条件。其中假设条件是与范围有关的假设条件，以及当这些条件不成立时对项目造成的影响。

（5）在进行风险分析的时候，对项目风险相关信息的质量进行评估，以确定这些风险数据对风险管理的有用成分，有助于澄清关于风险重要性的评估结果。

试题四

阅读下列说明，回答问题1至问题3，将解答填入答题纸的对应栏内。

【说明】

某大型国企 A 公司近几年业务发展迅速，陆续上线了很多信息系统，致使公司 IT 部门的运维工作压力日益增大。A 公司决定采用公开招标的方式选择 IT 运维服务供应商。

A 公司选择了一家长期合作的、资质良好的招标代理机构，并协助其编写了详细的招标文件。6 月 1 日，招标代理机构在其官网发布了招标公告。招标公告规定，投标人必须在 6 月 25 日 10:00 前提交投标文件，开标时间定为 6 月 25 日 14:00。

6 月 25 日 14:00，开标工作准时开始，由招标代理机构主持，并邀请了所有投标方参加。开标时，招标代理机构工作人员检查了投标文件的密封情况。经确认无误后，当众拆封，宣读投标人名称、投标价格和投标文件的其他内容。

为保证投标工作的公平、公正，A 公司邀请了 7 名来自本公司内部各部门（法律、财务、市场、IT、商务等）的专家或领导组成了评标委员会。评标委员会按照招标文件确定的评标标准和方法，对投标文件进行了评审和比较。

【问题1】

结合以上案例，请指出招标过程中的问题。

参考答案

招标过程中存在以下问题：
（1）开标时间有问题，开标应在招标文件确定的截止时间的同一时间公开进行。
（2）评标委员会的成员有问题，评标委员会应由招标人的代表和有关技术、经济等方面的专家组成，成员人数为五人以上单数。其中：技术、经济等方面的专家不得少于成员总数的三分之二。
（3）开标应该由招标人主持而不是招标代理机构。
（4）由招标代理机构工作人员检查投标文件的密封情况是不合适的，应该由投标人或者其推选的代表检查。

解析：

本题考核的知识点是《中华人民共和国招标投标法》的相关内容。

《中华人民共和国招标投标法》的相关内容如下：

第三十四条规定：开标应当在招标文件确定的提交投标文件截止时间的同一时间公开进行；开标地点应当为招标文件中预先确定的地点。

第三十五条规定：开标由招标人主持，邀请所有投标人参加。

第三十六条规定：开标时，由投标人或者其推选的代表检查投标文件的密封情况，也可以由招标人委托的公证机构检查并公证；经确认无误后，由工作人员当众拆封，宣读投标人名称、投标价格和投标文件的其他主要内容。招标人在招标文件要求提交投标文件的截止时间前收到的所有投标文件，开标时都应当当众予以拆封、宣读。开标过程应当记录，并存档备查。

第三十七条规定：评标由招标人依法组建的评标委员会负责。依法必须进行招标的项目，其评标委员会由招标人的代表和有关技术、经济等方面的专家组成，成员人数为五人以上单数，其中技术、经济等方面的专家不得少于成员总数的三分之二。

根据《中华人民共和国招标投标法》的相关内容去回答，不符合就是存在问题的地方。

【问题2】

假设你是A公司负责本次招标的人员，在招标过程中，假如发生以下情况，应该如何处理？
（1）开标前，某投标方人员向你打听其他投标单位的名称、报价等情况。
（2）某投标方B公司提交了投标文件之后，在开标前发现投标文件报价有错误，电话联系你，希望在评标时进行调整。

参考答案

（1）拒绝对方的请求，此行为有损其他投标人的权益。
（2）拒绝对方的要求，是否需要澄清由评标委员会决定，而不由招标人决定。

解析：

本题考核的知识点是《中华人民共和国招标投标法》的相关内容。

根据《中华人民共和国招标投标法》的规定，招标人不得向他人透露已获取招标文件的潜在投标人的名称、数量，以及可能影响公平竞争的有关招标投标的其他情况。

根据《中华人民共和国招标投标法》的规定，评标委员会可以要求投标人对投标文件中含义不明确的内容做必要的澄清或者说明，但是澄清不得超出投标文件的范围或者改变投标文件的实质性内容。

【问题3】

结合本案例，判断下列选项的正误（填写在答题纸的对应栏内，正确的选项填写"√"，错误的选项填写"×"）。

（1）招标方具有制定招标文件和组织评标能力的，可以自行办理招标事宜，而不用委托招标代理机构。（　　）

（2）依法必须进行招标的项目，自招标文件开始发出之日起至提交投标文件截止之日止，最短不得少于15日。（　　）

（3）招标方和投标方应当自中标通知书发出之日起30日内，按照招标文件和中标方的投标文件订立书面合同。（　　）

（4）在要求提交投标文件截止时间10日前，招标方可以以书面形式对已发出的招标文件进行必要的澄清或修改。（　　）

参考答案

（1）√　（2）×　（3）√　（4）×

解析：

本题考核的知识点是《中华人民共和国招标投标法》的相关内容。

（1）正确。

（2）错误。根据《中华人民共和国招标投标法》的规定，依法必须进行招标的项目，自招标文件开始发出之日起至提交投标文件截止之日止，最短不得少于20日。

（3）正确。

（4）错误。根据《中华人民共和国招标投标法》的规定，招标人对已发出的招标文件进行必要的澄清或者修改的，应当在招标文件要求提交投标文件截止时间至少15日前，以书面形式通知所有招标文件收受人。

2017年下半年上午试题分析

- 以下关于信息的表述，不正确的是（1）。
  （1）A. 信息是对客观世界中各种事物的运动状态和变化的反映
  　　　B. 信息是事物的运动状态和状态变化方式的自我表述
  　　　C. 信息是事物普遍的联系方式，具有不确定性、不可量化等特点
  　　　D. 信息是主体对于事物的运动状态及状态变化方式的具体描述

  📝 自我测试
  （1）＿＿＿（请填写你的答案）

【试题分析】

信息论的奠基者香农认为：信息是能够用来消除不确定性的东西。信息的特点有客观性、普遍性、无限性、动态性、相对性、依附性、变化性、传递性、层次性、系统性和转化性。不确定性和不可量化不是信息的特点。

➤ 参考答案：参见第401页"2017年下半年上午试题参考答案"。

- 信息化建设是我国现代化建设的重要组成部分，信息化的手段是（2）。
  （2）A. 创建信息时代的社会生产力，推动社会生产关系及社会上层建筑改革
  　　　B. 使国家的综合实力、社会的文明素质和人民的生活质量全面提升
  　　　C. 基于现代信息技术的先进社会生产工具
  　　　D. 全体社会成员，包括政府、企业、事业、团体和个人的共同努力

  📝 自我测试
  （2）＿＿＿（请填写你的答案）

【试题分析】

信息化的基本内涵启示我们：信息化的主体是全体社会成员，包括政府、企业、事业、团体和个人；它的时域是一个长期的过程；它的空域是政治、经济、文化、军事和社会的一切领域；它的手段是基于现代信息技术的先进社会生产工具；它的途径是创建信息时代的社会生产力，推动社会生产关系及社会上层建筑的改革；它的目标是使国家的综合实力、社会的文明素质和人民的生活质量全面提升。

➤ 参考答案：参见第401页"2017年下半年上午试题参考答案"。

- 在国家信息化体系要素中，（3）是国家信息化的主阵地，集中体现了国家信息化建设的需求和效益。
  （3）A. 信息技术应用　　　　　　　　B. 信息网络
  　　　C. 信息资源　　　　　　　　　　D. 信息化人才

📝 **自我测试**

（3）____（请填写你的答案）

【试题分析】

信息技术应用是信息化体系六要素中的龙头，是国家信息化建设的主阵地，集中体现了国家信息化建设的需求和效益。

➤ **参考答案**：参见第401页"2017年下半年上午试题参考答案"。

● 2017年7月8日，《国务院关于印发新一代人工智能发展规划的通知》中涉及人工智能的几个基础理论。其中，(4)研究统计学习基础理论、不确定性推理与决策、分布式学习与交互、隐私保护学习等学习理论和高效模型。

(4) A．大数据智能理论　　　　　B．跨媒体感知计算理论
　　C．高级机器学习理论　　　　D．群体智能理论

📝 **自我测试**

（4）____（请填写你的答案）

【试题分析】

在《国务院关于印发新一代人工智能发展规划的通知》中提到，高级机器学习理论主要研究统计学习基础理论、不确定性推理与决策、分布式学习与交互、隐私保护学习、小样本学习、深度强化学习、无监督学习、半监督学习、主动学习等学习理论和高效模型。

➤ **参考答案**：参见第401页"2017年下半年上午试题参考答案"。

● 电子政务的内容非常广泛，我们常见的中国政府采购网属于(5)。

(5) A．G2G　　　　B．G2C　　　　C．G2E　　　　D．G2B

📝 **自我测试**

（5）____（请填写你的答案）

【试题分析】

G2G指政府间的电子政务；G2C指政府对公众的电子政务；G2E指政府对公务员的电子政务；G2B指政府对企业的电子政务。政府采购网属于G2B，即政府对企业的电子政务。

➤ **参考答案**：参见第401页"2017年下半年上午试题参考答案"。

● (6)通过互联网进行商品销售、提供服务，是以信息网络技术为手段的商务活动。

(6) A．电子政务　　　　　　　　B．电子商务
　　C．电视购物　　　　　　　　D．电话购物

📝 **自我测试**

（6）____（请填写你的答案）

【试题分析】

电子商务是以信息网络技术为手段，以商品交换为中心的商务活动；是传统商业活动各环节的电子化、网络化、信息化。

➤ **参考答案**：参见第401页"2017年下半年上午试题参考答案"。

● 我国提出"推进信息化与工业化深度融合"的重点任务,加快推动新一代信息技术与制造技术融合发展,把(7)作为两化深度融合的主攻方向。

(7)A. 人工智能　　　　　　　　B. 智能制造
　　C. 大数据　　　　　　　　　D. 云计算

📝 自我测试
　　(7)____(请填写你的答案)

【试题分析】
近年来,我国提出将智能制造作为主攻方向,加速培育新的经济增长动力,抢占新一轮产业竞争制造点。

➤ 参考答案:参见第401页"2017年下半年上午试题参考答案"。

● 以下(8)不属于商业智能系统应具有的主要功能。

(8)A. 数据仓库　　　　　　　　B. 分析功能
　　C. 数据ETL　　　　　　　　D. 企业战略决策

📝 自我测试
　　(8)____(请填写你的答案)

【试题分析】
商业智能系统应具有的主要功能包括数据仓库、数据ETL、数据统计输出(报表)、分析功能。商业智能系统通过以上功能帮助用户做出正确的判断和决策,但是企业战略决策并不是商业智能系统的主要功能。

➤ 参考答案:参见第401页"2017年下半年上午试题参考答案"。

● 智能挖掘分析是智慧城市建设参考模型(9)中的关键技术。

(9)A. 智慧应用层　　　　　　　B. 计算与存储层
　　C. 数据及服务支撑层　　　　D. 网络通信层

📝 自我测试
　　(9)____(请填写你的答案)

【试题分析】
智慧城市建设参考模型包括有依赖关系的五层(功能层)和对建设有约束关系的三个支撑体系(**详见2019年下半年上午试题分析第8题**)。

其中,数据及服务支撑层利用SOA(面向服务的体系架构)、云计算、大数据等技术,通过数据和服务的融合,支撑承载智慧应用层中的相关应用,提供应用所需的各种服务和共享资源。

➤ 参考答案:参见第401页"2017年下半年上午试题参考答案"。

● 信息技术服务标准(ITSS)规定了IT服务的组成要素和生命周期,IT服务生命周期由规划设计、部署实施、服务运营、持续改进、(10)五个阶段组成。

(10)A. 二次规划设计　　　　　　B. 客户满意度调查
　　 C. 项目验收　　　　　　　　D. 监督管理

📝 自我测试

（10）____（请填写你的答案）

【试题分析】

信息技术服务标准是一套成体系和综合配套的信息技术服务标准库，全面规范了 IT 服务产品及其组成要素，用于指导实施标准化和可信赖的 IT 服务。IT 服务生命周期由规划设计、部署实施、服务运营、持续改进和监督管理五个阶段组成（**详见 2021 年下半年上午试题分析第 10 题**）。

★ 参考答案：参见第 401 页"2017 年下半年上午试题参考答案"。

● （11）不属于信息系统审计的主要内容。
（11）A．信息化战略　　　　　　　　B．资产的保护
　　　C．灾难恢复与业务持续计划　　　D．信息系统的管理、规划与组织

📝 自我测试

（11）____（请填写你的答案）

【试题分析】

信息系统审计主要包括以下六个方面：
（1）信息系统的管理、规划与组织。
（2）信息系统技术基础设施与操作实务。
（3）资产的保护。
（4）灾难恢复与业务持续计划。
（5）应用系统开发。
（6）业务流程评价与风险管理。

★ 参考答案：参见第 401 页"2017 年下半年上午试题参考答案"。

● 某公司准备将运行在本地局域网上的 CRM 系统迁移到集团云平台上并做适当的功能扩展，从信息系统生命周期的角度看，该 CRM 系统处于（12）阶段。
（12）A．立项　　　B．开发　　　C．运维　　　D．消亡

📝 自我测试

（12）____（请填写你的答案）

【试题分析】

信息系统的生命周期可以分为立项、开发、运维及消亡四个阶段（**详见 2021 年上半年上午试题分析第 11 题**）。

其中，运维阶段指信息系统验收通过，正式移交给客户后，系统进入运维阶段。

本题中的 CRM 系统已经交付运行，因此处于运维阶段。

★ 参考答案：参见第 401 页"2017 年下半年上午试题参考答案"。

● 信息系统设计是开发阶段的重要内容，主要任务包括（13）。
①明确组织对信息系统的实际需求，制定系统架构
②对系统进行经济、技术条件、运行环境和用户使用等方面的可行性研究

③选择计算机、操作系统、数据库、网络及技术等方案
④确定软件系统的模块结构

(13) A. ②③④　　　　　　　　　B. ①②③
　　　C. ①②④　　　　　　　　　D. ①③④

📝 自我测试
（13）____（请填写你的答案）

【试题分析】
信息系统设计是开发阶段的重要内容，其主要任务是从信息系统的总体目标出发，根据系统逻辑功能的要求，并结合经济、技术条件、运行环境和进度等要求，确定系统的总体架构和系统各组成部分的技术方案，合理选择计算机、通信及存储的软、硬件设备，制定系统的实施计划。

系统方案设计包括总体设计和各部分的详细设计两个方面。所以本题的②不属于系统设计的主要任务。

➤ 参考答案：参见第401页"2017年下半年上午试题参考答案"。

● 需求分析是软件生存周期中的重要工作，以下描述不正确的是（14）。
（14）A. 软件需求是针对待解决问题的特性的描述
　　　B. 绝大部分软件需求可以被验证，验证手段包括评审和测试
　　　C. 需求分析可以检测和解决需求之间的冲突
　　　D. 在资源有限时，可以通过优先级对需求进行权衡

📝 自我测试
（14）____（请填写你的答案）

【试题分析】
软件需求是针对待解决问题的特性的描述。所定义的需求必须可以被验证。在资源有限时，可以通过优先级对需求进行权衡。通过需求分析，可以检测和解决需求之间的冲突；发现系统的边界；并详细描述系统需求。

➤ 参考答案：参见第401页"2017年下半年上午试题参考答案"。

● 封装、继承和多态是面向对象编程的三大特征，在Java开发过程中有着广泛应用。以下关于它们的描述不正确的是（15）。
（15）A. 封装将数据和基于数据的操作封装成一个整体对象，通过接口实现对数据的访问和修改
　　　B. 继承关系中共有的类属性特征均需在父类和子类中进行说明
　　　C. 多态使得一个类实例的相同方法在不同情形有不同表现形式
　　　D. 多态机制使具有不同内部结构的对象可以共享相同的外部接口

📝 自我测试
（15）____（请填写你的答案）

【试题分析】

继承表示类之间的层次关系（父类与子类），这种关系使得某类对象可以集成另外一类对象的特征。所以，在继承关系中，共有的类属性只要在父类中进行说明即可，在子类中就不需要说明了。

参考答案：参见第401页"2017年下半年上午试题参考答案"。

● 某央企的ERP系统已经稳定运行了3年，为了适应新业务发展的需要，运维团队近期接到数据库系统升级的任务，它属于信息系统(16)类型的工作。

（16）A．更正性维护　　　　　　　　B．适应性维护
　　　C．完善性维护　　　　　　　　D．预防性维护

自我测试

（16）____（请填写你的答案）

【试题分析】

信息系统验收通过，正式移交给客户后，系统进入运维阶段。运维阶段的维护可以分为如下四种类型。

（1）纠错性维护（也称更正性维护）：更正交付后发现的错误。
（2）适应性维护：使软件产品能够在变化后或变化中的环境中继续使用。
（3）完善性维护：改进交付后产品的性能和可维护性。
（4）预防性维护：在软件产品中的潜在错误成为实际错误前，检测并更正它们。
为了适应新的发展需要而进行升级的工作是一种适应性的维护。

参考答案：参见第401页"2017年下半年上午试题参考答案"。

●（17）是一种软件技术，在数据仓库中有广泛的应用，通过访问大量的数据实现数据处理分析要求，实现方式是从数据仓库中抽取详细数据的一个子集，并经过必要的聚集存储到该服务器中供前端分析工具读取。

（17）A．联机分析处理（OLAP）　　　B．联机事务处理（OLTP）
　　　C．数据采集工具（ETL）　　　　D．商业智能分析（BI）

自我测试

（17）____（请填写你的答案）

【试题分析】

联机分析处理（OLAP）系统一般以数据仓库作为基础，即从数据仓库中抽取详细数据的一个子集，并经过必要的聚集存储到OLAP存储器中，供前端分析工具读取。

参考答案：参见第401页"2017年下半年上午试题参考答案"。

● 在OSI七层协议中，(18)充当了翻译官的角色，确保一个数据对象能在网络中的计算机间以双方协商的格式进行准确的数据转换和加密解密。

（18）A．应用层　　　　　　　　　　B．网络层
　　　C．表示层　　　　　　　　　　D．会话层

📝 自我测试
（18）____（请填写你的答案）

【试题分析】
OSI 采用了分层的结构化技术，从下到上共分为七层，包括物理层、数据链路层、网络层、传输层、会话层、表示层、应用层（**详见 2021 年上半年上午试题分析第 17 题**）。

其中，表示层如同应用程序和网络之间的翻译官，在表示层，数据将按照网络能理解的方案进行格式化，这种格式化也因所使用网络的类型不同而不同。表示层管理数据的解密加密、数据转换、格式化和文本压缩。

➤ **参考答案**：参见第 401 页"2017 年下半年上午试题参考答案"。

● 在下列传输介质中，(19) 的传输速率最高。
（19）A．双绞线　　　　　　　　　B．同轴电缆
　　　C．光纤　　　　　　　　　　D．无线介质

📝 自我测试
（19）____（请填写你的答案）

【试题分析】
同轴电缆和光纤的最大区别就在于传输速度，光纤比同轴电缆快很多，是目前传输速度最快的一种介质。

➤ **参考答案**：参见第 401 页"2017 年下半年上午试题参考答案"。

● 某公司承接了某政府机关的办公网络改造项目，在进行网络总体设计时考虑使用汇聚交换机，从技术层面考虑，最直接的原因是：(20)。
（20）A．办公楼内的信息点较多，使用 3 台交换机采用级联方式扩充端口
　　　B．两栋办公楼距离较远，使用了百兆光纤电缆
　　　C．网络用户数量超过 1000 人
　　　D．本项目采用了星形网络拓扑结构

📝 自我测试
（20）____（请填写你的答案）

【试题分析】
汇聚层是多台接入层交换机的汇聚点，它必须能够处理来自接入层设备的所有通信量，并将其提供到核心层的上行链路，因此汇聚层交换机与接入层交换机比较，需要更高的性能、更少的接口和更高的交换速率。汇聚层的存在与否，取决于网络规模的大小。

➤ **参考答案**：参见第 401 页"2017 年下半年上午试题参考答案"。

● 关于 WLAN 描述不正确的是 (21)。
（21）A．802.11n 是 IEEE 制定的一个无线局域网标准协议
　　　B．无线网络与有线网络的用途类似，最大的不同在于传输媒介的不同
　　　C．无线网络技术中不包括为近距离无线连接进行优化的红外线技术
　　　D．现在主流应用的是第四代无线通信技术

📝 自我测试

（21）＿＿＿（请填写你的答案）

【试题分析】

红外线也属于无线网络技术。

➡ **参考答案**：参见第 401 页"2017 年下半年上午试题参考答案"。

● 《中华人民共和国网络安全法》于 2017 年 6 月 1 日起开始施行，(22)负责统筹协调网络安全工作和相关监督管理工作。

（22）A．国务院电信主管部门　　　B．工业和信息化部主管部门
　　　C．公安部门　　　　　　　　D．国家网信部门

📝 自我测试

（22）＿＿＿（请填写你的答案）

【试题分析】

根据《中华人民共和国网络安全法》第八条的规定，国家网信部门负责统筹协调网络安全工作和相关监督管理工作。

➡ **参考答案**：参见第 401 页"2017 年下半年上午试题参考答案"。

● 在将数据源经过分析挖掘到最终获得价值的大数据处理过程中，MapReduce 是在(23)阶段应用分布式并行处理关键技术的常用工具。

（23）A．数据采集　　　　　　　　B．数据管理
　　　C．数据存储　　　　　　　　D．数据分析与挖掘

📝 自我测试

（23）＿＿＿（请填写你的答案）

【试题分析】

MapReduce 是一种编程模型，用于大规模数据集的并行运算。概念"Map"（映射）和"Reduce"（归约），以及它们的主要思想，都是从函数式编程语言里借来的。它这极大地方便了编程人员在不会分布式并行编程的情况下将自己的程序运行在分布式系统上，从而实现对 HDFS 和 HBase 上的海量数据分析。

➡ **参考答案**：参见第 401 页"2017 年下半年上午试题参考答案"。

● 某公司已自建企业云，近期遇到了网站服务器因带宽限制而突然崩溃的情况。为了避免以上问题，该公司从某云服务供应商处购买了云服务，经过重新部署可以解决其网站使用量突然猛增的情况。这种部署方式通常称为(24)模式。

（24）A．私有云　　　　　　　　　B．公有云
　　　C．混合云　　　　　　　　　D．社区云

📝 自我测试

（24）＿＿＿（请填写你的答案）

【试题分析】

混合云融合了公有云和私有云，是近年来云计算的主要模式和发展方向。我们知道企业

云服务主要是面向企业用户，出于安全考虑，企业更愿意将数据存放在私有云中，但同时又希望可以获得公有云的计算资源。在这种情况下，混合云被越来越多地采用，它将公有云和私有云进行混合和匹配，以获得最佳的效果，这种个性化的解决方案，达到既省钱又安全的目的。

➤ **参考答案**：参见第 401 页"2017 年下半年上午试题参考答案"。

● 以下对物联网的描述不正确的是（25）。
（25）A．物联网即"物物相联之网"
B．物联网是一种物理上独立存在的完整网络
C．物联网的"网"应和通信介质、通信拓扑结构无关
D．物联网从架构上可以分为感知层、网络层和应用层

📝 自我测试
（25）____（请填写你的答案）

【试题分析】
物联网不是一种物理上独立存在的完整网络，而是架构在现有互联网或下一代公网或专网基础上的联网应用和通信能力。

➤ **参考答案**：参见第 401 页"2017 年下半年上午试题参考答案"。

● 移动互联网是一种通过智能移动终端，采用移动无线通信方式获取业务和服务的新兴业务，其主流操作系统开发平台不包括（26）。
（26）A．Android　　　　　　　　B．UNIX
C．iOS　　　　　　　　　　D．Windows Phone

📝 自我测试
（26）____（请填写你的答案）

【试题分析】
移动互联网主要在手机 PAD 上使用，这些设备主流平台是 Android、iOS 和 Windows Phone。

➤ **参考答案**：参见第 401 页"2017 年下半年上午试题参考答案"。

● 2015 年 5 月 19 日，国务院印发《中国制造 2025》，明确指出将以信息化与工业化深度融合为主线，重点发展十大领域。其中："新一代信息通信技术产业"主要聚焦在（27）类别的产品上。
①集成电路及专用装备　②信息通信设备　③先进轨道交通设备　④操作系统及工业软件。
（27）A．①②③　　B．②③④　　C．①②④　　D．①③④

📝 自我测试
（27）____（请填写你的答案）

【试题分析】
新一代信息技术产业包括以下内容。
（1）集成电路及专用装备。

（2）信息通信设备。

（3）操作系统及工业软件。

⬆ **参考答案**：参见第401页"2017年下半年上午试题参考答案"。

- 以下关于项目管理的描述不正确的是（28）。

  （28）A. 项目临时性是指一个项目都有一个明确的开始时间和结束时间

  B. 渐进明细是指项目的成果性目标是逐步完成的

  C. 项目的目标不存在优先级，项目目标具有层次性

  D. 项目整体管理属于项目管理核心知识域

  📝 **自我测试**
  （28）____（请填写你的答案）

【试题分析】

项目目标有不同的优先级。

⬆ **参考答案**：参见第401页"2017年下半年上午试题参考答案"。

- 下图中的项目组织结构属于（29）。

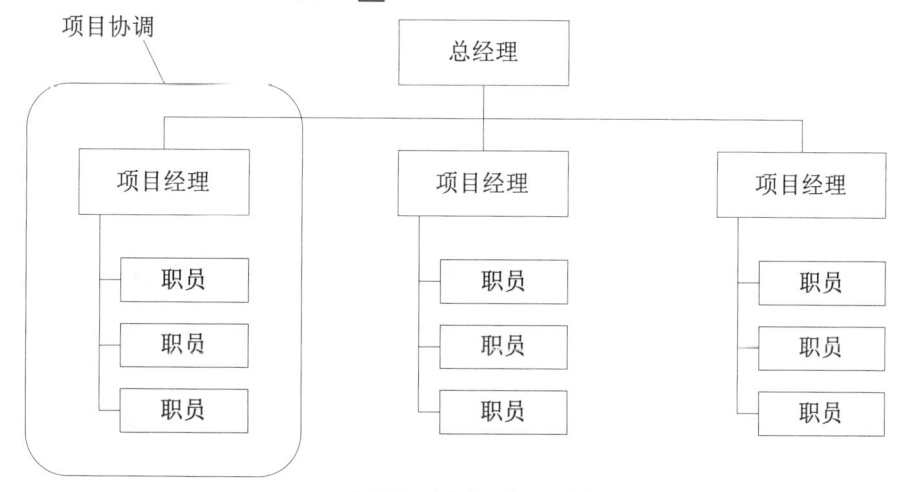

（灰框表示参与项目活动的职员）

（29）A. 项目型组织　　　　　　B. 职能型组织

C. 弱矩阵型组织　　　　　D. 强矩阵型组织

📝 **自我测试**
（29）____（请填写你的答案）

【试题分析】

根据项目经理的权力从小到大，可以将组织结构依次划分为职能型组织、弱矩阵型组织、平衡矩阵型组织、强矩阵型组织和项目型组织（**详见2021年上半年上午试题分析第26题**）。

这个图是明显的项目型组织，项目型组织的特点是项目经理在项目团队的最上面，是团队的核心。

⬆ **参考答案**：参见第401页"2017年下半年上午试题参考答案"。

● 某公司承接一个互联网企业的开发项目，由于互联网业务变化较快，无法在项目初期准确确定出项目需求，你作为项目经理应首先考虑的开发模型是（30）。

（30）A．瀑布模型　　B．V模型　　C．螺旋模型　　D．原型化模型

📝 自我测试

（30）____（请填写你的答案）

【试题分析】

典型的信息系统项目生命周期模型包括瀑布模型、迭代模型、V模型、螺旋模型、原型化模型（**详见2019年上半年上午试题分析第30题**）。其中：

原型化模型首先创建一个快速原型，能够满足项目干系人与未来用户先用原型进行交互，再通过与相关干系人进行充分讨论和分析，最终弄清楚当前系统的需求。进行充分了解之后，在原型的基础上开发用户满意的产品。

➤ 参考答案：参见第401页"2017年下半年上午试题参考答案"。

● 以下关于项目管理过程组的描述不正确的是（31）。

（31）A．所有项目都必须经历5个过程组
　　　B．每个单独的过程都明确了如何使用输入来产生项目过程组的输出
　　　C．制定项目管理计划所需要的过程都属于计划过程组
　　　D．控制变更，推荐纠正措施属于执行过程组

📝 自我测试

（31）____（请填写你的答案）

【试题分析】

控制变更，推荐纠正措施属于监督和控制过程组。

监督和控制过程组包括以下内容：

（1）对照项目管理计划监督正在进行的项目活动。
（2）控制变更，推荐纠正措施，或者对可能出现的问题推荐预防措施。
（3）对引起整体变更控制的因素施加影响，使得只有经批准的变更才被实施。

➤ 参考答案：参见第401页"2017年下半年上午试题参考答案"。

● 以下关于项目建议书的叙述中，不正确的是（32）。

（32）A．项目建议书一般由项目承建单位编写，提交项目建设单位审批
　　　B．项目建议书是选择项目的依据，也是可行性研究的依据
　　　C．项目建议书包括项目建设的必要性、业务分析、总体建设方案、实施进度、效益与风险分析等内容
　　　D．某些情况下，项目建议书的编写、申报和审批工作可与项目可行性分析阶段的工作合并

📝 自我测试

（32）____（请填写你的答案）

【试题分析】

项目建议书是项目建设单位向上级主管部门提交的项目申请文件，是对拟建项目提出的

总体设想。

参考答案：参见第 401 页 "2017 年下半年上午试题参考答案"。

● 在项目可行性研究的内容中，(33)包括制定合理的项目实施进度计划、设计合理的组织结构、选择经验丰富的管理人员、建立良好的协作关系、制定合适的培训计划等内容。

(33) A. 技术可行性　　　　　　　B. 财务可行性
　　　C. 组织可行性　　　　　　　D. 流程可行性

自我测试
(33)　　　（请填写你的答案）

【试题分析】
组织可行性研究的内容包括制定合理的项目实施进度计划、设计合理的组织机构、选择经验丰富的管理人员、建立良好的协作关系、制定合适的培训计划等，以保证项目顺利执行。

参考答案：参见第 401 页 "2017 年下半年上午试题参考答案"。

● 在以下关于项目可行性研究的叙述中，不正确的是(34)。

(34) A. 机会可行性研究的目的是激发投资者的兴趣，寻找投资机会
　　　B. 在项目立项阶段，即使是小型项目，详细可行性研究也是必需的
　　　C. 详细可行性研究是一项费时、费力且需一定资金支持的工作
　　　D. 项目可行性研究报告一般委托具有相关专业资质的工程咨询机构制定

自我测试
(34)　　　（请填写你的答案）

【试题分析】
对于不同规模和类别的项目，初步可行性研究可能出现的结果不同。如果结果是"肯定"，对于比较小的项目甚至可以直接"上马"，也就是说这类项目不需要再进行详细可行性研究。

参考答案：参见第 401 页 "2017 年下半年上午试题参考答案"。

● 在以下关于项目招、投标的叙述中，正确的是(35)。

(35) A. 资格预审文件或招标文件的发售期不得少于 15 日
　　　B. 投标保证金不得超过招标项目估算价的 5%
　　　C. 评标委员会的人员数量不得少于 5 人
　　　D. 书面合同具备法律效力，中标通知书不具有法律效力

自我测试
(35)　　　（请填写你的答案）

【试题分析】
(1) 招标人应当按照招标公告或者投标邀请书规定的时间、地点发售资格预审文件和招标文件。资格预审文件和招标文件的发售时间不得少于 5 个工作日。
(2) 投标保证金不得超过招标项目估算价的 2%。
(3) 评标委员会由招标人的代表和有关技术、经济等方面的专家组成，成员人数为五人以上单数，其中技术、经济等方面的专家不得少于成员总数的三分之二。

（4）中标通知书对招标人和中标人具有法律效力。

★ **参考答案**：参见第401页"2017年下半年上午试题参考答案"。

● 当与客户签署合同之后，许多供应商会进行内部立项。内部立项的主要作用不包括（36）。

（36）A．通过内部立项方式为项目分配资源
  B．通过内部立项方式确定合理的项目绩效目标
  C．通过内部立项方式提升项目实施效率
  D．通过内部立项方式降低成本

📝 **自我测试**
（36）____（请填写你的答案）

【试题分析】
内部立项有以下几方面的原因：第一，通过项目立项方式为项目分配资源；第二，通过项目立项方式确定合理的项目绩效目标；第三，以项目型工作方式提升项目实施效率。

★ **参考答案**：参见第401页"2017年下半年上午试题参考答案"。

● 整合者是项目经理承担的重要角色之一，作为整合者，其主要工作不包括（37）。
（37）A．通过与项目干系人进行主动、全面的沟通，来了解他们对项目的需求
  B．在相互竞争的众多干系人之间寻找平衡点
  C．通过认真、细致的协调工作，来达到各种需求间的整合与平衡
  D．将不同厂商的产品、技术进行整合

📝 **自我测试**
（37）____（请填写你的答案）

【试题分析】
整合者是项目经理承担的重要角色之一，他要通过沟通来协调，通过协调来整合。作为整合者，项目经理必须从宏观视角来审视项目。作为整合者，项目经理的主要工作包括以下内容：
（1）通过与项目干系人进行主动、全面的沟通，来了解他们对项目的需求。
（2）在相互竞争的众多干系人之间寻找平衡点。
（3）通过认真、细致的协调工作，来达到各种需求间的平衡，实现整合。

★ **参考答案**：参见第401页"2017年下半年上午试题参考答案"。

● 项目章程的主要内容包括（38）。
①项目目的或批准项目的理由 ②项目的主要风险 ③项目的总体预算 ④项目总体里程碑进度计划 ⑤项目范围说明书 ⑥ 项目成本基准
（38）A．①②③⑥   B．①②③④
  C．①③④⑤   D．①④⑤⑥

📝 自我测试

（38）____（请填写你的答案）

【试题分析】

项目章程是一份正式批准项目并授权项目经理在项目活动中使用组织资源的文件（详见**2021年上半年上午试题分析第34题**）。项目章程的主要内容包括：

（1）概括性的项目描述和项目产品描述。

（2）项目目的或批准项目的理由，即为什么要做这个项目。

（3）项目的总体要求，包括项目的总体范围和总体质量要求。

（4）可测量的项目目标和相关成功标准。

（5）项目的主要风险，如项目的主要风险类别。

（6）总体里程碑进度计划。

（7）总体预算。

（8）项目的审批要求，是指在项目的规划、执行、监控和收尾过程中，应该由谁来做出哪种批准。

（9）委派的项目经理及其职责和职权。

（10）发起人或其他批准项目章程人员的姓名和职权。

项目章程的主要内容不包括项目范围说明书和项目成本基准。

➤ 参考答案：参见第401页"2017年下半年上午试题参考答案"。

● 项目管理计划是说明项目将如何执行、监督和控制的文件。在以下选项中，（39）不属于项目管理计划的内容。

（39）A．干系人登记册　　　　　B．为项目选择的生命周期模型
　　　 C．如何监督和控制变更　　D．所使用的项目管理过程

📝 自我测试

（39）____（请填写你的答案）

【试题分析】

项目管理计划是说明项目将如何执行、监督和控制项目的一份文件。它合并与整合了其他各规划过程所产生的所有子管理计划和范围基准（范围基准包括经批准的详细范围说明书、WBS和WBS词典）、进度基准、成本基准等（详见**2021年上半年上午试题分析第35题**）。

项目管理计划中不包括干系人登记册。

➤ 参考答案：参见第401页"2017年下半年上午试题参考答案"。

● （40）指的是为确保项目工作的未来绩效符合项目管理计划而进行的有目的的活动。

（40）A．纠正措施　　B．预防措施　　C．缺陷补救　　D．功能完善

📝 自我测试

（40）____（请填写你的答案）

【试题分析】

预防措施是为确保项目工作的未来绩效符合项目管理计划而进行的有目的的活动。

参考答案：参见第 401 页"2017 年下半年上午试题参考答案"。

- 在以下关于项目整体变更控制过程的叙述中，不正确的是（41）。
  （41）A. 实施整体变更控制过程的目的是降低项目风险
        B. 实施整体变更控制过程贯穿项目始终，并且应用于项目的各个阶段
        C. 变更控制委员会对整体变更控制过程负最终责任
        D. 会议是实施整体变更控制的工具与技术之一

  自我测试
  （41）____ （请填写你的答案）

【试题分析】
实施整体变更控制过程贯穿项目始终，项目经理对此负最终责任。

参考答案：参见第 401 页"2017 年下半年上午试题参考答案"。

- 在以下关于项目变更管理的叙述中，不正确的是（42）。
  （42）A. 项目的任何干系人都可以提出变更请求
        B. 所有的变更请求都必须以书面形式记录
        C. 所有的变更请求都必须交由变更控制委员会审批
        D. 客户也可以作为变更控制委员会成员

  自我测试
  （42）____ （请填写你的答案）

【试题分析】
每项记录在案的变更请求都必须由一位责任人批准或否决，这个责任人通常是项目发起人或项目经理。应该在项目管理计划或组织流程中指定这位责任人。必要时，应该由变更控制委员会（CCB）来决策是否实施整体变更控制过程。

参考答案：参见第 401 页"2017 年下半年上午试题参考答案"。

- 在以下关于工作分解结构（WBS）的叙述中，不正确的是（43）。
  （43）A. WBS 是编制进度计划、成本计划的基础
        B. 项目的全部工作都必须包含在 WBS 中
        C. WBS 的制定需要主要项目干系人的参与
        D. WBS 应采用自下而上的方式，逐层确定

  自我测试
  （43）____ （请填写你的答案）

【试题分析】
WBS 最底层的工作单元被称为工作包，是我们进行进度安排、成本估算和监控的基础。工作包对相关活动进行归类。

（1）工作分解结构是用来确定项目范围的。项目的全部工作都必须包含在工作分解结构中；不包含在工作分解结构中的任何工作都不是项目的组成部分，都不能做。这是工作分解结构百分百规则的要求，即工作分解结构必须且只能包括 100%的工作。

(2) 工作分解结构的制定需要所有项目干系人的参与，需要项目团队成员的参与。各项目干系人站在自己的立场上，对同一个项目可能制定出差别较大的工作分解结构。项目经理应该发挥"整合者"的作用，组织他们进行讨论，以便制定出一份大家都能接受的工作分解结构。

(3) 工作分解结构是逐层向下分解的。工作分解结构最高层的要素总是整个项目或分项目的最终成果。下一个层次是上一层次相应要素的细分，上一层次是下一层次各要素之和。

工作分解结构是自上而下逐层向下分解的，而不是自下而上。

参考答案：参见第401页"2017年下半年上午试题参考答案"。

● 在项目范围确认时，经常会使用群体决策技术。在以下群体决策技术中，(44) 是根据群体中超过50%人员的意见做出决策。

(44) A．一致同意原则　　　　　　B．大多数原则
　　　C．相对多数原则　　　　　　D．独裁原则

自我测试
(44) ____（请填写你的答案）

【试题分析】
达成群体决策的方法有以下几种：
(1) 一致同意：所有人都同意某个行动方案。
(2) 大多数原则：获得群体中50%以上人员支持，就能做出决策。参与决策的人数定为奇数，防止因平局而无法达成决策。
(3) 相对多数原则：根据群体中相对多数者的意见做出决定，即便未能获得一部分人的支持。
(4) 独裁：由某一个人（例如，项目经理）为群体做出决策。

参考答案：参见第401页"2017年下半年上午试题参考答案"。

● 在项目实施过程中，用户的需求可能会发生变化，例如，提出新的需求。针对此状况，项目经理的正确做法是 (45)。

(45) A．从客户满意度的角度考虑，应尽量满足用户的新需求
　　　B．如果需求超出预先约定的范围，应拒绝用户的新需求
　　　C．应根据经验判断用户的新需求是否会对项目的成本、质量、工期造成影响，如果影响可控，应满足用户的需求
　　　D．应启动变更控制管理流程，对用户的新需求进行评估

自我测试
(45) ____（请填写你的答案）

【试题分析】
由于极少有项目能完全按照原来的项目计划安排运行，因而变更不可避免；对变更也要加以管理，因此变更控制就必不可少。用户需求若发生变化，应启动正规的变更控制管理流程，对用户的新需求进行评估。整体变更控制过程贯穿于整个项目过程的始终。

参考答案：参见第401页"2017年下半年上午试题参考答案"。

- (46)不是规划项目进度管理的输入。

  (46)A．项目范围说明书　　　　　　B．WBS 和 WBS 字典
  　　 C．活动清单　　　　　　　　　 D．项目章程

📝 **自我测试**

（46）____（请填写你的答案）

【试题分析】

规划进度管理的主要输入包括项目管理计划、项目章程、事业环境因素和组织过程资产。活动清单属于定义活动的输出，而定义活动发生在规划项目进度管理之后。

➤ **参考答案**：参见第 401 页"2017 年下半年上午试题参考答案"。

- 下图中（单位：天）关于活动 H 和活动 I 之间的关系，描述正确的是（47）。

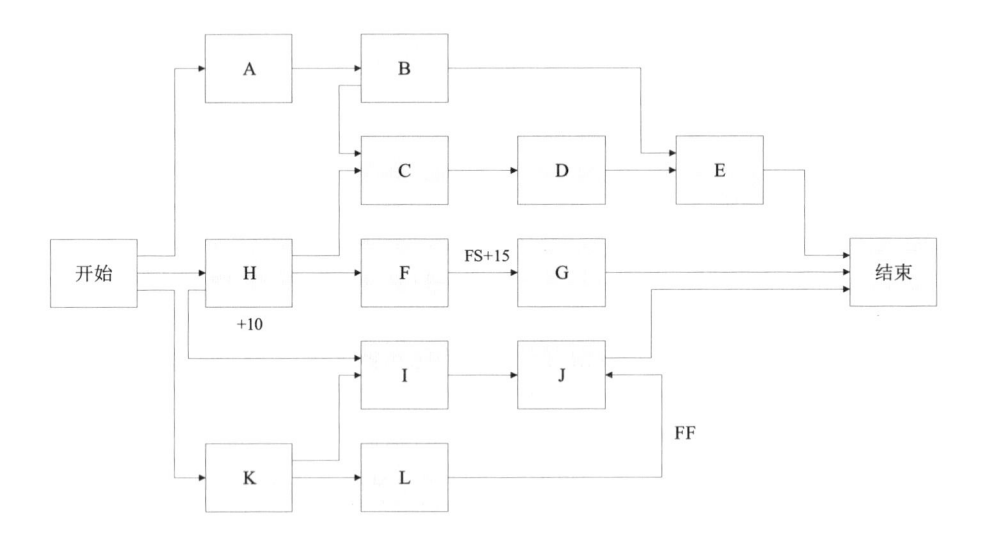

（47）A．活动 H 开始时，开始活动 I
　　 B．活动 H 完成 10 天后，开始活动 I
　　 C．活动 H 结束后，开始活动 I
　　 D．活动 H 开始 10 天后，开始活动 I

📝 **自我测试**

（47）____（请填写你的答案）

【试题分析】

在项目进度网络图中，活动 H 和活动 I 之间的依赖关系表示为 SS＋10（10 天滞后量，H 开始 10 天后，开始 I）。

➤ **参考答案**：参见第 401 页"2017 年下半年上午试题参考答案"。

- 项目经理小李在编制进度计划时采用下图所示的工具，该工具是（48）。

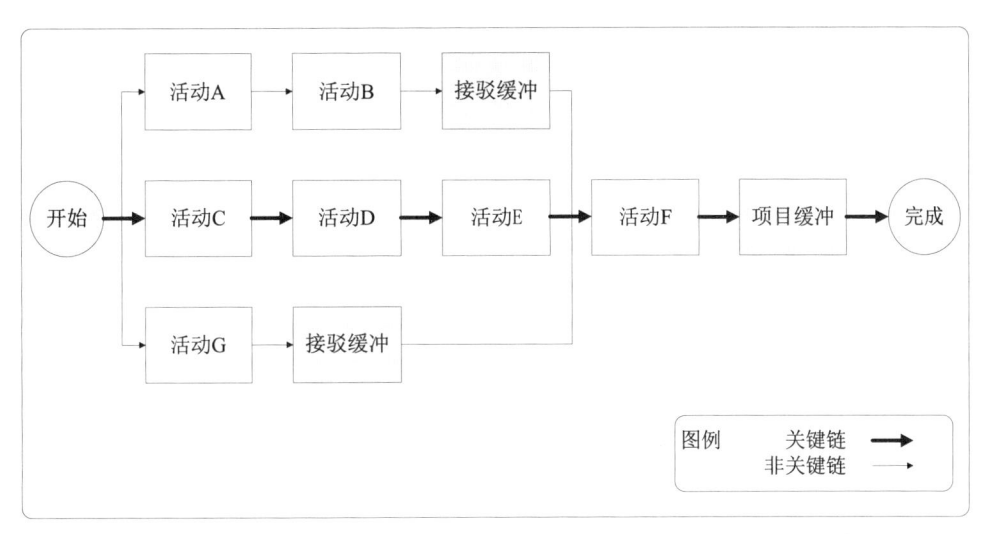

```
                    ┌──────┐    ┌──────┐    ┌──────────┐
                 ┌─▶│活动A  │───▶│活动B  │───▶│接驳缓冲   │
                 │  └──────┘    └──────┘    └──────────┘
    ┌────┐       │  ┌──────┐    ┌──────┐    ┌──────┐   ┌──────┐   ┌──────────┐   ┌────┐
    │开始│───────┼─▶│活动C  │───▶│活动D  │───▶│活动E │──▶│活动F │──▶│项目缓冲   │──▶│完成│
    └────┘       │  └──────┘    └──────┘    └──────┘   └──────┘   └──────────┘   └────┘
                 │  ┌──────┐    ┌──────────┐
                 └─▶│活动G  │───▶│接驳缓冲   │
                    └──────┘    └──────────┘

                                            图例    关键链  ━━▶
                                                    非关键链 ──▶
```

(48) A．关键链法　　B．关键路径法　　C．进度网络分析　　D．建模技术

📝 自我测试

（48）____（请填写你的答案）

【试题分析】

该图所示的工具是关键链法。

➤ **参考答案**：参见第 401 页"2017 年下半年上午试题参考答案"。

● 在编制进度计划时，可以采用多种工具与技术，如关键路径法、资源平衡技术、资源平滑技术等。在以下叙述中，不正确的是（49）。

（49）A．项目的关键路径可能有一条或多条

　　　B．随着项目的开展，关键路径可能也随着不断变化

　　　C．资源平衡技术往往会导致关键路径延长

　　　D．资源平滑技术往往改变项目关键路径，导致项目进度延迟

📝 自我测试

（49）____（请填写你的答案）

【试题分析】

相对于资源平衡而言，资源平滑不会改变项目关键路径，完工日期也不会延迟。

➤ **参考答案**：参见第 401 页"2017 年下半年上午试题参考答案"。

● 不随生产量、工作量或时间的变化而变化的非重复成本属于（50）。

（50）A．固定成本　　B．直接成本　　C．间接成本　　D．沉没成本

📝 自我测试

（50）____（请填写你的答案）

【试题分析】

成本主要包括可变成本、固定成本、直接成本、间接成本、机会成本、沉没成本几种类型（**详见 2021 年下半年上午试题分析第 47 题**）。其中：

固定成本：不随生产量、工作量或时间的变化而变化的非重复成本为固定成本。

直接成本：直接可以归属于项目工作的成本为直接成本，如项目团队的差旅费、工资、项目使用的物料及设备使用费等。

间接成本：来自一般管理费用科目，或几个项目共同担负的项目成本所分摊给本项目的费用，就形成了项目的间接成本，如企业的税金、额外福利和保卫费用等。

沉没成本：由于过去的决策已经发生了的，而不能由现在或将来的任何决策改变的成本称为沉没成本。

参考答案：参见第 401 页"2017 年下半年上午试题参考答案"。

● 在进行项目成本估算时，可以使用多种技术和工具。其中，(51)相对于其他估算技术来说，成本较低、耗时较少，但准确性也较低。

（51）A．专家判断　　B．类比估算　　C．参数估算　　D．三点估算

自我测试

（51）____（请填写你的答案）

【试题分析】

项目成本估算采用的技术与工具包括：类比估算、参数估算、自下而上估算、三点估算、专家判断、储备分析、质量成本、项目管理软件、卖方投标分析、群体决策技术（**详见 2021 年上半年上午试题分析第 49 题**）。

相对于其他估算技术，类比估算通常成本较低、耗时较少，但准确性也较差。

参考答案：参见第 401 页"2017 年下半年上午试题参考答案"。

● 下表给出了某信息化建设项目到 2017 年 9 月 1 日为止的成本执行（绩效）数据。基于该数据，项目经理对完工估算（EAC）进行预测。假设当前的成本偏差被看作可代表未来偏差的典型偏差时，EAC 应为(52)元。

活动编号	活动	完成百分比（%）	计划值（PV）（元）	实际成本（AC）（元）	挣值（EV）（元）
1	A	100	1000.00	1000.00	1000.00
2	B	100	2000.00	2200.00	2000.00
3	C	100	5000.00	5100.00	5000.00
4	D	80	3000.00	3200.00	2400.00
5	E	60	4000.00	4500.00	2400.00
合计			15000.00	16000.00	12800.00
项目总预算（BAC）：50000.00					
报告日期：2017 年 9 月 1 日					

（52）A．45000.00　　B．50000.00　　C．53200.00　　D．62500.00

自我测试

（52）____（请填写你的答案）

【试题分析】

本题考核的知识点是挣值管理的相关概念及挣值计算（**详见 2021 年上半年下午试题分析与解答试题二**）。

实际成本 AC＝16000.00（元）
计划值 PV＝15000.00（元）
挣值 EV＝12800.00（元）
完工预算 BAC＝50000.00（元）
成本绩效指数 CPI＝EV/AC＝12800.00/16000.00＝0.80
当前偏差被看作代表未来的典型偏差时，EAC 为：
EAC＝AC＋(BAC－EV)/CPI＝16000.00＋(50000.00－12800.00)/0.80＝62500.00（元）

➤ **参考答案**：参见第 401 页"2017 年下半年上午试题参考答案"。

- 在以下关于制定人力资源计划的工具和技术的叙述中，不正确的是（53）。
  （53）A．可使用多种形式描述项目前角色和职责
   B．每个工作包可分配多人负责，做好工作备份
   C．职责分配矩阵是反映团队成员与其承担工作之间联系的最直观的方法
   D．描述职责时，需要让每一位项目成员都非常清楚自己的角色和职责

📝 自我测试
（53）____（请填写你的答案）

【试题分析】
工作包是位于工作分解结构每条分支最底层的可交付成果，或项目工作的组成部分。为使工作包便于完整地分派给不同的人或组织，每个工作包必须有人负责，而且只由一个人负责。

➤ **参考答案**：参见第 401 页"2017 年下半年上午试题参考答案"。

- 可以通过多种方法实现对项目团队的管理，随着远程通信方式的快速发展，虚拟团队成为项目管理的方式。作为项目经理，想要管理好虚拟团队，采用（54）方法更合适。
  （54）A．问题清单　　　　　　　　B．冲突管理
   C．风险管理　　　　　　　　D．观察和交谈

📝 自我测试
（54）____（请填写你的答案）

【试题分析】
观察和交谈是沟通的方法之一，可用于随时了解团队成员的工作情况和思想状态，如完成了哪些可交付成果，让项目成员感到骄傲的成就有哪些，以及人际关系问题等。
如果是虚拟团队，这要求项目管理团队进行更加积极主动的、经常性的沟通，不管是面对面还是其他什么合适的方式。

➤ **参考答案**：参见第 401 页"2017 年下半年上午试题参考答案"。

- 以下（55）不是控制沟通的技术和方法。
  （55）A．业务数据分析　　　　　　B．项目例会
   C．信息管理系统　　　　　　D．专家判断

📝 自我测试

（55）____（请填写你的答案）

【试题分析】

控制沟通的技术和方法包括信息管理系统、专家判断和会议，但是不包括业务数据分析。

➤ **参考答案**：参见第 401 页 "2017 年下半年上午试题参考答案"。

● 在进行项目干系人分析时，经常用到权力/利益分析法，对待属于 A 区域（见下图）的项目干系人应该采取的策略是（56）。

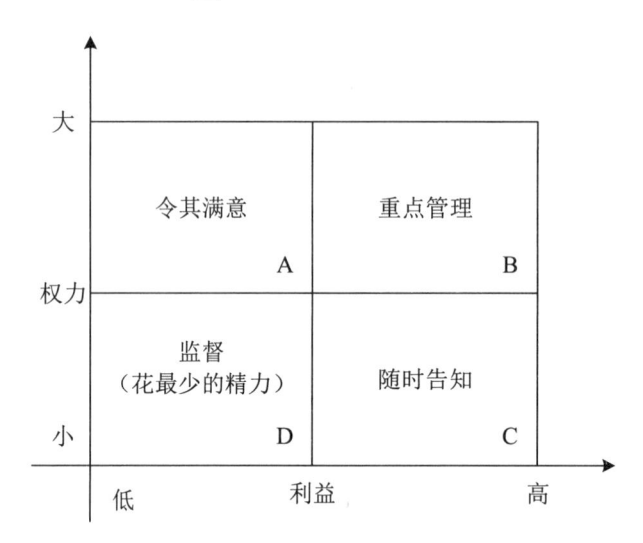

```
大
│
│   令其满意        重点管理
│
│              A              B
权力
│
│    监督
│  （花最少的精力）    随时告知
│
小              D              C
└─────────────────────────────→
    低          利益          高
```

（56）A．随时告知　　　　　　B．令其满意
　　　C．花较少的精力　　　　D．争取支持

📝 自我测试

（56）____（请填写你的答案）

【试题分析】

权力/利益方格根据干系人权力的大小，以及利益相关性对干系人进行分类和管理，其中：处于题图中 A 区的干系人，具有"权力大、对项目结果关注度低"的特点，因此争取 A 区干系人的支持，对项目的成功至关重要，项目经理对 A 区干系人的管理策略应该是"令其满意"。

➤ **参考答案**：参见第 401 页 "2017 年下半年上午试题参考答案"。

● 某系统集成商中标一个县政府办公系统的开发项目，该项目在招标时已经明确确定该项目的经费不超过 150 万元，此项目适合签订（57）。

（57）A．工料合同　　B．成本补偿合同　　C．分包合同　　D．总价合同

📝 自我测试

（57）____（请填写你的答案）

【试题分析】

按项目付款方式,可把合同分为总价合同、成本补偿合同和工料合同三种类型（**详见 2021**

年上半年上午试题分析第 58 题）。其中：

总价合同，又称固定价格合同、固定总价合同。它是指在合同中确定一个完成项目的总价，承包人据此完成项目全部合同内容的合同。采用总价合同，买方必须准确定义要采购的产品或服务。

参考答案：参见第 401 页"2017 年下半年上午试题参考答案"。

● 某系统集成商中标一个县政府办公系统的开发项目，在合同执行过程中，县政府提出在办公系统中增加人员考勤管理的模块，由于范围发生变化，合同管理人员需要协调并重新签订合同，该合同的管理内容属于（58）。

（58）A．合同签订管理　　　　　　B．合同履行管理
　　　C．合同变更管理　　　　　　D．合同档案管理

自我测试
（58）＿＿＿（请填写你的答案）

【试题分析】

在大量的工程实践中，由于合同双方现实环境和相关条件的变化，往往会出现合同变更，而这些变更必须根据合同的相关条款进行适当的处理。本题因范围发生变化导致合同需要重新签订，属于合同变更管理。

参考答案：参见第 401 页"2017 年下半年上午试题参考答案"。

● 对于提供长期（一般为 3 年）涉外人力资源外包服务的软件企业，面对国际金融汇率波动较大和区域人力资源成本攀升速度较快的情况，应与客户签订（59）类合同。

（59）A．固定总价合同　　　　　　B．成本补偿合同
　　　C．工料合同　　　　　　　　D．总价加经济价格调整合同

自我测试
（59）＿＿＿（请填写你的答案）

【试题分析】

按项目付款方式，可把合同分为总价合同、成本补偿合同和工料合同三种类型（**详见 2021 年上半年上午试题分析第 58 题**）。其中：

总价合同，又称固定价格合同、固定总价合同，是指在合同中确定一个完成项目的总价，承包人据此完成项目全部合同内容的合同。采用总价合同，买方必须准确定义要采购的产品或服务。

总价加经济价格调整合同。如果卖方履约要跨越相当长的周期例如不少于 2 年，就应该使用总价加经济价格调整合同。如果买方和卖方之间要维持多种长期关系，也可以采用这种合同类型。它是一种特殊的总价合同，允许根据条件变化（例如，通货膨胀、某些特殊商品的成本增加或降低等），以事先确定的方式对合同价格进行最终调整。

对于长期的、可能受金融汇率波动影响的项目，采用总价加经济价格调整合同是最合适的。

参考答案：参见第 401 页"2017 年下半年上午试题参考答案"。

● 在以下关于工作说明书（SOW）的叙述中，不正确的是（60）。
(60) A．SOW 的内容主要包括服务范围、方法、假定、工作量、变更管理等
    B．内部的 SOW 有时可称为任务书
    C．SOW 的变更应由项目变更控制过程进行管理
    D．SOW 通过明确项目应该完成的工作来确定项目范围

📝 自我测试
（60）____（请填写你的答案）

【试题分析】
项目工作说明书（SOW）是对项目需交付的产品、服务或输出的叙述性说明，通常包括业务需要、产品范围描述和战略计划。

明确项目应该完成的工作来确定项目范围，是项目范围说明书的内容，而不是项目工作说明书的内容。

➤ 参考答案：参见第 401 页"2017 年下半年上午试题参考答案"。

● 项目验收时发现项目经理签字确认的《需求规格说明书》纸质文档内容与配置服务器上的产品库里的同一文档内容不一致，最有可能是在（61）的执行上出现了问题。
(61) A．文档管理规范   B．文档目录编写标准
    C．文档书写规范   D．图表编号规则

📝 自我测试
（61）____（请填写你的答案）

【试题分析】
同一文档内容不一致，说明文档没有与电子文档一一对应。

信息系统文档的规范化管理主要体现在文档书写规范、图表编号规则、文档目录编写标准和文档管理制度（也称文档管理规范）等方面（**详见 2019 年上半年上午试题分析第 61 题**），其中：

文档管理制度需根据组织实体的具体情况而定，主要包括建立文档的相关规范、文档借阅记录的登记制度、文档使用权限控制规则等。建立文档的相关规范是指文档书写规范、图表编号规则和文档目录编写标准等。文档的借阅应该进行详细的记录，并且需要考虑借阅人是否有使用权限。在文档中存在商业秘密或技术秘密的情况下，还应注意保密。特别要注意的是，项目干系人签字确认后的文档要与相关联的电子文档一一对应。这些电子文档还应设置为只读。

➤ 参考答案：参见第 401 页"2017 年下半年上午试题参考答案"。

● 某软件开发项目的《概要设计说明书》版本号为 V2.13，该配置项的状态是（62）。
(62) A．首次发布   B．正在修改
    C．正在发布   D．草稿

📝 自我测试
（62）____（请填写你的答案）

【试题分析】

配置项的版本号规则与配置项的状态相关。配置项的状态有三种："草稿""正式"和"修改"（详见**2021年上半年上午试题分析第60题**）。各状态的版本号格式如下。

（1）处于"草稿"状态的配置项的版本号格式为0.YZ，Y和Z用数字表示，数字范围为01~99。

（2）处于"正式"状态的配置项的版本号格式为X.Y，X为主版本号，X的取值范围为1~9。Y为次版本号，Y的取值范围为0~9。

（3）处于"修改"状态的配置项的版本号格式为 X.YZ。配置项正在修改时，一般只增大Z的值，X和Y的值保持不变。当配置项修改完毕，状态成为"正式"时，将Z的值设置为0，增加X和Y的值。

在本题中，配置项的版本号V2.13为X.YZ格式，说明配置项的状态为"修改"状态。

参考答案：参见第401页"2017年下半年上午试题参考答案"。

● 在质量管理发展过程中，从（63）开始，质量管理从"对已完成产品的事后检验"提前到"对产品生产过程中的全过程监控"。

（63）A．手工艺人时代　　　　　　B．质量检验阶段
　　　C．统计质量控制阶段　　　　D．全面质量管理阶段

自我测试

（63）____（请填写你的答案）

【试题分析】

20世纪60年代初，美国的费根鲍姆和朱兰提出全面质量管理理论，将质量控制扩展到产品寿命循环的全过程，强调全体员工都参与质量控制。

参考答案：参见第401页"2017年下半年上午试题参考答案"。

● （64）属于质量管理中规划质量过程的工具和技术。

（64）A．成本效益分析法　　　　　B．质量审计
　　　C．控制图　　　　　　　　　D．甘特图

自我测试

（64）____（请填写你的答案）

【试题分析】

规划质量管理的工具和技术包含成本效益分析法、质量成本法、标杆对照、实验设计等。

参考答案：参见第401页"2017年下半年上午试题参考答案"。

● 在进度管理中常用的活动网络图，如计划评审技术（PERT）、关键路径法等，也可以应用于质量管理的（65）过程中。

（65）A．规划质量管理　　　　　　B．实施质量保证
　　　C．质量控制　　　　　　　　D．质量改进

自我测试

（65）____（请填写你的答案）

【试题分析】

质量控制的新七种工具包括活动网络图，如计划评审技术（PERT）、关键路径法（CPM）和紧前关系绘图法（PDM）。

★ **参考答案**：参见第401页"2017年下半年上午试题参考答案"。

● 识别风险过程的主要输出就是风险登记册，风险登记册始于识别风险过程，在项目实施过程中供其他风险管理过程和项目管理过程使用，风险登记册中的（66）内容是识别风险过程中产生的。

（66）A．风险紧迫性或风险分类　　　B．已识别的风险清单
　　　C．商定的对应策略　　　　　　D．风险责任人及其职责

📝 **自我测试**

（66）____（请填写你的答案）

【试题分析】

风险登记册的编制始于风险识别过程，主要依据下列信息编制而成，然后可供其他项目管理过程和项目风险管理过程使用。

（1）已识别风险清单：在此对已识别风险进行描述，包括其根本原因、不确定的项目假设等。风险可涉及任何主题和方面。

（2）潜在应对措施清单：在风险识别过程中，可识别出风险的潜在应对措施。如此确定的风险应对措施可作为风险应对规划过程的依据。

（3）风险根本原因：系指可导致已识别风险的根本状态或事件。

（4）风险类别更新：在识别风险的过程中，可能识别出新的风险类别，进而将新风险类别纳入风险类别清单中。基于风险识别过程的成果，可对风险管理规划过程中形成的风险分解结构进行修改或完善。

★ **参考答案**：参见第401页"2017年下半年上午试题参考答案"。

● 项目经理张工在项目风险管理过程中使用如下公式进行风险评估：风险值＝风险发生的概率×风险发生后的结果，该项目风险管理处于（67）阶段。

（67）A．识别风险　　　　　　　　　B．实施风险定性分析
　　　C．实施定量风险分析　　　　　D．规划风险应对

📝 **自我测试**

（67）____（请填写你的答案）

【试题分析】

在项目的风险定性分析过程中，使用如下公式进行风险评估：风险值＝风险发生的概率×风险发生后的结果。

★ **参考答案**：参见第401页"2017年下半年上午试题参考答案"。

● 风险相关的项目文件随着定量风险分析产生的信息而更新。（68）不是在定量风险分析过程中产生的。

（68）A．风险评级和分值　　　　　　B．量化风险优先级清单

C．项目的概率分析　　　　　　　D．实现成本和时间目标的概率

自我测试
（68）____（请填写你的答案）

【试题分析】

实施定量风险分析的输出包括以下内容

（1）项目的概率分析。

（2）实现成本和时间目标的概率。

（3）量化风险优先级清单。

（4）定量风险分析结果的趋势。

风险评级和分值应该在实施风险定性分析的时候确定。

参考答案： 参见第 401 页"2017 年下半年上午试题参考答案"。

● 应用系统运行中涉及的安全和保密层次包括系统级安全、资源访问安全、功能性安全和数据域安全。针对应用系统安全管理，首先要考虑（69）。

（69）A．系统级安全　　　　　　　B．资源访问安全
　　　C．功能性安全　　　　　　　D．数据域安全

自我测试
（69）____（请填写你的答案）

【试题分析】

企业应用系统越来越复杂，因此制定得力的系统级安全策略才是从根本上解决问题的基础。应通过对现行系统安全技术的分析，制定系统级安全策略，策略包括敏感系统的隔离、访问 IP 地址段的限制、登录时间段的限制、会话时间的限制、连接数的限制、特定时间段内登录次数的限制及远程访问控制等，系统级安全是应用系统的第一道防护大门。

参考答案： 参见第 401 页"2017 年下半年上午试题参考答案"。

● 以下关于政府采购的说法，不正确的是（70）。

（70）A．为在中国境外使用而进行采购的，可以不采购本国货物、工程和服务
　　　B．两个以上的自然人、法人或者其他组织可以组成一个联合体，以一个供应商的身份共同参加政府采购
　　　C．招标后没有供应商投标或者没有合格标的或者重新招标未能成立的，可以采取单一来源采购方式采购
　　　D．公开招标应作为政府采购的主要采购方式

自我测试
（70）____（请填写你的答案）

【试题分析】

根据《中华人民共和国政府采购法》第三十一条的规定："符合下列情形之一的货物或者服务，可以依照本法采用单一来源方式采购：（一）只能从唯一供应商处采购的；（二）发生了不可预见的紧急情况不能从其他供应商处采购的；（三）必须保证原有采购项目一致性或者服务配套的要求，需要继续从原供应商处添购，且添购资金总额不超过原合同采购金

额百分之十的。"

> **参考答案**：参见第 401 页"2017 年下半年上午试题参考答案"。

● Retail firms analyze consumer sales trends and user preferences through internet user data. This belongs to（71）application area.

（71）A．big data B．cloud computing
　　　 C．internet of things D．artificial intelligence

自我测试

（71）____（请填写你的答案）

【试题分析】

翻译：零售公司通过互联网用户数据来分析客户的销售趋势和用户喜好，这属于（71）应用领域。

（71）A．大数据 B．云计算
　　　 C．物联网 D．人工智能

> **参考答案**：参见第 401 页"2017 年下半年上午试题参考答案"。

● In the following cloud computing technology architecture,（72）represented by number 3.

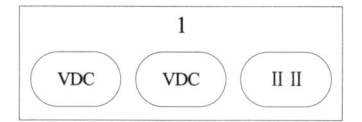

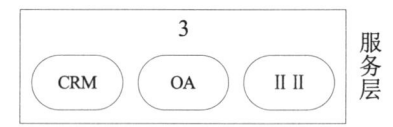

1	2	3	服务层
VDC　VDC　ⅡⅡ	开发环境　运行环境　ⅡⅡ	CRM　OA　ⅡⅡ	

（72）A．PaaS B．SaaS
　　　 C．IaaS D．cloud platform interface

自我测试

（72）____（请填写你的答案）

【试题分析】

翻译：下面的第 3 个图是云计算技术的（72）平台？

（72）A．平台即服务 B．软件即服务
　　　 C．基础设施即服务 D．云平台接口

> **参考答案**：参见第 401 页"2017 年下半年上午试题参考答案"。

● The seven basic quality tools are used within in the context of the PDCA Cycle to solve quality-related problems. These tools are used in（73）in the following processes.

（73）A．plan quality management B．perform quality assurance
　　　 C．perform quality control D．perform quality improvement

自我测试

（73）____（请填写你的答案）

【试题分析】

翻译：七种基础的质量工具常被用于解决 PDCA 戴明环中的质量相关的问题。这些工具常在（73）过程中使用。

（73）A．规划质量管理　　　　　B．实施质量保证
　　　C．实施质量控制　　　　　D．实施质量改进

参考答案：参见第 401 页"2017 年下半年上午试题参考答案"。

● （74） is the process of implementing risk response plans, tracking identified risks, monitoring residual risk, identifying new risk, and evaluating risk process effectiveness throughout the project.

（74）A．Identify risks　　　　　B．Control risks
　　　C．Plan risk responses　　　D．Plan risk management

自我测试
（74）____（请填写你的答案）

【试题分析】

翻译：（74）是执行风险响应计划、追踪已识别的风险、监控剩余风险、识别新风险和评价风险应对效果的一个过程。

（74）A．识别风险　　　　　　　B．控制风险
　　　C．风险响应计划　　　　　D．风险管理计划

参考答案：参见第 401 页"2017 年下半年上午试题参考答案"。

● （75） is the approved version of the time-phased project budget, excluding any management reserves, which can only be changed through formal change control procedures and is used as a basis for comparison to actual results.

（75）A．The control accounts　　　B．Funding requirement
　　　C．The cost estimates　　　　D．The cost baseline

自我测试
（75）____（请填写你的答案）

【试题分析】

翻译：（75）是经过核准并按照项目时间阶段分配的预算，剔除了管理储备部分。它的修改必须通过变更控制程序，它可以作为基准用来和实际的成本进行比较。

（75）A．控制账户　　　　　　　B．资金需求
　　　C．控制估算　　　　　　　D．成本基准

参考答案：参见第 401 页"2017 年下半年上午试题参考答案"。

2017年下半年下午试题分析与解答

试题一

阅读下列说明，回答问题1至问题4，将解答填入答题纸的对应栏内。

【说明】

某公司中标一个城市的智能交通建设项目，总投资350万元，建设周期1年。在项目管理计划发布之后，柳工作为本项目的项目经理，领导项目团队按照计划与任务分工开始实施。

在项目初期，项目团队在确定了项目范围后，项目经理制定了项目变更流程：

1. 提出变更申请。
2. 针对影响不大的变更，可以直接修改。
3. 针对影响较大的变更，必须上报项目经理，由项目经理审批之后才能修改。
4. 修改后由项目经理确认，确认无误后更新配置库，完成变更。

在一次项目进度协调会上，项目经理柳工与项目成员李工发生了争执，原因如下：李工对于客户提出的需求，无论大小都给予解决，客户对此非常满意。但是，项目组其他成员并不知晓李工修改的内容，导致开发任务多次返工。目前，项目已经延期。

【问题1】

结合上述案例，请指出项目经理柳工制定的变更管理流程存在哪些问题？

参考答案

柳工制定的变更管理流程存在以下问题：

（1）没有建立正确的变更流程。
（2）没有进行变更影响分析。
（3）所有变更都必须走变更流程，而不是影响不大的就直接修改。
（4）由变更控制委员会审核变更请求，而不是项目经理。
（5）对变更没有进行记录。
（6）缺少对变更实施过程的有效监控。
（7）变更结束后要通知相关受影响人员，而不仅仅由项目经理确认。
（8）没有做好配置管理和版本管理。
（9）没有建立变更控制委员会。

解析：

本题考核的知识点是变更管理的基本原则和变更管理流程。

1. 变更管理的基本原则。

变更管理的原则是首先建立项目基准、变更流程和变更控制委员会（也叫变更管理委员会），主要包括以下内容。

（1）基准管理：基准是变更的依据。在项目实施过程中，基准计划确定并经过评审后（通常用户应参与部分评审工作），建立初始基准。此后每次变更通过评审后，都应重新确定基准。

（2）建立变更控制流程：建立或选用符合项目需要的变更管理流程，所有变更都必须遵循这个控制流程进行控制。流程的作用在于将变更的原因、专业能力、资源运用方案、决策权、干系人的共识和信息流转等元素有效地综合起来，按科学的顺序进行。

（3）明确组织分工：至少应明确变更相关工作的评估、评审和执行的职能。

（4）完整体现变更的影响：变更的来源是多样的，既需要完成对客户可视的成果、交付期等变更操作，还需要完成对客户不可视的项目内部工作的变更，如实施方的人员分工、管理工作和资源配置等。

（5）妥善保存变更产生的相关文档，确保其完整、及时、准确、清晰，适当的时候可以引入配置管理工具。

2．变更管理流程的内容。

（1）提出与接受变更申请：变更提出应当及时以正式方式进行，并留下书面记录。变更的提出可以是各种形式，但在评估前应以书面形式提出。

（2）变更影响分析：项目经理在接到变更申请以后，首先要检查变更申请中需要填写的内容是否完备，然后对变更申请进行影响分析。变更影响分析由项目经理负责，项目经理可以自己或指定人员完成，也可以召集相关人员讨论完成。

（3）CCB（变更控制委员会）审查批准：审查过程，是项目所有者据变更申请及评估方案，决定是否批准变更。审查过程常包括客户、相关领域的专业人士等。审查通常是文档会签形式，重大的变更审查可以包括正式会议形式。

审查过程应注意分工，项目投资人虽有最终的决策权，但通常在专业技术上并非强项。所以应当在审查过程中将专业评审、经济评审分开，对涉及项目目标和交付成果的变更，客户的意见应放在核心位置。

（4）实施变更：实施变更即执行变更申请中的变更内容。项目经理负责整合变更所需资源，合理安排变更，对于不同的变更申请，涉及的变更实施人员也不同。

（5）监控变更实施：批准的变更进入实施阶段后，需要对它们的执行情况进行确认，以保证批准的变更都得到正确的落实，即需要对变更实施进行监控。

监控过程中除了对调整过的项目基准中所涉及的变更内容进行监控外，还应当对项目的整体基准是否反映项目实施情况进行监控。

通过对变更实施的监控，确认变更是否正确完成，对于正确完成的变更，需纳入配置管理系统中，没有正确实施的变更则继续进行变更实施。

（6）结束变更：变更申请被否决时变更结束，项目经理通知相关变更申请人。批准的变更被正确完成后，成果纳入配置管理系统中并通知相关受影响人员，变更结束。

【问题2】

基于以上案例，请指出项目成员李工在变更过程中的不恰当之处。

参考答案

李工在变更过程中的不恰当之处在于：

（1）李工对于客户提出的变更不能直接修改，而要走变更流程。

（2）变更实施过程中没有做好配置和版本管理。

（3）变更实施过程中没有进行监控。

（4）变更结束后没有通知相关受影响人员。

解析：

本题考核的知识点是变更管理流程。

根据变更管理流程的内容，只要不符合的都是存在问题的地方。

【问题3】

基于以上案例，请阐述变更过程中包含的配置管理活动。

参考答案

变更过程中包含的配置管理活动有：①配置项识别；②配置状态记录；③配置确认与审计。

解析：

本题考核的知识点是变更管理中涉及的配置管理活动。

整体变更控制过程中包括以下几个配置管理活动。

（1）配置项识别：是确定与核实产品配置、标识产品与文件、管理变更，以及保持信息公开的基础。

（2）配置状态记录：捕捉、存储和评价有效管理产品和产品信息所需的配置信息。

（3）配置确认与审计：查明配置文件中确定的性能与功能要求已经达到。

【问题4】

请阐述变更管理的工作流程。

参考答案

变更管理的工作流程如下：

（1）提出变更申请。

（2）变更影响分析。

（3）CCB审查批准。

（4）实施变更。

（5）监控变更实施。

（6）结束变更。

解析：

本题考核的知识点是变更管理流程。

试题二

阅读下列说明，回答问题1至问题4，将解答填入答题纸的对应栏内。

【说明】

某信息系统项目包含如下 A、B、C、D、E、F、G、H 八个活动。各活动的历时估算和活动间的逻辑关系如下表所示（其中活动 E 的历时空缺）：

活动名称	活动历时（天）	紧前活动
A	2	—
B	4	A
C	5	A
D	3	A
E		B
F	4	C、D
G	3	E、F
H	3	G

【问题 1】

假设活动 E 的最乐观时间为 1 天，最可能时间为 4 天，最悲观时间为 7 天，请用三点估算法计算活动 E 的持续时间。

★ 参考答案

活动 E 的持续时间＝4（天）。

解析：

本题考核的知识点是三点估算（详见 **2021 年上半年上午试题分析第 49 题**）。

（1）活动的时间估计。

假定三个估计服从 β 分布，可以算出期望时间：

$$活动历时均值（或估计值）=\frac{乐观时间+4\times 最可能时间+悲观时间}{6}$$

（2）项目周期估算。

PERT 认为整个项目的完成时间是各个活动完成时间之和，且服从正态分布。

标准差：

$$活动历时方差 \sigma = \frac{悲观时间-乐观时间}{6}$$

根据三点估算的公式，活动 E 的持续时间＝(乐观时间＋4×最可能时间＋悲观时间)/6＝(1＋4×4＋7)/6＝4（天）。

【问题 2】

下图给出了该项目网络图的一部分（该图仅为方便考生答题，空缺部分不需要在试卷或者答题纸上回答）。

```
┌─────────────┐
│  2 │ 4 │ 6  │         ┌─────────────┐
│     B       │         │   │ 6 │     │
│  3 │ 1 │ 7  │────────▶│     E       │
└─────────────┘         │   │   │     │
                        └─────────────┘
```

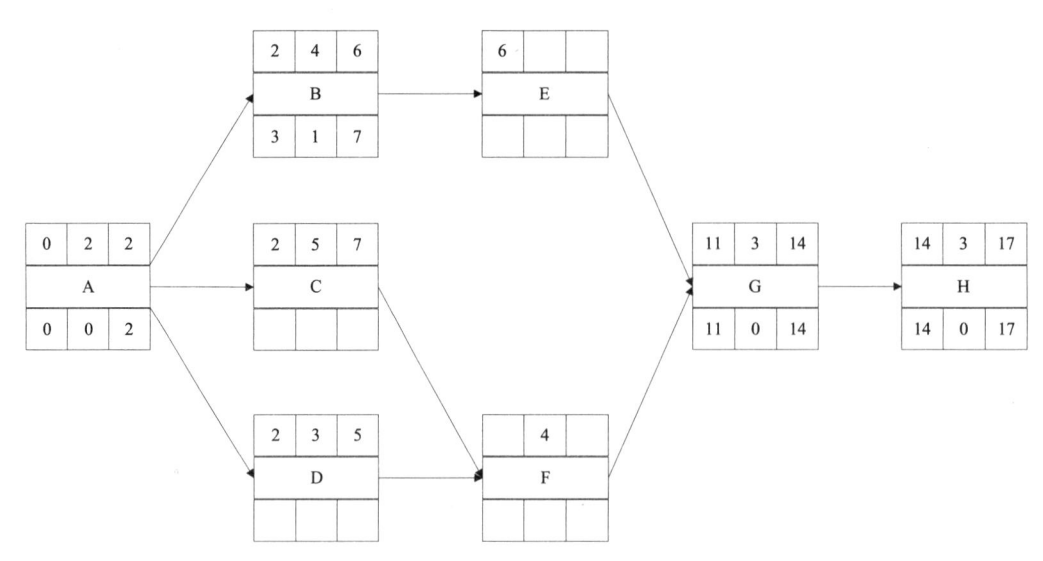

```
┌─────────────┐      ┌─────────────┐                    ┌─────────────┐      ┌─────────────┐
│  0 │ 2 │ 2  │      │  2 │ 5 │ 7  │                    │ 11 │ 3 │ 14 │      │ 14 │ 3 │ 17 │
│     A       │─────▶│     C       │                    │     G       │─────▶│     H       │
│  0 │ 0 │ 2  │      │    │   │    │                    │ 11 │ 0 │ 14 │      │ 14 │ 0 │ 17 │
└─────────────┘      └─────────────┘                    └─────────────┘      └─────────────┘
```

```
                     ┌─────────────┐      ┌─────────────┐
                     │  2 │ 3 │ 5  │      │   │ 4 │     │
                     │     D       │─────▶│     F       │
                     │    │   │    │      │   │   │     │
                     └─────────────┘      └─────────────┘
```

根据上图并结合基于问题 1 的计算结果，请计算活动 C、D、E 的总浮动时间和自由浮动时间。

参考答案

C 的总时差为 0 天，自由时差为 0 天。

D 的总时差为 2 天，自由时差为 2 天。

E 的总时差为 1 天，自由时差为 1 天。

解析：

本题考核的知识点是总时差和自由时差。

根据"顺推选最大，逆推选最小"的原则，得到下图：

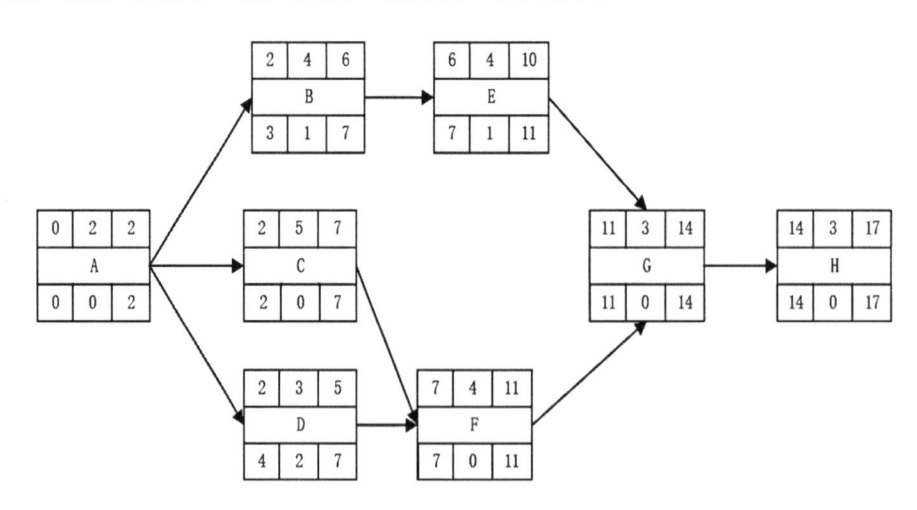

```
┌─────────────┐         ┌─────────────┐
│  2 │ 4 │ 6  │         │  6 │ 4 │ 10 │
│     B       │────────▶│     E       │
│  3 │ 1 │ 7  │         │  7 │ 1 │ 11 │
└─────────────┘         └─────────────┘
```

```
┌─────────────┐      ┌─────────────┐                    ┌─────────────┐      ┌─────────────┐
│  0 │ 2 │ 2  │      │  2 │ 5 │ 7  │                    │ 11 │ 3 │ 14 │      │ 14 │ 3 │ 17 │
│     A       │─────▶│     C       │                    │     G       │─────▶│     H       │
│  0 │ 0 │ 2  │      │  2 │ 0 │ 7  │                    │ 11 │ 0 │ 14 │      │ 14 │ 0 │ 17 │
└─────────────┘      └─────────────┘                    └─────────────┘      └─────────────┘
```

```
                     ┌─────────────┐      ┌─────────────┐
                     │  2 │ 3 │ 5  │      │  7 │ 4 │ 11 │
                     │     D       │─────▶│     F       │
                     │  4 │ 2 │ 7  │      │  7 │ 0 │ 11 │
                     └─────────────┘      └─────────────┘
```

根据总时差和自由时差的计算公式：

总时差等于本活动的最迟完成时间减去本活动的最早完成时间，或本活动的最迟开始时间减去本活动的最早开始时间。

自由时差等于紧后活动最早开始时间的最小值减去本活动的最早完成时间。

C 的总时差＝2－2＝5－5＝0（天）；C 的自由时差＝7－7＝0（天）
D 的总时差＝4－2＝7－5＝2（天）；D 的自由时差＝7－5＝2（天）
E 的总时差＝7－6＝11－10＝1（天）；E 的自由时差＝11－10＝1（天）

【问题 3】

基于问题 2 的计算结果，请计算：
（1）该项目的关键路径。
（2）该项目的总工期。

参考答案

（1）关键路径为 A-C-F-G-H。
（2）总工期为 17 天。

解析：

（1）该问题考试的知识点是关键路径法。

关键路径法是借助网络图和各活动所需时间（估计值），计算每一项活动的最早或最迟开始和结束时间。关键路径法的关键是计算总时差，这样可决定哪一活动有最小时间弹性。CPM 算法的核心思想是将工作分解结构（WBS）分解的活动按逻辑关系加以整合，统筹计算出整个项目的工期和关键路径。进度网络图中可能有多条关键路径。关键路径是项目中时间最长的活动顺序，决定着可能的项目最短工期。

因此得到 A-C-F-G-H 是项目中时间最长的活动顺序。所以 A-C-F-G-H 是该项目的关键路径。

（2）该问题考试的知识点是关键路径法。

项目的总工期等于关键路径上活动工期的总和。
该项目的总工期＝A＋C＋F＋G＋H＝2＋5＋4＋3＋3＝17（天）。

【问题 4】

请指出缩短项目工期的方法。

参考答案

在项目中通常采用以下几种方法来缩短工期。
（1）赶工，投入更多的资源或增加工作时间，以缩短关键活动工期。
（2）快速跟进，并行施工，以缩短关键路径长度。
（3）使用高素质的资源或经验丰富的人员。
（4）减小活动范围或降低活动要求。
（5）改进方法或技术，以提高生产效率。
（6）加强质量管理，及时发现问题，减少返工，从而缩短工期。

解析：

本题考核的知识点是缩短活动工期的方法。

试题三

阅读下列说明，回答问题1至问题4，将解答填入答题纸的对应栏内。

【说明】

A公司是为保险行业提供全面的信息系统集成解决方案的系统集成企业。齐工是A公司的项目经理，目前正在负责某保险公司P公司的客户管理系统开发项目，当前该项目已经通过验收。

齐工将项目所涉及的文档都移交给了P公司，认为项目收尾工作已经基本完成，所以解散了项目团队，并组织剩下的项目团队成员召开了项目总结会议。项目组成员小王提出："项目组有人没有参加总结会议，是否要求所有人员都要参加？"齐工解释说："项目总结会议不需要全体人员参加，没有实质性的工作内容。"

【问题1】

结合案例，项目经理齐工对小王提出的问题的解释是否恰当？请从项目总结会的规范要求角度说明理由。

参考答案

齐工的解释不恰当。项目总结会需要全体参与项目的成员都参加，并由全体讨论形成文件。通过项目总结会可以了解相关团队成员的绩效状况，了解项目中出现的问题和总结的经验与教训。

解析：

本题考核的知识点是项目收尾管理中的项目总结。

项目总结会需要全体参与项目的成员都参加，并由全体讨论形成文件。项目总结会议所形成的文件一定要通过所有人的确认，任何有违此项原则的文件都不能作为项目总结会议的结果。

项目总结会议还应对项目进行自我评价，有利于后面的项目评估和审计的工作开展。

【问题2】

结合案例，请简述项目总结会议一般讨论的内容。

参考答案

项目总结会议一般讨论的内容如下：

（1）项目绩效。

（2）技术绩效。

（3）成本绩效。

（4）进度计划绩效。

（5）项目的沟通。

（6）识别问题和解决问题。

（7）意见和建议。

解析：

本题考核的知识点是项目收尾管理中的项目总结。

一般的项目总结会应讨论如下内容。

（1）项目绩效：包括项目的完成情况、具体的项目计划完成率、项目目标的完成情况等，作为全体参与项目成员的共同成绩。

（2）技术绩效：最终的工作范围与项目初期的工作范围的比较结果是什么，工作范围上有什么变更，项目的相关变更是否合理，处理是否有效，变更是否对项目等质量、进度和成本有重大影响，项目的各项工作是否符合预计的质量标准，是否达到客户满意。

（3）成本绩效：最终的项目成本与原始的项目预算费用，包括项目范围的有关变更增加的预算是否存在大的差距，项目盈利状况如何。这牵扯到项目组成员的绩效和奖金的分配。

（4）进度计划绩效：最终的项目进度与原始的项目进度计划比较结果是什么，进度为何提前或者延后，是什么原因造成这样的影响。

（5）项目的沟通：确认是否建立了完善并有效的沟通体系；是否让客户参与过项目决策和执行的工作；是否要求让客户定期检查项目的状况；与客户是否有定期的沟通和阶段总结会议，是否及时通知客户潜在的问题，并邀请客户参与问题的解决等；项目沟通计划完成情况如何；项目内部会议记录资料是否完备等。

（6）识别问题和解决问题：项目中发生的问题是否解决，问题的原因是否可以避免，如何改进项目的管理和执行等。

（7）意见和建议：项目成员对项目管理本身和项目执行计划是否有合理化建议和意见，这些建议和意见是否得到大多数参与项目成员的认可，是否能在未来项目中予以改进。

【问题3】

请将下面（1）～（2）处的答案填写在答题纸的对应栏内。

结合案例，你认为系统集成项目收尾管理工作通常包含（1）、项目工作总结（2）、项目后评价工作。

参考答案

（1）项目验收工作
（2）系统维护工作。

解析：

本题考核的知识点是项目收尾管理。

系统集成项目收尾管理工作通常包含以下四个方面。

（1）项目验收。

项目验收是项目收尾管理中的首要环节，只有完成项目验收工作后，才能进入后续的项目总结、系统维护和项目后评价等工作阶段。

系统集成项目在验收阶段主要包含四个方面的工作内容，分别是验收测试、系统试运行、系统文档验收和项目终验。

（2）项目总结。

项目总结属于项目收尾的管理收尾（又称行政收尾），检查项目团队成员及相关干系人是否按规定履行了所有的职责。它的过程还包括收集项目记录、分析项目成败、收集应吸取的教训，以及将项目信息存档供本组织将来使用等活动。

（3）系统维护。

系统集成项目完成验收工作之后，就由前期的建设阶段转变为相应的运营维护阶段。

软件项目的后续工作包括软件 Bug 的修改、软件升级和后续技术支持。

系统集成项目的后续工作包括信息系统日常维护工作、硬件产品更新和满足信息系统的新需求。

（4）项目后评价。

信息系统后评价通过对已经建成的信息系统进行全面综合的调研、分析、总结，对信息系统目标是否实现，信息系统的前期论证过程、开发建设过程和运营维护过程是否符合要求，信息系统是否实现了预期的经济效益、管理效益和社会效益，信息系统是否能够持续稳定地运行等方面的工作内容做出独立、客观的评价。

信息系统后评价的主要内容有：信息系统目标评价、信息系统过程评价、信息系统效益评价和信息系统可持续性评价。

【问题 4】

结合案例，请简述系统文档验收所涉及的文档都有哪些？

参考答案

系统文档验收所涉及的文档如下：
（1）系统集成项目介绍。
（2）系统集成项目最终报告。
（3）信息系统说明手册。
（4）信息系统维护手册。
（5）软硬件产品说明书、质量保证书等。

解析：

本题考核的知识点是项目验收过程中系统文档验收。

系统经过验收测试后，系统的文档应当逐步、全面地移交给客户。客户也可按照合同或者项目工作说明书的规定，对所交付的文档加以检查和评价；对不清晰的地方可以提出修改要求。在最终交付系统前，系统的所有文档都应当验收合格并经双方签字认可。

对于系统集成项目，所涉及的文档应该包括如下部分。
①系统集成项目介绍。
②系统集成项目最终报告。
③信息系统说明手册。
④信息系统维护手册。
⑤软硬件产品说明书、质量保证书等。

试题四

阅读下列说明,回答问题1至问题4,将解答填入答题纸的对应栏内。

【说明】

A公司中标某客户数据中心建设项目,该项目涉及数据中心基础设施、网络、硬件、软件、信息安全建设等方面工作。经高层批准,任命小李担任项目经理。小李从相应的技术服务部门(网络服务部、硬件服务部、软件服务部、信息安全服务部)分别抽调了技术人员加入该项目。这些技术人员大部分时间投入本项目,小部分时间参与公司的其他项目。由于公司没有基础设施方面的技术能力,因此将本项目的基础设施建设工作外包给了B公司。小李认为,该项目工作内容复杂,涉及人员较多,人员沟通很关键,作为项目经理,自己应投入较大精力在人员沟通管理上。

首先,小李经过分析,建立了干系人名册,主要人员包括客户方的4名技术人员、3名中层管理人员、2名高管和项目团队人员,以及A公司的2名高管。

接着,小李制定了沟通管理计划。在选择沟通渠道时,考虑到干系人较多,召开会议不方便,小李决定采用电子邮件方式;在沟通频率方面,为了让干系人能及时、全面地了解项目进展,小李决定采用项目日报的方式每日沟通;在沟通内容方面,小李制作了项目日报的模板,主要内容包括三部分:一是项目成员每日主要工作内容汇总,二是项目的进度、成本、质量等方面的情况汇总;三是每日发现的主要问题、工作建议等。

在项目实施过程中,项目成员严格按照要求,每天下班前发送日报给小李。第二天上午9点前,小李汇总所有成员的日报内容,发送给所有干系人。

随着项目的实施,小李发现B公司的技术人员的工作质量经常不能满足要求,工作进度也有所延迟,当问及B公司的相关负责人时,他们表示对此并不知情。同时,A公司各技术服务部门的负责人也抱怨说,他们抽调了大量技术人员参与该项目,但却无法掌控他们的工作安排,也不知道他们的工作绩效。另外,A公司高层领导也向小李表示,客户管理层对该项目也有些不满,他们认为每天浪费大量时间看一些无用的信息,他们希望小李能当面汇报。

【问题1】

下图为该项目干系人的权力/利益方格示意图:

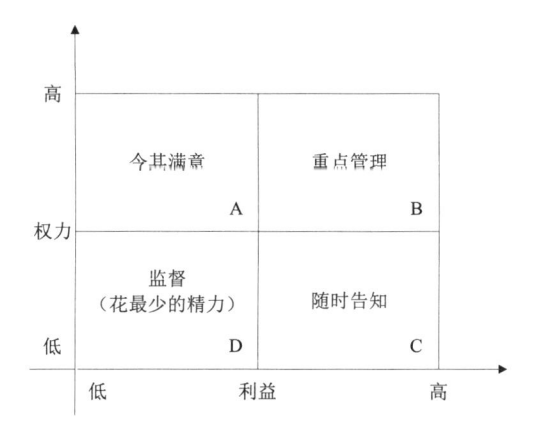

	利益低	利益高
权力高	令其满意 A	重点管理 B
权力低	监督(花最少的精力) D	随时告知 C

结合案例中小李制定的干系人名册，请指出该项目需要"重点管理"的干系人有哪些？

✦ 参考答案

该项目需要"重点管理"的干系人包括客户方 3 名中层管理人员、2 名高管，A 公司的 2 名高管。

解析：

本题考核的知识点是干系人分类模型中的权力/利益方格。

干系人分类模型中的权力/利益方格根据干系人的职权大小和对项目结果的关注（利益）程度进行分类（详见 **2021 年下半年上午试题分析第 55 题**）。

需要"重点管理"的是处于 B 区的干系人。他们对项目有很高的权力，也很关注项目的结果，项目经理应该"重点管理，及时报告"，应采取有力的行动让 B 区干系人满意。项目的客户和项目经理的主管领导，就是这样的项目干系人。

【问题 2】

请指出小李在项目沟通管理和干系人管理方面做得好的地方。

✦ 参考答案

小李在项目沟通管理和干系人管理方面做得好的地方有以下几个方面。

（1）按照沟通管理的要求制定了管理计划。

（2）沟通频率高。

（3）沟通内容很全面。

（4）严格进行沟通管理，保证每天将相关工作内容分发给各干系人。

解析：

本题考核的知识点是沟通管理和干系人管理。

1．沟通管理。

项目沟通管理是确保及时、正确地产生、收集、分发、储存和最终处理项目信息所需的过程。项目沟通管理过程揭示了实现成功沟通所需的人员、观点、信息三项要素之间的一种联络过程。其过程包括：

（1）规划沟通管理。根据干系人的信息需要和要求及组织的可用资产情况，制定合适的项目沟通方式和计划的过程。

（2）管理沟通。根据沟通管理计划，生成、收集、分发、储存、检索及最终处置项目信息的过程。包括创建、分发、接收、告知收悉和理解信息所需的活动。项目沟通可包括（但不限于）绩效报告、可交付成果状态、进度进展情况和已发生的成本。受相关因素的影响，项目沟通可能会变动很大。这些因素包括（但不限于）信息的紧急性和影响、信息传递方法、信息机密程度。

（3）控制沟通。在整个项目生命周期中对沟通进行监督和控制的过程，以确保满足项目干系人对信息的需求。

2．干系人管理。

项目干系人管理是指对项目干系人需求、希望和期望的识别，并通过沟通上的管理来满足其需要、解决其问题的过程。项目干系人管理将会赢得更多人的支持,从而能够确保项目取得成功。

(1) 识别干系人：识别能影响项目决策、活动或结果的个人、群体或组织,以及被项目决策、活动或者结果影响的个人、群体或者组织,并分析和记录他们的相关信息的过程。

(2) 规划干系人管理：基于干系人的需求、利益及对项目成功的潜在影响的分析,制定合适的管理策略,以有效调动干系人参与整个项目生命周期的过程。规划干系人管理是一个反复的过程,应由项目经理定期开展。

(3) 管理干系人参与：在整个项目生命周期中,与干系人进行沟通和协作,以满足他的需求与期望,解决实际出现的问题,并促进干系人合理参与项目活动的过程。此过程的作用是帮助项目经理提升来自干系人的支持,并把干系人的抵制降到最低,从而显著提高项目成功的机会。

(4) 控制干系人参与：全面监督项目干系人之间的关系,调整策略和计划,以调动干系人参与的过程。本过程的作用是,随着项目进展和环境变化,维持并提升干系人参与活动的效率和效果。

根据这两个知识域包含的过程去回答,符合过程的内容和作用就是做得好的地方。

【问题3】

在项目沟通管理和干系人管理方面：
(1) 小李的做法还存在哪些问题?
(2) 针对存在的问题,请给出你的具体改进建议。

参考答案

(1) 小李的做法还存在以下问题：
①沟通管理计划不能只小李一人制定。
②小李没有针对不同的干系人选择不同的沟通渠道与项目信息。
③干系人登记册中忽视了B公司的相关人员。
④沟通控制工作做得不好,没有对存在的沟通问题及时进行解决。
(2) 具体的改进措施如下：
①组织相关干系人一起制定一个详细适合的沟通管理计划。
②充分识别项目干系人,并将干系人进行分类。

解析：

本题考核的知识点是沟通管理和干系人管理。

根据这两个知识域包含的过程去回答,不符合的就是存在问题的地方。针对问题根据过程的内容和作用提出改进建议。

【问题4】

判断下列选项的正误（填写在答题纸的对应栏内,正确的选项填写"√",错误的选项填写"×"）。

一般沟通过程所采用的方式分为四类：推销方式（又称说明方式）、叙述方式、讨论方式、征询方式。

(1) 从控制程度来看，讨论方式的控制力最弱。（   ）

(2) 从参与程度来看，推销方式参与程度最弱。（   ）

(3) 沟通渠道的选择可以从即时性和表达方式两个维度进行考虑。表达方式可以分为文字、语言、混合三种。与文字方式相比，语言方式更节约时间，因为语言速度更快。（   ）

(4) 常用的沟通方法有交互式沟通、推式沟通、拉式沟通等。当信息量很大或受众很多时，应采用拉式沟通方式。（   ）

🔖 **参考答案**

(1) √   (2) ×   (3) ×   (4) √

解析：

本题考核的知识点是沟通管理的相关概念。

(1) 正确。沟通方式可以分为：参与/讨论、征询、说明/推销、叙述。主要按照"参与程度""控制程度"对上述四种沟通方式进行划分，如下图所示。

强	参与程度		弱
参与/讨论	征询	说明/推销	叙述
弱	控制程度		强

在进行沟通的过程中，要根据沟通目标、参与者的特点选择适合的沟通方式。一般沟通过程所采用的方式分为以下几类：参与讨论方式、征询方式、推销方式（说明）、叙述方式。参与程度由强到弱为参与讨论方式、征询方式、推销方式（说明）、叙述方式，控制程度由弱到强为参与讨论方式、征询方式、推销方式（说明）、叙述方式。

(2) 错误。参与程度由强到弱为参与讨论方式、征询方式、推销方式（说明）、叙述方式，因此推销方式不是参与程度最弱的。

(3) 错误。沟通渠道的选择可以从即时性和表达方式两个维度进行考虑。表达方式可以分为文字、语言、混合三种。

语言的优点有：可以传递情感；可以同时进行跨地域沟通；比邮件快；不需要保存传递信息的优先选择渠道。

语言的缺点有：不利于建立促进个人关系（与面对面相比）；无法表现肢体语言；做不到文字资料的精确性和准确性，把握细节的能力不足；说的速度比阅读速度相对要慢。

(4) 正确。（详见 2020 年下半年上午试题分析第 54 题）。

附录　上午试题参考答案

2021年上半年上午试题参考答案

【参考答案】

(1) C	(2) A	(3) C	(4) D	(5) A
(6) D	(7) B	(8) A	(9) B	(10) D
(11) A	(12) C	(13) B	(14) C	(15) D
(16) A	(17) B	(18) D	(19) A	(20) B
(21) C	(22) C	(23) A	(24) C	(25) D
(26) B	(27) C	(28) C	(29) C	(30) A
(31) B	(32) D	(33) C	(34) B	(35) C
(36) A	(37) D	(38) B	(39) D	(40) C
(41) B	(42) C	(43) B	(44) A	(45) C
(46) A	(47) C	(48) D	(49) B	(50) A
(51) D	(52) D	(53) A	(54) B	(55) D
(56) B	(57) D	(58) A	(59) D	(60) B
(61) A	(62) C	(63) C	(64) D	(65) B
(66) A	(67) C	(68) D	(69) B	(70) B
(71) A	(72) D	(73) B	(74) A	(75) D

2021年下半年上午试题参考答案

【参考答案】

(1) D	(2) C	(3) B	(4) C	(5) A
(6) D	(7) C	(8) B	(9) B	(10) B
(11) C	(12) D	(13) A	(14) A	(15) A
(16) D	(17) C	(18) A	(19) D	(20) D
(21) B	(22) A	(23) B	(24) C	(25) A
(26) A	(27) D	(28) C	(29) B	(30) A
(31) C	(32) C	(33) C	(34) D	(35) A
(36) C	(37) C	(38) D	(39) B	(40) B
(41) C	(42) B	(43) B	(44) C	(45) A
(46) B	(47) A	(48) D	(49) D	(50) B
(51) D	(52) B	(53) C	(54) C	(55) A
(56) D	(57) C	(58) D	(59) A	(60) B
(61) A	(62) A	(63) C	(64) D	(65) D
(66) B	(67) B	(68) A	(69) C	(70) D
(71) A	(72) C	(73) D	(74) B	(75) C

2020年下半年上午试题参考答案

【参考答案】

(1) C	(2) A	(3) B	(4) A	(5) D
(6) C	(7) D	(8) C	(9) A	(10) D
(11) B	(12) B	(13) B	(14) D	(15) A
(16) B	(17) D	(18) A	(19) C	(20) A
(21) D	(22) C	(23) B	(24) C	(25) D
(26) B	(27) C	(28) A	(29) D	(30) B
(31) D	(32) B	(33) B	(34) D	(35) A
(36) D	(37) C	(38) D	(39) A	(40) C
(41) C	(42) B	(43) A	(44) C	(45) A
(46) B	(47) C	(48) D	(49) A	(50) B
(51) B	(52) A	(53) C	(54) D	(55) B
(56) C	(57) C	(58) D	(59) D	(60) A
(61) A	(62) D	(63) C	(64) A	(65) C
(66) A	(67) B	(68) A	(69) B	(70) B
(71) D	(72) D	(73) C	(74) A	(75) D

2019年上半年上午试题参考答案

【参考答案】

(1) C	(2) D	(3) A	(4) D	(5) B
(6) A	(7) B	(8) D	(9) B	(10) B
(11) D	(12) A	(13) C	(14) C	(15) D
(16) A	(17) B	(18) B	(19) C	(20) C
(21) B	(22) C	(23) D	(24) A	(25) C
(26) D	(27) D	(28) B	(29) D	(30) D
(31) D	(32) D	(33) C	(34) D	(35) C
(36) C	(37) A	(38) B	(39) D	(40) B
(41) A	(42) B	(43) C	(44) A	(45) D
(46) A	(47) C	(48) A	(49) A	(50) A
(51) B	(52) A	(53) D	(54) B	(55) A
(56) D	(57) C	(58) B	(59) C	(60) A
(61) C	(62) A	(63) B	(64) C	(65) C
(66) B	(67) D	(68) D	(69) D	(70) C
(71) A	(72) B	(73) A	(74) B	(75) D

2019年下半年上午试题参考答案

【参考答案】

(1) C	(2) D	(3) A	(4) B	(5) A
(6) A	(7) B	(8) D	(9) B	(10) C
(11) B	(12) A	(13) C	(14) D	(15) D
(16) C	(17) A	(18) C	(19) B	(20) B
(21) C	(22) A	(23) A	(24) D	(25) B
(26) C	(27) D	(28) D	(29) D	(30) B
(31) C	(32) A	(33) C	(34) D	(35) A
(36) A	(37) D	(38) C	(39) D	(40) A
(41) B	(42) A	(43) B	(44) A	(45) B
(46) C	(47) A	(48) B	(49) D	(50) B
(51) C	(52) C	(53) A	(54) C	(55) D
(56) D	(57) B	(58) C	(59) B	(60) B
(61) A	(62) D	(63) C	(64) A	(65) B
(66) B	(67) D	(68) C	(69) A	(70) C
(71) C	(72) B	(73) D	(74) A	(75) D

2018年上半年上午试题参考答案

【参考答案】

(1) B	(2) D	(3) A	(4) B	(5) D
(6) C	(7) A	(8) D	(9) C	(10) B
(11) D	(12) A	(13) C	(14) B	(15) B
(16) D	(17) B	(18) D	(19) B	(20) A
(21) C	(22) A	(23) B	(24) A	(25) D
(26) C	(27) B	(28) C	(29) A	(30) A
(31) B	(32) B	(33) A	(34) A	(35) A
(36) C	(37) B	(38) C	(39) D	(40) C
(41) D	(42) B	(43) D	(44) C	(45) A
(46) D	(47) C	(48) C	(49) D	(50) A
(51) B	(52) C	(53) A	(54) D	(55) B
(56) A	(57) C	(58) A	(59) D	(60) B
(61) A	(62) C	(63) D	(64) A	(65) C
(66) B	(67) A	(68) D	(69) B	(70) D
(71) C	(72) A	(73) C	(74) D	(75) B

2018年下半年上午试题参考答案

【参考答案】

(1) D	(2) D	(3) B	(4) A	(5) C
(6) C	(7) C	(8) A	(9) B	(10) A
(11) C	(12) B	(13) A	(14) D	(15) B
(16) B	(17) A	(18) C	(19) C	(20) A
(21) B	(22) C	(23) C	(24) C	(25) A
(26) D	(27) A	(28) C	(29) A	(30) A
(31) A	(32) D	(33) B	(34) C	(35) C
(36) D	(37) D	(38) A	(39) B	(40) C
(41) A	(42) D	(43) B	(44) B	(45) D
(46) C	(47) D	(48) B	(49) C	(50) B
(51) A	(52) B	(53) D	(54) C	(55) D
(56) A	(57) D	(58) B	(59) C	(60) A
(61) A	(62) D	(63) B	(64) B	(65) D
(66) C	(67) D	(68) B	(69) D	(70) C
(71) A	(72) A	(73) B	(74) C	(75) D

2017年上半年上午试题参考答案

【参考答案】

(1) B	(2) A	(3) D	(4) B	(5) C
(6) A	(7) A	(8) A	(9) C	(10) A
(11) C	(12) C	(13) C	(14) D	(15) C
(16) A	(17) A	(18) C	(19) C	(20) B
(21) A	(22) B	(23) A	(24) C	(25) A
(26) A	(27) B	(28) D	(29) B	(30) C
(31) A	(32) C	(33) B	(34) C	(35) C
(36) A	(37) A	(38) A	(39) B	(40) C
(41) D	(42) C	(43) C	(44) D	(45) D
(46) A	(47) A	(48) B	(49) C	(50) D
(51) D	(52) A	(53) A	(54) D	(55) B
(56) C	(57) B	(58) B	(59) D	(60) A
(61) D	(62) B	(63) C	(64) A	(65) C
(66) D	(67) B	(68) C	(69) D	(70) B
(71) C	(72) A	(73) B	(74) B	(75) A

2017年下半年上午试题参考答案

【参考答案】

(1) C	(2) C	(3) A	(4) C	(5) D
(6) B	(7) B	(8) D	(9) C	(10) D
(11) A	(12) C	(13) D	(14) B	(15) B
(16) B	(17) A	(18) C	(19) C	(20) A
(21) C	(22) D	(23) D	(24) C	(25) B
(26) B	(27) C	(28) C	(29) A	(30) D
(31) D	(32) A	(33) C	(34) B	(35) C
(36) D	(37) D	(38) B	(39) A	(40) B
(41) C	(42) C	(43) D	(44) B	(45) D
(46) C	(47) D	(48) A	(49) D	(50) A
(51) B	(52) D	(53) B	(54) D	(55) A
(56) B	(57) D	(58) C	(59) D	(60) D
(61) A	(62) B	(63) D	(64) A	(65) C
(66) B	(67) B	(68) A	(69) A	(70) C
(71) A	(72) B	(73) C	(74) B	(75) D

参考文献

[1] 谭志彬，柳纯录. 系统集成项目管理工程师教程（第 2 版）[M]. 北京：清华大学出版社，2016

[2] 谭志彬，柳纯录. 信息系统项目管理师教程（第 3 版）[M]. 北京：清华大学出版社，2017

[3] 薛大龙. 系统集成项目管理工程师考试 32 小时通关 [M]. 北京：中国水利水电出版社，2018